I0001841

FLORE

DE LA

CHAINE JURASSIQUE

PAR

M. CH. GRENIER,

PROFESSEUR A LA FACULTÉ DES SCIENCES.

PREMIÈRE PARTIE.

Dicotylées — Dialypétales.

PARIS,

F. SAVY, LIBRAIRE, RUE HAUTEFEUILLE, 24.

BESANÇON,

DODIVERS ET C₂, IMPRIMEURS-ÉDITEURS,

Grande-Rue, 42.

1865.

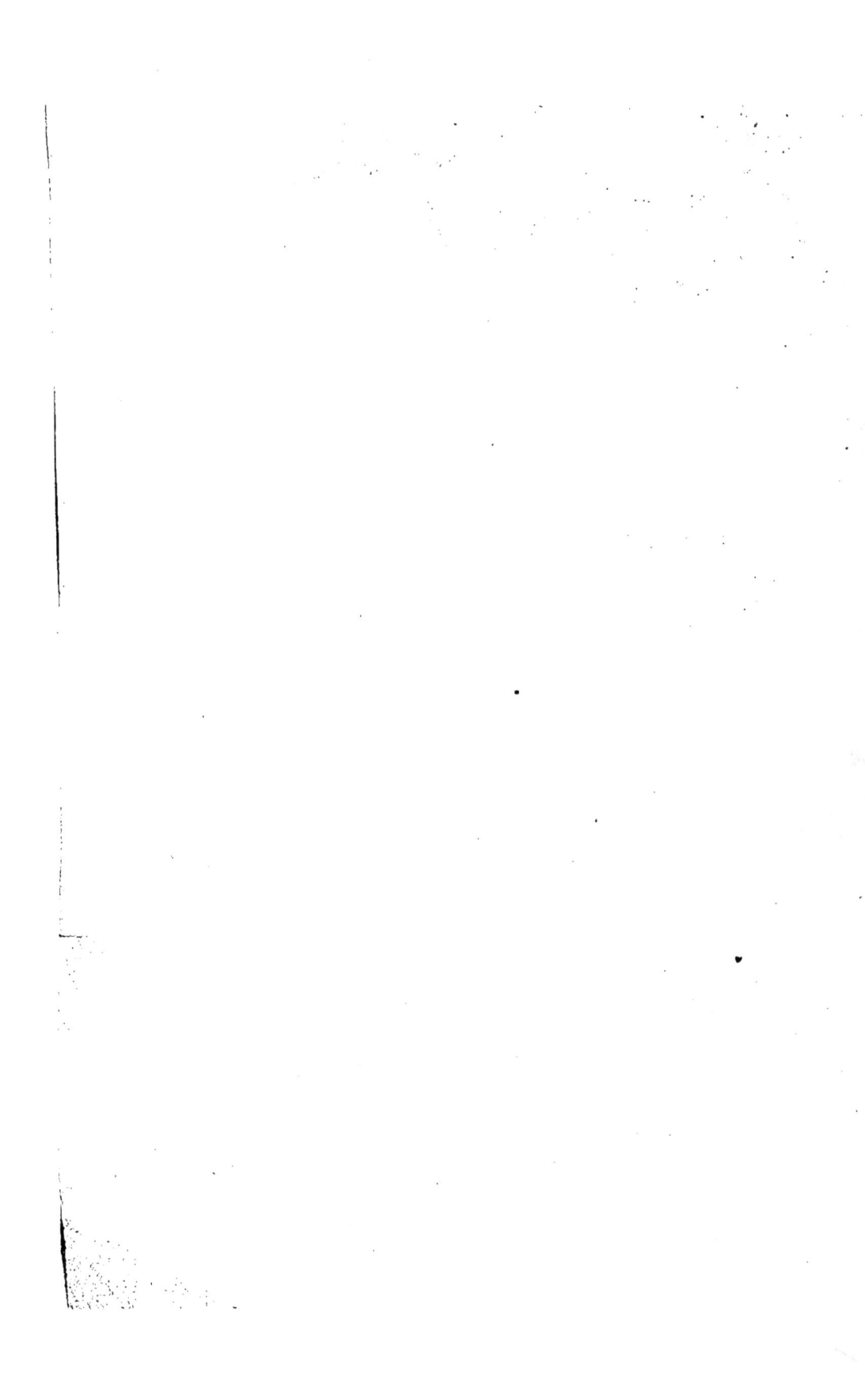

FLORE

DE LA

CHAINE JURASSIQUE

GRENIER et GODRON. *Flore de France ou description des plantes qui croissent naturellement en France et en Corse.* Paris, 1847-1856, 3 forts volumes in-8° de 800 pages chacun. . . . . 30 fr.

FLORE

DE LA

CHAINE JURASSIQUE

PAR

M. CH. GRENIER,

PROFESSEUR A LA FACULTÉ DES SCIENCES.

PREMIÈRE PARTIE.

Dicotylées — Dialypétales.

PARIS,

F. SAVY, LIBRAIRE, RUE HAUTEFEUILLE, 24.

BESANÇON,

DODIVERS ET Cᵉ, IMPRIMEURS-ÉDITEURS,
Grande-Rue, 42.

—

1865.

Extrait des Mémoires de la Société d'Émulation du Doubs.

3e SÉRIE. — TOME X.

FLORE

DE LA

CHAINE JURASSIQUE.

EMBRANCHEMENT 1.

PLANTES PHANÉROGAMES OU COTYLÉDONÉES.

Végétaux portant des fleurs constituées par des étamines et des pistils, ou au moins des ovules. Graines hétérogènes, composées d'un embryon ord. renfermé dans des tuniques. Embryon formé d'organes distincts, d'une plumule, d'une radicule, et d'un ou de deux et rarement de plusieurs cotylédons. — Végétaux formés de tissu cellulaire et vasculaire.

. Division I. DICOTYLÉES.

Tige herbacée ou ligneuse, séparable en deux zones, l'une extérieure (écorce), l'autre intérieure (bois); zone intérieure ligneuse formée de faisceaux constitués par des fibres et des vaisseaux dont la réunion forme un cylindre creux (canal médullaire) rempli de tissu cellulaire (moëlle); cette tige s'accroît annuellement chez les végétaux ligneux par l'addition, entre les deux zones, d'une couche dont la partie extérieure se rattache à l'écorce, et l'intérieure au bois. Feuilles simples ou composées, à nervures ord. divergentes et très ramifiées, pourvues de stomates (excepté dans les plantes submergées), très rar. nulles ou réduites à l'état d'écailles. Fleurs ord. à deux enveloppes florales (calice et corolle), à divisions ord. quinaires; enveloppes quelquefois réduites à une seule, et très rar. nulles. Embryon pourvu de deux cotylédons opposés, réduits parfois à un seul par soudure, et rar. à plusieurs cotylédons verticillés.

Classe I. DIALYPÉTALES.

Enveloppes florales ord. constituées par un calice et une corolle. Corolle à *pétales libres entre eux*, rar. nulle. Ovules contenus dans un ovaire fermé, et recevant l'action du pollen par l'intermédiaire d'un stigmate.

Sous-classe I. DIALYPÉTALES HYPOGYNES.

Pétales et étamines indépendants du calice, rar. nuls, insérés sur le réceptacle ou sur un disque hypogyne tantôt libre et tantôt soudé avec la base de l'ovaire. Ovaire libre.

I. RENONCULACÉES.

(RANUNCULACEÆ Juss. *Gen.* 231.)

Fleurs hermaphrodites, régulières ou non, à préfloraison ord. imbriquée, rar. valvaire. Calice à 5 et plus rar. à 3-15 sépales, libres, caducs, rar. persistants. Corolle à 5 et rar. à 3-15 pétales hypogynes, libres, très rar. soudés, caducs, réguliers ou irréguliers, quelquefois nuls. Étamines ord. *en nombre indéfini* (5-12 dans le *Myosurus* et quelques *Batrachium*), hypogynes, libres; anthères biloculaires, s'ouvrant en long. Ovaire libre, composé de carpelles en nombre indéfini, rar. 1-10. Carpelles libres ou soudés inférieurement, uniovulés ou pluriovulés. Styles libres, ord. persistants; stigmates simples. Fruit *composé de carpelles* en nombre indéfini, ou défini (1-10); carpelles tantôt secs, monospermes, indéhiscents, libres entre eux; tantôt secs, polyspermes, libres ou soudés inférieurement, s'ouvrant par la suture ventrale; très rar. le carpelle se transforme en baie oligosperme. Graines insérées à l'angle interne sur la suture ventrale; embryon droit, plongé dans un albumen épais et corné. Radicule dirigée vers le hile.

ANALYSE DES GENRES.

§ I. **Anthères extrorses. Carpelles monospermes, indéhiscents.**

T$_{RIB}$. I. **CLEMATIDEÆ DC.** — Préfloraison *valvaire*. Corolle nulle. Anthères extrorses. Carpelles en *nombre indéfini, monospermes, indéhiscents.* Graine suspendue. — Feuilles opposées.

CLEMATIS Lin.

Calice régulier, pétaloïde, à 4-5 sépales à estivation valvaire. Corolle nulle. Carpelles nombreux, ord. terminés en longue queue plumeuse par l'allongement du style. Graine suspendue.

C. Vitalba *L. sp.* 766; *G. G.* 1, *p.* 4. — Tige sarmenteuse, longue de plusieurs mètres et grimpante. Feuilles pennées, à 1-4 paires de folioles en cœur, dentées ou entières. Fleurs blanches, en panicule, à sépales tomenteux. ♃. Fl. juillet; fr. août-sept.

C. Dans les haies et les buissons des régions inférieures; rare en Bresse; pénètre à peine dans la région des sapins.

T$_{RIB}$. II. **ANEMONEÆ DC.** — Préfloraison imbriquée. Corolle nulle, ou composée de pétales réguliers. Anthères extrorses. Carpelles plus ou moins nombreux, *monospermes, indéhiscents.* Graine suspendue. — Feuilles alternes ou toutes radicales.

THALICTRUM Lin.

Calice à 4 sépales plus ou moins colorés, caducs. Corolle nulle. Carpelles 3-12, munis de côtes longitudinales ou d'ailes, à style court, persistant. Graine suspendue. — Fleurs en panicule terminale; involucre nul; feuilles alternes.

ANALYSE DES ESPÈCES.

1	Carpelles trigones, ailés et stipités	T. AQUILEGIFOLIUM.
	Carpelles ellipsoïdes, munis de côtes longitudinales.	2
2	Panicule ovoïde-pyramidale; fleurs longuement pédicellées, éparses ou en ombelles, jamais en glomérules denses; anthères apiculées. . .	3
	Panicule presque en corymbe; fleurs brièvement pédicellées et rapprochées en glomérules au sommet des rameaux; anthères mutiques. .	T. FLAVUM.

3 { Feuilles triternatiséquées, aussi larges que longues, c'est-à-dire à deux divisions latérales
presque de même dimension que la centrale. . 4
Feuilles tripennatiséquées et bien plus longues
que larges 5

4 { Souche dépourvue de stolons . . . . T. MAJUS.
Souche stolonifère. . . . . T. SYLVATICUM.

5 { Panicule large, à rameaux étalés. . . . . . T. MEDIUM.
Panicule étroite, à rameaux dressés. . . . . T. ANGUSTIFOLIUM.

a. *Carpelles trigones, ailés et stipités.*

T. aquilegifolium *L. sp.* 770; *G. G.* 1, *p.* 5.—Tige de 3-8
déc.; feuilles triternatiséquées, à segments obovales-cunéiformes.
Fleurs blanches ou lilas. ♃. Fl. mai-juillet, suivant les altitudes;
fr. juill.-sept.

C. Dans les bois et les lieux frais de toute la région des sapins, jusqu'aux sommités, d'où il redescend, en suivant les cours d'eau, jusque vers
la plaine, sans presque pénétrer dans la région des vignes.

b. *Carpelles ellipsoïdes, munis de côtes longitudinales, sessiles.*

♯ *Panicule ovoïde-pyramidale; fleurs longuement pédicellées,
éparses ou en ombelles, jamais rapprochées en glomérules denses.
Anthères apiculées.*

1. *Feuilles triternatiséquées, aussi larges que longues, c'est-à-dire à
deux divisions latérales presque de même dimension que la centrale.*

T. majus *Jacq. fl. a.* 5, *p.* 9, *t.* 430; *Godr. fl. Lorr. éd.* 2,
p. 5!; *T. calcareum Jord. obs.* 51, *p.* 9?; *T. Grenieri Loret,
bull. soc. bot. Fr.* 1859, *p.* 16!; *T. nutans G. G.* 1, *p.* 7!
(*non Desf.*); *T. minus et majus auct. jurass.* (*non L.*);
T. montanum Wallr. sched. 255?.—Souche grosse, *entièrement dépourvue de stolons,* portant les débris des anciennes
tiges rapprochés en faisceau (comme des cigarettes) qui de son
centre émet la tige florifère; celle-ci de la grosseur d'une plume
d'oie, dépourvue de feuilles à la base et munie de gaines, dure,
très peu fistuleuse, très variable dans sa longueur (1-6 déc. selon
la fertilité du sol), fortement sillonnée, souvent pruineuse, tantôt
glabre et tantôt pulvérulente-glanduleuse. Feuilles ord. rapprochées vers le milieu de la tige, subétalées, largement ovales, à
pétiole commun plein, canaliculé en-dessus et sillonné en-
dessous, à segments d'un vert foncé en-dessus, plus pâles

en-dessous, subcoriaces, ovales ou obovales, à 3-5 lobes. Carpelles *ovoïdes-renflés, peu atténués* aux deux extrémités et surtout à la base, munis de 8-10 côtes saillantes. Panicules à
rameaux alternes et souvent verticillés, étalés-redressés. ♃.
Juillet-août.

C. Dans toute la chaîne jurassique, depuis la perte du Rhône (et même
depuis les Alpes calcaires de Gap et la Grande-Chartreuse) jusqu'à Belfort,
Bâle et même en Argovie ; il descend des sommets jusqu'aux abords de la
région des vignes (Laissey près Besançon).

Obs. Si j'ai conservé le nom de *T. majus*, qui pour moi est douteux,
c'est que j'ai obéi moins à la logique, qu'à la crainte de paraître résoudre
à mon profit une question dont la solution n'aurait que l'apparence d'avoir
été formulée au profit de M. Loret.
    Je ne suppose pas que la plante que je viens de décrire, et qui
est assez commune dans la chaîne jurassique, soit restée inconnue à
M. Jordan, qui a si souvent exploré les différents points de cette chaîne.
Mais au milieu des nombreuses diagnoses publiées par cet habile obser-
vateur, j'avoue que je n'ai pu reconnaître celle qui s'applique à notre
plante, et je suis revenu à celle de Jacquin. Du reste comme il est
probable que la plupart de mes espèces seront pour M. Jordan des groupes
d'espèces, il en résultera que dans le cas présent le nom de M. Loret
restera pour les botanistes qui n'adopteront pas les fragmentations de
M. Jordan, non plus que la dénomination de Jacquin.
    Cette plante ne peut être le *T. minus L.* parce que l'immortel auteur
du *Species* cite la figure de *Dodonæus*, dont la souche est fortement
stolonifère, tandis que notre plante jurassique est absolument sans stolons. Je l'ai cultivée pendant dix ans dans une terre meuble et fertile de
jardin, et il m'a été impossible de constater la moindre trace de stolons,
pendant que je ne pouvais parvenir à me débarrasser des innombrables
stolons de la plante du bois de Boulogne (*T. sylvaticum Koch*) cultivée
dans les mêmes conditions.
    Je renonce au nom de *Th. nutans* que j'avais adopté dans la *Flore de
France*, parce que Desfontaines et Poiret ont fondé leur espèce sur une
plante cultivée, d'origine inconnue, et dont l'identité ne saurait désormais
plus être constatée.
    Je n'adopte point le nom de *T. montanum Wallr.*, parce que les auteurs
allemands, qui me paraissent avoir bien connu la plante de Wallroth, lui
ont donné une souche stolonifère, et que cette opinion me semble légitimée
par ces mots : « *Radix horizontaliter protensa* » qui s'appliquent évidem-
ment à la souche, qui dès lors n'a plus de rapport avec la souche de notre
espèce.

T. sylvaticum *Koch, syn.* 4; *G. G.* 1, *p.* 3; *T. saxatile? auct.
jurass.* — Souche grèle, rameuse, *émettant de nombreux stolons
très longs;* tige grêle, lisse et à peine striée sous l'insertion des
pétioles, nue ou écailleuse tout à fait à la base, feuillée jusque
sous la panicule. Pétiole commun à peine sillonné en-dessous;

folioles obovales ou suborbiculaires, à 2-3 dents arrondies. Panicule maigre. Carpelles *ellipsoïdes atténués aux deux extrémités.* —Plante glabre. ♃. Fl. juin-juillet ; fr. août-septembre.

Dans le Jura j'ai récolté cette plante près de Montbéliard, sur les alluvions du Doubs, au lieu dit Champagne-d'Arbouans, d'où M. Contejean m'a envoyé des souches vivantes qui, dans le jardin de M. Bavoux, ne se sont point modifiées. M. Paillot a vu cette même espèce abondante autour de Frotey, Andelarre, Fontenois, dans la Haute-Saône.

Obs. Je ne pense pas qu'il faille rattacher à cette espèce aucun des synonymes des botanistes jurassiens, je crois au contraire qu'il faut les rattacher tous au *Th. majus Jacq.* Ainsi M. Michalet indique à Salins un *T. saxatile* et un *T. montanum*, puis au sommet du Colombier mon *T. nutans.* Or des recherches nombreuses m'ont démontré que, dans ces localités, on ne rencontre qu'une seule espèce dépourvue de stolons : *T. majus Jacq.*

Ajoutons que tout près du Jura, au pied du Salève, ainsi qu'autour de Nancy, on trouve un *Thalictrum* voisin de celui que je viens de signaler, et pourvu d'une souche stolonifère. M. Reuter donne à la plante du Salève le nom de *T. saxatile DC.*; M. Godron donne à la plante de Nancy, qui est certainement la même, le nom de *T. minus L.* Il me semble qu'elle constitue une espèce différente du *T. sylvaticum*; mais comme elle est jusqu'à présent étrangère au Jura, elle ne doit point nous occuper ici.

2. *Feuilles tripennatiséquées et plus longues que larges, c'est-à-dire à divisions latérales plus courtes que la centrale.*

T. medium *Jacq. austr. t.* 421; *T. lucidum G. G.* 1, *p.* 8 *(non L.).* — Souche stolonifère; tige de 5-12 déc., à côtes fines. Feuilles *ovales-lancéolées ;* folioles *oblongues-cunéiformes,* entières et subtrilobées, à lobes lancéolés. Fleurs et fruits *distants;* anthères apiculées. Carpelles *ellipsoïdes atténués aux deux extrémités.* Panicule *large,* pyramidale. ♃. Juillet-août.

Bords de l'Ain, à Thoirette (*Michalet*); Champagne-d'Arbouans près Montbéliard ! (*Contejean*).

Obs. On voit que je substitue au nom que j'avais adopté dans la *Flore de France,* celui de *T. medium Jacq.*; j'en vais donner les motifs. Après avoir relu les textes de Linné, il m'a paru que les *T. lucidum* et *medium* ne pouvaient avoir entre eux que peu d'affinité, et je suis arrivé, sous ce rapport, aux mêmes conclusions que M. Jordan. Linné en effet place son *T. lucidum* après le *T. flavum,* bien loin par conséquent du *T. minus;* et comme s'il eût voulu prévenir la confusion qui a été commise, il ajoute : « *An satis distincta à T. flavo ; videtur temporis filia.* » C'est donc avec le *T. flavum* que le *T. lucidum* a des rapports intimes, et je suis plus disposé à voir le *T. lucidum L.* dans le *T. nigricans DC.,* dont la patrie citée *in Hispania* milite encore en faveur de cette hypothèse. Remarquons en outre que le caractère capital de la diagnose linnéenne : « *Foliis linearibus carnosis* » ne peut certainement pas s'appliquer au *T. medium,* qui a bien plus d'affinité avec le *T. minus L*. Quant aux synonymes de Dalibard et de Tournefort cités par Linné, je suis porté à croire que Linné en a fait une fausse application, attendu que la plante de ces auteurs ne lui était probablement pas connue. Willdenow, dans son *Species* (1799), va plus loin que Linné ; il place le *T. medium* avant le *T. minus*, séparant ainsi le *medium* du *lucidum* par neuf espèces, au nombre desquelles se trouve en première ligne le *T. minus*, et en septième le *T. flavum*. Il différencie avec soin le *medium* du *minus*, sans plus se préoccuper du *lucidum* que du *flavum*, ou de toute autre espèce. Puis lorsqu'il arrive au *lucidum*, il ne lui assigne pas d'autre affinité qu'avec le *flavum*, en reproduisant textuellement les phrases linnéennes. Et cependant Willdenow avait vu en herbier la plante de Linné, il avait vu vivante celle de Jacquin ! A cette époque où les traditions laissées par le grand réformateur étaient encore si récentes, et ne faisaient l'objet d'aucune controverse, on regardait donc les *T. medium et lucidum* comme parfaitement distincts. De Candolle dans son *Systema* adopte et confirme cette opinion, en ajoutant, après Gmelin, que, dans le jardin, le *T. lucidum* d'Espagne ne diffère du *T. flavum* que par ses feuilles plus luisantes. Enfin il ne connaît les *T. medium* et *lucidum* que secs et cultivés ; et s'il rapporte la plante de Paris au *T. lucidum*, c'est sur une simple donnée qui lui est fournie par Tournefort, et non d'après ses propres observations. Il a d'ailleurs exclu ces deux plantes de la *Flore de France* (1805-1815), et il est plus que probable qu'il n'a pas connu la plante de Vincennes, qui est devenue ultérieurement la cause de la confusion.

T. angustifolium *L. sp. éd. 1* (1753), *p.* 546 *(non Jacq.) ; G. G. 1, p. 8, et ap. Schultz, exsicc. n° 601; T. Bauhini Crantz, austr. 105* (1762); *T. galioïdes Pers. syn. 2, p. 101* (1807); *Fries summ. 138, et herb. n. f. 13, n° 44!; Koch, syn. 6; Rchb. ic. germ. 4636; T. Bauhinianum Wallr. sched. 264* (1822); *T. Nestleri Schultz, herb. n. cent. 3, n° 203! C. Bauh. prod. p. 146, cum ic. optimâ.* — Souche stolonifère; tige de 5-10 déc., à côtes fortes. Feuilles *lancéolées; folioles lancéolées, lancéolées-linéaires ou linéaires,* en coin à la base, entières ou bi-trilobées. Fleurs et fruits rapprochés, et jamais glomérulés. Anthères apiculées. Carpelles *ovoïdes-globuleux.* Panicule *étroite,* à rameaux dressés en pyramide oblongue. ♃. Fl. juillet; fr. sept.

Çà et là le long des bords du Doubs, depuis Montbéliard, où il est commun, jusqu'à l'embouchure de cette rivière ; tout le long de l'Ain, jusqu'à Thoirette ; la Chatelaine et les Planches près Arbois ; le plateau de Mamirolle et Nancray près Besançon ; disséminé en Suisse entre les lacs et le pied du Jura, Gex, Gingins, le pré de Bière, Bale, etc.

Obs. Dans la *Flore de France* (1848), j'ai donné à la plante que je viens de décrire le nom de *T. angustifolium L.*, et je pense encore aujourd'hui que c'est bien là le nom qu'elle doit porter. Ce nom en effet date de la 1re édition du *Species* de Linné (1753), et la plante que Linné avait en vue est si clairement désignée, selon moi, que nul doute sérieux ne peut s'élever à son égard ; car tous les synonymes cités par Linné tirent leur origine de la plante décrite et figurée par Bauhin dans son prodrome. Or la plante de Bauhin, la plante des environs de Bale, est bien celle que je viens de signaler, et dans les prairies de Michelfelden aucun autre *Thalictrum* ne peut produire la moindre confusion. Nulle équivoque n'est donc possible, et la plante classique de Bale doit être prise pour le type de l'espèce linnéenne, qui se répand de là dans tout le Jura, arrive à Grenoble, et apparaît disséminée dans tout le Dauphiné et la Savoie. C'est encore elle qui au nord descend avec le Rhin dans les plaines de l'Alsace, à Strasbourg où sa forme à feuilles très étroites a servi à établir le *T. galioides*: puis elle passe dans le Palatinat et dans presque toute l'Allemagne, sans subir d'autre modification que de présenter des folioles tantôt lancéolées, tantôt linéaires.

Ces faits établis, comment admettre que Jacquin ait pu, en 1776, donner à une autre plante le nom de *Th. angustifolium*, et condamner ainsi à l'oubli le nom linnéen. Assurément un pareil fait est contraire à toutes les règles admises en taxonomie, et n'exige aucune réfutation. C'est la plante de Jacquin et non celle de Linné qui doit changer de nom ; et puisque Koch a déjà un *T. Jacquinianum*, qui ne nous permet plus de donner au *T. angustifolium Jacq.* le nom de cet auteur, on pourrait lui appliquer celui de *T. fulgidum*, tout en remarquant qu'il serait possible que cette plante de Jacquin ne fut pas différente du *Th. nigricans DC.* (ainsi que l'a pensé Ledebour, fl. ross. 1, p. 12), et qu'alors il y aurait lieu de substituer le nom de Decandolle à celui de Jacquin ; si toutefois encore il ne valait pas mieux chercher la plante de Jacquin dans le *T. lucidum L.*, qui aurait alors pour synonyme *T. nigricans DC.* Si l'on ne tenait pas compte de ces doutes, il faudrait conclure que la plante de Jacquin constitue une espèce distincte assez répandue en Allemagne et en Russie, mais étrangère à la France. Ses fleurs, réunies en glomérules serrés au sommet des rameaux, la rapprochent du *T. flavum*, et Koch a eu raison de la placer dans la même section que ce dernier, pendant qu'il rangeait notre *T. angustifolium* (*T. galioides Koch*) dans une autre section.

Quoi qu'il en soit du *T. angustifolium Jacq.*, si le nom linnéen ne devait point être appliqué à notre plante jurassique, et s'il devait être abandonné, ce ne serait pas le nom de Jacquin qui se présenterait en première ligne pour le remplacer ; ce serait celui de Crantz. Cet auteur, dans ses *Stirpes* (1762), publie un *T. Bauhini*, qui n'est encore que la plante linnéenne, ainsi que cela ressort incontestablement de sa diagnose et surtout des synonymes cités. Mais Crantz semble ignorer complètement l'analogie de sa plante avec le *T. angustifolium L.*, qui paraît lui être resté inconnu, et le nom créé par cet auteur ne peut prétendre qu'à figurer parmi les synonymes du *T. angustifolium L.*

Le nom de *T. galioides*, édité en 1807 par Persoon, n'a désigné d'abord que la forme à feuilles linéaires de notre espèce. Puis on y a fait rentrer peu à peu les formes à feuilles plus larges, de telle sorte qu'à la fin le *T. galioides* a pris la place du *T. angustifolium*, ainsi que cela se voit dans Koch, Fries, Reichenbach, etc. Cette filiation constatée, il ne reste plus qu'à joindre le *T. galioides*, tantôt aux synonymes du type, tantôt aux synonymes de la variété à feuilles étroites. On rencontre facilement les formes intermédiaires qui réunissent ces formes extrêmes ; on observe aussi des variations à feuilles si larges que, sans la panicule, on les confondrait avec le *T. flavum*. Wallroth, dans ses *Schedulæ* publiées en 1822, a parfaitement vu qu'il en était ainsi, et il n'a pas hésité à réunir le *T. Bauhini* au *T. galioides*. Mais alors la logique voulait qu'il reprît le nom linnéen ; il n'en a rien fait, et il a eu le tort de créer un nom nouveau (*T. Bauhinianum*), uniquement parce qu'il réunissait deux variétés induement séparées par ses devanciers. Au milieu de ses excellentes annotations, Wallroth a trop souvent abusé de ce procédé, qui permet si facilen.ent de se substituer à ses prédécesseurs.

De l'examen auquel je viens de me livrer, il résulte que le *T. angustifolium L.* est une plante parfaitement précisée, et que si elle a été méconnue, on ne peut faire retomber sur Linné les erreurs commises par ses successeurs, et supprimer un nom dont la légitimité satisfait aux exigences les plus sévères de la taxonomie.

Il me reste à examiner une dernière opinion qui consiste à identifier notre plante avec le *T. simplex L.* Or les textes linnéens repoussent cette combinaison, en rapprochant le *T. simplex* du *minus*, et non du *flavum*, avec lequel notre plante a tant d'affinité que plusieurs botanistes ont cru pouvoir les réunir. Ajoutons que Fries redit, après Linné, que le *T. simplex* est une plante commune en Suède, et que dans ses *novitiæ*, il le différencie avec so'n du *T. angustifolium* (*T. galioides Fries*), qu'il dit être étranger à la Suède ; car ce n'est que tout nouvellement que ce *T. galioides* a été trouvé en Suède et publié par Fries, dans son herbier normal, fascicule 13, n° 14 ! Le *T. simplex* commun en Suède, et qui est bien celui qui a été vu et décrit par Linné, se trouve dans nos Alpes et dans les Pyrénées, mais il est étranger au Jura. Il a été publié par Fries, herb. n. cent. 3, n° 26 !

†† †† *Panicule presque en corymbe ; fleurs brièvement pédicellées et rapprochées en glomérules au sommet des rameaux. Anthères mutiques.*

T. flavum *L. sp.* 770; *G. G.* 1, *p.* 9. — Souche stolonifère. Tige de 1-2 mètres, cannelée. Feuilles pennées, triangulaires-lancéolées dans leur pourtour ; folioles obovales ou oblongues en coin, entières ou bi-trilobées. Fruits et fleurs en glomérules au sommet des rameaux ; étamines dressées ; anthères mutiques. Carpelles ovoïdes-globuleux. Panicule corymbiforme, à rameaux ascendants-dressés. ♃. Fl. juill.; fr. sept.

A. C. Le long des bords du Doubs, depuis les bords du lac Saint-Point jusqu'à son confluent avec la Saône, marais de Saône près Besançon ; prairies marécageuses entre les lacs de Genève et de Neuchatel, et le pied du Jura, Iverdon, Orbe, aux allées de Colombier, bords du lac au-dessus de la Favarge (*Godet*), vallon du Locle, etc.

ANEMONE Lin.

Calice à 5-15 sépales pétaloïdes, caducs. Corolle *nulle*. Carpelles nombreux *dépourvus de rides, de côtes ou d'ailes*, disposés en tête. Style persistant. Graine suspendue. — Feuilles caulinaires ternées et formant un involucre plus ou moins éloigné ou rapproché de la fleur ou des fleurs.

Sect. I. PULSATILLA Tournef. — Carpelles terminés par un *style longuement accru en appendice plumeux.*

A. Pulsatilla *L. sp.* 759 ; *G. G.* 1, *p.* 11. — Tige de 1-3 déc., uniflore. Feuilles radicales velues, bi-pennatiséquées, à lanières linéaires ; feuilles de l'involucre sessiles, à segments *linéaires.* Fleur en cloche, grande, penchée, *violette.* Sépales soyeux extérieurement. Étamines extérieures presque toujours avortées. ♃. Mai-juin.

Dans les prés secs, sur le plateau qui sépare la région des vignes de celle des sapins ; Clairvaux, Marigny, Doucier, Pont-du-Navoy, Champagnole, Nantua, Thoirette, Ornans près Besançon ; se retrouve également sur le versant suisse, Neuchatel, Prangins, Nyon ; Jura Balois et Argovien.

A. alpina *L. sp.* 760 ; *G. G.* 1, *p.* 12. — Tige de 1-5 déc., uniflore. Feuilles d'abord velues-soyeuses, puis glabrescentes ; les radicales triangulaires, bi-ternatiséquées, à segments *lancéolés ;* feuilles de l'involucre courtement pétiolées, *semblables aux radicales.* Fleur grande, blanche et teintée de violet pâle ou de rose extérieurement, presque étalée. Étamines toutes fertiles. ♃. Juin-août.

A. C. Dans les paturages de la région alpestre, à partir de 1400 mètres, descend rarement au-dessous de 1300 mètres ; Montendre, la Dôle, la Faucille, le Reculet, le Mont-d'Or, le Suchet, le Chasseral.

Sect. II. ANEMANTHUS Endl. — Carpelles terminés par une pointe courte et *non plumeuse.* Involucre éloigné de la fleur.

A. narcissiflora *L. sp.* 763 ; *G. G.* 1, *p.* 13. — Tige de 1-4 déc. Feuilles radicales palmatiséquées, à 3-5 segments profondément incisés ; les caulinaires *soudées à la base et divisées en lanières étroites.* Fleurs 2-7 en ombelle, blanches ou un peu violacées en-dessous. ♃. Juin-août.

A. C. Dans la région alpestre, et même dispersion que l'*A. alpina* qu'il accompagne presque partout.

A. nemorosa *L. sp.* 762 ; *G. G.* 1, *p.* 13. — Tige de 2 déc., grèle. Feuilles *toutes semblables ;* les 3 caulinaires *pétiolées,* palmatiséquées, à segments pétiolulés et profondément incisés.

Fleur *unique,* blanche, rose ou violacée. Carpelles à bec court. ♃. Avril-mai.

C. C. Dans les lieux frais, haies et bois de toute la région inférieure, moins abondant dans la région des sapins, il disparaît en approchant des sommités.

A. ranunculoides *L. sp.* 762; *G. G.* 1, *p.* 13. — Tige de 2 déc., grêle. Feuilles toutes semblables; les caulinaires *presque sessiles,* palmatiséquées, à segments subpétiolulés et profondément incisés. Fleur ord. unique, parfois 2-3 en ombelle, *jaunes.* ♃. Avril-mai.

Disséminé à diverses hauteurs, rar. abondant; Lons-le-Saunier, Mirebel, Saint-Laurent-en-Grandvaux, Salins, Dole, Besançon, Baume-les-Dames, Col-des-Roches; paraît plus abondant dans l'arrondissement de Montbéliard (*Contejean,* énum., p. 116); se trouve également disséminé sur le versant suisse, dans le canton de Neuchatel.

Sect. III. HEPATICA Koch. — Carpelles terminés par un bec court *non plumeux;* involucre à 3 folioles *entières, situées sous la fleur et simulant un calice.*

A. Hepatica *L. sp.* 758; *G. G.* 1, *p.* 15. — Feuilles toutes radicales, triangulaires, à lobes ovales entiers. Pédoncules radicaux, uniflores, à peine aussi longs que les feuilles. Fleur bleue, rar. blanche. ♃. Mars-avril.

A. C. Sur le versant suisse du Jura, de Bâle à Neuchatel, Nyon, Genève; il franchit la ligne de faîte du Jura pour se montrer au-dessus de Pont-de-Roide et de Vermondans, dans le Doubs; de là il arrive à Rougemont, Mancenans et Nans, où il est très commun (*Paillot*).

ADONIS Lin.

Calice à 5 sépales caducs. Corolle *à 3-20 pétales* dépourvus de fossette nectarifère, brièvement onguiculés. Carpelles nombreux, *ridés,* disposés en épi. Style court. Graine suspendue.—Feuilles découpées en lanières fines; tige feuillée; involucre nul.

A. autumnalis *L. sp.* 771; *G. G.* 1, *p.* 15. — Tige de 1-3 déc. Calice *glabre.* Pétales 5-8, pourprés, obovales, *concaves,* connivents. Carpelles en épi *ovoïde-oblong,* à base arrondie, bec continuant presque le bord supérieur, qui est *bossu* vers son milieu et *dépourvu de dent.* ☉. Eté.

Çà et là seulement dans les moissons de la plaine.

A. æstivalis *L. sp.* 772; *G. G.* 1, *p.* 16.—Tige de 2-5 déc. Calice *glabre*. Pétales 5-8, pourpres ou jaunes, *plans-étalés*. Carpelles en épi oblong–cylindrique, à base large, un peu marginée et crénelée extérieurement, à bec concolore, *oblique* par rapport au *bord supérieur* qui est *uni-bidenté*. ☉. Été.

Champs argilo-sableux, Audincourt et Arbouans, près Montbéliard (*Contejean*, l. c.) ; moissons des environs de Dole, Pescux, Longwy, Annone, Petit-Noir, etc. (*Michalet*); environs de Bâle et de Délémont, etc.

A. flammea *Jacq. austr.*, *t.* 355; *G. G.* 1, *p.* 16. — Tige de 2-5 déc. Calice *velu*. Pétales d'un rouge vif, oblongs, *inégaux*, plans-étalés. Carpelles en épi cylindrique lâche, à bord supérieur *denté près de la base,* muni d'*une dent près du bec;* bec *noirâtre sphacelé,* presque perpendiculaire au bord sup. ☉. Été.

A. C. Moissons de l'alluvion du Doubs et de la Loue, au-dessous de Dole, dans le canton de Chaussin (*Michalet*); Chissey et Cramans (*Garnier*).

MYOSURUS Lin.

Calice *à* 5 *sépales caducs prolongés en éperon* à la base. Pétales 5, caducs, à *onglet tubuleux* et nectarifère. Etamines 5-10. Carpelles lisses, très nombreux, en épi allongé-filiforme très compact. Style court, persistant. Graine suspendue. — Feuilles toutes radicales. Involucre nul.

M. minimus *L. sp.* 407; *G. G.* 1, *p.* 17.—Sépales plus longs que les pétales. Feuilles linéaires, formant une rosette radicale. Pédoncules radicaux de 5-12 centimètres. ☉. avril-mai.

Champs argilo-sableux de la Bresse, où il est assez abondant.

TRIB. III. RANUNCULEÆ DC.— Préfloraison imbriquée. Corolle à pétales réguliers, *portant vers l'onglet plan un pore nectarifère,* avec ou sans écaille. Anthères extrorses. Carpelles nombreux, monospermes, indéhiscents. *Graine dressée.*

RANUNCULUS Lin.

Calice *à* 5 *sépales,* caducs. Pétales 5 et rar. plus, munis vers l'onglet plan d'un pore nectarifère nu ou couvert par une écaille. Etamines en nombre indéfini, plus rar. 12-20. Carpelles nombreux, *surmontés par le style ord. persistant,* disposés en capitules globuleux ou allongés. Graine dressée. — Feuilles alternes.

ANALYSE DES SECTIONS.

Sect. I. *BATRACHIUM DC.* — Pétales blancs munis d'un *nectaire dépourvu d'écaille.* Carpelles non bordés, *ridés en travers.* Pédoncules *courbés* en arc à la maturité.

Sect. II. *VESICASTRUM G. G.* — Carpelles *globuleux, non ridés en travers, non bordés,* à carène saillante. Plantes vivaces.

Sect. III. *EURANUNCULUS G. G.* — Pétales jaunes, fossette nectarifère fermée par une écaille. Carpelles *comprimés, bordés,* à carène saillante.— Plantes vivaces.

Sect. IV. *BRACHYBIASTRUM G. G.* — Pétales jaunes ; fossette fermée par une écaille. Carpelles à carène saillante, *comprimés, lenticulaires, bordés,* souvent tuberculeux ou épineux sur les faces. Racine *annuelle ou bisannuelle.*

Sect. V. *HECATONIA Lour.* — Pétales jaunes ; fossette sans écaille. Carpelles à *carène remplacée par un sillon.* Racine annuelle.

Sect. I. Batrachium DC. — Pétales blancs, *munis d'un nectaire dépourvu d'écaille.* Carpelles non bordés, *ridés en travers.* Pédoncules *courbés en arc* à la maturité.

ANALYSE DES ESPÈCES.

1	Réceptacle glabre.	2
	Réceptacle velu.	3
2	Feuilles toutes réniformes.	R. HEDERACEUS.
	Feuilles toutes divisées en lanières. . . .	R. FLUITANS.
3	Corolle grande, deux fois plus longue que le calice.	4
	Corolle petite, à peine une fois plus longue que le calice.	5
4	Feuilles supérieures ord. lobées, les autres à lanières fines se réunissant en pinceau après l'émersion.	R. AQUATILIS.
	Feuilles toutes multiséquées, à lanières étalées en tous sens après l'émersion. . . .	R. DIVARICATUS.
5	Feuilles toutes multifides, pétiolées, se réunissant en pinceau après l'émersion. . .	R. PAUCISTAMINEUS.
	Feuilles multifides (les sup. rar. lobées), subsessiles, en partie étalées après l'émersion.	A. TRICHOPHYLLOS.

a. Réceptacle glabre.

R. hederaceus *L. sp.* 784; *G. G.* 1, *p.* 19. — Feuilles longuement pétiolées, *toutes réniformes,* à 5 lobes larges peu profonds et entiers. Pédoncules *grêles,* plus courts que les feuilles. ♃. Mai-juillet.

A. C. Dans les ruisseaux et lieux fangeux de la Bresse, Tassenière, Pleurre, Fays, Neublans, etc., se retrouve près de la forêt de la Serre, entre Vriange et Serre (*Michalet*).

R. fluitans *Lam. fl. fr.* 3, *p.* 184; *G. G.* 1, *p.* 25.— Feuilles plus ou moins longuement pétiolées, *toutes divisées en lanières linéaires.* Pédoncules gros, *renflés* surtout à la base, aussi longs que les feuilles. ♃. Juin-juillet.

A. C. Dans les rivières et les ruisseaux profonds des deux versants du Jura, mais plus commun sur le versant français.

b. *Réceptacle velu.*

R. aquatilis *L. sp.* 781 (*excl. var.*); *G. G.* 1, *p.* 22. — Feuilles ord. de deux sortes; les inf. submergées, multifides, à lanières capillaires, flasques, *se réunissant toutes en pinceau par l'émersion;* les sup. nageantes, à limbe réniforme-lobé; rarement les feuilles sont toutes-réniformes ou toutes multifides. Pédoncules un peu renflés, de la longueur des feuilles. Fleurs *grandes,* pétales *larges,* deux fois plus longs que le calice. Etamines nombreuses. ♃. Mai-juin.

Disséminé dans les mares et cours d'eau des parties basses de toute la chaîne jurassique; rare ou nul dans la haute montagne.

R. trychophyllos *Chaix in Vill. Dauph.* 1, *p.* 135; *G. G.* 1, *p.* 23. — Feuilles ord. toutes multifides, ou portant 2-3 feuilles émergées subréniformes 3-5-partites (*R. Godroni Grenier*); les inf. pétiolées, flasques et formant pinceau par l'émersion; les sup. *presque sessiles,* plus ou moins *raides-étalées;* pédoncules *dépassant peu* les feuilles. Fleurs *petites,* à pétales *étroits,* à peine une fois plus longs que le calice. Etamines 12-15. ♃. Mai-juillet.

C. Aux bords des rivières, des ruisseaux, des mares, dans la plaine et sur les montagnes.

Obs. M. Schultz, dans Fl. Pfalz (1846), a bien distingué cette espèce de la suivante, sous le nom de *B. cæspitosum,* et non sous celui de *B. tricho-phyllum,* qui répondait au plus ancien nom de la plante. Mais dans sa phytostatique (1863), il est revenu au nom de Chaix.

R. paucistamineus *Tausch. pl. sel. Roh.; Koch, syn.* 433; *R. Drouetii Reut. cat.* 1861, *p.* 3; *Rapin, Guid. bot.* 1862, *p.* 12 (*non Schultz*); *Batrachium paucistamineum Schultz, fl. pf.* 14, *et exsicc. n*° 805 (*non n*° 404 : *B. Drouetii Schultz*), *et arch.* 85. — Feuilles toutes submergées, multifides et *pétio-lées,* à lanières capillaires, flasques, *formant toutes pinceau*

par l'émersion. Pétales étroits, un peu plus longs que le calice.
Etamines 12-15. ♃. Avril-mai.

A. C. Dans les mares de la plaine, paraît manquer dans la montagne et surtout dans la région des sapins, où l'espèce précédente n'est pas rare ; aux pieds des deux versants du Jura.

Obs. Cette espèce, longtemps confondue avec la précédente, dont elle est très voisine. lui ressemble par la découpure de ses feuilles et par la petitesse de ses fleurs, dont les pétales ne se touchent point par les bords ; elle en diffère par ses feuilles supérieures très distinctement pétiolées, et se réunissant en pinceau lorsqu'on les sort de l'eau. La dispersion des deux plantes est également très différente. Cette plante a été prise par MM. Reuter et Rapin et par plusieurs autres botanistes pour le *R. Drouetii* ; mais la plante de l'ouest, publiée sous ce dernier nom par M. Schultz, est bien plus grêle, à fleurs encore plus petites, à carpelles plus petits et bien moins nombreux. Je ne la connais point dans le Jura ; elle se retrouve dans le Midi, et paraît abondante autour de Montpellier. Est-elle différente du *R. paucistamineus ?*

R. divaricatus *Schrank, B. fl.* 2, *p.* 104; *G. G.* 1, *p.* 25. — Feuilles submergées, *presque sessiles*, multifides, à lanières capillaires, *raides, divariquées et étalées horizontalement même hors de l'eau.* Pédoncules 2-3 fois plus longs que les feuilles. Pétales larges, deux fois plus longs que le calice. Etamines 10-20. ♃. Juin-août.

C. C. Dans les ruisseaux, rivières, mares de la plaine et des régions inférieures, manque dans la région des montagnes.

Sect. II. Vesicastrum *G. G.* — Pétales blancs ou jaunes ; fossette nectarifère avec ou sans écaille. Carpelles *globuleux, non bordés, non ridés en travers,* à carène saillante. Plantes vivaces.

a. *Fleurs jaunes.*

R. Thora *L. sp.* 775; *G. G.* 1, *p.* 26. — Pétales à fossette sans écaille. Feuilles radicales squammiformes, ou une seule développée et offrant un limbe orbiculaire denté en avant ; la caulinaire inférieure subpétiolée, arrondie, réniforme, crénelée ; la suivante obovale en coin et laciniée ; les autres lancéolées. Tige de 1-2 déc., glabre comme le reste de la plante, à 1-2 fleurs. Racine grumeuse. ♃. Juin-août.

A. R. Sur les pelouses et dans les rochers des hautes sommités du Jura, à la Dôle, au Colombier, au Reculet, à 1600-1700 mètres d'altitude, à la Faucille du côté de Mijoux, dans des rochers ombragés au nord, où cette plante descend jusqu'à 1100 m. (*Michalet*).

b. *Fleurs blanches.*

†† *Fossette nectarifère nue.*

R. alpestris *L. sp.* 778; *G. G.* 1, *p.* 29. — Feuilles radicales arrondies, en cœur à la base, palmatipartites, à 3-5 divisions obovales, incisées-crénelées; les caulinaires 1-2, simples
ou trifides. — Plante glabre; tige de 1-2 déc., portant 1-3 fleurs.
♃. Fl. juin; fr. août.

Sommités du Jura central, depuis Hasenmatt jusqu'au Suchet, descend
au fond du Creux-du-Van, reparaît au Montendre, puis disparaît jusqu'à
l'extrémité de la chaîne, pour ne plus se montrer au midi qu'autour de la
Grande-Chartreuse de Grenoble.

†† †† *Fossette nectarifère bordée d'une membrane ou munie
d'une écaille.*

R. aconitifolius *L. sp.* 776; *G. G.* 1, *p.* 27. — Tige de
3-6 déc. Feuilles palmatiséquées, à 3-5 divisions obovales-cunéiformes, subaiguës, incisées-dentées, *la médiane distincte jusqu'au pétiole;* les latérales soudées inférieurement. Bractées
lancéolées, dentées, non acuminées. Pédoncules *pubescents.*
Rameaux *lâches et divariqués,* formant un corymbe très étalé.
♃. Juin-août.

A. C. Dans les prés humides de toute la région des sapins, d'où il descend souvent, jusqu'au contact de la région des vignes, comme à Salins et
au marais de Saône, près Besançon.

R. platanifolius *L. mant.* 79; *G. G.* 1, *p.* 27. — Tige
de 4-6 déc. Feuilles amples, palmatiséquées, à 5-7 divisions
trifides-incisées, *acuminées,* toutes plus ou moins soudées entre
elles par la base. Bractées inf. étroites, *presque entières et acuminées.* Pédoncules à la fin *glabres ou glabrescents.* Rameaux
dressés, en corymbe resserré. — Fleurs plus grandes que celles
du précédent; feuilles non divisées jusqu'au pétiole, *fortement
nerviées* en-dessous, à lobes longuement acuminés, surtout dans
les feuilles supérieures, à gaines souvent poilues-soyeuses dans
leur jeunesse, ainsi que la tige qui est ord. moins élevée, moins
rameuse, et plus raide. ♃. Juin-août.

Coteaux et prés-bois secs et rocailleux de toute la région alpestre et de
la partie élevée du Lomont; il descend bien moins que le précédent.

2

Sect. III. EURANUNCULUS G. G. — Pétales jaunes ; fossette nectarifère fermée par une écaille. Carpelles *comprimés, bordés,*
à carène saillante. — Racine vivace.

a. *Feuilles entières.*

R. Lingua *L. sp.* 773 ; *G. G.* 1, *p.* 30. — Tige de 1 m. et
plus, dressée, grosse, fistuleuse, pubescente vers le haut. Feuilles
très longues, sessiles ou un peu embrassantes, *longuement
lancéolées-acuminées.* Pédoncules *non sillonnés,* dressés. Carpelles *comprimés,* à bec large et recourbé. ♃. Juin-septembre.

.1. *C.* Dans les mares et fossés fangeux de la Bresse, Pleurre, Sergenon,
Chaumergy, Bletterans, etc. (*Michalet*) ; marais de Saône, près Besançon
(*Grenier*) ; Seigne de Morteau (*Berthet*) ; fossés du Landron et du Pont-
de-Thielle (*Godet*) ; se retrouve près de Genève (*Reuter*), et dans le canton
de Vaud (*Rapin*).

R. Flammula *L. sp.* 772 ; *G. G.* 1, *p.* 29. — Tiges de 2-5
décim., *étalées ou couchées-radicantes.* Feuilles radicales et
inférieures oblongues, *à très longs pétioles,* entières ou dentées ;
les supérieures lancéolées-linéaires, subsessiles. Pédoncules
sillonnés. Carpelles petits, *un peu renflés, à bec court, étroit et
caduc.* — Cette plante varie à tiges couchées-radicantes avec
feuilles toutes sublinéaires. Cette forme a été prise pour le
R. reptans L., qui n'appartient qu'au nord de l'Europe, et qui
a été retrouvé aux bords du lac de Genève (Reuter). ♃. Juin-
septembre.

C. Dans les fossés, étangs, prés humides des basses régions, surtout
dans les sols argilo-siliceux et tourbeux ; çà et là sur le plateau qui domine la région des vignes ; rare dans la région des sapins.

b. *Feuilles divisées.*

⁜ *Pédoncules non sillonnés.*

1. *Feuilles caulinaires différentes des radicales.*

R. auricomus *L. sp.* 775 ; *G. G.* 1. *p.* 30. — Tige de 2-3
déc., nue jusqu'au premier rameau. Feuilles radicales *réniformes ;* tantôt crénelées, tantôt palmati-partites ou-séquées, à
3-5 divisions cunéiformes et incisées ; les caulinaires sessiles,
palmatipartites, à lanières linéaires. Carpelles brièvement *velus-*

soyeux. Réceptacle *glabre*. ♃. Avril-mai.—Les pétales avortent souvent en plus ou moins grand nombre.

C. C. Dans les bois, les haies de la plaine, s'élève jusque dans la région des sapins, dont il franchit peu la limite inférieure.

R. montanus *Willd. sp.* 2, *p.* 1321; *G. G.* 1, *p.* 31; *R. gracilis Schl.* — Tige de 1-2 déc. Feuilles radicales orbiculaires-subpentagonales, palmatipartites, à 5 divisions oblongues-trifides, séparées par un sinus *obtus*, à dents obtuses; feuille caulinaire digitée, à lanières linéaires. Carpelles glabres; réceptacle velu. ♃. Mai–juin.

C. C. Dans les prés et pâturages de toute la région des sapins, jusque sur les plus hauts sommets; descend quelquefois au-dessous des sapins, comme à Poupet et au fort Belin, près Salins; et à la Châtelaine, près Arbois (*Garnier*). C'est une des meilleures caractéristiques de notre flore. (*Michalet*).

Obs. M. Reuter (cat. 1861, p. 4) a cru devoir séparer le *R. montanus W.* du *R. gracilis Schl.* Mais en assignant exclusivement les Alpes pour patrie à son *R. montanus*, M. Reuter a fait voir qu'il ne s'agissait pas pour lui de notre vulgaire plante jurassique. De plus, en donnant à son *R. montanus* des carpelles à bec aussi long que la moitié de la longueur du carpelle, il a fait comprendre que sa plante ne pouvait être que mon *R. aduncus*, et non le *R. Villarsii DC.*, comme le veut M. Rapin. Or, le texte de Willdenow ne peut se prêter à l'interprétation de M. Reuter, car Willdenow ne compare son *R. montanus* qu'au *R. nivalis*, plante naine, tandis que mon *R. aduncus* est toujours une plante élevée. Il est vrai que M. Jordan (archives de Schultz, 304) prend mon *R. aduncus* pour le *R. Villarsii DC;* mais cette opinion ne change rien à ce que je viens de dire du *R. montanus* de Willdenow et Reuter.

2. Feuilles caulinaires inférieures semblables aux radicales.

R. acris *L. sp.* 779; *G. G.* 1, *p.* 32 (*part.*); *R. vulgatus Jord.; R. Steveni Andrz.* — Souche formée de rhizomes obliques ou subhorizontaux, couverts des restes de pétioles parsemés de poils fauves, émettant des bourgeons revêtus d'écailles *acuminées*. Tige de 3-7 décim., à poils *apprimés*, ainsi que le reste de la plante. Feuilles radicales palmatipartites, à 3-5 lobes incisés-dentés, ne se recouvrant pas. Carpelles à bec courbé au sommet. ♃. Mai-juillet.

C. C. Dans les prés de la plaine et des montagnes, et jusque sur les sommités.

Obs. On a séparé de cette espèce deux formes remarquables, dont on a fait les deux suivantes que je vais exposer à part, pour en faciliter l'étude, et arriver un jour à préciser leur valeur.

R. Friesianus *Jord. obs.* 6, *p,* 17; *R. sylvaticus Fries,*
mant. 3, *p.* 50; *summ.* 143; *et herb. n. f.* 11, *n°* 31! (*non Thuill.*)
— Souche formée de rhizômes obliques ou subhorizontaux,
couverts des restes de pétioles *hérissés* de poils fauves, émettant
des bourgeons divergents, revêtus d'écailles *larges et peu poin-*
tues. Tige de 5-8 déc., couverte surtout à la base et sur les pétioles de *poils longs étalés.* Feuilles radicales à lobes profonds,
larges, *se recouvrant* l'un l'autre, à bords de l'échancrure pétio-
laire contigus ou très rapprochés. Carpelles à bec *droit.* ♃. Mai-
juillet.

Bois de la région supérieure du Jura, en montant à la Dôle (*Reuter*), à
la Faucille (*Michalet*).

Obs. J'ai constaté, dans l'herbier normal de Fries, que ce savant botaniste, ainsi que M. Jordan, sépare cette plante du *R. acris*, dont on la
distingue au premier coup d'œil par ses poils abondants et étalés et par
ses feuilles plus larges à lobes imbriqués.

R. Boreanus *Jord. obs.* 6, *p.* 19; *Reut. cat.* 1861, *p.* 5.—
Souche *dépourvue de rhizômes obliques,* produisant des bourgeons *tous dressés, rapprochés et presque glabres.* Tige finement
pubescente. Feuilles à pubescence rare et appliquée, pentago-
nales, divisées en 5-7 lobes 3-5-fides, à subdivisions lancéolées-
sublinéaires. Carpelles à bec étroit, très court, droit, à pointe
onciulée. ♃. Mai-juin.

Versant suisse du Jura, dans les prés en face du château de Feuillasse
(*Reuter*).

R. lanuginosus *L. sp.* 779; *G. G.* 1, *p.* 33. — Souche
courte. Tige de 4-7 déc., *hérissée,* ainsi que les pétioles, de
longs poils étalés ou réfléchis. Feuilles molles, velues, palmatipartites, à 3-5 divisions *écartées,* obovales, trifides-incisées.
Carpelles à *bec long et enroulé.* ♃. Juin-août.

A. C. Dans les bois de toute la région des sapins et de la région alpestre. C'est une des bonnes caractéristiques de notre flore (*Michalet*).

⧺ ⧺ *Pédoncules sillonnés.*

1. *Sépales appliqués contre la corolle.*

R. sylvaticus *Thuill. fl. par.* 276 (1799); *G. G.* 1, *p.* 33;
Coss. et Germ. Syn. 10; *R. nemorosus D. C.; Koch; Reuter;*
Rapin; Godet; Coss et Germ. fl. par. 13; *R. villosus St-Am.* —
Souche grosse, verticale. Tige de 2-5 déc., couchée à la base,

redressée, puis étalée, velue et à *poils étalés*. Feuilles palmatipartites, à trois divisions cunéiformes, trifides-incisées; les sup.
trifides, à lanières linéaires. Carpelles à *bec enroulé*. Réceptacle
hérissé. ♃. Mai-juillet.

C. C. Dans tous les bois, et surtout dans ceux de la plaine à sol argileux; s'élève jusque sur les plus hauts sommets, la Dôle, le Reculet,
1,700 mètres, etc.

R. repens *L. sp.* 779; *G. G.* 1, *p.* 34. — Souche oblique.
Tiges de 3-6 déc., pubescentes, ascendantes, puis *couchées-radicantes*. Feuilles radicales *pennatiséquées, à trois segments tripartits* et incisés-dentés, *le segment moyen longuement pétiolulé.*
Réceptacle un peu hérissé. ♃. Mai-août.

C. C. Dans les lieux humides, depuis les régions les plus basses jusque
sur les sommités.

2. *Sépales réfléchis.*

R. bulbosus *L. sp.* 778; *G. G.* 1, *p.* 34. — Souche courte,
tronquée, renflée en bulbe. Tige de 2-5 déc., velue, dressée.
Feuilles velues; les radicales pennatiséquées, à 3 segments tripartits; le segment moyen longuement pétiolulé. Réceptacle un
peu velu. ♃. Mai-juillet.

C. C. Dans les prés, à toutes les hauteurs, jusque sur le Reculet et le
Colombier, où il varie à tiges nombreuses étalées en cercle sur le sol, et à
pédoncules raides et très longs (*Michalet*).

Sect. IV. BRACHYBLASTRUM *G. G.* — Pétales jaunes; fossette fermée par une écaille. Carpelles à carène saillante, *comprimés,
lenticulaires, bordés,* souvent tuberculeux ou épineux sur les
faces. *Racine annuelle ou bisannuelle.*

R. sardous *Crantz, austr.* 1 (1762), *p.* 84; *Cord. hist.
pl.* 119 (1561); *Gesn. hort. germ.* 273 (1561); *R. parviflorus
Gouan, fl. montp.* 270 (1765); *R. parvulus L. mant.* 1, *p.* 76
(1767); *R. hirsutus Curt. lond. fasc.* 2, *t.* 40 (1777); *R. palli-
dior Chaix in Vill. Dph.* 1, *p.* 335 (1786), *et* 3, *p.* 751 (1789);
R. philonotis Ehrh. beitr. 2, *p.* 145 (1788); *Retz, obs.* 4, *p.* 31
(1791); *R. agrarius All. auct.* 27 (1789). *Cette intéressante synonymie est empruntée à la charmante monographie de M. Aug.
Gras, bull. bot.* 1862, *p.* 324. — Tiges de 2-5 déc., étalées ou
redressées, pubescentes. Feuilles pubescentes, les radicales tri-

partites ou triséquées, à segment moyen souvent longuement
pétiolulé; feuilles supérieures divisées en lanières linéaires. Pédoncules longs, *sillonnés. Calice réfracté.* Carpelles à faces ord.
tuberculeuses. Racine fibreuse. ☉. Mai–septembre.

C. Dans les terrains siliceux et sablonneux de la plaine; très abondant
dans la Bresse; presque nul dans les régions calcaires où il ne se montre
que sur les parties siliceuses des marnes.

R. arvensis *L. sp.* 780; *G. G. 1, p.* 38.—Tige de 2-4 déc:,
dressée, glabrescente. Feuilles radicales tripartites ou triséquées,
à segments étroits, cunéiformes-allongés; les caulinaires triséquées, à segments pétiolulés et subdivisés en lobes linéaires.
Fleurs petites, verdâtres. Pédoncules *non sillonnés.* Carpelles
4-8, hérissés sur les deux faces de pointes allongées, rar. réduites
à des tubercules. Je n'ai pas vu, provenant du Jura, la variété
inerme. ☉. Mai-juin.

C. C. Dans les moissons.

Sect. v. HECATONIA G. G. — Pétales jaunes; fossette sans écaille.
Carpelles à *carène remplacée par un sillon.* — Racine annuelle.

R. sceleratus *L. sp.* 776; *G. G. 1, p.* 38. — Tige de
2-5 déc., dressée, striée, fistuleuse, glabre ainsi que le reste de
la plante. Feuilles palmatipartites, à trois divisions cunéiformes,
incisées-crénelées. Pédoncules sillonnés. Carpelles très petits et
très nombreux (80-100). ☉. Mai-septembre.

Lieux humides et fangeux de la plaine, sur les deux versants du Jura,
mais particulièrement dans les sols argilo-siliceux; Lons-le-Saunier, Arbois, Dole et toute la Bresse; reparaît à Cubrial, Cuse et Rougemont
(*Paillot*), Héricourt (*Contejean*); canton de Neuchatel, canton de Vaud, etc.

FICARIA Lin.

Calice *à trois,* très-rar. à 4-5 sépales caducs. Pétales 6-12, à
fossette nectarifère couverte par une écaille. Carpelles nombreux, renflés, en capitule, *dépourvus de bec;* stigmate *sessile.*
Graine dressée.

F. ranunculoides *Mœnch, meth.* 215; *G. G. 1, p.* 39. —
Racines renflées et claviformes. Tiges couchées et radicantes,
portant souvent des bulbilles à l'aisselle des feuilles. Celles-ci

ovales-réniformes, crénelées. Fleurs solitaires, jaunes. Carpelles pubescents. Plante glabre, tendre et succulente. ♃. Mars–mai.

A. C. Dans les haies et lieux frais des régions situées au-dessous de celle des sapins.

§ II. Anthères extrorses. Carpelles pluriovulés.

Trib. IV. HELLEBOREÆ DC. — Préfloraison imbriquée. Corolle composée de pétales nectarifères, souvent irréguliers, plus rarement nuls. Anthères extrorses. Un ou plusieurs carpelles polyspermes, déhiscents.

A. *Fleurs régulières.*

❋. *Pétales sans éperon.*

CALTHA Lin.

Calice à 5–7 sépales pétaloïdes, caducs. Corolle *nulle*. Carpelles 5-12, libres, sessiles, *verticillés sur un seul rang*. Graines sur deux rangs.

C. palustris *L. sp.* 784; *G. G.* 1, *p.* 39. — Tige de 2-5 déc., ascendante, pluriflore. Feuilles suborbiculaires, réniformes, glabres, luisantes; pétioles dilatés à la base en gaine scarieuse. Carpelles ridés transversalement, à trois nervures dorsales. ♃. Avril-mai.

C. Dans les prés humides à toutes les altitudes.

TROLLIUS Lin.

Calice à 5-15 sépales pétaloïdes, caducs. Pétales *nombreux, très petits, linéaires, plans, avec fossette nectarifère nue.* Carpelles nombreux *verticillés sur plusieurs rangs*, libres, sessiles. Graines sur deux rangs.

T. europæus *L. sp.* 782; *G. G.* 1, *p.* 40.— Tige de 3-5 déc., uni-triflore. Feuilles glabres, palmatiséquées, à segments rhomboïdaux, trifides et incisés. Fleurs jaunes, grandes (2-3 centim. de diamètre), globuleuses, terminales. Carpelles linéaires-oblongs, ridés en travers supérieurement, et munis d'une côte dorsale. ♃. Mai-juillet.

C. C. Dans les prés et paturages des régions supérieures, à partir de 800m, descend parfois un peu au-dessous dans les vallées.

ERANTHIS Salisb.

Involucre simulant un calice. Sépales 5-8, pétaloïdes et caducs. Pétales 6-8, très-petits, *tubuleux, nectariformes, bila-biés*. Carpelles 5-8, verticillés *sur un seul rang*, libres, *longue-ment stipités*. Graines *sur un seul rang*.

E. hyemalis *Salisb. trans. lin.* 8, *p.* 303; *G. G.* 1, *p.* 40.— Plante glabre. Hampe uniflore de 1-2 déc. Feuilles longuement pétiolées, orbiculaires, naissant après la fleur, divisées jusqu'à la base en trois segments multifides; involucre sessile, palmati-fide, analogue aux feuilles. Sépales étalés, égalant presque l'invo-lucre, oblongs, jaunes. Carpelles ridés, à bec droit. ♃. Fév.-mars.

Dans un verger à Trécovagnes (*Rapin*), Morat (*Chavin*), Morges (*Gaudin*); Bienne, Soleure, Délémont (*Godet*); Montbéliard!

HELLEBORUS Lin.

Calice à 5 sépales herbacés ou pétaloïdes, *persistants*. Pétales 5-10, très petits, *tubuleux, nectariformes,* à deux lèvres. *Point d'involucre.* Carpelles 3-10, verticillés *sur un seul rang,* ses-siles, brièvement *soudés à la base.* Graines sur deux rangs.

H. fœtidus *L. sp.* 784; *G. G.* 1, *p.* 41. — Tiges de 3-7 déc., *persistant pendant l'hiver,* dressées, nues inférieurement, feuillées supérieurement, multiflores. Feuilles d'un vert sombre, *toutes caulinaires,* à 7-11 segments disposés en pédales. Ra-meaux *portant des bractées ovales, entières,* d'un vert pâle. Sépales *dressés, concaves, connivents.* Plante glabre, fétide. ♃. Février-mai.

C. Dans les pâturages et coteaux rocailleux et calcaires de la plaine et du premier plateau; rare dans la région des sapins; nul en Bresse.

H. viridis *L. sp.* 784; *G. G.* 1, *p.* 41. — Tiges de 3-5 déc., *annuelles,* dressées, pauciflores, feuillées seulement à partir *des rameaux dépourvus de bractées.* Feuilles radicales longue-ment pétiolées, à 9-12 segments disposés en pédales; les cauli-naires à 3 segments tri-quadrifides. Sépales *étalés,* presque plans. ♃. Mars-avril.

Balanod près de Saint-Amour, où il paraît spontané (*De Jouffroy*); naturalisé aux environs de Dole (*Michalet*); canton de Vaud, où M. Godet ne le croit pas spontané.

ISOPYRUM Lin.

Calice à 5 sépales pétaloïdes, *caducs*. Pétales 5, petits, *nectariformes, ouverts, contractés à la base en cornet.* Carpelles 1-3, subsessiles, *libres*, comprimés. Graines sur deux rangs.

I. thalictroides *L. sp.* 783; *G. G.* 1, *p.* 42. — Souche grêle, fibreuse et traçante. Tige de 2-3 déc., grêle, glabre, nue inférieurement, terminée par 2-6 fleurs blanches. Feuilles radicales et la caulinaire inférieure 1-2 fois ternées, à segments ovales bi-trilobés, ressemblant en petit à celles de l'ancolie. Sépales très grands, plus longs que les étamines. Pétales plus courts que les pistils. ⚇. Avril.

Bois entre Courtefontaine et Quingey (*Garnier*); Balanod près de Saint-Amour (*De Jouffroy*); lisière du bois de Joux, près de Chancy (*Rapin*).

NIGELLA Lin.

Calice à 5 sépales pétaloïdes, caducs. Pétales 5-10, petits, *onguiculés, à limbe bifide;* à onglet muni d'une fossette nectarifère couverte par une écaille. Carpelles 3-10, sessiles, *soudés au moins dans leur moitié inférieure.* Styles allongés. Graines sur deux rangs.

N. arvensis *L. sp.* 753; *G. G.* 1, *p.* 43.—Tiges nombreuses ou solitaires, de 1-3 déc., étalées ou dressées. Feuilles bi-tripennatiséquées, à segments linéaires très étroits. Fleurs sans involucre, d'un blanc bleuâtre. Sépales ovales–suborbiculaires, contractés en onglet aussi long que le limbe fortement veiné. Pétales brusquement coudés au niveau de la fossette, à limbe divisé en deux lobes suborbiculaires surmontés d'un filet renflé au sommet. Carpelles deux fois plus longs que larges, trinerviés sur le dos. ☉. Juill.–sept.

Dans les moissons. Indiquée aux environs de Bâle, de Délémont; assez abondante sur l'alluvion du Doubs, à Montbéliard, surtout dans la Champagne-d'Arbouans (*Contejean*).

❋❋. *Pétales éperonnés.*

AQUILEGIA Lin.

Calice à 5 sépales pétaloïdes, caducs. Corolle à 5 pétales prolongés au-dessous de leur insertion en cornet terminé en éperon, et fixés par la marge oblique du limbe. Carpelles 5, libres ou à peine soudés à la base, sessiles.

A. vulgaris *L. sp.* 752; *G. G.* 1, *p.* 44. — Tige de 4-9 déc., dressée, pluriflore, subpubescente. Feuilles radicales longuement pétiolées, biternées, à segments bi-tripartits, à lobes incisés. Fleurs 3-10, grandes, bleues, à sépales dressés et un peu plus courts que les étamines. ♃. Juin-août.

β. *atrata.* Fleurs plus petites, d'un violet noirâtre, à étamines plus saillantes, à écailles hypogynes à peine ondulées; folioles plus profondément divisées; pédoncules très visqueux.

Prairies et collines des régions montagneuses; manque dans la Bresse. La var. β n'est pas rare dans toute la région alpestre : le Noirmont, la Dôle, la Faucille, le Reculet, etc.

Obs. J'ai vu la var. β revenir au type après deux années de culture.

B. *Fleurs irrégulières.*

DELPHINIUM Lin.

Calice à 5 sépales pétaloïdes, caducs, *inégaux, le supérieur prolongé en éperon.* Pétales 4, parfois réduits à un seul par soudure ou avortement; les 2 sup. prolongés en éperons inclus dans l'éperon du sépale supér. Carpelles 1-5, libres, sessiles.

D. consolida *L. sp.* 748; *G. G.* 1, *p.* 45. — Tige de 2-4 déc., Feuilles multifides, à lanières linéaires. Fleurs bleues, brièvement pédicellées, en grappes courtes, longuement pédonculées, formant une panicule peu garnie et divariquée. Capsule glabre. ☉. Juillet-septembre.

A. C. Dans les moissons des vallées du Doubs et de la Loue ; assez répandu dans celles des terrains calcaires de la plaine et du premier plateau ; nul en Bresse et dans le haut Jura.

Obs. Le *D. Ajacis L.* se retrouve çà et là ; mais toujours échappé des cultures.

ACONITUM Lin.

Calice à 5 sépales pétaloïdes, *inégaux;* le supérieur *en casque* ou capuchon; les autres suborbiculaires ou oblongs. Corolle à 2-5 pétales très irréguliers; les deux sup. munis d'un onglet allongé, puis dilatés en cornet éperonné, logés dans la cavité du sépale sup.; les trois inf. petits ou nuls. Carpelles 3-5, libres.

a. *Fleurs jaunes.*

A. Anthora *L. sp.* 751; *G. G.* 1, *p.* 50.— Racine composée de 2-3 tubercules, *renflés-fusiformes.* Tige de 3-6 déc. Feuilles palmatiséquées, à segments multifides et à lanières linéaires. Fleurs d'un jaune foncé, disposées en une seule grappe oblongue, ou en plusieurs grappes courtes formant une panicule compacte. Pédoncules *dressés.* Capsule 5, *velues.* ♃. Août-sept.

Paturages rocailleux des hautes sommités : le Noirmont, la Dôle, le Colombier, le Reculet ; descend ensuite à Champagnole et Château-Vilain (*Garnier*), et même à Thoirette presque au niveau de l'Ain (300ᵐ).

A. lycoctonum *L. sp.* 750; *G. G.* 1, *p.* 50. — Racine épaisse, charnue. Tige de 6-12 déc. Feuilles palmatipartites, à 5-7 divisions larges, trifides, profondément incisées-dentées. Fleurs d'un jaune pâle en grappes ovales, formant une panicule étalée. Pédoncules *ouverts.* Capsules 3, *glabres.* ♃. Juin-août.

Tous les bois depuis la région des vignes, jusqu'aux sommités. Manque dans la plaine.

b. *Fleurs bleues ou violettes.*

A. Napellus *L. sp.* 751; *G. G.* 1, *p.* 51. — Racine formée de deux tubercules allongés. Tige de 3-15 déc., simple ou rameuse vers le haut. Feuilles palmatiséquées, à segments trifides incisés en lanières *étroites.* Fleurs en *longue grappe raide et compacte,* simple, ou rameuse, à rameaux dressés ou ascendants; pédoncules *dressés,* glabrescents ou couverts de poils crispés-subappliqu's. Carpelles étalés. ♃. Août-sept.

Dans toute la région alpestre et dans celle des sapins ; puis disséminé au-dessous jusqu'aux abords du vignoble.

Obs. Ne serait-ce pas avec raison qu'on a séparé, de notre *A. Napellus,* celui qui habite les plaines du nord et du centre de la France, et qui s'étend assez loin dans l'ouest ? Celui du Jura a toujours la tige raide, la grappe serrée et allongée souvent de plus d'un demi-mètre ; ses pédicelles sont courts, les feuilles étroitement disséquées, épaisses et raides. Celui du nord a la tige presque flexueuse, l'épi court et lâche, les feuilles plus molles, à lobes plus larges. L'altitude seule produirait-elle toutes ces différences ?

A. paniculatum *Lam. dict.* 1, *p.* 33; *G. G.* 1, *p.* 51. — Racine formée de tubercules allongés. Tige de 3-12 déc., rameuse. Feuilles palmatiséquées, à segments *rhomboïdaux,* bi-trifides, profondément incisées-dentés. Fleurs en grappes courtes, *formant une panicule lâche;* pédoncules et rameaux *étalés-divariqués et couverts de poils droits et horizontaux.* Carpelles rapprochés. ♃. Juillet-août.

Escarpements boisés du colombier de Gex au-dessus du chalet de Platières, à 1400ᵐ; bois au sud du col de la Faucille (*Reuter, Rapin*).

Obs. Cette espèce est rar. cultivée, tandis qu'on trouve presque partout dans les plus humbles jardins le *A. Stœrkeanum Rchb.* avec lequel on le confond souvent. Celui-ci se distingue aisément par ses carpelles connivents, à styles un peu tordus ensemble, et par ses feuilles plus découpées et plus luisantes, il ne mûrit jamais ses fruits, dans mon jardin. Serait-ce le fait du climat? ou bien cette plante ne serait-elle qu'une hybride?

§ III. Anthères introrses.

Trib. V. **PÆONIACEÆ DC.** — Préfloraison imbriquée. Corolle composée de pétales réguliers, rudimentaire ou nulle. Anthères introrses. Carpelles 1-5, polyspermes et déhiscents, ou bacciformes indéhiscents.

ACTÆA Lin.

Fleur régulière, à 4 sépales caducs. Corolle à 4 pétales sans nectaires, ou nulle. Fruit bacciforme, indéhiscent, polysperme.

A. spicata *L. sp.* 722 *G. G.* 1, *p.* 51. — Tige de 4-8 déc., dressée, nue inférieurement, portant 1-3 feuilles vers le haut. Feuilles longuement pétiolées, bi-triternatiséquées, à segments ovales-acuminés, incisés-dentés. Fleurs petites, blanches, disposées en 1-2 grappes compactes, dont l'un est opposée à la feuille supérieure, et dont l'autre plus tardive naît à son aisselle. ♃. Juin-juillet.

Çà et là dans tous les bois, depuis le pied des montagnes jusqu'aux sommets; manque dans la plaine.

II. BERBÉRIDÉES.

(Berberideæ Vent.)

Fleurs hermaphrodites, régulières, à préfloraison imbriquée. Calice à 4-6 sépales, ord. sur deux rangs, libres, caducs. Corolle à 6-8 pétales disposés sur deux rangs, hypogynes,

libres, munis de deux glandes à leur base, rar. éperonnés.
Etamines 6-8, opposées aux pétales, hypogynes, libres. Anthères
bilobées, s'ouvrant par une valve, qui se détache de la base au
sommét. Ovaire libre, à un carpelle uniloculaire, uni-pluriovulé.
Ovules ascendants, réfléchis. Stigmate subsessile, discoïde.
Fruit bacciforme à une ou plusieurs graines, rar. capsulaire.
Embryon droit, logé à l'extrémité d'un gros albumen charnu
ou corné. Radicule dirigée vers le hile.

BERBERIS Lin.

Calice à 6 sépales pétaloïdes, munis à sa base de 2-3 bractées
squamiformes. Pétales 6. Etamines 6, à filets articulés à la base
et irritables. Baie ord. à deux graines.

B. vulgaris L. sp. 472; G. G. 1, p. 54. — Arbrisseau de
1-3 mètres, épineux. Feuilles simples, oblongues-obovales,
dent.es-épineuses, en faisceaux qui terminent de courts rameaux nés à l'aisselle d'une feuille transformée en épine palmée.
Fleurs jaunes, en petites grappes pendantes. Baie rouge, à suc
acide. ♃. Fl. mai; fr. sept.-oct.

C. Dans les bois et buissons de la plaine calcaire, du vignoble, des
plateaux et jusque dans la haute région des sapins. Nul en Bresse.

III. NYMPHÉACÉES.

(NYMPHÆACEÆ Salisb.)

Fleurs hermaphrodites, régulières. Calice à 4-5 sépales libres,
marcescents ou persistants, à préfloraison imbriquée. Pétales
hypogynes ou soudés à leur base avec l'ovaire, nombreux, disposés sur deux ou plusieurs rangs. Etamines en nombre indéfini,
hypogynes ou paraissant s'élever sur l'ovaire par la soudure de
leur base avec lui. Anthères bilobées, introrses, adnées à la face
interne du filet. Ovaire libre ou soudé avec la base des pétales
et des étamines; carpelles nombreux, à loges nombreuses, multiovulées. Ovules insérés aux parois des cloisons, ord. horizontaux, réfléchis. Stigmates nombreux, rayonnants, libres ou
soudés en un disque persistant. Fruit charnu-herbacé, indéhis-

cent, à loges nombreuses, polyspermes. Graines attachées aux parois des cloisons, renfermées dans une enveloppe succulente. Périsperme double, l'extérieur épais et farineux (nucelle), l'intérieur charnu (sac embryonnaire). Embryon droit, logé près du hile dans une fossette du périsperme extérieur; cotylédons courts et épais. Radicule dirigé vers le hile.

1. Nymphæa. — Sépales 4, lancéolés. Pétales blancs, soudés ainsi que les étamines avec la partie inf. de l'ovaire.

2. Nuphar. — Sépales 5, obovales-suborbiculaires. Pétales jaunes, plus courts que le calice, libres ainsi que les étamines, et sans adhérence avec l'ovaire.

NYMPHÆA Sibth. et Sm.

Sépales 4, lancéolés, caducs. Pétales 16-20, *soudés avec la partie inf. de l'ovaire*, disposés sur plusieurs rangs, dépourvus de fossette nectarifère, devenant de plus en plus petits de l'extérieur à l'intérieur, et se transformant en étamines. Etamines *insérées à diverses hauteurs sur le disque qui enveloppe l'ovaire* et paraissant ainsi s'insérer à la surface. Fruit *portant les cicatrices* produites par la chute des étamines et des pétales. — Fleur *blanche*.

N. alba *L. sp.* 729; *G. G. 1, p.* 56. — Feuilles ovales-arrondies, coriaces, entières, longuement pétiolées. Fleurs grandes, campanulées-étalées, blanches, à pétales ovales-oblongs. Fruit sphérique. ♃. Juin-août.

C. Dans les étangs de la Bresse; çà et là dans les mares du Doubs: Dole; Parcey; mares entre Cussey et Auxon près Besançon; reparaît dans les lacs du haut Jura, mais souvent à petites fleurs: Nantua, Chapelle-des-Bois, etc.

NUPHAR Sibth. et Sm.

Calice à 5 sépales obovales-suborbiculaires, *persistants*. Pétales 12-20, bien plus courts que le calice, épais-charnus, disposés sur deux rangs, hypogynes, *libres*. Etamines nombreuses, *libres* et n'adhérant pas à l'ovaire. |Fruit *lisse,* sans cicatrice. — Fleur *jaune*.

N. luteum *Smith, prod. 1, p.* 361; *G. G. 1, p.* 56. — Feuilles ovales-arrondies, coriaces, entières, longuement pétiolées. Fleurs grandes, globuleuses, jaunes, à pétales obovales,

lisses et luisants à la face extér., bien plus courts que le calice.
Fruit sphérique lisse, rétréci en col au sommet. ♃. Juin-août.

Toutes les plaines au pied de la chaîne jurassique, mares, étangs et
rivières, et jusque dans les hauts lacs des Rousses, du Boulu, etc.

Obs. Outre les feuilles émergées ici décrites, cette plante produit
d'autres feuilles submergées, très minces, membraneuses, subpellucides
ondulées-plissées, orbiculaires-réniformes, et ord. plus amples que les
feuilles émergées.

IV. PAPAVÉRACÉES.

(Papaveraceæ Juss.)

Fleurs hermaphrodites, régulières. Calice à 2 sépales caducs,
à préfloraison valvaire. Corolle à 4 pétales hypogynes, à préfloraison imbriquée-chiffonnée. Etamines ord. nombreuses, hypogynes, libres. Anthères bilobées introrses, s'ouvrant en long.
Ovaire unique, libre, multiovulé, composé de deux ou plusieurs
carpelles, uniloculaire et offrant souvent de fausses cloisons
incomplètes formées par les placentas pariétaux accrus, plus rar.
divisés en deux loges par une fausse cloison complète. Ovules
nombreux, réfléchis. Stigmates 2-20, sessiles, persistants. Fruit
libre, sec, polysperme ; tantôt globuleux ou oblong et à plusieurs carpelles soudés en capsule uniloculaire avec fausses
cloisons formées par les placentas, s'ouvrant par des pores
situés sous le plateau stigmatifère ; tantôt linéaire, à 2 carpelles
soudés en fausse silique uni-biloculaire ; tantôt enfin indéhiscent
et partagé transversalement en articles monospermes. Embryon droit dans un albumen charnu-huileux. Radicule dirigée
vers le hile.

1. Papaver. — Stigmates 4-20, soudés sur un disque. Fruit globuleux
ou oblong, s'ouvrant par des pores au-dessous du plateau stigmatifère.
2. Chelidonium. — Stigmates 2. Capsule linéaire siliquiforme, sans
cloison. Graines munies d'une strophiole.
3. Glaucium. — Stigmate 2. Capsule linéaire siliquiforme, divisée en
deux loges par une fausse cloison. Graines dépourvues de strophiole.

PAPAVER Lin.

Sépales 2, caducs. Pétales 4, chiffonnés dans le bouton.
Stigmates 4-20, soudés en étoile sur un disque qui surmonte

l'ovaire. Capsule *globuleuse ou oblongue,* uniloculaire, munie de fausses cloisons incomplètes, s'ouvrant par des pores situés sous le disque stigmatifère. Graines portées par les fausses cloisons incomplètes formées par les placentas prolongés. Graines dépourvues de strophiole.

Obs. Le *P. somniferum L.* est peu cultivé en grand dans les diverses contrées du Jura et les plaines qui le bordent ; on le rencontre cependant cà et là autour des habitations. Sa capsule subsphérique presque de la grosseur d'un œuf de poule le fait facilement reconnaître. Le *P. hortense,* dont la tige et la capsule sont de moitié plus petites, se retrouve aussi dans les mêmes conditions.

a. *Capsules glabres.*

P. Rhæas *L. sp.* 726; *G. G.* 1, *p.* 58. — Plante *hérissée* de poils raides. Tige de 4-7 déc., dressée, rameuse. Feuilles palmatipartites, à lobes oblongs-lancéolés, aigus, incisés-dentés. *Pédoncules et sépales hérissés de poils étalés.* Corolle grande, écarlate, à pétales suborbiculaires; filets filiformes. Capsule *obovoïde-subglobuleuse ;* disque stigmatifère à lobes se recouvrant par les bords. ☉. Juin-juillet.

Fréquent dans toutes les moissons, jusque dans nos régions les plus élevées.

P. dubium *L. sp.* 727; *G. G.* 1, *p.* 59. — Tige dressée, de 2-8 déc., rameuse, plus ou moins hérissée. Feuilles palmatipartites, à lobes lancéolés, plus ou moins écartés, aigus ou subobtus. Pédoncules longs à poils apprimés. Sépales hérissés. Pétales d'un rouge plus ou moins intense, obovales ou suborbiculaires. Capsule *oblongue, en massue,* plus ou moins atténuée du sommet à la base. Stigmates à 4-12 rayons, tantôt n'atteignant pas, tantôt atteignant ou dépassant le bord du disque, disque plan ou un peu convexe, crénelé au bord, dépassant parfois un peu la capsule. Graines finement réticulées en fossette. — Cette description correspond à l'espèce linnéenne qui a été subdivisée en quatre autres, que je vais exposer seulement comme variétés, en adoptant une annotation qui permettra aux botanistes qui les regarderont comme légitimes, de les séparer facilement. ☉. Juin-juillet.

α. *P. Lecoquii Lamtt. not. pap. dub.* 5. — Feuilles poilues surtout en-dessous, à lobes rapprochés, étroits, aigus. Pétales d'un rouge vermillon, suborbiculaires; filets violets. Capsule cylindracée, brusquement atténuée à la base. *Stigmate à 6-8 rayons qui atteignent ou dépassent le bord crénelé du disque.* Graines brunes. — Suc verdâtre *passant au jaune,* tandis que dans les trois autres le suc devient blanc-laiteux.

β. *P. Lamottei Bor. fl. centr. ed.* 3, *p.* 30. — Feuilles poilues, à lobes *écartés,* dentés, *un peu obtus.* Pétales suborbiculaires, rouges, ayant souvent une tache violette à la base; filets violets-foncés. Capsule oblongue, *atténuée du sommet à la base.* Stigmate à 6-12 rayons n'atteignant pas le bord du disque; bords des crénelures du disque écartés et dépassant un peu la largeur de la capsule. Graines glauques-grisâtres. — Anthères brunâtres.

γ. *P. modestum Jord. pug.* 4. — Feuilles d'un vert clair, peu hérissées, à lobes *écartés, entiers* ou subdentés, lancéolés, *presque obtus.* Pétales d'un rouge clair, obovales, *en coin à la base* et à peine contigus, denticulés; filets rougeâtres. Capsule oblongue, *brusquement rétrécie à sa base.* Stigmate à 5-8 rayons sur un disque convexe ou un peu conique dont ils n'atteignent pas le bord lobulé. Graines d'un gris-rosé.

δ. *P. collinum Bogenh. Bor. fl. centr. éd.* 3, *p.* 29. — Feuilles hérissées, à lobes *rapprochés,* incisés-dentés, *aigus.* Pétales d'un rouge clair, obovales-arrondis, contigus et peu rétrécis à la base, denticulés; filets violets. Capsule *rétrécie insensiblement dans la moitié inférieure seulement.* Stigmate à 4-8 rayons sur un disque presque plan dont ils n'atteignent pas le bord un peu lobulé. Graines brunâtres.

Ces quatre formes se rencontrent probablement toutes dans les champs et moissons de nos plaines et de la région inférieure des montagnes; toutefois le *P. Lamottei* serait propre aux terres et surtout aux alluvions siliceuses.

b. *Capsules hispides.*

P. Argemone *L. sp.* 725; *G. G.* 1, *p.* 59. — Tige de 3-6 déc., rameuse. Feuilles bi-pennatipartites, à lobes lancéolés ou linéaires. Corolle d'un rouge clair. Capsule oblongue, étroite, insensiblement atténuée du sommet à la base, marquée de 4 nervures, hérissée de soies raides. Filets des étamines épaissis supérieurement. ⊙. Juin-juillet.

Champs siliceux, commun en Bresse; rare au-dessus de la région des vignes; Pontarlier (*Grenier*); Courcelles-les-Mandeure (*Contejean*).

GLAUCIUM Tournef.

Sépales 2. Stigmate bilobé. Capsule *siliquiforme, linéaire, divisée en deux loges par une fausse cloison* celluleuse complète (prolongement des placentas), s'ouvrant du sommet à la base. Graines sans strophiole. Plante à suc jaune.

G. flavum *Crantz, stirp. a.* 141 (1769); *G. luteum Scop. carn.* 1, *p.* 369 (1772); *G. G.* 1, *p.* 61. — Tige de 3-5 déc., rameuse, glabre, glauque. Feuilles pennatifides ou pennatipartites, glauques, velues et d'apparence pulvérulente ; les sup. largement amplexicaules. Fleurs grandes, jaunes, terminales, subsolitaires. Capsule linéaire, très longue (15-25 centim.), rude, légèrement tuberculeuse. ②. Juin-août.

Graviers des bords de l'Ain, à Thoirette (*Babey*) ; se retrouve aux bords du lac de Neuchatel, le long du chemin de fer.

CHELIDONIUM Tournef.

Sépales 2. Stigmate bilobé. Capsule *siliquiforme,* linéaire, *uniloculaire,* s'ouvrant en deux valves qui se détachent de la base au sommet en laissant persister le châssis formé par les placentas. Graines *munies d'une strophiole* charnue, en crête.

C. majus *L. sp.* 723 ; *G. G.* 1, *p.* 62. — Tiges de 2-5 déc., dressées, rameuses, pubescentes, à longs poils mous étalés. Feuilles pennatiséquées, molles, glauques en-dessous, à 3-7 segments ovales, lobés, à lobes incisés-crénelés, pétiolulés ou décurrents. Fleurs en ombelles. Corolle jaune. Capsule linéaire, de 2-4 centim., un peu toruleuse. Graines luisantes, à arille blanche. ♃. Mai-sept.

Haies, décombres, vieux murs, dans la plaine.

V. FUMARIACÉES.

(FUMARIACEÆ DC.)

Fleurs hermaphrodites, irrégulières. Sépales 2, pétaloïdes, caducs, à préfloraison valvaire. Corolle tubuleuse et personée au sommet ; pétales 4, inégaux, hypogynes, à préfloraison imbriquée, connivents, caducs, libres ou un peu soudés; le sup. ordinairement prolongé en éperon. Étamines 6, hypogynes, à filets soudés presque jusqu'au sommet en deux faisceaux opposés aux pétales supérieurs et inf. Anthères extrorses, les deux latérales de chaque faisceau unilobées, la moyenne bilobée. Ovaire libre, à deux carpelles, à une loge pluriovulée. Ovules insérés sur les placentas pariétaux. Styles 2, soudés en un seul, filiforme; stigmate bilobé. Fruit libre, sec, uniloculaire, formé de deux carpelles, monosperme et indéhiscent, ou polysperme et bivalve. Graines horizontales, munies parfois d'une strophiole; placentas pariétaux. Albumen charnu. Embryon petit, logé près du micropyle. Radicule rapprochée du hile.

1. CORYDALIS. — Fruit siliquiforme, polysperme, déhiscent.
2. FUMARIA. — Fruit subglobuleux, monosperme, indéhiscent.

CORYDALIS DC.

Fruit *siliquiforme, polysperme, déhiscent.* Graines munies d'une striophiole en forme de crête.

C. cava *Schweig. et Kœrt. fl. erl.* 2, *p.* 44; *G. G.* 1, *p.* 64. — Racine bulbiforme, *creuse.* Tige de 2-3 déc., *sans écaille.* Feuilles biternatiséquées, à segments obovales incisés-lobés. Grappe oblongue; bractées ovales-lancéolées, *entières.* Pédicelles *trois fois plus courts* que la capsule. Fleurs purpurines ou blanches, odorantes. ♃. Mars-mai.

C. C. Dans les haies et buissons de toute la vallée du Doubs, depuis Montbéliard jusqu'au-delà de Dole; également commun sur le versant helvétique, dans toute la région des vignes, d'où il s'élève sur les collines jusqu'à la région des sapins; Goux-les-Usiers (*Bavoux*).

C. solida *Smith, fl. brit.* 2, *p.* 748; *G. G.* 1, *p.* 64.— Racine bulbiforme, *pleine.* Tige de 15-25 centim., *portant une écaille.* Feuilles biternatiséquées, à segments oblongs incisés-lobés. Grappe oblongue; bractées *flabelliformes multifides.* Pédicelles *égalant* environ la longueur de la capsule. Fleurs purpurines. ♃. Mars-mai dans les basses régions; juin-juil. sur les sommets.

C. Dans les basses régions, s'élève, en devenant moins abondant, jusque sur les hauts sommets, au Reculet dans le vallon d'Ardran (1500 m.).

OBS. On ne saurait regarder comme indigène le *C. lutea* DC. qui se retrouve sur quelques murs dans le voisinage des habitations. Sa fleur d'un beau jaune suffit d'ailleurs pour le faire reconnaître.

La structure de la souche du *C. solida* a donné lieu à des interprétations diverses, et récemment encore une discussion nouvelle a eu lieu à
cet égard (*Bull. soc. bot. Fr.*, déc. 1860 et août 1861). M. Germain de
St-Pierre voit dans cette souche une simple racine pivotante coléorhizée,
analogue à celle du *Daucus Carota*, du *Charophyllum bulbosum*, etc. Conformément à l'opinion de Bischoff, M. Michalet considère cette souche
comme un véritable bulbe, dans lequel la partie charnue appartient au
système ascendant, et serait formée par le renflement des feuilles inférieures. *Adhuc sub judice lis est.*

L'étude de la souche du *C. cava* a fourni à M. Michalet des faits non
moins intéressants (voir *Bull. bot. France*, 1860, p. 804). Cette souche est
un rhizome creux, qui se détruit par l'intérieur, et qui s'accroît par l'extérieur jusqu'à ce que sa grosseur même en occasionne la rupture en plusieurs morceaux. Mais chacun de ces morceaux jouit de la propriété de
continuer l'existence de la plante par la production de bourgeons adven-
tifs qui naissent sur la ligne même de cassure de ces fragments, et qui à
la longue amènent la formation d'une nouvelle souche creuse semblable
à la première. Le bourgeon qui surmonte la souche est déterminé dans le
C. solida; il est au contraire indéterminé dans le *C. cava*, et toutes les
productions aériennes émises par la souche de celui-ci naissent aux aisselles
des écailles qui recouvrent le bourgeon souterrain. Enfin tandis que le
bourgeon floral du *C. solida* pousse toujours verticalement en arrivant à
la surface de la terre, les tiges du *C. cava* sont toujours recourbées et pliées
en deux, de sorte que la base de l'épi est la partie qui se montre la première à la surface du sol.

FUMARIA Lin.

Fruit *subglobuleux, monosperme, indéhiscent.* Graines dépourvues de strophioles.

F. officinalis *L. sp.* 984; *G. G.* 1, *p.* 68. — Tige de 2-8
déc., étalée. Feuilles bi-pennatiséquées, à segments cunéiformes
découpés en lobes étroits. Fleurs en grappes purpurines. Sépales
ovales, acuminés, dentés, presque aussi larges que la corolle,
et de moitié plus courts qu'elle. Pédicelles dressés. *Fruit plus
large que long, tronqué-émarginé au sommet.* ⊙. Avril-sept.

C. C. Dans les champs calcaires de la plaine, s'élève sur les premiers
plateaux, sans atteindre les sapins; manque en Bresse.

F. Vaillantii *Lois. not.* 102; *G. G.* 1, *p.* 69. — Tige de
de 1-4 déc., dressée. Feuilles bi-tripennatiséquées, à segments
linéaires aigus. Fleurs en grappes purpurines courtes et lâches.
Sépales très petits, *plus étroits que le pédicelle.* Fruit *globuleux,*
arrondi et non apiculé au sommet. ⊙. Juin-juillet.

A. C. Dans les moissons des vallées du Doubs et de la Loue, où il se
montre d'une manière erratique, ainsi que sur le versant helvétique du
Jura; il s'élève jusque dans la région des sapins; Pontarlier (*Grenier*).

Obs. On trouve çà et là, sur les deux versants du Jura, et surtout dans les luzernes de première année le *F. parviflora* Lin., facile à distinguer par ses sépales lancéolés, 5-6 fois plus courts que la corolle, par son fruit globuleux apiculé, et par ses fleurs blanches. Cette plante nous est ord. apportée du Midi avec les graines de trèfle ou de luzerne. — J'ai trouvé, dans les mêmes conditions, mais plus rarement, le *F. densiflora DC.*

VI. CRUCIFÈRES.

(CRUCIFERÆ Juss.)

Fleurs ord. régulières, hermaphrodites. Calice ord. caduc, à 4 sépales, à préfloraison imbriquée, rar. valvaire ; les deux latéraux (extérieurs) opposés aux valves du fruit, insérés un peu plus bas, souvent plus larges que les deux intérieurs qui sont l'un antérieur et l'autre postérieur. Corolle à 4 pétales en croix, rarement en nombre moindre ou nuls par avortement, alternes avec les sépales, hypogynes, libres, caducs, à préfloraison imbriquée. Réceptacle muni de 2-4 glandes. Étamines 6, hypogynes, ord. libres, inégales ; les deux extérieures (latérales) plus courtes, opposées aux deux sépales extérieurs, parfois nulles ; les quatre autres (intérieures) plus longues, opposées par paires aux sépales intérieurs et correspondant une à une aux pétales. Anthères biloculaires, introrses, s'ouvrant en long. Ovaire libre, à 2 carpelles, ord. biloculaire, à loges uni-pluriovulées, rar. réduit à une seule loge uniovulée, muni de 2 placentas pariétaux, qui répondent aux sépales antérieur et postérieur. Ovules suspendus, rar. horizontaux, pliés. Styles soudés ou nuls ; stigmate simple ou bilobé. Fruit long (silique), ou court (silicule), libre, sec, formé de 2 carpelles à placentas pariétaux, ord. partagé en deux loges par le prolongement celluleux des placentas ; tantôt déhiscent biloculaire, à loges mono-poly-spermes, s'ouvrant en 2 valves qui se détachent du chassis persistant formé par la cloison placentaire ; tantôt indéhiscent, uniloculaire et monosperme ; tantôt enfin indéhiscent et se divisant quelquefois transversalement en articles monospermes. Graines dépourvues d'albumen. Embryon à cotylédons plans, ou pliés en long, ou roulés de haut en bas. Radicule rapproch´e du hile, appliquée tantôt

sur la commissure des cotylédons plans ('radicule commissurale : o=) ; tantôt appliquée sur la face dorsale de l'un des
cotylédons (radicule dorsale : o ‖), les cotylédons pouvant être
plans (*notorhizeæ DC.*), ou linéaires et enroulés en spirale
(*spirolobeæ DC.*), ou plusieurs fois repliés (*diplecolobeæ DC.*);
tantôt la radicule est placée dans l'angle formé par les cotylédons
(condupliqués) pliés longitudinalement (radicule incluse : o »).

§ I. Siliqueuses. Fruit linéaire ou lancéolé-linéaire.

Division I. Cotylédons condupliqués : o ».

Trib. I. *Silique indéhiscente.*

1. Raphanus. — Silique indéhiscente, continue ou articulée.

Trib. II. *Silique déhiscente.*

A. *Graines unisériées.*

❀ *Graines globuleuses.*

2. Sinapis. — Silique subcylindrique ; valves à 3-5 *nervures* longitudinales saillantes.
3. Brassica. — Silique subcylindrique ; valves à *une seule nervure* longitudinale saillante.

❀❀ *Graines ovoïdes un peu comprimées.*

4. Erucastrum. — Silique subcylindrique ; valves à *une seule nervure*
longitudinale saillante, pédicelles grêles.
5. Hirschfeldia. — Silique subcylindrique ; valves *munies de plusieurs
nervures* 'ongitudinales saillantes. Pédicelles presque aussi épais que la
silique.

B. *Graines bisériées.*

6. Diplotaxis. — Silique *comprimée*, à bec *filiforme.*
7. Eruca. — Silique *subcylindrique*, à bec *ensiforme.*

Division II. Cotylédons plans : o =, o ‖ .

Subdiv. I. *Radicule appliquée sur la surface dorsale d'un des cotylédons ;* radicule dorsale : o ‖ .

8. Braya. — Silique cylindracée ; valves à *une seule nervure* longitudinale. Graines *subbisériées.*
9. Sisymbrium. — Silique cylindracée ; valves à 3 *nervures* longitudinales. Graines *unisériées.*
10. Erysimum. — Silique *tétragone* ; valves carénées par une nervure
très saillante.
11. Hesperis. — Silique cylindracée ; valves à 3 *nervures obscures* ;
stigmates à 2 *lobes lamelleux-dressés connivents.*

Subdiv. II. *Radicule répondant à la commissure cotylédonaire;*
RADICULE COMMISSURALE : o ⹀.

A. *Graines unisériées.*

✲ *Siliques subtétragones ou subcylindriques.*

12. CHEIRANTHUS. — Silique *subtétragone;* stigmate *bilobé.*
13. BARBAREA. — Silique cylindracée ; stigmate *entier ou émarginé.*

✲✲ *Siliques comprimées.*

14. ARABIS. — Silique à valves non élastiques, *à une nervure* longitudinale ou à plusieurs nervures très fines.
15. CARDAMINE. — Silique à valves *sans nervures*, parfois élastiques ;
funicules non dilatés.
16. DENTARIA. — Silique à valves *sans nervures*, s'enroulant avec élasticité ; funicules *dilatés.* — Rhizome à écailles charnues.

B. *Graines bisériées.*

17. TURRITIS.— Silique *comprimée;* valves presque planes, à une nervure.
18. NASTURTIUM. — Silique *cylindracée*, à valves *convexes*, ou réduite à
une silicule oblongue et même subglobuleuse.

§ II. **silculeuses. Fruit à peine plus long que large.**

Trib. I. *Silicule déhiscente;* valves ne retenant pas les graines.
Cotylédons plans. Radicule commissurale ou dorsale. o ⹀, o ‖.

Sous–trib. I. *Silicule comprimée parallèlement à la cloison;
cloison aussi large que le grand diamètre transversal de
la silicule;* valves planes ou convexes, jamais naviculaires,
et ne retenant pas les graines à la maturité.

A. *Filets des étamines ailés ou dentés* (loges 1-2-spermes).

19. ALYSSUM. — Silicule suborbiculaire, à valves ordin. convexes au
centre, loges 1-2-spermes ; radicule commissurale.

B. *Filets dépourvus d'ailes et de dents* (loges polyspermes).

✲ *Silicule plane.*

20. DRABA. — Silicule oblongue, *non stipitée;* radicule commissurale.
21. LUNARIA. — Silicule oblongue, *longuement stipitée;* radicule commissurale.

✲✲ *Silicule renflée subglobuleuse.*

22. CAMELINA. — Silicule pyriforme ; valves *à nervure dorsale très
saillante;* radicule *dorsale.* — Fleurs jaunes.
23. COCHLEARIA.— Silicule subglob.; rad. *commissurale.* — Fl. blanches.
NASTURTIUM. — Silicule oblongue-subglobuleuse ; radicule commissurale. — Fleurs jaunes (dans les espèces à fruit siliculeux). Voir nº 18.

Sous-trib. II. *Silicule comprimée perpendiculairement à la cloison étroite et même sublinéaire;* valves naviculaires, ne retenant pas les graines à la maturité.

A. *Filets des étamines dépourvus d'ailes et de dents.*

* *Pétales très inégaux.*

24. Iberis. — Loges monospermes; radicule commissurale.

** *Pétales égaux ou presque égaux.*

25. Thlaspi. — Silicule obovale, *échancrée* au sommet, loges 2-4-polyspermes; radicule *commissurale.*

26. Capsella. — Silicule triangulaire-obcordée, émarginée; loges polyspermes; radicule *dorsale.*

27. Hutchinsia. — Silicule oblongue, *entière au sommet*; loges 2-*spermes*; radicule dorsale ou obliquement commissurale.

28. Lepidium. — Silicule *suborbiculaire*, émarginée; loges *monospermes*; radicule *dorsale.*

B. *Filets des étamines ailés ou dentés.*

29. Teesdalia. — Silicule *non ailée*; loges dispermes; placentas non dilatés; radicule *commissurale.*

30. Aethionema. — Silicule *entourée d'une aile membraneuse*; loges mono-oligospermes; placentas dilatés; radicule *dorsale.*

Trib. II. Silicules *indéhiscentes,* ou partagées en valves ou en articles transversaux qui retiennent les graines. Radicule dorsale.

A. *Silicule didyme, non articulée, divisible en 2 valves qui retiennent les graines.*

31. Senebiera. — Silicule didyme, à 2 loges monospermes et à 2 valves qui retiennent les graines; cotylédons repliés.

B. *Silicule indéhiscente, non articulée, et ne se partageant pas en valves.*

32. Isatis. — Silicule indéhiscente obovale-oblongue, *plane*, à une seule loge monosperme; cotylédons plans-subconcaves.

33. Neslia. — Silicule indéhiscente ord. monosperme, *subglobuleuse*, surmontée par le style filiforme; cotylédons plans.

34. Bunias. — Silicule indéhiscente renflée-anguleuse, *à 2 loges* monospermes ou dispermes et même souvent subdivisées en loges secondaires par des cloisons. Graines ovoïdes ou tétragones; cotylédons linéaires *enroulés en spirale.*

C. *Silicule se divisant en articles transversaux indéhiscents.*

35. Rapistrum. — Silicule à 2 articles uniloculaires, le supérieur globuleux, l'inférieur oblong et souvent stérile. Graines ovoïdes; cotylédons pliés en long; radicule dorsale logée dans la plicature.

§ I. **Siliqueuses.** Fru:t linéaire ou linéaire-lancéolé.

DIVISION I. COTYLÉDONS CONDUPLIQUÉS : O »

TRIB. I. *Silique indéhiscente et renflée-spongieuse, ou articulée et se divisant en articles transversaux.*

RAPHANUS Lin.

Calice à sépales dressés, les latéraux gibbeux à la base. Style conique. Silique renflée-spongieuse, ou moniliforme se partageant à la maturité en plusieurs articles transversaux monospermes. Graines unisériées, globuleuses. Cotylédons pliés en long et renfermant la radicule dans leur sinus.

R. sativus *L. sp.* 935; *G. G.* 1, *p.* 71. — Tige de 1 m., rameuse. Feuilles lyrées. Corolle grande, blanche ou violette, veinée. Siliques *lancéolées acuminées, renflées,* ne se séparant pas en articles à la maturité, atténuées au sommet. ⊙. Mai-juill.

Voisinage des habitations, mais toujours échappé des jardins.

R. Raphanistrum *L. sp.* 935; *G. G.* 1, *p.* 72. — Tige de 3-5 déc., rameuse. Feuilles lyrées. Corolle grande, blanche ou jaunâtre, veinée de violet. Siliques *lineaires,* striées et *moniliformes, se divisant,* à la maturité, *en plusieurs articles monospermes.* ⊙. Juin-octobre.

C. C. Dans toutes les moissons, et dans les autres cultures, et à toutes les hauteurs.

OBS. Voir, pour la position des graines, *Godr. fl. Lorr. éd. 2, p.* 44.

TRIB. II. *Silique déhiscente.*

A. *Graines unisériées.*

✻ *Graines globuleuses.*

SINAPIS Lin.

Calice à sépales étalés, rar. dressés, non gibbeux à la base Style long, comprimé-ensiforme. Silique subcylindrique; *valves à 3-5 nervures* longitudinales droites et saillantes. Graines unisériées, globuleuses. Cotylédons bilobés. — Fleurs jaunes.

S. arvensis *L. sp.* 933 ; *G. G.* 1, *p.* 73. — Tige de 3-6 déc. Feuilles inf. lyrées ; les sup. ovales et lancéolées, inégalement sinuées-dentées, *sessiles*. Siliques irrégulièrement étalées, subtoruleuses, glabres ou hispides ; bec *ancipité-conique*, tantôt de la longueur des valves, tantôt plus court. Graines *noires*, lisses. — Le *S. Schkuhriana Rchb.* n'est certainement pas même une variété du *S. arvensis ;* c'est une simple déformation que l'on obtient très-facilement en desséchant, sous une faible pression, des exemplaires à siliques longues et non encore mûres, c'est-à-dire assez succulentes. ⊙. Mai-novembre.

C. C. Dans toutes les cultures.

S. alba *L. sp.* 733 ; *G. G.* 1, *p.* 74. — Tige de 3-6 déc. Feuilles *toutes pétiolées, lyrées-pennatipartites*, à lobes oblongs, *obtus,* sinués-dentés. Siliques d'abord ascendantes, puis horizontales, toruleuses, velues-hispides ; bec *comprimé-ensiforme, plus long* que les valves. Graines jaunes, finement ponctuées. ⊙. Juin-juillet.

Çà et là dans les champs, aux bords des chemins, sur les décombres, dans les forêts, sur les places à charbon, où il est souvent cultivé par les bûcherons.

BRASSICA Lin.

Calice à sépales dressés ou un peu étalés, non gibbeux, ou les 2 latéraux gibbeux à la base. Style conique. Silique subcylindrique ; valves *portant une seule nervure* longitudinale droite. Graines globuleuses-unisériées. Cotylédons bilobés. — Fleurs jaunes, rar. blanches, ord. veinées.

B. nigra *Koch, D. fl.* 4, *p.* 713 ; *G. G.* 1, *p.* 77 ; *Sinapis nigra L. sp.* 933. — Tige de 1 m., rameuse. Feuilles *toutes pétiolées ;* les inf. lyrées ; les sup. lancéolées, entières. Grappes fructifères allongées. Sépales *étalés.* Siliques oligospermes, *petites, appliquées contre l'axe.* ⊙. Juin-août.

Çà et là dans la plaine, commune sur les bords de l'Ognon aux environs de Chassey, d'où il remonte à Rougemont, Cuse, Cubrial, etc. (*Paillot*); rare en Bresse ; sporadique dans les cantons de Genève, Vaud, Neuchatel et Fribourg, Jura bernois ; décombres autour des habitations. Sans être indigène, cette plante se reproduit spontanément.

B. oleracea *L. sp.* 932 ; *G. G.* 1, *p.* 75. — Tige de 1 m. Feuilles épaisses, glauques, glabres ; les supérieures *sessiles.*

Sépales *dressés*. Siliques plus ou moins *étalées*. Fleurs jaunes ou blanches. ②. Mai-juin.

Cultivé à toutes les hauteurs, jusqu'à 1400 mètres.

B. Napus *L. sp.* 931; *G. G.* 1, *p.* 76.—Tige de 1 m. Feuilles glauques, glabres; *les sup. largement en cœur et amplexicaules.* Fleurs *espacées dès l'épanouissement.* Sépales *étalés.* Siliques étalées. ☉ ②. Avril-mai.

Cultivé dans les champs et jardins et souvent subspontané.

B. asperifolia *Lam. dict.* 1, *p.* 746; *G. G.* 1, *p.* 76. — Tige de 1 m. Feuilles radicales lyrées-pennatifides, *ciliées et hérissées de poils raides; les sup. auriculées profondément en cœur et amplexicaules.* Fleurs rapprochées au sommet de la grappe lors de l'épanouissement. Sépales étalés. Siliques *étalées-dressées.* ☉ ②. Avril-mai.

α. *B. campestris L. sp.* 931 (navette). Racine grêle.

β. *B. Rapa L. sp.* 931 (navet). Racine charnue, fusiforme ou turbinée.

Cultivé dans la plaine pour sa graine oléagineuse, et partout, même en montagne, pour sa racine comestible.

✳✳ *Graines ovoïdes un peu comprimées.*

ERUCASTRUM Spenn.

Calice à sépales subdressés ou étalés, les latéraux un peu gibbeux à la base. Silique subcylindrique; valves *uninerviées;* bec court, conique, insensiblement atténué. Graines unisériées, ovoïdes-oblongues, un peu comprimées. Cotylédons échancrés. — Fleurs jaunes; pédicelles *grêles.*

E. obtusangulum *Rchb. fl. ex.* 693; *Brassica Erucastrum L. sp.* 932; *Diplotaxis Erucastrum G. G.* 1, *p.* 81. — Racine longue et robuste. — Tige de 3-6 déc. Feuilles pennatipartites. Calice *étalé. Grappe fructifère entièrement dépourvue de bractées.* Corolle d'un *jaune vif.* Siliques ascendantes, nombreuses, redressées sur les pédoncules. ♃, ②. Mai-octobre.

Çà et là dans les luzernes où elle est introduite avec les graines qui nous arrivent des régions plus méridionales, et presque exclusivement sur le versant helvétique.

E. Pollichii *Spenn. frib.* 946; *Diplotaxis bracteata* **G. G.** 1, *p.* 81. — Racine grêle et courte. Tige de 3-6 déc. *Grappe fructifère munie à la base de bractées pennatiséquées.* Calice *dressé.* Corolle d'un *jaune très pâle.* Pédoncules et siliques étalés-dressés. ②, ♃. Juin-septembre.

C. C. Dans la basse région, et principalement dans les alluvions du Doubs et autres cours d'eau ; çà et là en Bresse ; abonde dans les champs sablonneux du versant helvétique.

HIRSCHFELDIA Mœnch.

Calice à sépales dressés, non gibbeux. Style conique. Silique cylindrique, *étranglée au sommet; valves à plusieurs nervures anastomosées.* Graines ovoïdes-oblongues. Cotylédons *échancrés* et non bilobés au sommet. — Pédicelles *renflés*, presque aussi épais que la silique dressée appliquée à l'axe.

H. adpressa *Mœnch, meth.* 264 ; **G. G.** 1, *p.* 78 ; *Sinapis incana L. sp.* 934. — Tige de 4-5 déc., à rameaux étalés. Feuilles infér. lyrées ; les supér. lancéolées. Grappe fructifère longue et effilée. Fleurs petites, jaunes. Siliques appliquées contre l'axe. Graines finement alvéolées. ☉. Juin-sept.

Çà et là dans les luzernes où cette plante est introduite avec les graines qui nous arrivent du Midi. .

B. *Graines bisériées.*

DIPLOTAXIS DC.

Sépales subétalés, non gibbeux. Style court, conique-comprimé. Siliques *comprimées;* valves subconvexes, *uninerviées.* Graines bisériées, ovoïdes ou oblongues, *comprimées.* — Fleurs jaunes.

D. tenuifolia *DC. Syst.* 2, *p.* 632; **G. G.** 1, *p.* 80; *Sisymbrium tenuifolium L. sp.* 917. — Souche *forte et dure,* souvent multicaule. Tige de 3-6 déc., *indurée à la base.* Feuilles glabres, oblongues-lancéolées, sinuées-dentées ou pennatipartites à lobes étroits. Pédicelles *égalant* 2-4 *fois* les fleurs épanouies. Calice glabre, ou hérissé seulement au sommet. Sépales *étalés.* Siliques ascendantes. ♃. Mai-octobre.

Plante erratique sur le versant français du Jura, Saint-Ylie près Dole (*Michalet*; Pesmes (*Garnier*); Besançon (*Grenier*) ; sur le versant suisse : Fort-l'Écluse, Genève, Nyon, Bâle, etc.

D. muralis *DC. Syst.* 2, *p.* 634; *G. G.* 1, *p.* 80; *Sisymbrium murale L. sp.* 918. — Racine et souche *grêles*. Tige de 1-3 déc., *herbacée dès la base*, souvent simple. Feuilles pubescentes ou glabres, sinuées-dentées ou pennatipartites, à lobes courts. Pédicelles *égalant* environ la longueur des fleurs épanouies. Calice *hérissé* de poils raides; sépales *dressés*. Siliques ascendantes et distantes. ⊙. Mai-septembre.

R. R. Champs caillouteux à Chaussin (*Michalet*); lieux graveleux sur les bords du Léman (*Rapin*); Reuse-sous-le-Colombier, aux pieds des murs (*Godet*); environs de Bale.

ERUCA Tournef.

Sépales dressés, non gibbeux. Style ensiforme. Silique subcylindrique; valves convexes, *uninerviées et fortement carénées* par la saillie de la nervure dorsale. Graines bisériées, *globuleuses*.

E. sativa *Lam. fl. Fr.* 2, *p.* 496; *G. G.* 1, *p.* 75; *Brassica Eruca L. sp.* 932. — Tige de 3-8 déc. Feuilles lyrées-pennatipartites, à segments incisés-dentés. Corolle blanche ou jaune, veinée de violet. Siliques appliquées contre l'axe; bec large, ensiforme, égalant moitié de la longueur des valves. ⊙ ou ②. Mai-juin.

Çà et là dans les décombres, Besançon (*Grenier*); bords du Léman près du Versoix (*Fauconnet*).

DIVISION II. COTYLÉDONS PLANS : 0 =, 0 ǁ .

SUBDIV. I. *Radicule appliquée sur la face dorsale d'un des cotylédons;* RADICULE DORSALE : O ǁ .

BRAYA Sternb. et Hoppe.

Silique *cylindrique un peu comprimée*, valves convexes, *ne présentant qu'une nervure* longitudinale. Stigmate entier. Graines *obscurément bisériées*. — Serait-il mieux de réunir ce genre au *Sisymbrium*, dont quelques espèces ont les valves uninerviées, et d'autres les graines subbisériées.? (Voir *Fournier, bull. bot.* 1863, *p.* 5.)

B. supina *Koch, syn. éd.* 2, *p.* 50; *Sisymbrium supinum L. sp.* 917; *G. G.* 1, *p.* 93. — Tiges de 2-6 déc., étalées en

cercle, rameuses. Feuilles un peu velues, pennatipartites. Fleurs
blanches, solitaires à l'aisselle des feuilles supérieures, formant
une longue grappe assez serrée. Siliques un peu velues, 3-4 fois
plus longues que le pédicelle. ⊙. Juin-août.

Terrains sablonneux des bords du Doubs, depuis Montbéliard à la Saône;
bords du lac de Joux, dans la haute région des sapins.

SISYMBRIUM Lin.

Sépales subétalés ou dressés, non gibbeux. Stigmate entier
ou émarginé. Silique cylindrique, à valves convexes, *présentant*
1-3 *nervures* longitudinales, dont les deux latérales parfois peu
distinctes. Graines *unisériées*, ovoïdes.

a. *Fleurs blanches.*

S. Alliaria *Scop. carn.* 2, *p.* 26; **G. G.** 1, *p.* 95; *Erysi-*
mum Alliaria L. sp. 922. — Tige de 4-6 déc., raide, dressée,
hérissée inférieurement. Feuilles radicales *réniformes en cœur;*
les caulinaires ovales en cœur; toutes presque glabres, dentées
et pétiolées. Siliques cylindriques-subtétragones, étalées, 7-8
fois plus longues que le pédicelle court et épais (4-6 millim.).
Graines striées en long. — Plante dont toutes les parties exhalent
par le frottement une forte odeur d'ail. ②. Avril-juin.

C. C. Dans les haies et les rochers; monte jusque dans la région des sapins.

S. Thalianum *Gay, ann. sc. nat.* 1826, *et ap. Gaud. helv.*
4, *p.* 348; *Arabis thaliana L. sp.* 929; **G. G.** 1, *p.* 103. — Tige
de 1-3 déc., grêle, dressée inférieurem¹. Feuilles velues, à poils
bi-trifurqués; les radicales *oblongues, insensiblement atténuées*
en pétiole; les caulinaires petites, étroites, *sessiles.* Siliques
étalées-ascendantes, cylindriques, grêles, *linéaires-subfiliformes,*
à pédoncule fin et *presque aussi long qu'elles.* ⊙. Avril-mai.

C. C. Dans les champs et vignes de la basse région.

b. *Fleurs jaunes.*

S. officinale *Scop. carn.* 2, *p.* 26; **G. G.** 1, *p.* 93; *Erysi-*
mum officinale L. sp. 922. — Tige de 3-6 déc., dressée, raide
rameuse supér., à rameaux étalés, velue. Feuilles pubescentes;
les radicales et inf. *roncinées-pennatipartites,* à 5-11 lobes
oblongs et dentés, les terminaux confluents en un lobe plus

ample; les supérieures *hastées,* à lobe terminal très allongé. Siliques velues, étroitement *appliquées contre la tige, insensiblement atténuées de la base au sommet en pointe grêle;* pédicelle très court, épais, (2-3 mill.). ⊙. Juin-septembre.

C. C. Dans les champs et aux bords des chemins dans toute la plaine et le vignoble; s'élève dans les montagnes en suivant les habitations.

S. austriacum *Jacq. austr. t.* 262; *G. G.* 1, *p.* 95. — Tige de 3-6 déc., dressée, rameuse, à rameaux ascendants. Feuilles *glabres* ou hérissées de quelques poils épars, ainsi que la tige, *roncinées-pennatipartites,* à lobes très aigus, le terminal grand et *hasté.* Siliques *cylindriques, toruleuses,* dressées et *rapprochées de l'axe,* droites ou contournées, trois fois aussi longues que le pédicelle qui égale 4-8 millim.; bec court et obtus. ②. Mai-juillet.

Région du vignoble sur le versant français; rochers de Gilly près Arbois, rochers de Baume près Lons-le-Saunier (*De Jouffroy*).

S. Sophia *L. sp.* 920; *G. G.* 1, *p.* 96. — Tige de 2-8 déc. Feuilles mollement pubescentes, *bi-tripennatiséquées, à segments linéaires.* Pétales plus courts que le calice. Siliques linéaires, grèles, toruleuses, à valves *subuninerviées,* deux fois aussi longues que le pédicelle, bec très court, obtus. ⊙. Avril-oct.

Décombres et débris des rochers, rochers de Gilly près Arbois; le Gros-Saulcois près Chaussin (*Michalet*); Pesmes; sous les remparts du fort de Joux près Pontarlier; rochers de Nans dans le Doubs (*Paillot*); Nyon sur le versant suisse.

HESPERIS Lin.

Calice à sépales dressés, les latéraux gibbeux à la base. *Stigmate à deux lobes lamelleux dressés-connivents.* Silique *subcylindrique,* valves convexes, à 3 nervures peu marquées. Graines unisériées, oblongues-subtriquètres.

H. matronalis *L. sp.* 927; *G. G.* 1, *p.* 82. — Tige de 4-8 décimèt., dressée, rude, pubescente. Feuilles radicales oblongues, pétiolées, pubescentes, ainsi que les caulinaires ovales-lancéolées et acuminées. Fleurs lilas ou blanches, à odeur suave. Siliques ascendantes; pédicelle de même longueur que le calice. ♃. Mai-juin.

Çà et là sur les deux versants du Jura, entre la région des vignes et celle des sapins, le long des cours d'eau, ou dans les prés humides;

abonde dans les prés de Dournon au-dessus de Salins, en suivant la route de Pontarlier ; rochers de Baume près Lons-le-Saunier ; bords de l'Ain à Champagnole et à Sirod (*Garnier*); Noël-Cerneux et Grande-Combe-des Bois (*Carteron*); Malche *(Coulejean)*; côtes du Doubs (*Halle*). Cette belle plante est certainement spontanée dans toutes les localités précitées ; mais d'après MM. Godet et Rapin son indigénat est douteux sur le versant helvétique.

ERYSIMUM Lin.

Calice à sépales dressés, les latéraux souvent gibbeux à la base. Stigmate entier, ou bilobé à lobes obtus. Silique *tétragone,* quelquefois un peu comprimée ; valves fortement *carénées* par la nervure dorsale. Graines unisériées, ovoïdes ou oblongues.

a. *Pétales jaunes, à limbe étalé.*

E. cheirantoides *L. sp.* 923 ; *G. G.* 1, *p.* 87. — Tige de 3-6 décim., dressée. Feuilles lancéolées, sinuées-denticulées. Fleurs petites. Grappe fructifère longue. Siliques d'environ 2 centim., *à demi-étalées,* portées par des pédicelles *grêles, égalant au moins la moitié de leur longueur.* Stigmate *discoïde.* ⊙. Juin-septembre.

C. C. Sur les alluvions du Doubs et de la Loue ; plus rare sur le versant helvétique, Lausanne, Genève, etc.; ne s'élève pas dans la région montagneuse.

E. virgatum *Roth, cat.* 75 ; *G. G.* 1, *p.* 87. — Tige de 6-12 déc., dressée, raide. Feuilles lancéolées-étroites, sinuées-denticulées. Fleurs petites. Grappe fructifère très longue. Siliques longues (4-5 centim.), *dressées-serrées contre l'axe ;* pédoncule *court* (5-6 mill.), *épais.* Stigmate *bilobé.* ②. Juin-juill.

N'a été observé, dans le Jura, qu'au Creux-du-Van.

E. ochroleucum *DC. fl. Fr.* 4, *p.* 658 ; *G. G.* 1, *p.* 89. — Souche *vivace, rameuse;* ramifications *couchées,* terminées les unes par des rosettes de feuilles, les autres par des tiges florifères. Tiges de 1-3 déc., dressées. Feuilles lancéolées, denticulées. Fleurs odorantes, *grandes* et rappelant celles du *Cheiranthus Cheiri.* Grappe fructifère *courte.* Siliques longues (5-7 centim.), dressées-subétalées ; pédicelle court, épais ; stigmate *bilobé.* ♃. Mai-juin.

Rochers et éboulis calcaires ; disséminé dans le Jura à diverses hauteurs ; abondant dans les rocailles du fort Belin et de Poupet près Salins

(500-800 m.); vallée de Flumen près St-Claude (700 m.); rocailles de la Dôle et du Colombier (1600 m); Creux-du-Van; Chasseral, etc. Montfaucon près Besançon (5 à 600 m.) (*Grenier*).

b. *Pétales blancs-jaunâtres, à limbe étroit et dressé.*

E. orientale *R. Br. h. k. éd.* 2, *vol.* 4, *p.* 117; *E. perfoliatum Crantz, austr.* 27; *G. G.* 1, *p.* 90; *Brassica orientalis L. sp.* 931. — Tige de 4-6 déc., dressée. Feuilles entières; les radicales obovales; les caulinaires oblongues, embrassantes et auriculées. Siliques longues et étalées presque horizontalement, à cloison spongieuse et favéolée. — Plante glabre et glauque. ⊙. Mai-juin.

Çà et là et rarement dans des champs; Fort-de-l'Écluse (*Fauconnet, Reuter*, cat. 1861), Montbéliard (*Contejean*), Besançon (*Bacour*).

Subdivision II. *Radicule répondant à la commissure cotylédonaire;* RADICULE COMMISSURALE : o =.

A. *Graines unisériées.*

✾ *Siliques subtétragones ou subcylindriques.*

CHEIRANTHUS Lin.

Calice à sépales dressés-connivents, les latéraux gibbeux à la base. Style conique; stigmate *bilobé, à lobes courbés en dehors*. Siliques *subtétragones;* valves portant une nervure dorsale saillante. Graines unisériées, ovoïdes-comprimées.

C. Cheiri *L. sp.* 924; *G. G.* 1, *p.* 86. — Tige de 2-4 déc., frutescente et pérennante à la base. Feuilles lancéolées, entières, pubescentes-incanes ou glabrescentes. Fleurs grandes, jaunes, très odorantes. Siliques incanes, dressées. ♃. Mars-juin.

A.C. Sur les vieux murs et remparts des villes, dans la région des vignes, sur les deux versants de la chaîne jurassique, et souvent sur des rochers escarpés où sa spontanéité ne peut être mise en doute.

BARBAREA R. Br.

Calice à sépales dressés, non gibbeux. Stigmate *entier* ou un peu échancré. Silique *subcylindrique;* valves portant une nervure longitudinale saillante. Graines unisériées, elliptiques-comprimées. Feuilles inf. lyrées-pennatipartites.

4

B. vulgaris *R. Br. h. k.* 4, *p.* 109; *G. G.* 1, *p.* 90; *Erysimum Barbarea L. sp.* 922. — Tige de 3-7 décim. Feuilles supérieures *obovales, dentées.* Pédicelles et siliques étalés ou redressés. ②. Mai–juin.

β. *B. arcuata Rchb. bot. zeit.* 1830; *G. G.* 1, *p.* 90. — Pédicelles et siliques étalés et courbés en demi-cercle. Forme assez fréquente dans les lieux ombragés, affectant parfois un seul rameau sur une tige ramifiée.

C. C. Dans les lieux humides et frais de la plaine; aux bords des rivières et des ruisseaux, etc.; çà et là sur les premiers plateaux, s'avance jusque dans la région des sapins.

B. intermedia *Bor. fl. centr.* 2, *p.* 48; *G. G.* 1, *p.* 91. — Tige de 3-7 déc. Feuilles sup. *pennatipartites, à lobe terminal étroit, oblong, cunéiforme. Pédicelles dressés-rapprochés de l'axe, ainsi que les siliques,* qui égalent 2-3 centimètres. ②. Avril-mai.

Entre Dole et Saint-Ylie, au bord du canal, où la plante ne s'est pas perpétuée (*Michalet*).

Obs. J'incline à croire maintenant que notre *B. sicula* des Pyrénées n'est que le *B. intermedia* à siliques écartées de l'axe; et si la plante de Presl ne diffère pas de la nôtre, comme c'est probable, ce serait encore une espèce à supprimer.

B. patula *Fries, mant.* 3, *p.* 76; *G. G.* 1, *p.* 92; *B. præcox DC. fl. Fr.* 4, *p.* 661. — Tige de 4-8 déc. Feuilles supérieures *pennatipartites,* à lobe terminal étroit, oblong, cunéiforme. Pédicelles *étalés,* presque aussi épais que la silique. Siliques *très-longues* (4-7 centim.), *étalées.* ②. Mai-juin.

Disséminé dans la région des vignes; Sellières (*De Jouffroy*), Panessières près Lons-le-Saunier et Saint Amour (*Roset*); sur le Credo, entre le Fort-l'Écluse et Bellegarde (*Ducommun, Reuter*); commun autour de Belfort (*Parisot*).

✱✱ *Siliques comprimées.*

ARABIS Lin.

Calice à sépales dressés, non gibbeux ou les latéraux gibbeux à la base. Stigmate entier ou subéchancré. Silique comprimée; valves presque planes, portant une nervure longitudinale, ou plusieurs nervures très fines. Graines unisériées, comprimées, souvent bordées. — Fleurs blanches ou roses.

a. *Graines ovales, aptères ou très étroitement ailées; limbe
des pétales large, obové, très étalé.*

A. alpina *L. sp.* 928; *G. G.* 1, *p.* 104. — Souche *vivace*,
grêle. Tiges les unes courtes et terminées par des rosettes de
feuilles, les autres de 1-3 déc., terminées par une grappe de
fleurs. Feuilles radicales *oblongues*, dentées, canescentes; les
caulinaires *embrassantes et auriculées*. Siliques ascendantes, à
valves faiblement nerviées ou subréticulées. Graines étroitement
ail'es. Plante plus ou moins velue-soyeuse. — Fleurs blanches.
♃. Avril–juin.

C. C. Dans toute la chaîne, sur les deux versants, depuis les sommets
jusque dans la région des vignes; Montbéliard, Baume, Besançon, Ornans,
Salins, etc.

A. arenosa *Scop. carn.* 2, *p.* 32; *G. G.* 1, *p.* 104; *Sisymbrium arenosum L. sp.* 919. — Souche *bisannuelle ou
pérennante!* Tiges de 2-3 décim. Feuilles radicales en rosette,
lyrées-pennatifides; les caulinaires *sessiles.* Siliques ascendantes,
à valves très fortement *uninerviées.* Graines un peu ailées au
sommet. — Fleurs lilas. ☉, ②. Mars–mai.

C. C. Dans toute la région des vignes et de la plaine, de Montbéliard et
Besançon à Lons-le-Saunier; manque dans le Jura méridional et dans la
région des sapins.

b. *Graines ovales, aptères ou étroitement ailées; limbe des pétales
linéaire-oblong, dressé.*

Feuilles caulinaires auriculées.

1. *Siliques ascendantes écartées de l'axe de la grappe.*

A. auriculata *Lam. dict.* 1, *p.* 219; *G. G.* 1, *p.* 100. —
Racine annuelle. Tige de 2-4 décim. Feuilles raides, poilues,
dentées; les radicales elliptiques en rosette et disparaissant après
la floraison; les caulinaires embrassantes-auriculées. Grappes
fructifères *fléchies en zig-zag*, lâches, allongées. Siliques de
2-3 centim., *uninerviées*, très étroites, et à peine plus larges
que le pédicelle dont la longueur est de 5-6 millim. Graines à
bord caréné. — Plante plus ou moins velue. ☉. Avril–mai.

Abonde dans les éboulis du Fort-l'Ecluse.

A. saxatilis *All. ped.* 1, *p.* 268; *G. G.* 1, *p.* 99. — Racine annuelle. Tige de 2-5 décim. Feuilles *molles*, poilues, dentées ; les radicales oblongues, en rosette et disparaissant après la floraison ; les caulinaires embrassantes–auriculées. Grappe fructifère très lâche, *droite* et non fléchie. Siliques très distantes, très étalées ou ascendantes, très longues (5-8 centim.), à valves *trinerviées;* pédicelle dépassant ord. un centimètre. Graines à bord caréné. — Plante plus ou moins velue. ☉. Avril-mai.

Eboulements autour du Fort-l'Ecluse.

A. brassicæformis *Wallr. sched.* 359 ; *Brassica alpina L. mant.* 95. — Souche *vivace,* courte. Tige de 6-8 déc., simple, droite , raide. Feuilles radicales obovales, *atténuées en long pétiole* au moins égal au limbe; les caulinaires embrassantes-auriculées, *glabres et glaucescentes* comme toute la plante. Grappe fructifère très lâche, allongée, droite. Siliques distantes, ascendantes, longues (6-8 centim.), à valves *uninerviées;* pédicelle dépassant un centim. Graines aptères. ♃. Juin-juillet.

Très rare dans le Jura, à la Dôle au-dessus des Chalets, vallon d'Ardran au Reculet (*Reuter*).

2. *Siliques appliquées contre l'axe de la grappe.*

A. hirsuta *Scop. carn.* 2, *p.* 30; *A. sagittata DC. fl. Fr.* 5, *p.* 592; *G. G. p.* 102; *Turritis hirsuta L. sp.* 930; *T. sagittata Bertol. pl. gen.* 185, *et am.* 166. — Tige de 3-7 déc., raide, dressée, feuillée. Feuilles dentées, poilues; les radicales en rosette et atténuées en pétiole; les caulinaires tronquées ou obtusément auriculées à la base. Grappe fructifère longue, unique ou accompagnée de grappes accessoires dressées-appliquées. Siliques grèles, nombreuses, appliquées, à valves munies d'une nervure saillante et de fines nervures anastomosées. Graines très étroitement marginées. ② . Mai-juillet.

C. C. Dans la plaine et la région des vignes jusque dans la région alpestre, le Suchet (*Grenier*).

Obs. Jusqu'en 1804, le *Turritis hirsuta Lin.* était pour les botanistes une espèce nettement définie, dégagée de toute question litigieuse. Smith le premier dans sa *Flore britannique* (2, p. 716) signale une forme voisine qu'il a reçue de Davall, mais à laquelle il ne croit pas devoir donner un nom. En 1804 aussi, dans un Synopsis des plantes des environs de Gênes (p. 185), Bertoloni décrit sous le nom de *Turritis sagittata* une plante qu'il regarde comme distincte du *T. hirsuta Lin.* En 1805, De Candolle, sans tenir compte du *T. sagittata Bertol.,* se borne à décrire, comme ses devanciers, l'*A. hirsuta*. Mais en 1815, entraîné par l'autorité de Bertoloni, DC, substitue le nom d'*A. sagittata* à celui d'*A. hirsuta* qu'il avait antérieurement adopté; et il ajoute avec Bertoloni que la plante qu'il prend pour *A. hirsuta* a des poils simples sur la tige, des feuilles non auriculées, des siliques planes, caractères qui tous me semblent convenir à l'*A. alpestris Rchb.*

Dès lors il y a, pour De Candolle et pour presque tous les botanistes, deux espèces, l'une à feuilles caulinaires auriculées, et l'autre à feuilles sessiles non auriculées. Mais DC. prend incontestablement pour *A. sagittata* la vulgaire plante à feuilles auriculées, si répandue dans toute la chaîne jurassique, et que je considère comme étant le véritable *T. hirsuta Lin.*

En effet, Linné définit son *T. hirsuta* par ces mots : « *Foliis omnibus » hispidis, caulinis amplexicaulibus.* » Puis il cite le texte et la figure de Bauhin (prod., p. 42, t. 42), et comme synonymes son *flora suecica*, Dalibard et Royen. La plante de Dalibard, qui est la même que celle récoltée par Bauhin aux environs de Bâle, est pour nous nettement définie, et si nous jugions exclusivement sur cette donnée, il ne nous resterait aucun doute sur la plante linnéenne. J'ajoute que dans l'herbier normal de Fries, la plante d'Upsal, incontestablement connue de Linné, et publiée là sous le n° 50, dans le fasc. 12, est parfaitement identique à celle de Bâle que j'ai revue d'un bout à l'autre du Jura. La plante d'Upsal a, comme le dit Linné, les feuilles auriculées-amplexicaules (*amplexicaulibus*). Je ne vois donc pas sur quel texte Bertoloni a pu se fonder dans : *pl. Gen.* 185, *et amœn.* 160 pour dire : « *Turritis hirsuta L. habet folia » caulinia sessilia nec cordata nec sagittata, pilos simplices nec furcatos.* »

Néanmoins l'impulsion donnée par Bertoloni et De Candolle continuait son action, et les botanistes s'efforçaient de distinguer les *A. sagittata et hirsuta*, lorsqu'en 1847, dans le 7° vol. de son *Flora italica*, Bertoloni lui-même reconnut qu'il avait fait fausse route, et que son *A. sagittata* ne différait en rien du *T. hirsuta L.* Dès lors la question était jugée. Et cependant depuis cette époque la plupart des botanistes ont continué à maintenir l'espèce de Bertoloni, malgré sa protestation.

D'après ce qui précède, je crois donc pouvoir admettre que les *A. hirsuta, sagittata, incana,* signalés dans le Jura, ne constituent qu'une seule et même espèce, offrant à peine, sous l'influence des lieux qu'elle habite, de légères modifications qui ne méritent pas même d'être rangées au nombre des variétés. Ainsi la plante des collines est médiocrement velue (*A. hirsuta*), celle des lieux secs et exposés au soleil est plus trapue et plus velue encore (*A. incana Reuter*), celle des lieux bas est plus effilée et plus glabre (*A. sagittata*). Enfin une autre forme, appartenant à l'Allemagne, est presque entièrement glabre (*A. sudetica Tausch.*). La plante indiquée par M. Reuter, dans son catalogue de 1861, sous le nom d'*A. incana*, diffère de celle du même nom de Roth et Willd. (enum. 685) par ses feuilles caulinaires auriculées et non sessiles. La plante de Roth aurait d'après cela de grands rapports avec l'*A. alpestris Rchb.*

†† *Feuilles caulinaires non auriculées.*

A. alpestris *Schleich. ap. Rchb. ic. germ.* 2, *p.* 13, *t.* 4338 (1837); *A. arcuata Suttlw. ap. Godet, fl. jur.* 1, *p.* 38 (1852); *A. ciliata Koch, syn.* 42; *G. G.* 1, *p.* 101 (*non R. Br.*). —

Souche bisannuelle ou pérennante. Une ou plusieurs tiges de 1-3 décim., ascendantes, glabrescentes ou hérissées de poils simples ou étoilés. Feuilles oblongues, pubescentes ou seulement ciliées, entières ou dentées; les radicales en rosette et atténuées en pétiole; les caulinaires arrondies et sessiles à la base. Fleurs blanches. Siliques *obliquement dressées et s'écartant de l'axe* par leur sommet, formant une grappe ord. courte et compacte, d'abord arquée, puis redressée. Graines aptères, entourées d'un filet très étroit. ②. Juin-juillet.

α. *A. hirsuta Gaud.* — Tiges et feuilles poilues. Cette plante a le port du *T. hirsuta L.*, dont elle se distingue au premier coup-d'œil par ses feuilles caulinaires sessiles, ses siliques plus courtes, un peu écartées de l'axe, en grappe ord. courte.

β. *A. ciliata Gaud.* (*non R. Br.*). — Feuilles glabres, ciliées aux bords; tige glabre.

γ. *A. cenisia Reut. cat.* 1853, *et cat.* 1861, *p.* 13. — Tige naine (5-8 centim.); fleurs rapprochées en corymbe compact; grappe et siliques courtes à la maturité. La culture n'ayant pas modifié cette plante, M. Reuter a cru devoir l'élever au rang d'espèce, malgré le peu d'importance des caractères qui la séparent du type auquel nous la rattachons.

A. R. Dans la région alpestre, plus rare dans celle des sapins dont elle atteint à peine la limite inférieure; la var. γ sur le sommet du Colombier (*Reuter*).

Obs. Après l'excellente dissertation de M. Godet sur cette espèce, il ne m'a pas paru possible de lui conserver le nom d'*A. ciliata R. Br.*; n'ayant pas d'arguments nouveaux à produire, je me borne à renvoyer au texte cité.

A. muralis *Bert. dec.* 2, *p.* 37; *G. G.* 1, *p.* 102. — *Souche vivace.* Une ou plusieurs tiges de 2-3 déc., dressées ou ascendantes, pubescentes. Feuilles pubescentes-blanchâtres; les radicales en rosette, oblongues-obtuses, *crénelées-dentées*, atténuées en pétiole; les caulinaires nombreuses, sessiles. Fleurs blanches ou rosées. Siliques longues (4-5 centim.), *dressées parallèlement à l'axe, très comprimées*, bosselées, à valves munies de veines anastomosées, formant une grappe allongée. Graines étroitement marginées. ♃. Mai-août.

Cette plante des montagnes du Dauphiné pénètre dans le Jura méridional par les vallées. Elle remonte le cours de l'Ain en passant par Thoirette, elle entre dans la vallée de la Bienne, puis dans toutes celles

qui convergent vers St-Claude où elle est commune ; de là elle s'élève à
Morez, aux Rousses, et jusque dans la vallée de Joux, près de Bois-
d'Amont, à 1100 m.; elle remonte aussi la vallée du Rhône jusqu'au Fort-
l'Ecluse et au Salève, en se dirigeant d'autre part de Bellegarde à Nantua,
où elle est commune.

A. stricta *Huds. angl.* 292 ; *G. G.* 1, *p.* 100. — Souche
vivace. Une ou plusieurs tiges de 2-3 déc., dressées ou ascendantes, pubescentes. Feuilles luisantes, parsemées de poils ; les
radicales en rosette, oblongues-obtuses, crénelées-dentées, atténuées en pétiole ; les caulinaires *deux-trois,* distantes, sessiles.
Fleurs blanches ou rosées. Siliques longues, *étalées-dressées,*
comprimées-tétragones, à valves épaisses, relevées d'*une nervure*
saillante et de nervures latérales, formant une *grappe courte,*
dont la fleur infér. est munie d'une bractée. Graines étroitement
marginées au sommet. — Siliques un peu plus grosses, plus renflées et moins bosselées que celles de l'*A. muralis.* ⚥. Mai-juin.
Eboulements du Fort-l'Ecluse au-dessus de Thoiry.

A. serpyllifolia *Vill. Dph.* 3, *p.* 308 ; *G. G.* 1, *p.* 101. —
Souche vivace. Tiges de 8-15 cent., simples, grêles, *flexueuses.*
Feuilles oblongues, pubescentes, *entières ou faiblement denti-*
culées; les radicales atténuées en pétiole ; les caulinaires sessiles.
Fleurs blanches. Siliques *étalées-ascendantes,* comprimées, à
valves marquées d'une nervure saillante et de deux nervures
latérales plus fines, formant une grappe oblongue lâche. Graines
aptères. — Cette plante rappelle en miniature l'*A. alpina.* ⚥.
Juin-juillet.

R. R. Sur les rochers de la région alpestre ; les Rousses, sur les rochers
près du lac ! (*Michalet*) ; St-George ; la Dôle.

c. Graines arrondies et largement ailées.

A. Turrita *L. sp.* 930 ; *G. G.* 1, *p.* 106. — Racine bisannuelle. Tige de 4-6 déc., dressée. Feuilles blanchâtres-pubes-
centes ; les radicales oblongues ; les caulinaires oblongues-lancéolées, embrassantes et auriculées. Corolle d'un blanc-jaunâtre.
Pédicelles courts. Grappe fructifère longue. Siliques planes,
épaisses aux bords, unilatérales et penchées ; valves marquées
de veines anastomosées. Graines largement ailées. ②. Mai-juill.

Bois et rochers de toute la chaîne jurassique, depuis la région des vignes
jusqu'aux sommités ; manque dans la plaine.

CARDAMINE Lin.

Sépales plus ou moins étalés, non gibbeux. Stigmate entier. Silique linéaire, comprimée; valves presque planes, *dépourvues de nervures,* se roulant quelquefois à la maturité. Graines unisériées, comprimées, à funicules filiformes non dilatés. — Fleurs blanches ou roses; feuilles pennatiséquées.

a. *Corolle grande; pétales à limbe large et étalé.*

C. pratensis *L. sp.* 915; *G. G.* 1, *p.* 108. — Tige de 3-4 d'cim. Feuilles pennatiséquées; les radicales à segments arrondis, obscurément anguleux, le terminal plus grand et réniforme; les caulinaires à segments égaux et *linéaires-entiers.* Corolle lilas ou blanche; anthères jaunes. Silique *à peine plus longue que le pédicelle;* style cylindrique, obtus. — Souche stolonifère, courte et tronquée; plante glabre ou un peu hérissée à la base. ♃. Mars-mai.

C. C. Dans les prés humides à toutes les hauteurs et dans la plaine.

C. Matthioli *Moretti ap. Bertol. fl. it.* 7, *p.* 29; *Reuter, cat.* 1861, *p.* 267. — Tige de 2-3 déc. Feuilles pennatiséquées; les radicales à segments arrondis, le terminal plus grand et réniforme; les caulinaires à segments *obovales ou oblongs.* Corolle *blanche;* anthères jaunes. Silique étroite, *deux fois aussi longue que le pédicelle;* style cylindrique, obtus. — Cette plante se distingue facilement du *C. pratensis* par ses feuilles caulinaires à lobes bien plus larges et plus courts; par ses fleurs toujours blanches, plus petites, et par ses siliques de moitié plus étroites et plus courtes. ♃. Mai (*Reuter l. c.*).

Marais tourbeux d'Entre-Roche (canton de Vaud), où cette plante abonde derrière la maison du garde-voie, à gauche en sortant du tunnel. Il paraît que cette curieuse espèce remplace, dans l'Italie supér. notre *C. pratensis.*

C. amara *L. sp.* 915; *G. G.* 1, *p.* 108. — Souche stolonifère allongée. Tige de 3-4 d'cim. Feuilles toutes pennatiséquées, à segments obovales, anguleux, dentés ou crénelés, le terminal plus grand. Fleurs blanches; anthères *violettes.* Siliques étroites, presque deux fois aussi longues que le pédicelle. Style *conique, aigu.* ♃. Mai-juin.

A. C. Dans les prés humides et aux bords des eaux; disséminé dans toute la chaîne; monte depuis la plaine jusque dans les hautes vallées de Joux et des Rousses (1100 m.).

  b. *Corolle petite; pétales à limbe étroit et dressé.*

C. impatiens *L. sp.* 914 ; *G. G.* 1, *p.* 109. — Racine annuelle. Tige de 3-4 déc., feuillée. Feuilles pennatiséquées et *auriculées,* à segments nombreux, ovales ou ovales-oblongs, lancéolés. Siliques grêles, *quatre fois* aussi longues que leur pédicelle; style conique, *aigu.* ⊙. Mai-août.

  C. Dans les lieux frais et ombragés de toute la partie montagneuse de la chaîne, depuis la région des vignes jusqu'à la Dôle et à la Faucille!; manque dans la plaine.

C. hirsuta *L. sp.* 915 ; *G. G.* 1, *p.* 109. — Tige de 15-25 cent., simple ou rameuse. Feuilles pennatiséquées, à 3-4 paires de segments; les radicales en rosette, à segments pubescents-ciliés, suborbiculaires, le terminal plus grand; les caulinaires 2-3, *non auriculées,* petites, à segments *sublinéaires.* Fleurs en petite grappe corymbiforme, *longuement dépassée* par les siliques inférieures. Pédicelle égalant *le tiers* de la silique; style très court, *obtus.* — Plante à peine hérissée et ne méritant pas le nom qu'elle porte. ⊙. ②. Avril-mai.

  C. Dans la région des vignes, au-dessus de laquelle cette espèce ne s'élève guère.

C. sylvatica *Link, in Hoff. physt.* 1, *p.* 50; *G. G.* 1, *p.* 109. — Tige de 15-25 centim., simple ou rameuse. Feuilles pennatiséquées; les radicales en rosette, à segments à peine pubescents-ciliés, ovales-suborbiculaires, le terminal un peu plus grand; les caulinaires 3-6, *non auriculées, aussi grandes ou plus grandes que les radicales,* à segments *oblongs,* dentés. Fleurs en petite grappe corymbiforme, *à peine dépassée* par les siliques inférieures. Pédicelle égalant environ la moitié de la silique; style court, obtus. ⊙. ②. Avril-mai et août.

  Bois humides et bords des ruisseaux; assez commun dans les sols siliceux de la plaine, environs de Rougemont; disséminé dans toute la Bresse! (*Michalet*); très abondant dans la forêt de la Serre (terrain plutonien); nul dans les terrains calcaires, excepté dans la région des sapins, où cette espèce est assez commune jusque près des sommités : forêts de la Joux, de Champagnole, de Pontarlier, du Russey, du Rizoux, de la Dôle, de la Faucille, etc.

DENTARIA Lin.

Calice à sépales dressés, non gibbeux. Stigmate presque entier.
Silique linéaire-lancéolée, comprimée; valves presque planes,
dépourvues de nervures, se roulant avec élasticité à la maturité.
Graines unisériées, comprimées, *à funicules dilatés*. — Cotylédons pétiolés, plans et enroulés aux bords. — Rhizôme charnu-écailleux.

D. pinnata *Lam. dict.* 2, *p*, 268 ; *G. G.* 1, *p.* 111. —
Feuilles *pennatiséquées*, à 7-9 segments lancéolés, opposés,
dentés; les caulinaires 2-3, pétiolées, rapprochées de la grappe.
Corolle blanche. ♃. Avril-juin.

C. Dans tous les bois, depuis la région des vignes jusque sur les sommités ; manque dans la plaine et en Bresse.

D. digitata *Lam. dict.* 2, *p.* 278; *G. G.* 1, *p.* 111. —
Feuilles *palmatiséquées*, à 5 segments lancéolés, dentés ; les
caulinaires 2-4, pétiolées, rapprochées de la grappe. Corolle
rose ou violette. ♃. Juin-août.

C. Dans toute la région jurassique entre 1200 et 1500 m.; le Rizoux, le
Noirmont, la Dôle, la Faucille, le Reculet, le Suchet, etc.

B. *Graines bisériées.*

TURRITIS Dill.

Sépales étalés, non gibbeux à la base. Stigmate presque entier. Silique *comprimée ;* valves presque planes, présentant une
nervure saillante. Graines bisériées, comprimées.

T. glabra *L. sp.* 920; *Arabis perfoliata Lam. dict.* 1,
p. 219 ; *G. G.* 1, *p*, 103. — Racine bisannuelle. Tige dressée,
raide, peu rameuse, atteignant et dépassant un mètre. Feuilles
radicales en rosette, profondément sinuées-dentées, velues,
flétries à la maturité du fruit; les caulinaires lancéolées, glabres,
embrassant la tige par 2 oreillettes obtuses. Fleurs d'un blanc-jaunâtre. Grappe fructifère très allongée, serrée et étroite. Siliques nombreuses, longues, dressées. ②. Mai-juillet.

C. Dans les bois et taillis des basses montagnes ; rare dans la région
des sapins ; se montre dans la plaine à la forêt de la Serre près Brans !
(*De Jouffroy*); Clerval, Uzelles et Chassey-les-Montbozon (*Paillot*).

NASTURTIUM R. Br.

Sépales étalés, non gibbeux. Stigmate subbilobé. Silique *cylindrique* ou silicule *oblongue ou oblongue-subglobuleuse;* valves convexes, sans nervures dorsales. Graines *irrégulièrement 2-4-sériées.* — Les pétales avortent quelquefois.

a. *Fleurs blanches.*

N. officinale *R. Br. kew.* 4, *p.* 110; *G. G.* 1, *p.* 98. — Tiges de 2-3 décim., radicantes et rameuses. Feuilles pennatiséquées, à pétioles auriculés à la base, à 3-7 segments ovales ou oblongs. Siliques linéaires, arquées, étalées, égalant le pédoncule. — Plante aquatique, succulente et comestible. ♃. Mai–septembre.

α. *latifolium.* Tige naine, dressée; feuilles à segments orbiculaires.

β. *intermedium.* Tige de 3-4 déc., radicante; feuilles à 3-4 paires de segments ovales-allongés.

γ. *N. siifolium Rchb. ic.* 436 *l. c.* — Tige très longue, atteignant parfois presque un mètre, radicante; feuilles très grandes, à 4-6 paires de segments grands et lancéolés. Cette forme ne saurait constituer une espèce; elle se relie au type par tous les intermédiaires possibles, et comparée au type de l'espèce qui est représentée par notre var. β, elle ne représente que la limite extrême opposée à celle qui est donnée par la var. α.

C. C. Ruisseaux et fontaines, depuis la plaine jusqu'au pied des sommités.

b. *Fleurs jaunes.*

⧾ *Siliques linéaires.*

N. sylvestre *R. Br. kew.* 4, *p.* 110; *G. G.* 1, *p.* 98. — Tiges de 2-4 déc., flexueuses, rameuses. Feuilles pennatiséquées, à segments oblongs ou lancéolés-linéaires, incisés-dentés, à lobe terminal *à peine plus grand* que les latéraux. Siliques *linéaires-cylindriques,* étalées, souvent stériles, *égalant le pédicelle* et rarement plus courtes. ♃. Juin–sept.

Lieux humides et bords des eaux dans la plaine; paraît manquer dans la région des montagnes.

N. anceps *DC. prod.* 1, *p.* 137; *G. G.* 1, *p.* 98. — Tiges de

2-4 déc., rameuses. Feuilles radicales *lyrées*, à segments oblongs, le *terminal très ample*. Siliques linéaires, *comprimées-ancipitées*, étalées, souvent stériles, *de moitié plus courtes que le pédicelle*. ♃. Juin-sept.

Bords du Doubs dans la région des vignes et dans la plaine.

Obs. Cette plante, ainsi que l'a fait observer M. Michalet (Mém. soc. émul. Doubs, 1856, p. 3) est probablement une hybride des *N. sylvestre* et *amphibium*; il est assez facile de trouver sur les bords du Doubs, autour de Besançon, tous les intermédiaires qui relient cette forme à ses deux parents.

⧺ ⧺ *Siliques ellipsoïdes ou oblongues-subglobuleuses.*

N. palustre *DC. syst. 2, p. 191; Roripa nasturtioides Spach; G. G. 1, p. 126.* — Racine *bisannuelle*. Tiges de 1-5 déc., très rameuses. Feuilles profondément pennatipartites, à segments *lancéolés-dentés* et décurrents sur la nervure médiane; pétiole auriculé-embrassant. *Pétales de même longueur que le calice*. Silique ellipsoïde-renflée, *presque aussi longue que le pédicelle*. ♃. Juin-sept.

Lieux frais et humides, surtout argileux ; dans toute la Bresse ; tourbières du Jura jusque dans la région élevée.

N. pyrenaicum *R. Br. kew. 4, p. 110; Sisymbrium pyrenaicum L. sp. 916; Roripa pyrenaica Spach; G. G. 1, p. 126.* — Souche vivace, émettant des tiges nombreuses, de 1-3 déc., rameuses. Feuilles caulinaires pennatifides, à 7-11 segments *lancéolés entiers;* pétiole auriculé. *Pétales plus longs que le calice*. Silique ellipsoïde-renflée, une fois plus longue que large, *quatre fois plus courte que le pédicelle*. ♃. Mai-juin.

Environs de Montbéliard, à Charmont (*Lachenal* 1759), sur les sables siliceux de la Savoureuse qui descend des Vosges; je l'ai retrouvé à Besançon, dans les sables du Doubs.

N. amphibium *R. Br. kew. 4, p. 110; Sisymbrium amphibium L. sp. 917; Roripa amphibia Bess. en. Volh.; G. G. 1, p. 126.* — Souche vivace. Tige de 4-9 déc., dressée ou couchée-radicante, rameuse. Feuilles entières et dentées, ou pennatifides, ou pennatiséquées-incisées; pétiole rarement auriculé. *Pétales plus longs que le calice*. Silique *oblongue-subglobuleuse*, 3-4 *fois plus courte que le pédicelle*. ♃. Juin-juillet.

C. C. Fossés, rivières, ruisseaux, lieux humides dans toute la région basse ; dépasse peu la région des vignes.

§ 11. Siliculeuses. Fruit à peine plus long que large.

Trib. I. *Silicule déhiscente;* valves ne retenant pas les graines. Cotylédons plans. Radicule commissurale ou dorsale. o⹀, o‖.

Sous-trib. I. *Silicule comprimée parallèlement à la cloison; cloison aussi large que le grand diamètre transversal de la silicule;* valves planes ou convexes, jamais naviculaires, et ne retenant pas les graines à la maturité.

A. *Filets des étamines ailés ou dentés* (loges 1-2-spermes).

ALYSSUM Lin.

Sépales dressés, non gibbeux. Pétales égaux, entiers ou bifides. Filets des étamines, au moins les latéraux, *ailés ou dentés.* Silicule *suborbiculaire;* style persistant; valves planes au bord et un peu *convexes* au centre; *loges à 1-2 graines* comprimées. Cotylédons plans, radicule commissurale.

A. calycinum *L. sp.* 908; *G. G.* 1, *p.* 115. — Tiges de 1-2 déc., ascendantes, ord. rameuses à la base. Feuilles petites, entières, obovales ou oblongues. Fleurs petites, *d'un jaune pâle, puis blanchâtres, à calice persistant;* pétales *dressés,* tronqués, *dépassant à peine le calice.* Etamines à filets capillaires; les latéraux munis de chaque côté à la base d'un appendice subulé. Style *court.* Grappes fructifères oblongues. — Plante couverte de poils étoilés qui la rendent blanchâtre. ☉. Avril-juin.

C. Cultures et les lieux secs; nul en Bresse et dans la région alpestre.

A. montanum *L. sp.* 907; *G. G.* 1, *p.* 115. — Tiges de 1-3 déc., couchées-ascendantes, nombreuses. Feuilles entières; les inf. obovales; les sup. oblongues. *Fleurs d'un beau jaune,* à calice *caduc;* pétales à limbe *étalé et de moitié plus long que le calice.* Etamines longues à filets *ailés* et bidentés; étamines courtes munies d'un appendice oblong. Style égalant au moins moitié de la longueur de la silicule. Grappes oblongues. — Plante blanchâtre, couverte de poils étoilés. ♃. Mai-juillet.

Rochers des régions inférieures dans le Jura français; Arbois, Poligny, Champagnole.

B. *Filets dépourvus d'ailes et de dents* (loges polyspermes).

✻ *Silicule plane.*

DRABA Lin.

Sépales subétalés, non gibbeux. Pétales égaux, entiers ou bilobés. Filets des étamines dépourvus d'ailes ou de dents. Silicule *oblongue,* entière au sommet, non stipitée ; style persistant, court ; valves *planes* ou subconvexes ; loges *polyspermes.* Graines bisériées, ovoïdes, comprimées ; cotylédons plans ; radicule commissurale.

D. aizoides *L. mant.* 91 ; *G. G.* 1, *p.* 122. — Souche *vivace.* Tiges de 5-12 centim., nues, glabres. Feuilles *linéaires, raides, ciliées-pectinées,* fortement nerviées. Corolle *jaune,* à pétales *entiers.* Silicules elliptiques-lancéolées, acuminées. Style filiforme. ♃. Mars-avril dans la région inf. ; mai-juillet dans la région alpestre.

Disséminé sur les rochers dans tout le Jura, depuis le vignoble jusqu'aux sommités.

Obs. Le *D. muralis* indiqué à Bâle et à Besançon ne peut être regardé comme une espèce jurassique. Son indigénat dans les lieux cités, et à Besançon surtout, est plus que douteux. Ses tiges munies de feuilles ovales suffisent du reste pour le faire reconnaître.

D. verna *L. sp.* 896 ; *G. G.* 1, *p.* 125. — Racine *annuelle.* Tiges de 4-12 cent., plus ou moins nombreuses, grêles, dressées ou ascendantes. Feuilles nombreuses, disposées en rosette radicale, oblongues plus ou moins spatulées, entières ou dentées. Pétales oblongs, *profondément bifides,* un peu plus longs que le calice. Silicule plus courte que les pédicelles. Grappe fructifère lâche. ☉. Mars-mai.

C. C. Champs, murs, rochers, dans tout le Jura et la plaine ; manque dans la région alpestre.

Obs. Je n'ai pas réussi à préciser par la culture la valeur des espèces formées par le démembrement du *D. verna L.* Longtemps j'ai pratiqué mes semis au printemps, la germination se faisait bien, mais toujours l'été finissait par tout anéantir. J'ai reconnu plus tard qu'il fallait semer en automne ; ces semis germent alors avant l'hiver et donnent leurs fleurs au printemps. Ces plantes sont donc, comme l'a très bien observé M. Jordan, plutôt *bisannuelles* qu'annuelles. Je vais du reste donner ici les diagnoses de quelques formes proposées par M. Jordan, diagnoses que j'ai cherché à rendre aussi comparatives que possible.

α. *Erophila brachycarpa* Jord. *pug.* 9. — Sépales *ovales,* hispides. Pétales dépassant le calice. Silicule *oblongue, parfaitement arrondie au sommet,* atténuée à la base ; 12-20 graines pâles dans chaque loge. Feuilles *ovales-lancéolées,* atténuées aux deux bouts, entières ou subdentées, munies de poils bifides assez nombreux. Scapes grêles.

β. *Erophila medioxima* Jord. *exsicc.; glabrescens* Jord. *ex part.* Sépales ovales, glabrescents. Pétales doubles du calice. Silicule *elliptique,* un peu atténuée aux deux bouts, 20-24 graines rousses dans chaque loge. Feuilles *lancéolées-étroites,* rarement dentées, atténuées en pétiole souvent égal au limbe, glabrescentes ou munies de poils *ord. simples.* Scapes glabrescents.

γ. *Erophila hirtella* Jord. — Sépales *ovales-oblongs,* hispides au sommet. Pétales de moitié plus longs que le calice. Silicule *oblongue,* faiblement atténuée au sommet, *et très atténuée dans son tiers inférieur;* style suballongé ; 30-35 graines brunes dans chaque loge. Feuilles *lancéolées-linéaires,* aiguës, atténuées en pétiole large, *portant 1-2 dents fines* de chaque côté, et couvertes sur les deux faces de nombreux poils bifides. Scapes fortement hispides à la base.

δ. *Erophila stenocarpa* Jord. — Sépales *oblongs,* hispides. Pétales *atténués en long onglet.* Silicule *linéaire-elliptique,* atténuée aux deux extrémités ; 40 graines d'un brun pâle dans chaque loge. Feuilles linéaires, aiguës, atténuées en pétiole aussi long que le limbe, et couvertes de *poils abondants et trifurqués.* Scapes hispides.

ε. *Erophila majuscula* Jord. — Sépales *ovales-arrondis,* un peu hispides au sommet. Pétales presque trois fois aussi longs que le calice, *veinés.* Silicule *oblongue,* allongée, atténuée à la base ; 40 graines d'un brun pâle dans chaque loge. Feuilles larges, *oblongues-obovales,* atténuées en pétiole plus court que le limbe, *fortement dentées* et rarement entières, *cendrées* par la présence de *poils abondants bi-tri-furqués.* Scapes hispides jusqu'au-delà du milieu.

Obs. Le *E. stenocarpa* est plus particulièrement propre aux sols argilo-siliceux, tandis que les quatre autres préfèrent les sols calcaires.

LUNARIA Lin.

Calice à sépales latéraux gibbeux. Pétales égaux, entiers. Filets des étamines dépourvus d'ailes et de dents. Silicule *longuement stipitée,* elliptique; valves *planes,* énerviées; loges *polyspermes.* Graines bisériées, comprimées; radicule commissurale.

L. rediviva *L. sp.* 911; *G. G.* 1, *p.* 112.— Tige de 6-8 déc., rameuse au sommet. Feuilles amples, ovales en cœur, acuminées, dentées, pétiolées, pubescentes. Corolle d'un violet pâle. Grappes courtes. Silicules elliptiques-lancéolées, pendantes. ♃. Mai-juin.

Lieux frais et ombragés de presque tout le Jura, depuis le vignoble jusqu'aux sommités; côtes du Doubs et du Dessoubre, de Montbéliard à Consolation (*Contejean*); Besançon, Nans et Gondenans-les-Moulins; Salins, Lons-le-Saunier, St-Claude, etc.; la Dôle, le Reculet, St-Cergue, etc.

❋❋ *Silicule renflée-subglobuleuse.*

CAMELINA Crantz.

Sépales dressés ou étalés, non gibbeux. Pétales égaux, entiers. Silicule *obovoïde-pyriforme;* valves convexes, munies d'une forte nervure dorsale réunie aux sutures et prolongée sur le style persistant; loges polyspermes. Graines bisériées, ovoïdes-subcomprimées; radicule dorsale. — Fleurs jaunes.

C. sativa *Crantz, austr. p.* 18; *G. G.* 1, *p.* 130.— Tige de 3-5 déc., droite. Feuilles inf. entières ou denticulées; les caulinaires *lancéolées,* sagittées à la base. Grappes lâches, rapprochées en panicule dressée. Silicules *arrondies au sommet,* à valves coriaces et non dépressi' les par la pression. — La plante cultivée est glabrescente et d'un vert gai.

β. *C. sylvestris Wallr. sch.* 347; *G. G.* 1, *p.* 130; *C. microcarpa A lrz.* — Plante velue et d'un vert cendré; silicule de moitié plus petite. ☉ Mai-juillet.

Çà et là dans les moissons; le type est cultivé dans la plaine comme plante oléagineuse.

C. fœtida *Fries, mant.* 3, *p.* 70; *G. G.* 1, *p.* 131; *Myagrum fœtidum Bauh. pin.* 109; *M. dentatum Willd. sp.* 3, *p.* 408;

C. dentata Pers. syn. 2, *p.* 191. — Tige de 3-5 décim., droite. Feuilles d'un vert clair; les infér. sinuées-dentées ou pennatifides; les caulinaires *lancéolées-linéaires*, sagittées à la base. Grappes lâches en panicule dressée. Silicules *tronquées* au sommet, à valves se laissant déprimer dans la jeunesse. ⊙. Juin-juillet.

Plante plus ou moins abondante dans toutes les cultures de lin, depuis la région des vignes à la région alpestre.

COCHLEARIA Lin.

Sépales subétalés, non gibbeux. Pétales égaux, entiers. Silicule *globuleuse ou oblongue-globuleuse*, entière au sommet; valves très convexes, parfois carénées; loges polyspermes. Graines bisériées, comprimées; cotylédons plans; radicule *commissurale*. — Fleurs *blanches*.

a. *Filets des étamines droits.*

C. Armoracia *L. sp.* 904; *Roripa rusticana G. G.* 1, *p.* 127. *Grand-Raifort, Moutarde-des-Capucins.* — Racine longue, charnue, comestible, à saveur piquante. Tige de 6-8 décim. Feuilles radicales oblongues, crénelées, en cœur à la base, pétiolées; les caulinaires inférieures pennatifides; les supérieures lancéolées-dentées. Grappes en panicule. Silicules petites. ♃. Mai-juin.

Plante étrangère à notre flore, mais assez fréquente dans le voisinage des habitations, où on la cultive comme condiment.

b. *Filets des 4 étamines longues géniculés vers leur milieu.*

C. saxatilis *Lam. dict.* 2, *p.* 165; *Myagrum saxatile Lin.; Kernera saxatilis Rchb.; G. G.* 1, *p.* 129. — Racine grêle, vivace. Tiges de 1-3 déc., grêles. Feuilles radicales en rosette, oblongues, atténuées en pétiole; les caulinaires sublinéaires, munies d'oreillettes à la base (*Myagrum auriculatum DC.*), ou dépourvues d'oreillettes. Fleurs en grappes paniculées. Silicule petite. — Plante grêle. ♃. Mai-août.

Rochers dans toute la région montagneuse et alpestre; la forme à feuilles caulinaires auriculées appartient plus spécialement à la région inférieure qui se confond avec celle des vignes.

Sous-trib. II. *Silicule comprimée perpendiculairement à la cloison qui est étroite et même sublinéaire;* valves naviculaires, ne retenant pas les graines à la maturité.

A. *Filets des étamines dépourvus d'ailes et de dents.*

✣ *Pétales très inégaux.*

IBERIS Lin.

Sépales presque dressés, non gibbeux. Pétales *inégaux, les extérieurs plus grands*. Silicule suborbiculaire, ailée et fortement échancrée au sommet, comprimée perpendiculairement à la cloison; valves naviculaires; cloison étroite; loges *monospermes*. Graines ovoïdes un peu comprimées; radicule *commissurale*.

I. saxatilis L. am. 4, p. 321; G. G. 1, p. 140. — Souche *vivace*, dure, *ligneuse*. Rameaux de 5-15 centim., étalés, nombreux, tortueux, *ligneux et nus à la base*, puis herbacés, feuillés et pubescents. Feuilles inf. rapprochées en rosette et étalées; les caulinaires ascendantes et nombreuses; toutes *demi-cylindriques, charnues* et ridées par la dessiccation, entières, *sublinéaires,* glabres ou ciliées, *mucronées*. Corolle blanche. Grappe fructifère, courte et lâche. ♃. Avril-mai.

Crêt des roches, au-dessus du Doubs, à Pont-de-Roide, où il est abondant.

I. amara L. sp. 906; G. G. 1, p. 140. — Racine annuelle. Tige de 1-2 décim., rameuse. Feuilles inférieures *oblongues*, dentées; les sup. plus étroites et même *sublinéaires*. Corolle blanche ou violette. Grappes fructifères *lâches,* ord. plus longues que larges, *à silicules écartées l'une de l'autre*. ⊙. Juin-sept.

Moissons de la basse région des montagnes et de la plaine.

Obs. Semée de bonne heure au printemps, cette plante fleurit toujours vers la fin de l'été ou en automne; elle est donc parfaitement annuelle. Il n'en est pas de même de l'*I. pinnata* qui, semée en même temps, ne fleurit que très rarement la même année, et ne donne ord. ses fleurs qu'au printemps suivant. Il doit donc prendre rang plutôt dans les espèces bisannuelles que parmi les annuelles, et le mieux est de le semer en automne. Ce mode de végétation rappelle celui des *Erophila*.

I. pinnata *Gouan,* hort. monsp. 319; G. G. 1, p. 337; *I. ceratophylla Reut. cat.* 241. — Racine ord. bisannuelle et ràr. annuelle. Feuilles oblongues, *pennatifides, à* 2-5 *segments ord. linéaires.* Corolle blanche ou violette. Grappes fructifères *très courtes, denses, à silicules serrées les unes contre les autres.* ②. Mai–juin.

Pied du Jura, sur le versant helvétique : Iverdon, Chezerex, Nyon, etc.; versant français : Pannessières !, Lons-le-Saunier ! (*De Jouffroy*).

I. collina *Jord. fr.* 6, *p.* 57; *I. Violeti G. G.* 1, *p.* 139 (*part.*). — Racine bisannuelle, longue et dure. Tige de 2-3 déc., dure, dressée, flexueuse, ord. très rameuse presque dès la base. Feuilles *lancéolées-linéaires* et linéaires vers le haut de la tige, vertes, peu épaisses, glabres, presque planes, étalées ou à la fin déjetées, caduques et laissant sur la tige des cicatrices rapprochées et saillantes. Fleurs purpurines. Grappes fructifères *courtes, à silicules rapprochées l'une de l'autre.* Pédicelles *glabres et lisses.* ②. Mai–juin.

Habite les collines rocailleuses et boisées du Jura méridional ; montagnes du Bugey, Serrières (*Jordan*); au-dessus de l'Huis ! (*Jordan*); Nantua ! (*Bernard*).

Obs. Cette plante appartient au groupe de l'*I. linifolia*, mais c'est surtout avec l'*I. Violeti*, auquel nous l'avions réuni dans notre *Flore de France*, qu'elle a d'intimes rapports ; elle s'en distingue facilement sur le vif par ses feuilles non charnues, et, même sur le sec, par ses pédicelles *lisses et glabres,* et non hispidules-écailleux. Ses grappes fructifères rappellent celles de l'*I. pinnata,* mais les feuilles ne permettent aucun autre rapprochement.

I. Timeroyi *Jord. fr.* 6, *p.* 54; *I. Contejeani Billot, ann. fl. Fr. p.* 95, 99, 134, *et exsicc. n°* 2418; *I. intermedia Contj. en. vasc. Montb.* 123. — Racine bisannuelle, longue et dure. Tige de 5-8 déc., ferme, *élancée,* rameuse au sommet. Feuilles allongées-lancéolées et devenant linéaires vers le haut de la tige, d'un beau vert, peu épaisses bien qu'un peu charnues, glabres, presque planes ou pliées en gouttières, *dressées-étalées,* caduques et laissant sur la tige des cicatrices *écartées et peu saillantes.* Fleurs purpurines. Grappes fructifères un peu lâches, mais courtes et à silicules rapprochées. Pédicelles *hispides-écailleux* sur la face supérieure. — Cette plante diffère en outre de l'*I. collina* par ses grappes un peu plus lâches ; par ses silicules plus resserrées au sommet, moins largement ailées, à échancrure plus ouverte (130 degrés au lieu de 100); par ses feuilles plus allongées, plus acuminées et moins étalées ; par sa tige plus élevée ; enfin par l'époque de la floraison qui a lieu en août-septembre, et non en juin. ②. Août-sept.

Mandeure, sous les roches de Champvermol (*Contejean*) ; localité unique pour le Jura.

❋❋ *Pétales égaux ou presque égaux.*

CAPSELLA Vent.

Sépales dressés, non gibbeux. Pétales égaux, entiers. Silicule *triangulaire-obcordée;* valves non ailées ; loges *polyspermes.* Graines oblongues-comprimées ; radicule *dorsale.* — Fleurs blanches.

C. Bursa-pastoris *Mœnch, meth.* 271; *Thlaspi Bursa-pastoris L. sp.* 903; *G. G.* 1, *p.* 147. — Tiges de 1-5 décim., solitaires ou nombreuses, dressées, simples ou rameuses, pubescentes surtout infér. Feuilles pubescentes, à poils étoilés ; les radicales en rosette, lyrées-pennatipartites ou pennatifides ; les sup. ord. entières, sagittées-amplexicaules. Sépales verdâtres avec bord parfois blanchâtre. Pétales environ *une fois plus longs* que le calice. Silicules atténuées à la base et disposées en longues grappes. ⊙. Fleurit pendant presque toute l'année.

C. C. Partout ; il monte avec les habitations jusque dans notre région la plus élevée.

C. rubella *Reuter! bull. helv. p.* 18; *cat. Gen.* 1861, *p.* 22, *et exsicc.!; C. rubescens V. Personnal! bull. soc. bot. Fr.* 1860, *p.* 511, *et exsicc.!.* — Sépales oblongs, obtus, entièrement *pourpres, ou entourés d'un bord* membraneux *pourpré.* Pétales *égalant ou surpassant à peine le calice* et très atténuées à la base. Le reste comme dans *C. Bursa-pastoris.* ⊙. Avril-juin.

Partout dans les lieux secs ; mais plus rare que sa congénère.

Obs. Sans doute cette espèce a été fondée sur d'assez minimes caractères, mais ils paraissent si constants, et l'espèce a un *facies* qui la fait si facilement reconnaître que j'ai cru devoir la conserver. Au printemps elle couvre les glacis de Besançon, puis en été elle disparaît pour ne reparaître que l'année suivante, tandis que le *C. Bursa-pastoris* végète pendant presque toute l'année.

Un autre motif qui milite fortement en faveur de cette espèce, c'est que mon *C. gracilis* (fl. mass. 17) paraît définitivement n'être qu'un hybride des deux précédentes espèces. Ce *C. gracilis* est presque toujours stérile, et si parfois il se montre un peu fertile, il est probable qu'il en est redevable au pollen de l'un des parents. Et comme d'ordinaire la fécondation ne vient point mettre un terme à la végétation des pétales, la grappe s'allonge et reste couverte à son extrémité, sur une longueur parfois de plus de deux centimètres, de fleurs toutes épanouies pourvues de corolles bien plus grandes que celles des deux types, qui ne portent au sommet de leur grappe que quelques petites fleurs à peine entr'ouvertes.

THLASPI Dill.

Sépales presque dressés, non gibbeux. Pétales égaux, entiers. Silicule suborbiculaire ou obovale, *échancrée au sommet;* valves à carène ailée surtout supérieurement; *loges 4-spermes et très rarement dispermes.* Graines lenticulaires; radicule *commissurale.* — Fleurs blanches.

T. arvense *L. sp.* 901; *G. G.* 1, *p.* 143. — Racine annuelle. Tige de 1-4 décim., dressée, simple ou rameuse, glabre. Feuilles vertes, exhalant une odeur alliacée par le frottement; les radicales obovales, entières ou sinuées; les caulinaires oblongues, sinuées-dentées, sagittées à la base, à oreillettes *aiguës.* Grappe fructifère allongée et lâche. Style presque nul. Silicules très grandes, suborbiculaires, *presque planes,* entourées d'une large aile *membraneuse étroitement échancrée* au sommet; loges à 5-6 graines; celles-ci *munies de fortes stries arquées.* ☉. Mai-juil.

C. Dans les cultures, entre la région des vignes et celle des sapins; rare dans la plaine.

T. perfoliatum *L. sp.* 902; *G. G.* 1, *p.* 145. — Racine annuelle. Tiges solitaires ou nombreuses de 1-2 déc., dressées. Feuilles un peu épaisses, denticulées ou entières, glabres et *glauques;* les radicales obovales; les caulinaires en cœur et auriculées à la base, à oreillettes *obtuses.* Grappe fructifère allongée et lâche. Style presque nul. Silicules *obcordées,* un peu renflées, bordées d'une *aile membraneuse qui disparaît vers la base;* loges à 4 graines. Graines *lisses.* ☉. Avril-mai.

C. C. Dans la région des vignes; s'élève peu au-dessus.

T. alpestre *L. sp.* 903; *G. G.* 1, *p.* 145; *T. Gaudinianum Jord. Reut.; T. Lereschii Reut. cat.* 1861, *p.* 20. — Racine bisannuelle. Tiges de 2-3 déc., ord. simples, dressées. Feuilles glabres et glauques; les radicales obovales, en rosette; les caulinaires ovales-lancéolées, sessiles, amplexicaules, à oreillettes arrondies. Grappe fructifère raide, allongée et fournie. Silicules *triangulaires-obcordées,* à 5-6 graines dans chaque loge ; style *allongé, égalant ou dépassant l'échancrure.* ②. Mai-juillet.

C. Dans la région supérieure du Jura, à partir de 1000 m.; vallée des Verrières, de Joux, de la Brevine, des Rousses, des Dappes, de Mijoux ; le Noirmont, la Dôle, marais de la Trélasse, la Faucille ; redescend à Saint-Claude, à Belleydoux, etc.; Goumois (*Cordier*).

Obs. Sans rien préjuger sur la légitimité des espèces établies par M. Jordan en démembrant le *T. alpestre* des anciens auteurs. je conserve à notre plante jurassique le nom de *T. alpestre Lin.,* parce qu'elle est identique à celle que M. Fries a publiée dans son herbier normal, et que je ne vois nul inconvénient à garder et à fixer ainsi le nom linnéen en le précisant. Je dis en le précisant, car il est évident que l'espèce linnéenne est très vaguement indiquée, et que les synonymes, celui de Clusius excepté, sont peu précis. Linné l'avait bien compris. puisqu'il ne lui assigne pour patrie que la localité citée par Clusius: l'Autriche. Or la plante d'Autriche ne diffère pas de celle du Jura, d'après les exemplaires que j'ai pu examiner. — Un mot sur les étamines. M. Reuter fonde son *T. Lereschii* principalement sur les anthères qui sont *jaunes,* et non purpurines comme dans l'espèce qu'il nomme *T. Gaudinianum.* J'ai constaté la variabilité de ce caractère , et sur les exemplaires que m'a remis M. Reuter, je vois des anthères jaunes et d'autres purpurines. Koch signale le même fait, car il dit : *Antherœ primum luteœ, mox purpureœ, denique atrœ.* Fries (mant. 3, p. 75), dans la plante de Suède a vu les anthères jaunes. Très rarement cette plante fleurit dès la première année, et alors elle persiste rarement la deuxième année.

T. montanum *L. sp.* 902 ; *G. G.* 1, *p.* 143. — Souche *vivace et ligneuse,* produisant des rameaux nombreux, nus, puis munis d'une rosette d'où sort une tige herbacée. Feuilles glabres; celles des rosettes obovales, obtuses; les caulinaires ovales, sessiles, auriculées. Fleurs *très grandes,* à pétales 3-4 fois plus longs que le calice. Grappes fructifères *courtes et lâches.* Silicules *obcordées,* arrondies à la base, largement ailées au sommet, à échancrure large, *à* 1-2 *graines* dans chaque loge. ♃. Mai-juin.

C. Dans les basses montagnes, et d'un bout du Jura à l'autre sur le versant français ; très répandu dans l'arrondissement de Montbéliard (*Contejean*); Besançon, Salins, Arbois, Lons-le-Saunier, etc.; n'est point à la Dôle où il a été indiquée ; la station du Creux-du-Van me semble également ment douteuse.

HUTCHINSIA R. Br.

Sépales dressés, non gibbeux. Pétales égaux, entiers. Silicule oblongue ou suborbiculaire, *entière au sommet;* valves naviculaires, à *carène non ailée.* Loges ord. dispermes. Graines sub-comprimées ; rad:cule *dorsale ou obliquement commissurale.* — Fleurs blanches.

H. petræa *R. Br. kew. 4, p.* 82 ; *G. G.* 1, *p.* 148.—Racine annuelle. Tiges de 5-10 cent., solitaires ou nombreuses, grêles, feuillées. Feuilles glabres, pennatipartites, à lobes entiers. Fleurs *petites, à pétales dépassant peu le calice.* Silicules oblongues, *obtuses,* en grappes lâches aussi longues que le reste de la tige ; loges 2-spermes. ⊙. Avril-mai.

A. R. Aux pieds des grands escarpements : Poupet près Salins ; Arbois à la source de la Cuisance ; Baume-les-Messieurs ; Baume-les-Dames, sous les rochers de Chatard ; Ornans sous la roche du mont (*Paillot*) ; Saint-Claude, au vallon de Flumen ; çà et là au pied de la chaîne sur le versant suisse, depuis le Fort-l'Ecluse à Nyon et au-delà.

H. alpina *R. Br. l. c.; G. G.* 1, *p.* 147.—Souche *vivace,* grêle, produisant des tiges de 5-10 centim., *nues,* nombreuses et rapprochées en touffe dense. Feuilles pennatipartites, à divisions elliptiques-oblongues. Fleurs *grandes,* à pétales *d'un blanc de lait* et 2-3 fois aussi longs que le calice. Grappe fructifère oblongue. Silicules *atténuées aux deux extrémités.* ♃. Juin-août.

Région alpestre ; rochers qui bordent la vallée des Dappes ; la Faucille ; le Reculet ; le Crêt des-Neiges, etc.

LEPIDIUM Lin.

Calice non gibbeux. Pétales égaux, entiers. Silicule suborbiculaire ou oblongue, émarginée ou entière au sommet, valves à carène parfois ail'e ; loges *monospermes.* Graines ovoïdes, anguleuses ou subcomprimées ; radicule dorsale. — Fleurs blanches.

a. *Feuilles caulinaires sagittées-amplexicaules.*

L. Draba *L. sp. éd.* 1, *p.* 645 ; *G. G.* 1, *p.* 153. — Racine fortement *traçante.* Tige de 3-5 déc., dressée, rameuse. Feuilles pubescentes, ovales-oblongues, sinuées-dentées ; les caulinaires sagittées-amplexicaules. Silicules *triangulaires-cordiformes et subdidymes, non échancrées* au sommet. ♃. Mai-juillet.

Plante erratique, étrangère à notre flore : Champs de Neuchatay à Nans-les-Rougemont, où elle est commune, et où les travaux de culture n'ont pu parvenir à la détruire (*Paillot*) ; route de Guillon, non loin du pont de Baume-les-Dames (*Grenier*) ; Mouchard (*Garnier*) ; Dole, le long des talus du chemin de fer (*Michalet*).

L. campestre *R. Br. kew. 4, p.* 465 ; *G. G.* 1, *p.* 149. — Tiges de 3-6 décim., dressées, simples ou rameuses. Feuilles pubescentes; les radicales en rosette, pennatiséquées; les caulinaires lancéolées, denticulées, sagittées-amplexicaules. Silicules papilleuses, obovales, *échancrées*, à lobes profonds et non divergents; valves *largement ailées* supérieurement. ②. Mai-juillet.

C. C. Dans les champs, les lieux vagues, aux bords des chemins, dans la plaine et la basse région des montagnes.

b. *Feuilles non sagittées-amplexicaules.*

Feuilles caulinaires pennatipartites.

L. ruderale *L. sp.* 900; *G. G.* 1, *p.* 151. — Tige de 1-3 déc., très rameuse et à rameaux étalés. Feuilles subpubescentes; les radicales et inférieures pennatipartites ou-séquées, à lobes linéaires; les sup. linéaires. Pétales *courts et même nuls.* Silicules *étalées*, ovales-suborbiculaires, émarginées au sommet. Valves *étroitement ailées* supérieurement. ☉. Juin-juillet.

R. R. Plante à peu près étrangère à la flore jurassique. Bords du canal près St-Symphorien entre Dole et St-Jean-de-Losne ! (*Michalet*).

L. sativum *L. sp.* 899; *G. G.* 1, *p.* 149. — Tige de 3-6 déc., dressée, rameuse. Feuilles glabres et *glauques;* les radicales et inférieures pennatipartites; les sup. linéaires. Silicules *serrées contre la tige*, suborbiculaires, échancrées au sommet, à valves *largement ailées* supérieurement. — Cotylédons tripartits. ☉ Juin-juillet.

Originaire de Perse, cultivé comme aliment et condiment, pour sa saveur qui rappelle celle du cresson ; se rencontre souvent subspontané dans le voisinage des lieux habités.

Feuilles caulinaires ovales-lancéolées ou linéaires.

L. latifolium *L. sp.* 899; *G. G.* 1, *p.* 152. — Tiges de 5-12 décim., dressées, rameuses. Feuilles glabres, glauques, un peu épaisses-coriaces; les radicales et inférieures amples, ovales-oblongues, dentées, pétiolées; les supérieures *ovales-lancéolées.* Silicules *pubescentes*, suborbiculaires, *à peine émarginées au sommet;* valves aptères. ♃. Juin-août.

Plante erratique à peu près étrangère à la flore jurassique; Besançon au confluent du ruisseau du Petit-Vaire avec le Doubs, et d'où il a presque disparu (*Grenier*); Orbe (*Boissier*). Çà et là près des habitations.

L. graminifolium *L. sp.* 900; *G. G.* 1, *p.* 152. — Tiges de 2-8 déc., raides, à *rameaux effilés et étalés.* Feuilles glabres;

les radicales en rosette, oblongues-spatulées, dentées ou penna-tifides ou-partites; les sup. *linéaires*, entières. Silicules ovoïdes, à *sommet aigu.* Valves aptères. ♃. Juin-sept.

Très rare sur le versant français : décombres au-dessus du pont de Dôle (Michalet). Sur le versant suisse : Ouchy, Rolle, Confignon, etc. — C'est encore une espèce qui fait à peine partie de la flore jurassique, et dont l'indigénat est douteux.

B. *Filets des étamines ailés ou dentés.*

AETHIONEMA R. Br.

Pétales *égaux.* Etamines longues *ailées-unidentées, courbées en dehors* près du sommet. Silicule suborbiculaire, échancrée au sommet, comprimée, *entourée d'une aile membraneuse;* loges à une ou plusieurs graines. Placentas *dilatés* à la base; radicule *dorsale.*

Ae. saxatile *R. Br. kew. 4, p.* 80; *G. G.* 1, *p.* 142. — Souche dure, ligneuse, plus ou moins rameuse. Tiges de 1-3 décim., simples ou rameuses, très feuillées. Feuilles coriaces, glauques, glabres ainsi que le reste de la plante, entières, sub-pétiolées; les inf. obovales; les sup. lancéolées. Grappe fructifère allongée, à pédoncules arqués et plus courts que la silicule. Celle-ci entourée d'une aile large et ondulée, fortement échancrée au sommet. ♃. Fleurs violacées.

Escarpements du Jura au-dessus du Fort-l'Ecluse, surtout du côté de Collonges.

TEESDALIA R. Br.

Pétales *extérieurs plus grands.* Etamines à filets munis d'ap-pendices membraneux. Silicule suborbiculaire non ailée, émar-ginée au sommet; valves à carène subailée; loges dispermes. Placentas non dilatés. Radicule *commissurale.*

T. nudicaulis *R. Br. kew. 4, p.* 83; *G. G.* 1, *p.* 141. — Tiges ord. nombreuses, de 6-12 centim., presque nues. Feuilles radicales en rosette, lyrées-pennatipartites et à lobes obtus, très rarement entières; les caulinaires 1-3, entières ou dentées. Silicules un peu concaves en-dessus, en grappe allongée. ⊙. Avril-mai.

Très abondant sur la lisière vosgienne du département du Doubs près de Montbéliard (voir *Contejean*, énum., p. 122) ; il nous arrive des **Vosges** et ne se trouve que sur les alluvions qui, descendues de cette chaîne, se sont répandues sur le pied du Jura.

Trib. II. Silicules *indéhiscentes*, ou partagées en valves ou en articles transversaux qui retiennent les graines. Radicule dorsale.

A. *Silicule didyme, non articulée, divisible en 2 valves qui retiennent les graines.*

SENEBIERA Poir.

Calice à sépales étalés, non gibbeux. Pétales égaux, entiers. Silicule *à 2 loges monospermes*, comprimée perpendiculairement à la cloison, échancrée à la base et souvent au sommet; valves *épaisses, convexes*, suborbiculaires, ne se détachant ord. pas de l'axe et retenant la graine. Cotylédons *repliés;* radicule dorsale.

S. Coronopus *Poir. dict.* 7, *p.* 76; **G. G.** 1, *p.* 153. — Tiges nombreuses de 1-4 déc., couchées, très rameuses, glabres. Feuilles profondément pennatipartites, à lobes linéaires ou oblongs. Pédicelles plus courts que les fleurs. Silicules subsessiles, réniformes, convexes, acuminées par le style et le prolongement de la cloison; valves profondément réticulées-rugueuses. ☉. Juin–septembre.

C. Sols argileux et terrains graveleux, bords des chemins, décombres, voisinage des habitations, dans la basse région, sur les deux **versants** du Jura.

Obs. La *S. pinnatifida DC.* est trop accidentelle, et se montre trop rarement pour pouvoir figurer ici.

B. *Silicule indéhiscente, non articulée, et ne se partageant pas en valves.*

ISATIS Lin.

Calice à sépales étalés, non gibbeux. Pétales égaux, entiers. Silicule *à une seule loge* par l'absence de cloison, monosperme, indéhiscente, comprimée perpendiculairement à la direction de la cloison qui manque, oblongue, fortement comprimée en forme d'aile membraneuse ; valves soudées ensemble. Cotylédons plans; radicule dorsale,

I. tinctoria *L. sp.* 936; *G. G.* 1, *p.* 133. — Tige de 5-10 déc., dressée, glabre ou hérissée à la base. Feuilles radicales oblongues, pétiolées, ord. velues; les caulinaires lancéolées-sagittées, glabres et glauques. Fleurs jaunes; calice réfléchi. Silicules oblongues-cunéiformes, obtuses ou subémarginées, d'abord pendantes, puis redressées à la maturité. ②. Mai-juin.

R. Çà et là dans les prairies artificielles, sur les deux versants du Jura. Cette plante toujours importée ne fait pas réellement partie de notre flore.

NESLIA Desv.

Sépales dressés, non gibbeux. Pétales égaux, entiers. Silicule indéhiscente, monosperme, subglobuleuse et un peu comprimée parallèlement à la cloison, *terminée par le style filiforme* persistant. Cotylédons *plans;* radicule *dorsale.*

N. paniculata *Desv. journ.* 3, *p.* 162; *G. G.* 1, *p.* 132. — Tige de 3-6 décim., dressée, velue-hérissée. Feuilles rudes et poilues; les radicales oblongues, atténuées en pétiole; les caulinaires lancéolées-aiguës, sagittées-auriculées. Silicules en grappe lâche et allongée, réticulées-rugueuses, à parois subligneuses; pédicelles étalés. — Fleurs jaunes. ⊙. Mai-juillet.

Assez répandu dans les moissons depuis la plaine jusque dans les vallées les plus élevées : Pontarlier; les Rousses, etc.; rare ou nul en Bresse (*Michalet*).

BUNIAS R. Br.

Calice à sépales subétalés, non gibbeux. Pétales égaux, entiers. Silicule indéhiscente, *ovoïde ou subtétragone, à deux loges* monospermes ou dispermes, souvent partagées en deux loges secondaires par une fausse cloison qui sépare les graines. Cotylédons *linéaires roulés en spirale;* radicule dorsale.

B. Erucago *L. sp.* 935; *G. G.* 1, *p.* 133. — Tige de 2-5 déc., ascendante, souvent rameuse-diffuse dès la base, velue et à poils courts. Feuilles radicales et inf. roncinées-pennatipartites; les sup. oblongues ou lancéolées-linéaires, subpennatifides ou entières. Silicules 4-loculaires, 4-spermes, atténuées en pointe plus longue que la silicule, subtétragones, à angles comprimés en ailes sinuées-lobées. — Fleurs jaunes. ⊙. Juin-septembre.

Çà et là dans les champs situés entre le pied du Jura et le lac de Genève : Lausanne, Orbe, Cossonay, Morges, etc. (*Rapin*, Guid. bot. 62).

C. *Silicule se divisant en articles transversaux indéhiscents.*

RAPISTRUM Lin.

Calice à sépales subétalés, obscurément gibbeux. Pétales égaux, entiers. Silicule composée de deux articles monospermes, indéhiscents; le supér. subglobuleux, plus ou moins sillonné et prolongé en un long style surmonté par le stigmate; l'inférieur subcylindrique, plus étroit que le supérieur, stérile ou à une graine. Cotylédons pliés en long; radicule dorsale, renfermée dans la plicature.

R. rugosum *All. ped.* 1, *p.* 257; *G. G.* 1, *p.* 156. — Tige de 2-5 déc., rameuse, à rameaux divariqués, velue ou glabrescente. Feuilles inf. lyrées-pennatifides; les sup. petites, rares et étroites. Fleurs jaunes. Grappes fructifères très allongées; pédoncules courts et appliqués contre l'axe. Silicules plus ou moins poilues, à articles ord. sillonnés et munis de côtes, rarement presque lisses, surtout le supérieur. ⊙. Juin-sept.

C. Dans le bassin du Léman (*Rapin*); ne paraît pas exister sur le versant français, sinon parfois dans les décombres.

VII. CISTINÉES.

(CISTINEÆ Juss.)

Fleurs hermaphrodites, presque régulières. Calice à 5 sépales libres, persistants; les deux extérieurs ord. plus petits ou nuls, les trois intérieurs à préfloraison contournée. Corolle à 5 pétales hypogynes, libres, caducs, à préfloraison contournée en sens inverse des sépales. Etamines en nombre indéfini, hypogynes, libres. Anthères bilobées, s'ouvrant en long, ordin. introrses. Ovaire libre, multiovulé, à 3-5, rar. à 6-10 carpelles, uniloculaire ou à 3-5-6-10 loges plus ou moins incomplètes; placentas pariétaux ou occupant l'angle interne des cloisons. Ovules droits, rar. réfléchis. Style filiforme. Stigmate entier ou sublobé. Fruit libre, capsulaire, polysperme, uniloculaire, ou à 3-5 et même 6-10 loges incomplètes; déhiscence loculicide, à valves lisses, sans nervures, portant sur leur milieu les placentas ou les demi-cloisons. Graines insérées sur des placentas pariétaux, ou à l'angle interne des cloisons, à périsperme farineux et mince. Embryon courbé, plié, replié ou en spirale, plus rarement presque droit. Radicule dirigée vers le point diamétralement opposé au hile, et plus rarement dirigée vers le hile.

1. HELIANTHEMUM. — Etamines toutes fertiles. Graines dépourvues de raphé ; radicule opposée au hile.

2. FUMANA. — Etamines extérieures stériles. Graines munies d'un raphé; radicule dirigée vers le hile.

HELIANTHEMUM Tournef.

Etamines nombreuses, *toutes fertiles*. Capsule subuniloculaire, à 3 valves. Graines *dépourvues de raphé*. Embryon plié, à radicule regardant le point diamétralement opposé au hile.

a. *Feuilles munies de stipules.*

H. vulgare *Gærtn. fr. t.* 76; *G. G.* 1, *p.* 169. — Souche un peu ligneuse. Tiges de 1-4 décim., étalées, pubescentes. Feuilles oblongues, à bords un peu roulés en-dessous, à face sup. verte et pubescente, à face inf. blanche-tomenteuse à poils étoilés, ou verte et hispide (*H. obscurum Pers.*); stipules un peu plus longues que le pétiole. Fleurs *jaunes,* parfois très grandes (*H. grandiflorum DC.*), en grappes terminales scor-pioïdes; sépales glabrescents. ♃. Mai-août.

C. C. Partout sur les pelouses ; la forme *H. obscurum* dans les lieux ombragés ; la forme *H. grandiflorum* dans la région des sapins et dans la région alpestre.

H. polifolium *DC. Fr.* 4, *p.* 823; *G. G.* 1, *p.* 170. — Tiges sousfrutescentes à la base, de 1-4 décim., étalées, tomen-teuses. Feuilles oblongues ou linéaires-oblongues, à bords ord. fortement roulés en-dessous, à faces, au moins l'inférieure, blanches-tomenteuses; stipules plus longues que le pétiole. Fleurs blanches, en grappes terminales scorpioïdes. Sépales tomen-teux. ♃. Mai-juin.

R. R. Rochers de Pagnoz près Salins; Fort-de-l'Ecluse; Serrières dans l'Ain.

Obs. Linné donne, dans son *Species*, trois *Cistus* (*Helianthemum*) à fleurs blanches. D'abord le *C. pilosus* caractérisé par : *Calycibus lœvibus*, ce qui suffit pour distinguer cette espèce méridionale des deux autres. Puis les *C. apenninus* et *polifolius*. Or le synonyme de Mentzelius, sur lequel Linné s'appuie surtout pour établir son *C. apenninus*, se rapporte au *C. polifolius* d'Angleterre, ainsi que Bertoloni l'a constaté par la confrontation d'exemplaires britanniques envoyés par Hooker et Woods, et comparés à ceux d'Italie. Bertoloni ajoute que Linné avait sans doute en vue une espèce différente, distincte par sa pubescence à poils simples (*hirta*), mais étrangère à la flore italienne.

A côté de ces noms, un troisième est venu prendre place. C'est le *C. pulverulentus Pourr.* Mais il est acquis maintenant (voir : Clos, Cist. 1858, p. 12) que cette plante est un vrai *Cistus* (*C. albido-crispus ex Clos*), et non un *Helianthemum*. Reste encore le *C. pulverulentus Thuill.* (*H. pulverulentum DC.*); celui-ci est parfaitement connu, et Thuillier lui-même fait remarquer qu'il est très voisin du *C. polifolius*; il fallait aller plus loin et identifier les deux plantes. Aussi De Candolle, admettant les deux espèces, n'a pu assigner aucune localité précise, pour patrie, à son *H. polifolium*.

En résumé, les *Cistus polifolius L., C. apenninus L.* (*part.*), et *C. pulverulentus Thuill,* ne constituent qu'une seule espèce qui doit conserver le nom de *H. polifolium DC.*

Cette conclusion reste vraie, même en tenant compte des espèces proposées par M. Jordan. Sous le nom de *H. pilosum*, nous avons eu en vue la même plante. Son *H. pulverulentum* est mon *H. polifolium.* Je n'ai rien à dire de son *H. apenninum* qui est une plante cultivée. Mais il reste à prouver que c'est bien la plante de Linné. Viennent ensuite les *H. velutinum* et *calcareum,* que je cultive de graines envoyées par M. Verlot, et que je connais aussi par des exemplaires que je dois à l'obligeance de M. Jordan. Or j'avoue ne pouvoir séparer ces plantes du *H. polifolium* tel que je viens de le décrire; surtout le *H. calcareum,* que je rapporte à mon type de *H. polifolium.* Le *H. velutinum* représenterait pour moi la forme jurassique, à feuilles presque planes, signalée à Pagnoz, au Fort-l'Ecluse et dans l'Ain.

b. *Feuilles dépourvues de stipules.*

H. canum *Dun. ap. DC. prod.* 1, *p.* 277; *G. G.* 1, *p.* 171. — Tiges ligneuses, de 1-3 déc., étalées, très rameuses à la base, à rameaux redressés et couverts de poils simples et étoilés. Feuilles ovales, planes, plus ou moins velues sur les deux faces, et rendues blanches tomenteuses en-dessous par des poils étoilés. Fleurs jaunes, en grappes terminales. ♃. Juin-août.

Disséminé sur les rochers depuis la région des vignes jusqu'aux sommités : Salins, Arbois, Lons-le-Saunier, Saint-Claude, Pont-de-Roide, etc.; sommets du Noirmont, de la Dôle, du Reculet.

Obs. Je ne connais pas dans le Jura le *H. italicum* à poils des feuilles *tous simples.* Ce fait milite en faveur de la distinction des deux espèces.

FUMANA Spach.

Etamines 20-40, *les extérieures stériles*, à filets courts, grêles, moniliformes. Capsule subtriloculaire, à 3 valves. Graines *munies d'un raphé*. Embryon plié, à radicule dirigée vers le hile.

F. procumbens *G. G.* 1, *p.* 173. — Tiges ligneuses, de 1-3 déc., glabrescentes, diffuses, tortueuses, très rameuses à la base, à rameaux étalés, à peine redressés. Feuilles éparses, linéaires, très étroites, presque glabres, à bords roulés en-dessous, sans stipules. Fleurs jaunes, subsolitaires vers l'extrémité des rameaux. Pédicelles fructifères réfléchis. Capsule retenant souvent les graines à la maturité. ♃. Juin-juillet.

Disséminé dans les rochers de la région des vignes, au pied du Jura et dans le bassin du Léman (*Rapin*); rare sur le versant français : Salins, Lons-le-Saunier, Saint-Amour, Ornans, Mont-d'Authume près Dole.

VIII. VIOLARIÉES.

(VIOLARIEÆ DC.)

Fleurs hermaphrodites, irrégulières. Calice à 5 sépales libres ou un peu soudés à la base, prolongés au-dessous de leur insertion, persistants, à préfloraison imbriquée. Corolle à 5 pétales hypogynes, inégaux, libres, à préfloraison imbriquée-contournée; pétale inf. prolongé en éperon au-dessous de son insertion. Etamines 5, hypogynes, libres. Anthères bilobées, introrses, conniventes en cône embrassant l'ovaire, terminées supérieurement par un appendice membraneux; les 2 inférieures prolongées inf. en un appendice charnu qui est reçu dans la cavité de l'éperon. Ovaire libre, à 3 carpelles, uniloculaire, multiovulé. Ovules réfléchis insérés sur des placentas pariétaux. Styles soudés. Fruit libre, formé de trois feuilles carpellaires, capsulaire, uniloculaire, polysperme, à déhiscence loculicide, à 3 valves. Graines insérées sur des placentas pariétaux, munies d'une strophiole. Embryon droit, placé dans un périsperme charnu, épais. Radicule dirigée vers le hile.

VIOLA Tournef.

Calice à 5 sépales appendiculés à la base. Pétales 5, inégaux; l'inférieur prolongé à la base en éperon creux qui loge deux appendices nectarifères fournis par les deux étamines inférieures. Étamines conniventes, à filets courts et élargis. Style indivis, ord. géniculé-ascendant.

TABLEAU DES SECTIONS ET DES ESPÈCES.

Sect. i. *HYPOCARPEA Godr.* — Capsules *globuleuses, velues, couchées sur* la terre; style *aigu* et courbé au sommet; les 2 pétales supérieurs dirigés en haut. — Sépales obtus; plantes acaules ou à rameaux stoloniformes.

a, *Ramifications de la souche terminées par des rosettes de feuilles qui produisent à leurs aisselles des pédoncules floraux et pas de stolons.*
    V. hirta.

b. *Ramifications de la souche terminées par des rosettes qui de l'aisselle des feuilles émettent des rameaux stoloniformes.*

†† *Stolons non radicants.*

1. *Fleurs inodores.*
    V. permixta; V. hirto-alba.

2. *Fleurs odorantes.*
    V. alba; V. scotophylla.

†† †† *Stolons radicants.*
    V. odorata; V. multicaulis.

Sect. ii. *TRIGONOCARPEA Godr.* — Capsules oroïdes-trigones, portées par des pédoncules *dressés.* Style *aigu* et courbé au sommet; les 2 pétales sup. dirigés en haut. — Sépales aigus; plantes caulescentes.

a. *Axes florifères naissant à l'aisselle des feuilles radicales réunies en rosette pour constituer un axe indéterminé.*
    V. sylvatica; V. Riviniana; V. arenaria.

b. *Axes florifères naissant directement de la souche et non des aisselles d'une rosette qui manque dans ce groupe.*

†† *Stipules des feuilles du milieu de la tige égalant à peine la moitié de la longueur du pétiole.*
    V. canina; V. persicæfolia; V. stricta.

†† †† *Stipules du milieu de la tige égalant ou surpassant la longueur du pétiole.*
    V. pumila; V. elatior.

Sect. iii. *DISCHIDIUM Ging.* — Style genouillé à la base, terminé par un stigmate disposé en disque entier ou lobé, horizontal ou oblique.
    V. palustris; V. biflora.

Sect. iv. *MELANIUM DC.* — Stigmate *globuleux, urcéolé;* les 4 pétales supérieurs *dressés.*
    V. tricolor; V. calcarata.

Sect. I. HYPOCARPEA Godr. fl. Lor. 86. — Capsules *globuleuses,* velues, *couchées sur la terre;* style aigu et courbé au sommet; les 2 pétales supér. dirigés en haut. — Sépales obtus; plantes acaules ou munies de rameaux stoloniformes.

a. *Souches terminées par des rosettes de feuilles qui produisent à leur aisselle des pédoncules floraux et pas de stolons.*

V. hirta *L. sp.* 1324; *G. G.* 1, *p.* 176. — Souche épaisse, sans stolons, plus ou moins divisée; divisions terminées par des rosettes de feuilles ovales-allongées, en cœur à la base, obtuses, pubescentes, hérissées, ainsi que les pétioles très longs; stipules lancéolées, glabres, ciliées-dentées. Fleurs grandes, violettes, inodores. ♃. Mars–avril.

C. C. Dans les haies, sur les collines et pâturages secs de la plaine et de la région montagneuse inférieure.

b. *Ramifications de la souche terminées par des rosettes qui de l'ais-selle des feuilles émettent des rameaux stoloniformes.*

Stolons non radicants.

1. *Fleurs inodores.*

V. permixta *Jord. obs.* 7, *p.* 7; *Reut. cat.* 1861, *p.* 26; *Rap. guid.* 1862, *p.* 74. — Souche épaisse, produisant des stolons *courts, robustes* et non radicants. Feuilles ovales, en cœur, obtuses, à pubescence fine et courte; pétioles velus, allongés; stipules lancéolées, glabres, ciliées-dentées. Fleurs grandes, violettes, inodores, semblables à celles du *V. hirta.* — Plante nettement séparée du *V. hirta* par ses stolons et sa pubescence fine; bien distincte des trois suivantes par ses stolons courts, épais et couverts de larges stipules glabres. ♃. Mars–avril.

C. C. Au pied du Jura sur le versant suisse; environs de Genève où cette plante se substitue presque au *V. hirta*; de là elle se répand dans la Savoie, où elle n'est pas rare, puis elle franchit les Alpes et pénètre dans les vallées vaudoises sur le revers piémontais du mont Viso, d'où elle m'a été envoyée par M. le docteur Rostan, qui consacre ses loisirs à explorer, avec autant de sagacité que de zèle, la végétation de cette riche contrée. Elle est probablement commune sur le versant jurassique français, où elle a été confondue avec le *V. hirta*, car je l'ai trouvée abondante à Montferrand près Besançon, etc.

V. hirto-alba *Gr. Godr. fl. Fr.* 1, *p.* 176; *V. adulterina*

6

Godr.; V. abortiva Jord.?; Reut.?. — Souche épaisse, produisant des stolons *minces, allongés* et non radicants. Feuilles
ovales, pubescentes; les caulinaires souvent *subréniformes;*
pétioles plus ou moins hérissés; stipules étroitement lancéolées-
acuminées, ciliées et même pubescentes. Fleurs médiocres, violettes panachées de blanc; pétales latéraux *très barbus;* éperon
violet. — Cette plante, très facile à distinguer vivante, a le port
et les stolons du *V. alba,* avec lequel elle se confond facilement
lorsque l'odeur et la couleur des fleurs ont disparu par la dessiccation. Elle a la fleur du *V. hirta;* mais je n'oserais affirmer
que c'est un hybride. ♃. Avril-mai.

Çà et là sur les deux versants du Jura, dans la plaine, la région des
vignes, et la région montagneuse qui domine cette dernière.

2. *Fleurs odorantes.*

V. alba *Bess. prim.* 1, *p.* 171; *G. G.* 1, *p.* 177; *V. virescens
Jord.; Bor.; Reut.* — Souche à stolons minces et allongés, non
radicants. Feuilles brièvement pubescentes; les radicales ovales,
en cœur ouvert; les caulinaires *presque triangulaires;* stipules
linéaires, fortement ciliées-glanduleuses. Fleurs médiocres,
blanches et rarement violacées; pétales latéraux à peine barbus;
éperon blanc ou verdâtre. Capsule globuleuse, déprimée, hérissée. ♃. Avril-mai.

C. C Dans les haies, buissons et taillis de la plaine, de la région des
vignes, et sur le plateau qui domine cette dernière. Cette espèce se rencontre surtout en abondance dans nos forêts, pendant les 2-3 années qui
succèdent à la coupe des bois; puis les souches se rendorment pour 15
à 20 ans, en attendant une coupe nouvelle.

V. scotophylla *Jord. obs:* 7, *p.* 9, *et pug.* 16. — Cette
plante, confondue avec le *V. alba,* peut en être distinguée par
ses feuilles *noirâtres, à dents plus nombreuses et plus rapprochées, à pubescence plus longue et plus forte;* par ses stipules
moins larges, plus acuminées, à poils plus longs; par ses fleurs
violacées ou d'un blanc plus mat, à éperon *lilacé,* et non pas
blanc ou verdâtre, *arrondi* et non aminci au sommet; par sa
capsule violacée et obscurément déprimée. Les feuilles estivales
naissent en avril et prennent leur teinte noirâtre en automne;
elles passent l'hiver et ne se fanent ainsi au deuxième printemps
qu'après la floraison. C'est aussi en automne que naissent les

stolons qui subiront les rigueurs de l'hiver et ne fleuriront qu'en avril avec les boutons qui apparaissent à cette époque. La capsule est hérissée de poils assez longs, ce qui permet de distinguer facilement cette espèce, ainsi que l'*alba*, du *V. odorata* dont la pubescence est très courte et comme tomenteuse. ♃. Avril.

C. Sur le calcaire, dans les taillis, haies et collines rocailleuses du vignoble et du plateau qui le domine.

Obs. M. Rostan m'a envoyé identiquement cette même plante des vallées vaudoises, derrière le mont Viso, à plus de 1000 m. d'altitude.

Stolons radicants.

V. odorata *L. sp.* 1325; *G. G. 1, p.* 177. — Souche produisant des stolons allongés et radicants. Feuilles largement ovales, et profondément en cœur à la base; celles des stolons *réniformes* et très obtuses; stipules ovales-lancéolées. Fleurs violettes, rar. blanches, *très odorantes.* Capsule *pubérulente-tomenteuse.* ♃. Avril-mai.

A. C. Dans les haies, sur les deux versants du Jura, dans la plaine et la région des vignes, au-dessus de laquelle elle ne s'élève guère.

V. multicaulis *Jord. pug.* 15; *Reut. cat.* 1862, *p.* 27; *Rap. guid.* 75; *V. rivalis Bor.* — Souche produisant des stolons nombreux, très allongés et radicants. Feuilles *toutes ovales* un peu allongées, d'un vert sombre, *pubescentes-subhispides;* stipules lancéolées, hispides, ciliées-glanduleuses. Fleurs *violettes panachées de blanc, avec le fond blanc, faiblement odorantes.* Capsule *hispide,* avortant souvent. ♃. Avril-mai.

A. C. Sur les deux versants du Jura, dans les haies, sur les collines, dans les forêts après la coupe des bois.

Sect. ii. Trigonocarpea Godr. fl. lor. 88. — Capsules *ovoïdes-trigones,* portées sur des pédoncules *dressés.* Style aigu et courbé au sommet. Les deux pétales sup. dirigés en haut. — Sépales *aigus;* plantes caulescentes.

a. *Tiges florifères naissant à l'aisselle des feuilles radicales réunies en rosette pour constituer un axe indéterminé.*

V. sylvatica *Fries, mant.* 3, *p.* 121; *G. G. 1, p.* 178, *excl.* *v. β* — Tiges ascendantes, de 1-3 déc., glabres ou glabrescentes. Feuilles profondément en cœur, subacuminées, hispidules en-dessus; stipules frangées-ciliées. Appendices basilaires des sépales supérieurs *arrondis, disparaissant à la maturité*. Fleurs d'un quart plus petites que celles de l'espèce suivante; éperon *elliptique-allongé, coloré*, comprimé, droit, bien plus long que les appendices des sépales. Capsule glabre. ♃. Avril-mai.

Çà et là dans la plaine, où cette plante est bien plus rare que la suivante ; elle s'élève jusque dans la région subalpine.

V. Riviniana *Rchb. ic. pl. rar. p. 8, t. 94; Reut. cat.* 1862, *p.* 28; *Rap. guid.* 76. — Tiges ascendantes, de 1-3 déc., glabres ou glabrescentes. Feuilles profondément en cœur, subacuminées, hispidules en-dessus; stipules frangées-dentées. Appendices basilaires des sépales supérieurs *tronqués-anguleux et persistant sur le fruit. Eperon gros, court, blanchâtre, un peu recourbé*, émarginé au sommet, dépassant peu les appendices du calice. Capsule glabre. — Fleurs grandes, d'un beau violet clair. ♃. Avril-mai.

C. C. Dans les bois de la plaine et de la région des vignes. Cette espèce ne s'élève guère au-delà de la région montagneuse qui domine les vignes, et elle m'a paru rechercher les terrains riches en silice, comme les *chailles* de l'oxfordien ; dans les régions plus élevées, elle est remplacée par le *V. sylvatica*.

V. arenaria *DC. fl. fr.* 4, *p.* 806; *G. G.* 1, *p.* 178. — Tiges ascendantes, de 5-10 centim., *cendrées-pubescentes, ainsi que les pédoncules et les feuilles*. Celles-ci largement ovales en cœur; stipules lancéolées, munies de dents superficielles et écartées. Fleurs petites, violettes. Capsule *pubérulente-tomenteuse*. ♃. Mai-juin.

R. R. Pelouses rocailleuses du Colombier de Gex ! (*Michalet*); bords de l'Ain à Thoirette? (*Babey*).

b. *Tiges florifères naissant directement de la souche et non des aisselles d'une rosette qui manque dans ce groupe.*

†† *Stipules du milieu de la tige égalant à peine moitié de la longueur du pétiole.*

V. canina *L. sp.* 1324; *G. G.* 1, *p.* 180. — Tiges de 1-2 décim., *étalées-ascendantes*. Feuilles ovales-allongées, plus ou moins en cœur à la base, et non décurrentes sur le pétiole. Stipules du milieu de la tige lancéolées et lancéolées-linéaires, incisées-dentées, 2-3 *fois plus courtes que le pétiole*. Eperon *égalant deux fois* la longueur des appendices du calice. Capsule obtuse, apiculée. — Cette espèce est la seule de ce groupe qui se trouve sur le versant français ; les quatre autres appartiennent au versant helvétique. ♃. Mai-juin.

C. C. Dans les terrains sablonneux et surtout siliceux de la plaine ; forêt de Chaux, de la Serre ; toutes les tourbières du Jura ; s'élève jusque dans la région alpestre. Dans la plaine et dans les lieux humides, la plante atteint jusqu'à près de 3 déc., dans les autres localités elle reste ordinairement naine.

V. persicæfolia *Roth, tent.* 2, *p.* 273 (1789) ; *Fries, nov.* 274 *(non Rchb.)* ; *V. stagnina Kit. in Schult. fl. œstr.* 1, *p.* 426 (1794) ; *Koch, syn.* 92 ; *G. G.* 1, *p.* 181.—Tiges dressées. Feuilles *ovales-lancéolées*, obscurément en cœur à la base, étroitement *décurrentes* sur la partie supérieure du pétiole ; stipules du milieu de la tige lanc'olées-acuminées, fimbriées-dentées, *de moitié plus courtes que le pétiole ; les supérieures égalant le pétiole.* Fleurs blanches ; éperon égalant les appendices du calice. — Souche obscurément stolonifère, ainsi que dans les trois suivantes ; ce qui ne permet pas d'utiliser pratiquement ce caractère. ♃. Mai-juin.

Environs de Genève ; et toute la plaine qui longe le lac, jusqu'à Yverdon, Orbe, etc.

V. stricta *Horn. fl. dan. t* 1812 ; *G. G.* 1, *p.* 180. — Tiges dressées. Feuilles épaisses, *d'un vert foncé, ovales, en cœur à la base, un peu décurrentes* sur la partie supérieure du pétiole ; stipules du milieu de la tige lancéolées, foliacées, fimbriées-dentées, *de moitié plus courtes que le pétiole ;* les sup. égalant le pétiole. Fleurs *bleues ;* éperon dépassant les appendices du calice. — Cette plante a les feuilles du *canina* et les stipules du *persicæfolia,* elle est plus robuste que l'une et l'autre, et ses fleurs sont plus grandes. Dans le *V. persicæfolia,* les feuilles sont bien plus minces, et d'un vert bien plus pâle ; elles sont bien plus allongées et quoique un peu en cœur à la base, elles ne sont pas élargies ; la corolle est plus petite, blanche avec un éperon concolore qui ne dépasse pas les appendices du calice ; les pétales presque ronds sont plus larges ; la capsule est plus petite. ♃. Mai.

Environs de Genève, et même région que le *V. persicæfolia.*

 # # Stipules du milieu de la tige égalant ou surpassant le pétiole.

V. pumila *Vill. Dauph.* 2, *p.* 266; *G. G.* 1, *p.* 180.(*non Fries, cujus planta ad V. lancifoliam spectat*); *V. pratensis M. K. et Koch, syn.* 93. — Tiges dressées. Feuilles *lancéolées,* en coin à la base et atténuées en pétiole ailé ; stipules du milieu de la tige foliacées, lancéolées, incisées-dentées, égalant ou dépassant le pétiole. Fleurs bleues. Plante tout à fait glabre. ♃. Mai.

Environs de Genève.

V. elatior *Fries, nov.* 277; *G. G.* 1, *p.* 181; *V. persicæfolia Rchb. (non Roth); V. montana DC.* — Tiges dressées, *pubescentes vers le haut.* Feuilles *pubescentes,* ovales-lancéolées, tronquées ou légèrement en cœur à la base; pétiole *un peu ailé* vers le haut; stipules du milieu de la tige foliacées, oblongues-lancéolées, incisées-dentées, égalant ou dépassant le pétiole. Fleurs bleues. ♃. Mai-juin.

Marais d'Orbe! (*Morel*).

Sect. III. DISCHIDIUM Ging. — Style genouillé à la base, terminé par un *stigmate disposé en disque* entier ou lobé, horizontal ou oblique.

V. palustris *L. sp.* 1324; *G. G.* 1, *p.* 176. — Souche *stolonifère.* Stolons grêles, terminés par une rosette de 2-4 feuilles. Celles-ci réniformes-orbiculaires, très superficiellement crénelées; stipules ovales-acuminées, subdenticulées. Pédoncules *tous radicaux,* de la longueur des feuilles. Sépales ovales, obtus. Fleurs lilacées; éperon court. Stigmate en disque oblique, entier. Capsule trigone. — Plante glabre. ♃. Mai-juin.

C. C. Dans les marais et tourbières de la région des sapins et de la région alpestre.

V. biflora *L. sp.* 1326; *G. G.* 1, *p.* 182. — Souche dépourvue de stolons, courte ou un peu allongée-rampante, produisant des *tiges faibles,* de 5-15 cent., *subbifoliées et biflores.* Feuilles réniformes, très superficiellement crénelées; stipules courtes, ovales, *entières.* Pédoncules 2, *caulinaires,* plus longs que les feuilles. Fleurs *jaunes*, striées de brun ; pétales étroits ; éperon court. Stigmate étalé, bilobé.— Plante glabre. ♃. Juin-juillet.

Région alpestre où cette espèce n'est pas rare depuis le Mot tendre jusqu'au Reculet ; Grande-Combe-des-Bois, le Villers (voir *Contejean l. c.*).

Sect. ɪᴠ. Mᴇʟᴀɴɪᴜᴍ DC. — Stigmate *globuleux*, *urcéolé ;* les 4 pétales supérieurs *dressés.*

V. tricolor *L. sp.* 1326 ; *G. G.* 1, *p.* 182. — Racine annuelle, rar. bisannuelle. Feuilles réniformes, ovales-lancéolées ; stipules pennatifides, à lobe moyen plus ou moins semblable aux feuilles. — Plante velue ou glabrescente ; corolle égalant ou dépassant le calice, plus ou moins variée de blanc, de jaune et de violet. ☉-②. Mai-octobre.

α. *V. segetalis Jord. obs.* 2, *p.* 12. — Tige élancée, plus ou moins rameuse à la base ; rameaux *redressés.* Feuilles du milieu de la tige *allongées, fortement atténuées aux deux extrémités,* ainsi que les sup. planes et très acuminées ; stipules plus courtes que les feuilles, à lobe terminal étroit, entier ou peu denté. Les 2 pétales sup. *ne se recouvrent pas,* et sont marqués d'une tache violette plus ou moins foncée qui manque quelquefois. Capsule courte, plus petite que celle du *V. agrestis.*

Très abondant dans les moissons de la haute montagne ; abonde dans les champs à Pontarlier.

β. *V. agrestis Jord. l. c.* 15. — Plante ord. très rameuse à la base ; rameaux très étalés et flexueux. Feuilles du milieu de la tige *ovales* ou elliptiques, *obtuses ;* les sup. un peu aiguës et plus ou moins *pliées en gouttière ;* stipules inf. palmatifides, à lobe moyen *grand et assez semblable aux feuilles,* puis diminuant beaucoup dans les feuilles moyennes et sup. Les 2 pétales sup. *se recouvrant* et lavés au sommet de violet plus ou moins foncé. Capsule bien plus longue que large.

Toutes les moissons de la plaine et de la basse région des montagnes.

γ. *V gracilescens Jord. l. c.* 20. — Plante ord. rameuse à la base ; rameaux redressés presque verticalement. Feuilles du *V. agrestis ;* stipules à 7-10 lobes, le terminal très large et denté. Fleurs très grandes, dépassant de beaucoup le calice ; les 2 pétales sup. jaunes portent au sommet une large tache d'un beau violet, ou sont entièrement violets. Capsule courte.

Tourbières de la région supérieure du Jura ; la Brevine, etc.

V. calcarata *L. sp.* 1325 ; *G. G.* 1, *p.* 185. — Souche *vivace*, produisant des tiges très courtes (2-3 centim.). Feuilles rapprochées presque en rosette, oblongues, à peine crénelées ; stipules entières ou très peu découpées, portant au plus une dent au côté interne et deux dents au côté externe, lobe moyen sublinéaire-oblong, entier. Pédoncule *ord.* 2-3 *fois plus long que la tige*. Fleurs très grandes, violettes ou jaunes, à éperon très long (10-12 millim.) et dépassant parfois les pétales. — Plante ord. glabre. ♃. Juin-juillet.

Cimes du Jura, le Colombier, le Reculet, le crêt de Chalam, etc.

IX. RÉSÉDACÉES.

(RESEDACEÆ DC.)

Fleurs hermaphrodites, irrégulières. Calice à 4-8 sépales, plus ou moins inégaux, soudés ou libres inférieurement, persistants ou caducs. Corolle à 4-8 pétales hypogynes, très-inégaux ; les sup. palmatipartits, les latéraux ord. bi-tripartits, les inf. très petits, entiers, libres, caducs, étalés pendant la préfloraison ; munis à la face interne d'une écaille glanduleuse embrassant le disque. Etamines 7-40, hypogynes, réunies à la base au moyen d'un disque charnu hypogyne, à filets ord. libres ; anthères introrses, biloculaires, s'ouvrant en long. Ovaire libre, composé de 3-4 carpelles dépourvus de style, soudés en un ovaire uniloculaire, à sommet ouvert et 3-4-denté ou 3-4-lobé, infléchi entre les dents ou lobes par ses bords stigmatifères, à placentas pariétaux, multiovulés et alternant avec les lobes ; plus rarem. composé de 4-6 carpelles libres entre eux, uniovulés, ouverts en long au côté interne, et offrant un renflement dorsal à cavité stigmatique. Ovules sessiles, pliés. Fruit composé de 3-6 carpelles soudés en capsule uniloculaire, polysperme, ouverte au sommet, et plus rarement composé de 3-6 carpelles monospermes verticillés et libres entre eux, s'ouvrant par leur bord interne. Graines insérées sur des placentas pariétaux ou à l'angle interne des carpelles, réniformes et dépourvues d'albumen. Embryon cylindrique, arqué ou plié. Radicule rapprochée du hile.

RESEDA Lin.

Ovaire unique, uniloculaire. Fruit formé de 3-5 carpelles soudés en une capsule uniloculaire, polysperme, ouverte au sommet muni de 3-4 dents.

a. Sépales 4 ; pétales ord. 3.

R. luteola *L. sp.* 643; *G. G.* 1, *p.* 190. — Plante bisannuelle. Tige unique, de 5-10 déc., fistuleuse, anguleuse, raide-dressée, glabre. Feuilles oblongues-lancéolées, entières. Fleurs jaunâtres, disposées en longue grappe. Calice à 4 divisions appliquées. Pétales ord. 3 ; le sup. muni sur le dos d'un appendice à 5-7 lanières. Filets des étamines épaissis à la base, subulés au sommet. Capsule ovoïde, arrondie à la base, toruleuse sur les angles, s'ouvrant par 4 dents acuminées, conniventes. Graines lisses. ②. Juin-août.

C. C. Aux bords des chemins, sur les pelouses, le long des cours d'eau, dans la plaine et sur le plateau qui la domine.

b. Sépales et pétales six.

R. lutea *L. sp.* 645; *G. G.* 1, *p.* 188. — Plante bisannuelle. Tiges de 3-7 déc., ord. nombreuses, couchées puis redressées, anguleuses, fistuleuses, rameuses, *munies ainsi que les feuilles d'aspérités blanchâtres.* Feuilles ondulées sur les bords ; les inf. oblongues, entières ou trifides, les caulinaires *pennatipartites* ou bipennatipartites. Fleurs d'un blanc jaunâtre, en grappes. Calice à six divisions étalées, *ne s'accroissant pas après la floraison.* Pétales ord. six, les deux sup. portant sur le dos deux appendices bi-trifides. Filets des étamines épaissis vers le sommet. Capsule ovoïde, subtrigone, *arrondie à la base,* tronquée au sommet surmonté de 3 dents très courtes. Graines *lisses.* ②. Juin-septembre.

C C. Dans les champs et lieux vagues et stériles de la plaine et du plateau qui la domine.

R. Phyteuma *L. sp.* 645; *G. G.* 1, *p.* 187. — Plante annuelle. Une ou plusieurs tiges de 2-4 déc., pleines, anguleuses, étalées-dressées. Feuilles glabres, ondulées, oblongues, *les unes* *entières et les autres bi–trifides.* Fleurs blanches, en grappes. Calice à six divisions qui *s'accroissent beaucoup après la floraison.* Pétales ord. six, les deux sup. munis sur le dos d'un appendice à 9-11 lanières. Filets des étamines épaissis vers le sommet. Capsule *obovée, atténuée à la base,* tronquée au sommet surmonté de 3 dents acuminées. Graines *rugueuses.* ⑨. Juin-août.

Rare dans le Jura; toute la vallée de l'Ain, de Pont-de-Poite jusqu'à Thoirette, s'élève de là sur les plateaux et jusque dans la région des sapins au-dessus d'Oyonnax! *Michalet*; autour de Genève (J'ai retrouvé cette espèce au mont Bayard près Gap, entre 12 et 1300 mètres d'alt.).

X. DROSÉRACÉES.

(DROSERACEÆ Salisb.)

Fleurs hermaphrodites, régulières. Calice à 5 pétales libres ou un peu soudés à la base, à préfloraison imbriquée. Corolle à 5 pétales égaux, hypogynes, libres, marcescents, plus rarement caducs, à préfloraison imbriquée ou imbriqué-contournée. Étamines libres, hypogynes, en nombre égal à celui des pétales ou en nombre double. Anthères extrorses, paraissant ord. introrses après l'émission du pollen par la flexion du filet, biloculaires, s'ouvrant en long et plus rar. à la base ou au sommet par un pore. Ovaire libre, à 3-5 carpelles, uniloculaire, à placentas pariétaux. Ovules nombreux, horizontaux ou ascendants, réfléchis, Styles 3-5, libres, entiers ou bifides, quelquefois presque nuls, en nombre égal à celui des placentas. Stigmates capités. Fruit libre, formé de 3-5 feuilles carpellaires soudées en une capsule polysperme, uniloculaire, à déhiscence loculicide, à 3-5 valves. Graines insérées sur des placentas pariétaux, à épisperme lâche, réticulé, débordant largement l'amande en forme d'aile, rar. à épisperme tuberculeux et appliqué. Embryon droit, plus ou moins enveloppé par l'albumen charnu. Radicule dirigée vers le hile.

1. DROSERA. — Fleurs *dépourvues* d'écailles nectarifères. Styles allongés. Feuilles munies de longs poils glanduleux au sommet.

2. PARNASSIA. — Fleurs *pourvues* d'écailles nectarifères fortement laciniées. Stigmates subsessiles. Feuilles glabres.

DROSERA Lin.

Sépales 5, un peu soudés à la base. Pétales 5, marcescents. Écailles nectarifères *nulles*. Etamines 5. Styles 3, rar. 4-5, bifides. Capsule uniloculaire, à placentas pariétaux, à d'hiscence loculicide, à 3 et rar. 4-5 valves. — Tiges nues, scapiformes, terminées par une grappe de fleurs roulée en crosse avant la floraison. Feuilles munies de poils glanduleux rouges.

D. rotundifolia *L. sp.* 402; *G. G.* 1, *p.* 191. — Scapes de 1-2 déc., dressés, bien plus longs que les feuilles. Celles-ci *étalées et appliquées sur la terre; limbe orbiculaire*, couvert sup. et aux bords de longs cils glanduleux, *brusquement contracté* en pétiole. Stigmates en tête. Capsule *aussi longue* ou plus longue que le calice. Graines à épisperme très lâche, étroitement fusiformes. ♃. Juin-sept.

A. C. Dans les marais tourbeux de la plaine et de la montagne; forêt de la Serre et environs de Dole; tourbières de la région des sapins jusqu'aux Rousses et sous la Dôle.

D. longifolia *L. sp.* 403; *G. G.* 1, *p.* 192; *D. anglica Huds. angl.* 135. — Scapes de 1-2 décim., dressés, bien plus longs que les feuilles. Celles-ci *dressées; limbe linéaire-oblong*, couvert sup. et aux bords de longs cils glanduleux, *insensiblement atténué* en pétiole. Stigmates en massue. Capsule aussi longue ou plus longue que le calice. Graines à épisperme très lâche, oblongues. ♃. Juin-sept.

Tourbières du haut Jura; ne descend pas au-dessous de la région des sapins: Prémanon, les Rousses, le Boulu, Pontarlier, etc.

D. longifolio-rotundifolia (*rotundifolio-longifolia*) *Gren.; D. rotundifolio-anglica Schied. hybr.* 69; *Godr. obs.* 1856, et *fl. Lor. éd.* 2, *vol.* 1, *p.* 94; *D. obovata Koch, syn. éd.* 1, *p.* 90, et *D. longifolia* β *ovata Koch, syn. éd.* 2, *p.* 97. — Scapes de 1-2 déc., dressés, bien plus longs que les feuilles. Celles-ci *dressées*, à limbe *obovale, insensiblement atténué à la base*. Stigmates en massue, entiers ou bifides. Capsule ovoïde, *de moitié plus courte* que le calice. ♃. Juin-sept.

Çà et là avec ses deux congénères, dont elle n'est qu'un produit hybride; dans les tourbières comprises entre la région alpestre et la région des sapins.

Obs. En 1825, Schiede affirmait la nature hybride de cette plante et lu donnait le nom de *D. rotundifolio-anglica*. D'abord je n'admets pas qu'on puisse substituer le nom de *D. anglica Huds.* à celui de *D. longifolia L.*; car la plante de Suède, dans l'herbier normal de Fries, ne diffère ni des exemplaires que j'ai reçus d'Angleterre, ni de ceux des Vosges et du Jura. Et dans l'hypothèse où l'hybridité n'est pas contestée, la plante doit prendre le nom de *D. rotundifolio-longifolia*. Mais j'avoue que je préfère le nom de *longifolio-rotundifolia* parce que le *facies* de la plante se rapprochant plus de celui du *D. longifolia*, je suppose que ce dernier a rempli les fonctions de père et non de porte-graine.

En 1856, dans une notice, M. Godron rappelle que l'on doit la découverte de cette plante à Zuccarini, que Koch lui a imposé le nom de *D. obovata*, et que c'est à M. Hussenot qu'est due la connaissance du principal caractère qui la distingue, savoir : la brièveté de la capsule qui est de moitié plus courte que le calice, et non égale au calice, comme cela a lieu dans ses 2 congénères. Il fait observer en outre que ce caractère peut être considéré comme un fait de semi-avortement qui milite en faveur de l'hybridité, contrairement à l'opinion de Fries. Quant à Koch qui avait créé l'espèce, il la supprime dans la 2e ed. de son *Synopsis*, où il n'en fait plus qu'une variété du *D. longifolia L.*

M. Godron, adoptant l'opinion de Schiede, fait valoir toutes les raisons qui militent en faveur de l'hybridité. 1º La plante ne se montre jamais que là où végètent ses deux congénères; fait qui ne s'explique pas, si la plante n'est qu'une variété, ni si elle constitue une espèce ; 2º la capsule est réduite et les graines sont avortées; ce qui fait que la plante ne pouvant se reproduire de graines, et n'ayant d'ailleurs ni bulbilles, ni stolons pour se perpétuer, ne peut devoir son existence qu'à une fécondation hybride.

M. Godron me paraît donc avoir répondu victorieusement aux dénégations de Fries. Mais il a laissé sans réponse, après l'avoir reproduite, une autre objection de Fries, lorsqu'il dit : « Fries a déjà fait cette observation qu'on ne trouve pas d'intermédiaires qui puissent réunir les *D. obovata* et *longifolia*, qui, quoique très voisins, restent toujours à égale distance l'un de l'autre. En serait-il ainsi, si ces plantes n'étaient que des variétés d'une seule et même espèce. »

Dès l'année 1850, j'avais trouvé, dans les tourbières de Pontarlier, la réponse à cette objection ; et j'avais réuni une série d'individus passant par des degrés insensibles du *D. rotundifolia* au *D. longifolia*, et dont le *D. obovata* constituait le terme moyen. J'avais enfin obtenu la série suivante, abstraction faite d'une foule d'autres intermédiaires :

D. rotundifolia L.
D. super-rotundifolio-longifolia.
D. longifolio-rotundifolia (rotundifolio-longifolia).
D. super-longifolio-rotundifolia.
D. longifolia L.

Le *D. obovata* n'est donc ni une variété du *D. longifolia*, comme Koch le veut dans la 2e éd. de son *Synopsis*; ni une espèce comme il l'avait établi dans sa première édition, mais tout simplement un hybride dont tous les termes de la série passant d'un des types à l'autre sont maintenant parfaitement connus.

PARNASSIA Lin.

Sépales 5, un peu soudés à la base. Pétales 5, caducs. Etamines 5. Ecailles nectarifères *cinq*, opposées aux pétales, *profondément laciniées*. Stigmates 4, *subsessiles*, entiers. Capsule
uniloculaire, à 3-5 valves loculicides; placentas pariétaux. —
Feuilles glabres.

P. palustris *L. sp.* 391; *G. G.* 1, *p.* 193. — Souche épaisse,
surmontée par une rosette de feuilles radicales et par les tiges.
Celles-ci de 1-3 déc., dressées, simples, scapiformes, mono-
phylles et uniflores. Feuilles radicales en cœur, longuement
pétiolées; la caulinaire amplexicaule. Pétales blancs veinés,
bien plus longs que le calice. Ecailles à 9-13 laciniures glanduleuses au sommet et disposées en éventail. ♃. Juin-août.

C. Dans les lieux humides et dans les marais de toute la région des sapins; descend jusque sur le plateau qui domine la région des vignes,
mais où il devient fort rare; marais de Saône près Besançon, etc.; à
peu près nul en plaine; Damblin au pied des vignes (*Bavoux*).

XI. PYROLACÉES.

(PYROLACEÆ Lindl.)

Fleurs hermaphrodites, à calice et corolle réguliers. Sépales 5,
soudés à la base, à préfloraison valvaire. Pétales 5, égaux, hypogynes, libres, caducs, à préfloraison imbriquée. Etamines 10
(en nombre double de celui des pétales), hypogynes, libres;
anthères extrorses, paraissant ord. introrses par leur flexion sur
les filets, à lobes s'ouvrant chacun par un pore. Ovaire libre, à
5 carpelles, à 5 loges. Ovules très nombreux, insérés à l'angle
interne des loges. Styles soudés en colonne; stigmate entier ou
lobé. Fruit libre, à 5 carpelles, capsulaire, à 5 loges polyspermes, à 5 valves loculicides. Graines insérées à l'angle
interne des loges, sur des placentas épais; épisperme lâche
débordant largement l'amande. Embryon droit, logé au centre
d'un albumen charnu. Radicule dirigée vers le hile.

PYROLA Tournef.

Sépales 5. Pétales 5. Etamines 10; anthères s'ouvrant par 2 pores basilaires et paraissant terminaux par l'inflexion de l'anthère sur le filet. Capsule subglobuleuse, à 5 angles; placentas spongieux. — Rhizômes grêles, rameux, longuement rampants. Tiges presque nues, excepté à la base. Feuilles presque radicales, coriaces. Fleurs blanches ou rosées, ord. en grappe dressée et terminale.

P. rotundifolia *L. sp.* 567; *G. G.* 2, *p.* 437. — Tige de 2-4 décim., dressée, anguleuse, feuillée à la base, puis nue et munie de quelques écailles. Feuilles alternes, orbiculaires ou ovales, obscurément crénelées, coriaces, luisantes, à limbe plus court que le pétiole. Bractées plus longues que les pédicelles. Fleurs en grappe lâche; sépales *lancéolés-aigus*, recourbés au sommet, *de moitié plus courts* que les pétales. Corolle à pétales *étalés*, obovales, blancs-rosés. Etamines toutes inclinées dans la direction du style et à filets arqués. *Style plus long que les pétales, réfléchi dès la base, arqué-ascendant et épaissi au sommet, terminé par un anneau qui déborde les stigmates* soudés et *dressés*. Capsules réfléchies et à sutures tomenteuses, ainsi que dans les espèces suivantes. ♃. Juin-août.

A. C. Dans la région des sapins et disséminé au-dessous, jusque dans la région des vignes, où il pénètre rarement; s'élève jusqu'à 1650 m. dans les escarpements du Colombier de Gex (*Michalet*).

P. chlorantha *Swartz, vet. act. handl.* 1804, *p.* 257, *t.* 7; *G. G.* 2, *p.* 438. — Tige de 10-20 cent., dressée, feuillée à la base, puis nue ou munie d'une seule écaille très petite. Feuilles semblables à celles du *P. minor*, denticulées. Bractées dépassant peu le pédicelle ou plus courtes que lui. Sépales *ovales*, appliqués, aussi larges que longs. Pétales connivents, d'un *blanc jaunâtre*. Etamines inclinées et à filets arqués. Style arqué-ascendant, à la fin plus long que la corolle. Stigmates dressés. — Cette plante a le calice du *P. minor* et le style du *P. rotundifolia.* ♃. Juin-juillet.

R. Sur le versant helvétique: bois de Rovéréaz près Lausanne; bois de Chêne au-dessus des Cousins près Trélex; à Bienne, au bois des Côtes; (*Rapin*); etc. (voir Godet fl. jur. 80).

P. minor *L. sp.* 567; *G. G.* 2, *p.* 438. — Tige de 1-2 déc., feuillée à la base, puis nue ou munie de quelques écailles. Feuilles alternes, suborbiculaires ou ovales, faiblement crénelées, à limbe ord. plus court que le pétiole. Bractées à peu près égales au pédicelle. Fleurs en grappe lâche; sépales *triangulaires*, 3-4 fois plus courts que les pétales sur lesquels ils sont appliqués. Corolle *globuleuse*, à pétales *connivents* d'un blanc rosé. Étamines toutes également conniventes sur l'ovaire. *Style plus court que les pétales, droit, dépourvu d'anneau;* stigmate à 5 lobes *étalés* en étoile. ♃. Juin-août.

Disséminé dans toute la région des sapins, mais toujours rare et en pieds isolés. Dans les Vosges, il descend, comme le *P. rotundifolia*, jusque dans la région des vignes; Etuz et Nans-les-Rougemont (*Paillot* et *Bavoux*).

P. secunda *L. sp.* 568; *G. G.* 2, *p.* 438. — Tige de 1-2 décim., feuillée dans son tiers inférieur, puis nue et munie d'écailles. Feuilles alternes, *ovales-lancéolées, denticulées*, à limbe plus long que le pétiole. Fleurs en grappe *unilatérale;* sépales *triangulaires-arrondis, denticulés*, 4 fois plus courts que les pétales; corolle globuleuse, à pétales connivents; *style plus long que la corolle, droit, dépourvu d'anneau;* stigmate à 5 lobes étalés en étoile. ♃. Jui.-juillet.

Disséminé dans toute la région des sapins.

P. uniflora *L. sp.* 563; *G. G.* 2, *p.* 439. — Tige de 1 déc., feuillée à la base, puis nue et écailleuse. Feuilles *opposées ou verticillées*, arrondies-spatulées, denticulées, à limbe plus long que le pétiole. *Fleur solitaire* au sommet de la tige; sépales ovales, denticulés, 3-4 fois plus courts que les pétales; corolle presque plane, à pétales *étalés*. Style égalant la corolle, droit, sans anneau; stigmate à 5 lobes dressés. Capsule *dressée*, à sutures non tomenteuses. ♃. Juin-juillet.

Très rare sur le versant helvétique du Jura : bois de Coinsins entre Genollier, Saint-Cergue et Rolle (*Reuter*).

Obs. M. Reuter a découvert sur le Salève, si voisin du Jura, et M. Verlot dans les Alpes calcaires de Grenoble, le *P. media Sw.*, dont voici les caractères : Bractées égales aux pédicelles; sépales lancéolés-aigus, recourbés au sommet, et de moitié plus courts que la corolle; pétales connivents, blancs; étamines toutes conniventes sur l'ovaire; style un peu oblique, d'abord égal à la corolle, puis un peu plus long qu'elle.

XII. MONOTROPÉES.

(MONOTROPEÆ Nutt.)

Fleurs hermaphrodites, presque régulières. Calice à 4-5 sépales plus ou moins inégaux, libres, ord. persistants, à préfloraison valvaire. Corolle à 4-5 pétales hypogynes, libres, ord. persistants, prolongés au-dessous de leur insertion en éperon court, à préfloraison imbriquée-contournée. Etamines 8-10 (nombre double de celui des pétales), hypogynes, libres ; anthères uniloculaires, à lobe s'ouvrant par une fente semi-circulaire en deux valves inégales. Ovaire libre, à 4-5 carpelles, à 4-5 loges multiovulées. Ovules insérés à l'angle interne des loges. Style simple ; stigmate discoïde, crénelé. Glandes hypogynes 4-5. Fruit libre, à 4-5 carpelles, réunis en capsule à 4-5 loges polyspermes, s'ouvrant en 4-5 valves loculicides qui restent adhérentes à l'axe. Graines à épisperme très lâche, débordant l'amande en forme d'aile. Embryon n'offrant pas de cotylédons distincts.

MONOTROPA Lin.

Mêmes caractères que ceux de la famille.

M. Hypopitys *L. sp.* 555 ; *G. G.* 2, *p.* 440. — Souche vivace, écailleuse, charnue, parasite sur les racines des arbres. Tige de 1-3 déc., simple, dressée, charnue, couverte d'écailles dressées, ovales-oblongues, noircissant par la dessiccation, ainsi que toute la plante. Fleurs en grappe terminale, courbée en crosse avant l'anthèse, puis redressée ; les fleurs latérales à 4 sépales et à 4 pétales et à 8 étamines ; la fleur terminale à 5 sépales et à 5 pétales et à 10 étamines. Sépales lancéolés ; pétales oblongs, jaunâtres, dressés, dentées-ciliées au sommet, éperonnés à la base, bien plus grands que les sépales. ♃. Juin-juillet.

α. *glabra.* Plante glabre. *Hypopitis glabra DC. pr.* 7, *p.* 780.

β. *hirsuta.* Plante plus ou moins pubescente et glanduleuse.

A. C. Dans les bois de la plaine, de la montagne et de la région alpestre.

XIII. POLYGALÉES.

(POLYGALEÆ Juss.)

Fleurs hermaphrodites, irrégulières, à préfloraison imbriquée. Calice persistant, à 5 sépales libres, très inégaux, disposés sur deux rangs, les 3 ext. plus petits, les 2 int. ou latéraux (ailes) très amples et pétaloïdes. Corolle à 3 pétales inégaux, hypogynes, à onglets longitudinalement soudés par l'intermédiaire des filets des étamines en un tube fendu dans toute sa longueur; les supér. entiers, connivents; l'inférieur plus grand, concave, renfermant les étamines et le pistil, à limbe lacinié et plus rar. trilobé. Etamines 8, hypogynes, soudées aux pétales par leurs filets, en tube fendu ; anthères uniloculaires, s'ouvrant par un pore terminal, disposées par quatre ou en deux faisceaux opposés. Ovaire libre, à 2 carpelles alternes avec les ailes, à 2 loges uniovulées. Ovules insérés à la cloison un peu au-dessous du sommet, suspendus, réfléchis. Style simple, tubuleux, pétaloïde, caduc, bilobé au sommet et portant le stigmate sur la lèvre inférieure. Fruit libre, à 2 carpelles réunis en capsule membraneuse, biloculaire, comprimée perpendiculairement à la cloison, à loges monospermes, à déhiscence loculicide. Graines fixées à la cloison au-dessous du sommet, munies d'une caroncule lobée. Embryon droit ou subarqué, logé dans un albumen charnu. Radicule dirigée vers le hile.

POLYGALA Lin.

Calice à 5 sépales; les 3 ext. petits; les 2 int. (ailes) très grands, pétaloïdes. Pétale inférieur lacinié en crête (dans nos espèces). Capsule oblongue ou obovée et en cœur au sommet, très comprimée, carénée sur le dos, bordée d'une lame plus ou moins large. Caroncule trilobée.

Obs. Après les remarquables travaux de MM. Reichenbach, Cosson et Germain/Schultz, etc., sur la délimitation de nos diverses espèces de *Polygala*, je crois devoir donner une mention spéciale aux recherches de M. Michalet sur les espèces de notre flore. En 1856, dans les Mémoires de la Société d'émulation du Doubs, Michalet a publié une note importante sur le *P. dejuvii*; puis dans le 2ᵉ fascicule de ses plantes jurassiques il a donné une série de *specimen* de nos espèces critiques.

7

ANALYSE DES ESPÈCES.

1 { Feuilles inf. rapprochées en rosette, plus longues que les supérieures. 2
Feuilles inf. non en rosette, plus courtes que les supérieures. 3

2 { Tiges nues au-dessous de la rosette; ailes à nervure moyenne anastomosée avec les latérales . . P. CALCAREA.
Tige feuillée dès la base; ailes à nervure moyenne simple, non anastomosée avec les latérales. . . P. AMARA.

3 { Bractées très proéminentes dans le bouton. . . . P. COMOSA.
Bractées peu ou pas proéminentes. 4

4 { Ailes à nervures fortement anastomosées 5
Ailes à nervures peu ou point anastomosées. . . 6

5 { Ailes plus étroites et à peine plus longues que la capsule. . . . . P. OXYPTERA.
Ailes plus longues et plus larges que la capsule. . P. VULGARIS.

6 { Feuilles inf. alternes . . . . P. ALPESTRIS.
Feuilles inf. opposées. . . . . P. DEPRESSA.

P. vulgaris *L. sp.* 986; *G. G.* 1, *p.* 195. — Tiges ord. un peu grèles, allongées et flexueuses, étalées-redressées. Feuilles infér. oblongues-spatulées; les caulinaires lancéolées-linéaires. Fleurs en grappe allongée, *lâche*, souvent unilatérale. Bractées *ovales;* les latérales *plus courtes* que le pédicelle; bractée moyenne égalant le pédicelle au début de l'anthèse, et *jamais proéminente* au sommet de la grappe. Ailes largement ellip-tiques, à 3 nervures *anastomosées au sommet et sur les côtés,* plus longues et plus larges que la capsule en coin à la base et en cœur au sommet. — Plante subpubescente, à fleurs bleues, roses ou blanches. ⚥. Mai-juin.

β. *pseudo-alpestris.* Fleurs en grappe courte et serrée; toutes les feuilles largement lancéolées; plante naine, plus raide.

C. C. Dans les sols sablonneux et siliceux; sur les calcaires argilo-marneux, depuis les basses régions de la plaine jusque sur les cimes les plus élevées, où il prend d'ord. la forme β.

P. comosa *Schkuhr,* 2, *p.* 324, *t.* 194; *G. G.* 1, *p.* 195.— Tiges ord. dressées et *assez raides.* Feuilles inf. oblongues; les caulinaires sublinéaires. Fleurs en grappe allongée, *assez serrée* et jamais unilatérale. Bractées *lancéolées;* les latérales *égalant* le pédicelle au début de l'anthèse; *bractée moyenne faisant saillie au sommet de la grappe avant l'anthèse.* Ailes elliptiques, à 3 nervures *obscurément anastomosées sur les côtés,* plus longues et *pas plus larges* que la capsule en cœur renversé. — Fleurs variant pour la couleur, comme dans le *P. vulgaris,* et ord. un peu plus petites. ♃. — Mai-juin.

C. Sur les calcaires de la plaine et du vignoble qu'elle dépasse peu, paraît manquer dans la région des sapins.

P. oxyptera *Rchb. ic. crit. p.* 25, *t.* 23 ; *P. Lejeunii Bor. fl. cent. éd.* 3, *p.* 87. — Tiges étalées. Feuilles inférieures. oblongues ; les caulinaires sublinéaires. Fleurs en grappe allongée, assez serrée, souvent subunilatérale. Bractées lancéolées ; les 2 latérales d'un tiers plus courtes et la moyenne presque aussi longue que le pédicelle au début de l'anthèse, *la moyenne faisant un peu saillie au sommet de la grappe avant l'anthèse.* Ailes *étroitement* elliptiques-aiguës, plus rarem. subobtuses et mucronées (*P. Lejeunii*), à 3 nervures ramifiées et anastomosées, *plus étroites et à peine plus longues* que la capsule en cœur renversé. ♃. Juin.

β. *ciliata.* Axe de la grappe, bractées, ailes et lanières de la crête plus ou moins ciliés. *P. ciliata Lebel, G. G.* 1, *p.* 195.

Landes de Chag y dans la Haute-Saône (*Contejean*); paturages secs à Chene-Bernard, Pleurre, Neublans, forêt de Chaux, lisière de la forêt de la Serre (*Michalet*); la var. β et toutes les formes intermédiaires se trouvent souvent mêlées au type.

Obs. Si cette plante devait rentrer dans un autre espèce, ce serait plutôt au *P. comosa* qu'il conviendrait de la rapporter, qu'au *P. vulgaris,* comme Koch l'a pratiqué. Mais les caractères cités et les faits que je vais exposer me paraissent militer bien plus fortement en faveur de la conservation de l'espèce.

En 1823, Reichenbach fondait son *P. oxyptera* sur une plante des environs de Dresde, et Mutel en 1834 se bornait à en traduire la diagnose, en indiquant la plante sur plusieurs points de la France, où sa présence est encore douteuse. Les indications de Mutel étant souvent fautives, cette plante n'avait point, aux yeux des botanistes, pris positivement rang parmi les espèces françaises, lorsque le 6 juin 1854, une lettre de M. Michalet m'apporta cette plante récoltée près de Dole. Mais voilà que le lendemain 7 juin, je reçois de M. Contejean une lettre renfermant la même plante, qu'il venait de découvrir dans les environs de Montbéliard. Ainsi que M. Michalet il me l'envoyait comme espèce nouvelle, me laissant le soin de lui donner un nom, s'il y avait lieu, tandis que M. Michalet proposait celui de *P. versicolor.* Etude faite, je répondis à mes deux amis que je rapportais leur plante au *P. Lejeunii Bor.* M. Contejean publia donc sa plante sous ce nom et sous le nº 1427 des *exsiccata* de M. Billot, et M. Michalet donna la sienne dans ses *exsiccata* du Jura, sous le nº 5. L'année suivante, 19 juill. 1855, M. Verlot retrouvait cette plante à Saint-Nizier près Grenoble, et me l'adressait pour en obtenir la détermination,

Ce n'est pas tout, M. Durieu dont la sagacité en fait d'observation ne le
cède à personne, M. Durieu, à la date du 9 août 1856, m'adressait cette
même plante, me priant de lui en donner le nom, afin de satisfaire au
juste désir de ses élèves, qui depuis plusieurs mois le lui réclamaient. Je
soupçonnais depuis longtemps l'identité des *P. oxyptera* et *Lejeunii*, lorsque M. Reichenbach fils s'adressa à moi pour obtenir les exemplaires du
P. ciliata Leb. qu'il a figurés dans ses *Icones*. Je lui demandai en retour le
P. oxyptera de son père, et les exemplaires qu'il me communiqua confir-
mèrent mes prévisions. Le *P. Lejeunii* n'était qu'une forme à ailes un
peu plus obtuses du *P. oxyptera* et la plante jurassique constituait le type
de l'espèce; pendant que le *P. ciliata Leb.* représentait une variété plus ou
moins pubescente, qui par ses ailes ord. obtuses se rapprochait du
P. Lejeunii de la même région.

Enfin MM. Cosson et Germain, tout en refusant, dans leur flore des
environs de Paris, d'élever cette plante au rang d'espèce, ont cru devoir
la décrire et la figurer sous la dénomination de : *P. vulgaris* β *parviflora*.
Puis, par un double emploi, Reichenbach fils en a fait une espèce nouvelle : *P. parviflora*.

Je le demande, MM. Boreau, Lebel, Michalet, Contejean, Verlot, Durieu
ont-ils été dupes ainsi que Reichenbach d'une illusion? ou bien y a-t-il là
quelque chose de réel, une espèce enfin qui a attiré l'attention des
maîtres et même frappé les regards inexpérimentés des élèves de M.
Durieu? J'avoue qu'à mes yeux le doute a disparu, et que je crois devoir
conserver une espèce qui a eu tant et de si dignes parrains.

P. calcarea *Schultz, exsicc. cent.* 2, *n*° 15!; *G. G.* 1,
p. 196. — Tiges ord. nombreuses, allongées, étalées, *d'abord
nues à la base*, puis munies de *feuilles grandes*, obovales, plus
ou moins *rapprochées en rosette;* feuilles caulinaires *lancéolées-
étroites, plus courtes que les basilaires.* Fleurs en grappe lâche
(comme celle du *P. vulgaris*). Bractées lancéolées, les 2 latérales un peu plus courtes et la moyenne un peu plus longue que
le pédicelle au début de l'anthèse. Ailes largement elliptiques-
aiguës, à 3 nervures anastomosées au sommet et réticulées aux
bords, aussi larges et bien plus longues que la capsule en cœur
renversé. — Plante à saveur *herbacée,* comme dans les précédentes, et non amère. Ses fleurs presque de même grandeur que
celles du *P. vulgaris,* et ses grandes rosettes de feuilles basilaires la font distinguer au premier coup-d'œil. ♃. Mai-juin.

C. Sur les flancs des coteaux herbeux, dans les lieux un peu ombragés
et humides, depuis la plaine jusque sur les sommités.

P. alpestris *Rchb. ic. crit.* 1, *p.* 25, *t.* 23, *f.* 45. — Tiges
ordinair. nombreuses, filiformes, simples ou souvent rameuses,
étalées-redressées, un peu nues à la base, puis munies de feuilles
obovales, *courtes, non rapprochées en rosette;* les caulinaires

largement lancéolées, plus longues que les basilaires et recouvrant la base de la grappe courte (10-20 fl.) et assez serrée.
Bractées lancéolées, très caduques; les 2 latérales plus courtes
et la moyenne un peu plus longue que le pédicelle au début de
l'anthèse. Ailes ovales, à 3 nervures palmées, presque simples,
à peine anastomosées au sommet et presque libres, aussi larges
et un peu plus longues que la capsule. — Fleurs violettes souvent
variées de blanc, presque de moitié plus petites que celles du
P. calcarea. Sa souche ligneuse est robuste relativement à
la plante, et son mode de végétation a de grands rapports avec
celui de la souche du P. vulgaris. Saveur herbacée. ⚥. Juin.

Çà et là sur toutes les sommités du Jura; le Reculet, la Dôle, le Montendre, le Suchet, etc.

P. depressa Wend. schr. nat. marb. 1, t. 1; G. G. 1,
p. 196. — Tiges ord. nombreuses, filiformes, souvent rameuses,
couchées ainsi que les rameaux stériles et fleuris, ord. un peu
nues à la base. Feuilles inf. non rapprochées en rosette, opposées, obovales; celles des rameaux fleuris éparses, ovales-lancéolées, plus grandes que les inférieures et d'autant plus longues
qu'elles sont plus supérieures; feuilles des rameaux stériles opposées. Fleurs 3-10, en grappe courte et d'abord terminale, puis
paraissant latérale par le développement d'un fort rameau
axillaire. Bractées plus courtes que le pédicelle. Ailes elliptiques,
à 3 nervures anastomosées au sommet et surmontées de veinules
plus ou moins anastomosées, un peu plus étroites et plus longues
que la capsule. — Saveur herbacée; fl. bleuâtres. ⚥. Mai-juin.

Bois siliceux et humides de la plaine, presque toute la forêt de Chaux,
bois de Gatey, de la Chénée, de Pleurre (Michalet); Chagey, entre Montbéliard et Belfort, et toute la lisière vosgienne du Doubs et de la Haute-
Saône (Contejean); tourbières du Mémont (Contejean); tourbières des
Rousses (Garnier).

P. amara Jacq. en. wind. 262; L. sp. 987; G. G. 1, p. 196.
— Tiges et rameaux dressés, naissant, non d'un plateau ou
collet, mais à diverses hauteurs d'une souche qui dépasse souvent un centimètre, grêle, pérennante et non vivace comme dans
les espèces précédentes, formée par la base persistante des anciennes tiges. Feuilles inf. très grandes, rapprochées en rosette;
les caulinaires lancéolées-oblongues. Bractées lancéolées, plus
courtes que le pédicelle. Fleurs en grappe assez serrée. Ailes

elliptiques, à 3 nervures *palmées, peu ou point anastomosées,* plus étroites et à peine plus longues ou même plus courtes que la capsule. — Saveur très amère. La souche de cette espèce a un mode de végétation tout particulier qui la distingue netteme it de toutes les autres espèces. J'ai souvent trouvé pèle-mêle cu isolées les formes ici mentionnées, ainsi que toutes les transitions qui les réunissent; j'ai donc dû renoncer à l'idée de les décrire comme espèce distinctes. ⚥. Mai-juillet.

    α. *genuina*. Fleurs assez grandes, rappelant celles du *P. depressa* et des espèces voisines. *P. amara Jacq., Koch, Fries, Rchb. ic. crit.* 1, *t.* 22.

    β. *austriaca*. Fleurs de moitié plus petites. *P. austriaca Crantz, austr.* 439, *t.* 2; *Rchb. l. c. t.* 21.

    γ. *uliginosa*. Fleurs un peu plus grandes que celles de la var. précédente; capsule un peu atténuée en coin à la base; saveur *herbacée! P. uliginosa Rchb. l. c. t.* 21.

    C. Depuis la plaine jusque sur les sommets; la var. α dans les lieux humides et tourbeux de la montagne; les autres variétés sur les collines et dans les marais.

XIV. CARYOPHYL LÉES.

(CARYOPHYLLEÆ JUSS.)

Fleurs hermaphrodites, rar. dioiques, régulières. Calice à 5 et plus rar. à 4 sépales libres, ou soudés en tube, ord. persistants, à préfloraison imbriqu'e. Corolle à 5 et plus rar. à 4 pétales alternes avec les divisions du calice, insérés sous l'ovaire sur un disque plus ou moins développé, libres, à préfloraison imbriquée ou contournée, très rar. nuls par avortement. Etamines insérées avec les pétales, en nombre égal à celui des pétales ou en nombre double (10-8, 5-4), libres entre elles; les intérieures à filets souvent soudés par la base avec les pétales; anthères biloculaires, s'ouvrant en long. Styles 2-5, libres, à face int. stigmatifère. Ovaire libre, souvent stipité, c'est-à-dire exhaussé par un prolongement de l'axe (podogyne), à 2-5 carpelles, à une seule loge et rarem. à 2-5 loges. Ovules ordin. nombreux, ascendants ou horizontaux, courbés et rarement pliés, insérés sur un placenta central, ou à l'angle interne des loges. Fruit souvent stipité, capsulaire, polysperme et rarement oligosperme, uniloculaire par oblitération des cloisons dont on retrouve assez souvent les traces à la base de l'ovaire, plus rar. à 2-5 loges plus ou moins incomplètes, s'ouvrant par des valves ou des dents en nombre égal à celui des carpelles ou en nombre double ; très rar. le fruit est bacciforme indéhiscent. Graines insérées sur un placenta central, ou à l'angle interne des loges, ascendantes ou horizontales, réniformes ou scutiformes. Embryon annulaire ou semi-annulaire, embrassant l'albumen farineux ; plus rarem. l'embryon est plié ou droit, enveloppé par l'albumen ou appliqué sur l'une de ses faces. Radicule ordin. rapprochée du hile.

Trib. I. SILENEÆ. — Calice à *sépales soudés en tube* au moins dans leur moitié inférieure, libres supérieurement. Pétales à onglet ord allongé et égalant le tube du calice. Etamines insérées avec les pétales au sommet du podogyne.

Trib. II. ALSINEÆ. — Calice à sépales *libres ou seulement un peu soudés à la base*. Pétales à onglet court, rar. nul. Etamines insérées sur un disque hypogyne plus ou moins développé entourant la base de l'ovaire.

TRIB. I. SILENEÆ. — Calice à *sépales soudés en tube* au moins dans leur moitié inférieure, libres supérieurement. Pétales à onglet ordin. allongé et égalant le tube du calice. Etamines insérées avec les pétales au sommet du podogyne.

ANALYSE DES GENRES.

1 { Calice muni d'écailles à la base; graines scutiformes . . . .
    Calice nu à la base; graines réniformes. . . . 3.

2 { Onglet des pétales très-court . . . . TUNICA.
    Onglet très-long. . . . . 4.

3 { Styles 2 . . . .
    Styles 3-5 . . . . 5.

4 { Calice pentagonal, onglet très-court. . . . . GYPSOPHILA.
    Calice cylindrique; onglet très-long. . . . . SAPONARIA.

5 { Fruit bacciforme . . . . CUCUBALUS.
    Fruit capsulaire. . . . . 6.

6 { Dents de la capsule en nombre double de celui des styles . . . .
    Dents de la capsule en nombre égal à celui des styles (dents 5, styles 5). . . . . LYCHNIS.

7 { Styles 3; capsule à 6 dents. . . . .
    Styles 5; capsule à 10 dents. . . . . . . MELANDRIUM.

Sous-trib. I. DIANTHEÆ. — *Calice dépourvu de nervures commissurales. Deux styles.*

A. *Calice muni d'un calicule.*

DIANTHUS Lin.

Calice tubuleux-cylindracé, à 5 dents, muni à la base de 2-6 écailles formant un calicule. Pétales 5, *longuement onguiculés.* Étamines 10. Styles 2. Capsule à 4 valves, s'ouvrant par 4 dents. Graines peltées, convexes d'un côté, concaves de l'autre, avec une crête longitudinale et un ombilic au centre; embryon droit, appliqué sur la face dorsale de l'albumen.

Sect. ɪ. Fleurs *réunies en fascicules compactes,* entourées de bractées; pétales dentés ou presque entiers, non frangés.

D. prolifer *L. sp.* 587; *G. G.* 1, *p.* 229. — Racine grêle, *annuelle.* Tiges de 2-6 décim., grêles, dressées, simples ou rameuses. Feuilles linéaires, uninervies, rudes aux bords, brièvement connées, glabres ainsi que le reste de la plante. Fleurs très petites, rares, *réunies* en glomérules denses et terminaux *par 3 paires de bractées oblongues-obtuses, scarieuses;* bractées intérieures *plus longues,* les ext. de la moitié plus courtes que le calice étroit et à 5 petites dents *obtuses.* Pétales obovés, émarginés. ☉. Juin-septembre.

C. Dans les lieux secs et rocailleux de la plaine et des basses montagnes.

D. Armeria *L. sp.* 586; *G. G.* 1, *p.* 230. — Racine grêle, *bisannuelle.* Une ou plusieurs tiges dressées, simples ou rameuses. Feuilles linéaires lancéolées, un peu obtuses, rudes aux bords, brièvement connées, à 3-7 nervures, *velues ainsi que toute la plante.* Fleurs petites, pourprées, réunies 5-6 en fascicules entourés de bractées; celles-ci *herbacées, velues, lancéolées-subulées,* aussi longues ou plus longues que le calice à 5 dents lancéolées-subulées. Pétales à limbe obovale, denté. ②. Juin-août.

C. Dans les lieux argileux, dans les combes marneuses de la plaine et des basses montagnes.

D. Carthusianorum *L. sp.* 586; *G. G.* 1, *p.* 231.—
Souche *subligneuse*. Tiges de 1-5 déc., dressées, raides. Feuilles
linéaires, *aiguës*, rudes aux bords, *connées dans leur quart
inférieur*, plurinerviées, glabres ainsi que toute la plante. Fleurs
grandes (2 centim. de diam.), pourprées, barbues vers l'onglet,
réunies 3-5 en fascicules entourés de bractées. Bractées scarieuses, brunâtres, obovales, *obtuses, aristées, plus courtes que
le calice* à dents aiguës. Pétales à limbe oblong-cunéiforme,
denté. ♃. Juin-août.

C. Dans les prés et sur les coteaux secs de la plaine et des montagnes;
manque dans les sols siliceux, et par conséquent dans la Bresse.

Sect. II. *Fleurs solitaires à l'extrémité des rameaux.*

a. *Pétales dentés.*

D. cæsius *Smith, act. s. l.* 2, *p.* 302; *G. G.* 1, *p.* 237.—
Souche rameuse, *à divisions nombreuses, grèles, traçantes,
étalées au loin*. Tiges de 1-2 déc., *uniflores*. Feuilles linéaires,
trinerviées, obscurément denticulées aux bords, glabres, ainsi
que toute la plante. Calicule formé de 2 paires de bractées
ovales, brièvement acuminées, *des 2/3 plus courtes* que le calice.
Pétales d'un pourpre bleuâtre, dentés, *barbus à la gorge*. ♃.
Juin-juillet.

Disséminé sur les rochers escarpés du Jura, depuis la région des vignes
jusque sur les sommités mais principalement dans les stations fraîches et
un peu ombragées; Baume près Lons-le-Saunier, la Châtelaine près Arbois, Salins. Besançon; assez commun dans l'arrondissement de Montbéliard (Contejean); paturages rocailleux du Reculet, du Suchet, du
Chasseron, etc.

D. sylvaticus *Wulf. in Jacq. coll.* 1, *p.* 237; *G. G.* 1,
p. 237; *D. saxicola Jord. pug.* 29. — Souche *courte, subligneuse, à divisions très courtes et cespiteuses*. Tiges ord. *pluriflores*. Feuilles linéaires, plurinerviées, longues (5-10 centim.),
denticulées aux bords, glabres ainsi que toute la plante. Calicule
formé de 2 paires de bractées; les infér. ovales-lancéolées,
souvent distantes; les sup. obovales, *très obtuses et très brève-
ment mucronées, 4-5 fois plus courtes* que le calice. Pétales
d'un beau rose, *glabres* à la gorge. ♃. Juin-août.

β. *D. juratensis Jord. ap. Billot, annot.* 47. — Fleurs plus grandes, onglet plus saillant; feuilles plus fines et d'un vert plus clair.

Rochers escarpés de tout le Jura, depuis le vignoble jusqu'aux sommités : collines pierreuses du bassin du Léman ; val de la Loue ; Salins, Arbois, Lons-le-Saunier, Mont-d'Or, Pontarlier, Saint-Claude, la Dôle, le Colombier, le Reculet, etc.; var. β, sur les cimes.

b. *Pétales frangés-laciniés.*

D. superbus *L. sp.* 589 ; *G. G.* 1, *p.* 241. — Souche plus ou moins rameuse. Tiges de 3-5 d´cim., dressées. Feuilles linéaires-lancéolées, obtuses, glabres ainsi que toute la plante. Fleurs en corymbe. Bractées calicinales ovales, *courtes, brièvement acuminées, n'atteignant pas le tiers* de la longueur du calice. Pétales roses-lilas, barbus, *découpés presque jusqu'à l'onglet en lanières multifides linéaires.* ♃. Juillet-août.

Prés humides à sol argileux et tourbières de la région des sapins, Saint-Laurent-en-Grandvaux, vallée de Joux, Prémanon, le Boulu, Gex, Nans près Salins, Pontarlier; bois de la plaine autour de Genève, et pentes du Jura méridional helvétique.

D. monspessulanus *L. sp.* 588 ; *G. G.* 1, *p.* 241. — Souche grèle, *traçante.* Tiges de 2-3 déc., dressées, uni-pauciflores. Feuilles linéaires, *aiguës,* glabres ainsi que le reste de la plante. Bractées calicinales ovales, *acuminées* en pointe dont la longueur *égale la moitié* de celle du calice. Pétales roses ou blancs, barbus, *découpés jusque vers le milieu du limbe en franges simples.* ♃. Juillet-août.

Abonde sur les pentes herbeuses du Reculet, du Colombier, et depuis la Faucille jusqu'au Credoz.

TUNICA Scop.

Calice tubuleux-campanulé, muni d'un calicule écailleux à la base. Pétales 5, à *onglet court.* Etamines 10. Styles 2. Capsule à 4 valves, s'ouvrant par 4 dents. Graines peltées, convexes d'un côté, concaves de l'autre, avec une crête longitudinale, et un ombilic au centre. — Ce genre a les pétales des *Gypsophila,* et d'autre part les écailles et les graines des *Dianthus.*

T. saxifraga *Scop. carn.* 1, *p.* 300, *Dianthus saxifragus L. sp.* 584; *G. G.* 1, *p.* 226. — Souche vivace, rameuse, à divisions courtes, à rosettes stériles, ou s'allongeant en tiges grèles, étalées et florifères. Feuilles linéaires, fortement ciliées. Fleurs solitaires. Ecailles calicinales lancéolées, prolongées en mucron égal à la moitié du calice. Celui-ci court, campanulé, à dents obtuses. Pétales oblongs, émarginés. Capsule ovoïle. Graines ovales, relevées par les bords, finement chagrinées. ♃. Juill.-août.

A. C. Dans les lieux secs des environs de Genève et des bords du lac Léman jusqu'à Yverdon; n'a point encore été signalé sur le versant opposé, non plus que dans les vallées françaises méridionales.

B. *Calice dépourvu de calicule à la base.*

GYPSOPHILA Lin.

Calice tubuleux-campanulé, à 5 dents, dépourvu à la base d'écailles formant calicule. Pétales 5, cunéiformes, *à onglet court ou nul.* Etamines 10. Styles 2. Capsule à 4 valves, s'ouvrant par 4 dents. Graines réniformes, portant l'ombilic sur le côté.

G. muralis *L. sp.* 585; *G. G. 1, p.* 228. — Racine grêle, *annuelle.* Tige de 5-15 centim., divisée dès la base en nombreux rameaux presque filiformes, et étalée en panicule divariquée. Feuilles linéaires. Pédoncules longs et fins. Calice strié, à dents courtes et obtuses. Pétales roses, striés, émarginés ou denticulés, à onglet presque nul. ☉. Juin-sept. Plante pubescente.

A. C. Dans les terrains sablonneux de la plaine et du vignoble.

G. repens *L. sp.* 581; *G. G. 1, p.* 228. — Souche *forte, subligneuse,* très rameuse. Tiges de 2-3 décim., nombreuses, couchées puis ascendantes, simples et divisées au sommet en cyme dichotome. Feuilles linéaires, *glabres et glauques,* ainsi que toute la plante. Pédoncules longs et fins. Calice strié. Pétales blancs veinés de violet, faiblement échancrés, à onglet presque nul. ♃. Mai-août.

Rocailles alpestres du Colombier de Gex, du Reculet, de la Dôle.

SAPONARIA Lin.

Calice tubuleux, cylindrique ou renflé-anguleux, dépourvu d'écailles formant calicule à sa base, à 5 dents. Pétales *longuement onguiculés.* Etamines 10. Styles 2. Capsule s'ouvrant par 4 dents. Graines réniformes portant l'ombilic sur le côté.

S. Vaccaria *L. sp.* 585; *Gypsophila Vaccaria G. G.* 1, *p.* 227. — Racine *grêle, annuelle.* Tige de 2-6 décim., dressée, très feuillée, rameuse, dichotome au sommet, glabre et glauque ainsi que les feuilles. Celles-ci sessiles, ovales-lancéolées, sub-connées à la base. Calice à la fin *renflé-subglobuleux, à* 5 *angles ailés* verdâtres, et à 5 dents. Fleurs roses petites, en cyme très lâche, *dépourvues de coronule.* Capsule s'ouvrant jusqu'à son milieu en 4 dents, *dressées.* ⊙. Juin-juillet.

C. Dans les moissons et plus particulièrement dans les avoines de la plaine et de la région des vignes; manque dans la Bresse.

S. officinalis *L. sp.* 584; *G. G.* 1, *p.* 225. — Souche *tra-çante,* rameuse, *vivace.* Tiges de 4-6 décim., dressées, glabres-centes. Feuilles inf. subpétiolées; toutes ovales ou oblongues-lancéolées, ordin. glabres. Fleurs d'un rose pâle, en fascicules rapprochés en cyme *compacte.* Calice cylindracé, ombiliqué à la base, *non anguleux.* Pétales grands, *munis à la gorge d'é-cailles linéaires-subulées.* Capsule s'ouvrant par 4 dents courtes et *recourbées en dehors.* ♃. Juillet-août.

La décoction de cette plante donne une lessive qui est souvent employée en guise d'eau de savon; de là son nom de *Saponaire.*

C. Aux bords du Doubs et de la Loue, dans la plaine et dans la région des vignes, au-dessous de laquelle il s'élève à peine.

S. Ocymoides *L. sp.* 585; *G. G.* 1, *p.* 225. — Souche grosse, dure, rameuse. Tiges de 2-4 décim., étalées à terre; les unes stériles et terminées par des rosettes de feuilles; les autres florifères, longues, grêles et diffuses. Feuilles elliptiques ou ellip-tiques-oblongues, presque toutes atténuées en pétiole cilié, aiguës. Fleurs en petits corymbes dichotomes visqueux, formant une cyme lâche. Calice *pubescent,* renflé à la maturité. Corolle rose, à limbe des pétales *muni à la base de deux petites cornes obtuses.* Capsule ovoïde, se divisant jusqu'au milieu en 4 dents *recourbées en dehors.* ♃. Mai-juillet. Plante plus ou moins velue-visqueuse.

Lieux chauds et bien exposés des basses montagnes jusqu'à la limite des sapins; Lons-le-Saunier, Arbois, Saint-Claude, presque toute la vallée de l'Ain jusqu'à Thoirette; vallée du Dessoubre et de la Loue, à Buillon, entre Lods et Mouthier ; vallée du Doubs, à Saint-Hippolyte, à Mandeure, etc.; sur les coteaux le long du Rhône.

Sous-trib. II. *Calice muni de nervures commissurales.*
Styles trois-cinq.

A. *Trois styles.*

CUCUBALUS Gærtn.

Calice campanulé, dépourvu de calicule. Pétales 5, onguiculés
et munis d'écailles au sommet de l'onglet. Etamines 10. Styles 3.
Fruit *bacciforme*, indéhiscent, cloisonné.

C. baccifer *L. sp.* 594; *G. G.* 1, *p.* 201. — Tiges de 6-12
déc , faibles, grimpantes, pubescentes, à rameaux divariqués.
Feuilles pétiolées, ovales-aiguës, pubescentes. Fleurs en cyme
paniculée, lâche et feuillée. Calice renflé-vésiculeux à la maturité. Pétales bifides. Baies noires, luisantes. ♃. Juillet-août.

Disséminé dans la plaine où il est toujours rare; Poligny (*Garnier*),
Voiteur *De Jouffroy*), Saint-Amour et Coges près Bletterans (*Roset*), Saint-
Seine près Dole (*Michalet*) ; environs de Genève (*Reuter*).

SILENE Lin.

Calice tubuleux, ou renflé-vésiculeux à la maturité, à 5 dents,
sans calicule. Pétales 5, longuement onguiculés. Etamines 10.
Styles 3. *Capsule à six dents.*

a. *Calice enflé-vésiculeux à la maturité et veiné-réticulé.*

S. inflata *Smith*, *brit.* 467; *G. G.* 1, *p.* 202. — Souche
cespiteuse, à racine pivotante. Tiges de 2-3 déc., ascendantes,
rameuses, très glabres ou rar. pubescentes. Feuilles glabres,
ovales-lancéolées. Fleurs blanches, en cyme terminale. Calice
enflé, à dents larges. Pétales bipartits, *nus ou munis de deux*
bosses, en place d'écaille, au-dessus de l'onglet. Capsule globuleuse. Graines *hérissées de tubercules coniques.* ♃. Juin-juillet.

C. C. Dans les prés secs et sur les coteaux, depuis la plaine jusque sur
les sommets.

S. glareosa *Jord. pug.* 31; *Reut. cat.* 32. — Pétales bifides,
munis au-dessus de l'onglet d'une écaille bifide. Graines cha-
grinées, à tubercules arrondis peu saillants. — Tiges moins
élancées et plus diffuses, feuilles plus étroites et plus glauques,

calices moins renflés que dans le *C. inflata*, dont il a été regardé comme une variété. Cette plante a les graines du *S. alpina*; bien que d'un tiers plus petites ; mais ce dernier a ses pétales dépourvus de coronule, comme le *S. inflata*.

C. Dans les éboulements aux pieds des escarpements dans la haute région des sapins.

b. *Calice cylindracé-subovoïde, à 10 nervures ou stries.*

1. *Plantes annuelles.*

S. gallica *L. sp.* 595 ; *G. G.* 1, *p.* 206. — Tige de 2-4 déc., dressée, simple ou rameuse, pubescente, un peu visqueuse. Feuilles inf. obovales-spatulées ; les sup. oblongues-sublinéaires. Fleurs d'un blanc pâle, rarement rosées, *en grappes* terminales souvent unilatérales. Calice cylindracé devenant subovoïde, hérissé, à dents aiguës. Pétales *entiers ou denticulés,* munis d'écailles au-dessus de l'onglet. Capsule ovoïde, substipitée. ⚥. Juin-septembre.

Champs sablonneux et siliceux de la plaine. Arbois, Chaussin, autour de la forêt de la Serre, etc. ; paraît manquer sur le versant helvétique.

S. noctiflora *L. sp.* 599 ; *G. G.* 1, *p.* 316. — Tige de 1-4 décim., dressée, simple ou dichotome, très velue-visqueuse supérieurement. Feuilles infér. obovales-oblongues ; les supér. lancéolées. Fleurs d'un rose pâle en dedans et jaunâtres en dehors, *en cyme pauciflore, ou à fleur solitaire* et terminale. Calice velu-visqueux, *oblong-subclaviforme,* à dents *longues et subulées.* Pétales bifides, munis d'écailles au-dessus de l'onglet. Capsule ovoïde-conique, stipitée. ☉. Juillet-octobre.

A. C. Dans les champs de la plaine, sur l'alluvion du Doubs et de la Loue ; Montbéliard (voir *Contejean*); Salins, Arbois, Bletterans, etc.; Chassey-les-Montbozon ; rare ou nul sur le versant helvétique.

2. *Plantes vivaces.*

S. nutans *L. sp.* 596 ; *G. G.* 1, *p.* 217. — Souche presque ligneuse. Tiges de 3-5 déc., dressées, pubescentes-visqueuses supérieurement. Feuilles *velues;* les radicales *spatulées,* atténuées en pétiole ; les caulinaires *lancéolées et sublinéaires.* Fleurs d'un blanc sâle, un peu rosées, en *grappe lâche, large, trichotome,* ordin. penchées et unilatérales. Calice tubuleux,

visqueux, à dents aiguës, subclaviforme et fendu à la maturité.
Pétales *bifides*, munis d'écailles. à la gorge. Capsule ovoïde,
stipitée. ♃. Juin-août.

C. Dans toute la région des montagnes; rare en plaine, se montre à la
forêt de la Serre sur le granit.

S. quadrifida *L. sp.* 602; *G. G.* 1, *p.* 213. — Souche
grêle, à divisions nombreuses, couchées, terminées les unes
par des rosettes, les autres par des tiges florifères. Tiges de
1-2 déc., ascendantes. *filiformes.* Feuilles *linéaires, glabres.*
Fleurs blanches, *en cyme étalée-dichotome.* Calice à dents *obtuses.* Pétales *quadrifides,* munis d'écailles à la gorge. Capsule
ovoïde, stipitée. ♃. Juillet-août.

Ne se rencontre qu'au Reculet, dans le vallon d'Ardran, et au creux de
Pranciaux près des sources, dans la crevasse d'Allemogne.

Obs. M. Babey indique le *S. Otites* à Thoirette, où il n'a pas été retrouvé.

B. *Styles cinq.*

MELANDRIUM Rœhl.

Calice tubuleux, se renflant plus ou moins, à 5 dents, sans
calicule. Pétales 5, longuement onguiculés. Styles cinq. *Capsule à* 10 *dents.*

M. dioicum *Rœhl, dstch. fl. éd.* 1, *p.* 254; *Lychnis dioica
L. sp.* 626; *Silene pratensis G. G.* 1, *p.* 216. — Tiges de 3-8
déc., dressées, rameuses, velues. Feuilles pubescentes; les radicales et les inf. pétiolées, les sup. *lancéolées.* Fleurs *blanches,*
dioiques, en cyme lâche dichotome. Calice à dents *obtuses*, à
peine renflé dans les mâles, et devenant subglobuleux dans les
fleurs femelles. Pétales bifides. Capsule ovoïde, à dents *dressées.*
Graines à tubercules *obtus.* ②. Juin-octobre.

Rare et très disséminé dans les basses régions du versant français; bien
plus commun autour de Genève, entre le lac et le Jura.

M. sylvestre *Rœhl, l. c ; Silene diurna G. G.* 1, *p.* 217.
— Tiges de 3-6 décim., dressées, rameuses, velues. Feuilles
pubescentes; les radicales et les infér. pétiolées; les supér.
ovales-acuminées. Fleurs dioïques, *roses ou purpurines*, en
cyme lâche et dichotome. Calice à dents *aiguës*, à peine renflé
dans les mâles et devenant ovoïde dans les femelles. Pétales

bifides. Capsule ovoïde, à *dents roulées en dehors*. Graines à tubercules aigus. ♃. Mai-août.

C. Dans les bois et prés humides de la plaine, d'où il s'élève jusque sur les sommités.

LYCHNIS Tournef.

Calice tubuleux, se renflant plus ou moins, à 5 dents, sans calicule. Pétales longuement onguiculés. Styles 5. *Capsule à 5 dents.*

a. *Capsule uniloculaire.*

L. Flos-cuculli *L. sp.* 625; *G. G.* 1, *p.* 223. — Souche *vivace*. Tiges de 2-7 déc., dressées, pubescentes, à poils réfléchis. Feuilles inf. oblongues, longuement pétiolées; les supér. lancéolées ou sublinéaires. Fleurs purpurines, en panicule lâche. Calice à dents aiguës, campanulé-subglobuleux à la maturité. *Pétales profondément divisés en 4 lanières inégales, munis d'écailles à la gorge.* Capsule ovoïde. ♃. Mai-juillet.

Partout dans les prés humides, depuis la plaine jusque sous les sommets.

L. Githago *Lam. enc.* 3, *p.* 643; *Agrostemma Githago L. sp.* 626; *G. G.* 1, *p.* 224. — Plante *annuelle*. Tige de 3-9 déc., rameuse-dichotome. Feuilles *velues-soyeuses, ainsi que toute* la plante, *linéaires*, très longues. Fleurs grandes, d'un rouge violet, à pédoncules très longs. Calice à *dents linéaires-aiguës, dépassant les pétales*, devenant ovoïde-campanulé à la maturité et à côtes très saillantes. Pétales à limbe *tronqué*, sans coronule. Capsule ovoïde. ♃. Juin-août.

Dans les moissons des sols calcaires, jusque dans la région des sapins.

b. *Capsule 5-loculaire à la base.*

L. Viscaria *L. sp.* 625; *Viscaria purpurea Wimm.; G. G.* 1, *p.* 221. — Tiges de 3-6 décim., simples, dressées, glabres, visqueuses dans leur moitié sup. Feuilles glabres, ciliées à la base; les radicales lancéolées-spatulées, les caulinaires sublinéaires. Fleurs purpurines, en panicule trichotome-allongée. Calice glabre, tubuleux en massue, à 10 nervures, à dents courtes, ovales et aiguës. Pétales à limbe entier ou subéchancré, munis d'une coronule bifide au-dessus de l'onglet. Capsule ovoïde. ♃. Mai-juin.

R. R. Pré-de-Bière non loin d'Aubonne (*Endress, ex Rapin*); Eslex près Lavey (*Muret, ex Rapin*). J'indique cette espèce d'après MM. Rapin et Godet; mais pour moi elle est étrangère à la chaîne jurassique.

Trib. II. ALSINEÆ Bartl. — Calice à sépales libres ou seulement un peu soudés à la base. Pétales à onglet court, rarem.
nuls. Étamines insérées sur un disque hypogyne plus ou moins
développé entourant la base de l'ovaire.

ANALYSE DES GENRES.

1 { Valves ou dents de la capsule en nombre égal à
celui des styles (subtrib. I, *Sabulineæ*). . . 2.
Valves ou dents de la capsule en nombre double
de celui des styles (subtrib. II, *Stellarineæ*). . 5.

2 { Feuilles munies de stipules scarieuses. . . . 3.
Feuilles dépourvues de stipules . . . . . . 4.

3 { Styles 3 ; capsule à 3 valves. . . . . SPERGULARIA.
Styles 5 ; capsule à 5 valves. . . . . SPERGULA.

4 { Styles 4-5 ; capsule à 4-5 valves. . . . . . SAGINA.
Styles 3 ; capsule à 3 valves . . . . ALSINE.

5 { Pétales entiers ou émarginés ; styles 2-3 ; graines
luisantes munies d'une strophiole. . . . . MŒHRINGIA.
Graines dépourvues de strophiole. . . . . . 6.

6 { Capsule à 6 dents ou à 6 valves. . . . . . 7.
Capsule à 10 dents. . . . . 9.

7 { Pétales bifides . . . . STELLARIA.
Pétales entiers ou émarginés . . . . 8.

8 { Fleurs en cyme ombelliforme ; étamines 3-5. . HOLOSTEUM.
Fleurs en cyme allongée ; étamines 10. . . . ARENARIA.

9 { Pétales ifides ; styles 4-5 opposés aux sépales. CERASTIUM.
Pétales bipartits ; styles 5, alternes avec les
sépales . . . , ... , ... MALACHIUM.

Subtrib. I. SABULINEÆ Fenzl. — Valves ou dents de la
capsule *en nombre égal* à celui des styles.

A. *Feuilles munies de stipules scarieuses.*

SPERGULARIA Pers.

Sépales 5. Pétales 5, entiers. Styles *trois*. Étamines 5-10.
Capsule s'ouvrant par *trois* valves jusqu'à la base. Embryon
entourant l'albumen. Fleurs blanches ou roses.

Sp. segetalis *Fenzl, ap. Led. fl. ross.* 2, *p.* 66; *G. G.* 1,
p. 275. — Tige grêle, filiforme, dressée, très rameuse ; rameaux
fleuris *divariqués, non feuillés.* Feuilles cylindriques-subulées,
mucronées, *sans fascicules* de feuilles aux aisselles ; stipules
lancéolées-acuminées, *laciniées*, soudées ou fendues. Fleurs à

8

pédicelles longs et filiformes, étalés ou réfractés après l'anthèse. Sépales aigus, scarieux, *carénés* par la nervure dorsale verte. Pétales *blancs, de moitié plus courts* que le calice. Graines non ailées. — Plante glabre. ☉. Juin–juillet.

Champs sablonneux et siliceux de la plaine; Villersexel, Cubrial, Montferney (Paillot); Dole, Baverans, Chatenois, Salins, Arbois, Poligny, Sellieres, etc.; lisière vosgienne de l'arrondis. de Montbéliard (Contejean).

S. rubra *Pers. syn.* 1, *p.* 504; *G. G.* 1, *p.* 275. — Tiges nombreuses, étalées, puis redressées, très rameuses dès la base; rameaux fleuris dressés, *feuillés*. Feuilles linéaires, *planes*, charnues, *mucronées*, avec faisceaux de feuilles aux aisselles. Stipules ordin. entières, lancéolées-acuminées, soudées deux à deux entre les feuilles. Fleurs disposées en grappes unilatérales *feuillées*, à pédicelles courts (égalant 1-2 fois la longueur du calice), réfractés après l'anthèse, à la fin redressés. Sépales obtus, herbacés, sans nervure dorsale apparente, scarieux aux bords, un peu plus courts que la capsule. Pétales roses-rouges, égalant le calice. Graines *toutes finement tuberculeuses* et non ailées. — Plante poilue-glanduleuse vers le haut. ☉. Mai–sept.

Champs sablonneux et siliceux de la plaine; commun en Bresse, autour de la forêt de la Serre; nul sur le calcaire; assez abondant sur la lisière vosgienne de l'arrondissement de Montbéliard (*Contejean*), et du canton de Rougemont (*Paillot*).

S. media *Pers. syn.* 1, *p.* 504; *G. G.* 1, *p.* 276. — Tiges nombreuses, étalées, puis redressées, très rameuses; rameaux fleuris dressés, feuillés. Feuilles linéaires, planes en-dessus, *semi-cylindriques* en-dessous, charnues, *aiguës*, ord. munies de faisceaux de feuilles aux aisselles. Stipules entières, *largement ovales-aiguës*, soudées deux à deux entre les feuilles. Fleurs disposées en grappes unilatérales feuillées, à pédicelles 1-3 fois aussi longs que le calice, plus ou moins réfractés après l'anthèse. Sépales obtus, scarieux aux bords, sans nervure dorsale apparente, a peine plus courts que la capsule. Pétales roses-rouges, aussi longs que le calice. Graines *lisses*, aptères excepté les 2-3 du fond de la capsule qui sont *ailées-membraneuses*. — Plante glabre; feuilles, fleurs et capsules plus grandes que dans le *S. rubra*. ☉. ②. Juin-septembre.

Autour des salines du Jura; Montmorot près Lons-le-Saunier, Grozon près Arbois.

SPERGULA Lin.

Sépales 5. Pétales 5, entiers. Etamines 5-10. Styles *cinq*. Capsule s'ouvrant en *cinq* valves jusqu'à la base. — Embryon entourant l'albumen.

Sp. arvensis *L. sp.* 630; *G. G.* 1, *p.* 274. — Une ou plusieurs tiges dressées ou étalées, ramifiées au sommet en cyme divariquée. Feuilles linéaires, *sillonnées* en-dessous, fasciculées et paraissant verticillées; stipules courtes et obtuses. Pétales blancs, obtus. Capsule dépassant le calice. Graines *subglobuleuses*, comprimées, papilleuses, bordées d'une *aile très étroite*. ☉. Juin-septembre.

Dans les champs sablonneux et surtout siliceux de la plaine; rare ou nul sur les calcaires: s'élève et reparaît dans les cultures des montagnes, sur le mont de Fuans, à près de 1000 m., et sous le sommet du Chateleu à plus de 1200 m, et dans toute la chaîne où il accuse les affleurements péliques-siliceux; assez abondant sur la lisière vosgienne près de Montbéliard; disséminé dans les cultures de Bâle à Genève (*Godet*).

Sp. pentandra *L. sp.* 630; *G. G.* 1, *p.* 271. — Feuilles linéaires, fasciculées, *sans sillon* en-dessous. Pétales *aigus*. Graines *comprimées-disciformes, lisses, bordées d'une aile scarieuse blanche, large, rayée*. Le reste comme dans l'espèce précédente, dont elle diffère en outre par la taille plus petite (1-2 décim. au plus), par les feuilles plus courtes, et par la floraison plus précoce. ☉. Avril.

A. C. Sur la lisière vosgienne de l'arrondissement de Montbéliard (*Contejean*); n'existe ni à Fuans, ni à Arbois. Cette espèce n'appartient donc pas réellement à la végétation jurassique, et nous devons plutôt la considérer comme une espèce vosgienne accidentellement entraînée avec les alluvions vosgiennes répandues çà et là sur le pied du Jura.

B. *Feuilles dépourvues de stipules.*

SAGINA Lin.

Sépales 4-5. Pétales 4-5, entiers, quelquefois rudimentaires ou nuls. Etamines 4-5-10. Styles *quatre-cinq*. Capsule s'ouvrant *par 4-5 valves*.

a. *Fleurs tétramères.*

S. apetala *l. mant.* 559; *G. G.* 1, *p.* 245. — Tiges nombreuses, de 3-8 centim., étalées, glabres ou subpubescentes, *jamais radicantes.* Feuilles subulées, aristées, *ciliées* surtout à la base. Pédicelles capillaires, très longs, droits ou un peu courbés après l'anthèse, glabres ou pubescents-glanduleux. Sépales 4, *tous obtus, étalés après la floraison.* Pétales très petits ou nuls. Styles 4. Capsule à 4 valves. Graines réniformes avec un sillon sur le dos, ainsi que dans les deux espèces suivantes. ☉. Mai-octobre.

    C. Dans les champs argilo-siliceux dé la plaine ; nul sur le calcaire.

    S. ciliata *Fries, nov. éd.* 1 (1816), *p.* 47, *et éd.* 2, *p.* 59 ; *et fl. Halland.* (1817), *p.* 38 ; *et exsicc.; G. G.* 1, *p.* 245 ; *S. depressa F. Schultz*, *prod. fl. starg. spel.* 1819, *p.* 10 ; *S. patula Jord. obs.* 1 (1846), *p.* 23, *t.* 3, *f.* **A.** — Tiges nombreuses, de 5-10 centim., étalées, glabres, *jamais radicantes.* Feuilles subulées, aristées, ord. ciliées au moins à la base, rar. tout à fait glabres. Pédicelles capillaires, très longs, droits où un peu courbés et penchés, munis ainsi que les calices de petits poils glanduleux qui manquent assez souvent. Calice à 4, rar. 5 sépales appliqués sur la capsule, et presque aussi longs qu'elle, obtus ; *les deux extérieurs terminés par un mucron infléchi.* Pétales glanduliformes ou nuls. ☉. Mai-octobre.

    C. Dans les champs argilo-siliceux de la plaine ; nul sur le calcaire.

Obs. Il est possible de discuter aussi longuement que l'on voudra sur les textes de MM. Fries, Schultz et Jordan, et de conclure à volonté que les plantes qu'ils ont décrites répondent à une seule et même espèce ou à plusieurs. Cela tient sans doute à ce que, dans chaque région, les influences climatériques rendent telle ou telle variation de la plante plus habituelle, et que partant de là chaque auteur a été involontairement porté à exagérer certains caractères qui lui paraissaient plus constants. En tenant compte des textes d'une manière trop absolue, on arrive donc facilement à conclure que la description d'un auteur ne convient pas à la plante que l'on a sous les yeux, et que dès lors elle constitue une autre espèce. Et c'est incontestablement ce qui est arrivé à MM. Schultz et Jordan, lorsqu'ils ont refusé de voir dans leur plante le *S. ciliata Fries.*

Ainsi M Jordan dit que Fries donne à sa plante une capsule penchée, des feuilles ciliées, des pédoncules glabres, tandis que sa plante à lui possède des caractères contraires. A cette argumentation par trop absolue, je réponds que j'ai reçu de Fries (qui a du reste publié sa plante dans son herb. norm. f. 1, n° 421) des exemplaires à pédoncules glabres ou glanduleux. à feuilles ciliées ou glabrescentes. à capsule penchée ou dressée. Ce n'est pas tout; j'ai reçu de M. Jordan lui-même du *S. patula* à pédicelles glabres ou poilus-glanduleux, et cela sur le même rameau, à feuilles ciliolées ou glabrescentes. Si pour la capsule Fries dit : *matura nutans,* M. Jordan dit aussi : pédoncules légèrement *penchés.* Or le mot *nutans,* appliqué à la capsule par Fries, n'a de sens qu'en tenant compte du pédicelle; il y a donc identité dans les deux expressions. Au fond les textes concordent avec le fait; et ce qui dispense de discussions plus amples, c'est que j'ai sous les yeux les exemplaires des trois auteurs, et que je suis convaincu que si ces échantillons étaient mêlés, il serait impossible aux auteurs eux-mêmes de reconnaître les leurs. La plante de Suède, celle du Palatinat, celle du Jura, celle de Lyon sont parfaitement identiques, et des trois noms proposés le plus ancien étant celui de *S. ciliata Fries*, j'ai dû le conserver. J'ai reçu de Constantinople cette même plante, ce qui prouve que son aire a une grande amplitude.

S. procumbens *L. sp.* 185; *G. G.* 1, *p.* 245. — Tiges nombreuses, couchées, *radicantes*. Feuilles linéaires, aristées, *jamais ciliées*, souvent fasciculées. Pédicelles capillaires, très longs, *courbés en crochet au sommet* après l'anthèse, puis redressés, glabres. Sépales 4, obtus, mutiques, *étalés* après l'anthèse. Pétales de moitié plus courts que le calice. ☉, ②. Maiseptembre.

C. Le long des chemins, dans le voisinage des habitations, dans les champs de la plaine et des montagnes, et jusque près des sommités sur les pelouses alpestres, du Mont-d'Or, du Noirmont, de la Dôle; très commun en Bresse.

b. *Fleurs pentamères.*

S. Linnæi *Presl, rel. hœnk.* 2, *p.* 14; *G. G.* 1, *p.* 247. — Tiges gazonnantes, décombantes. Feuilles linéaires, non fasciculées, submucronées ou mutiques. Pédicelles penchés après l'anthèse, puis redressés, *très longs*, glabres ainsi que toute la plante. Sépales 5, obtus, appliqués sur la capsule. Pétales 5, *un peu plus courts que le calice*. Etamines 10. Capsule 2 fois aussi longue que le calice, à 5 valves. Port du *S. procumbens*, dont il se distingue de suite par sa fleur pentamère, ses sépales appliqués et ses pédicelles bien plus longs. ♃, ②. Juillet-août.

A. C. Dans les pâturages de la région alpestre, surtout dans les lieux où l'eau et la neige ont séjourné, à partir de 1200 mètres jusqu'à 1700; Mont-Suc et, Mont-d'Or, les Rousses, Prémanon, le Noirmont, la Dôle, la Faucille, le Reculet, le Colombier, etc.

S. nodosa *Fenzl, in Led. fl. ross.* 1, *p.* 340; *G. G.* 1, *p.* 248. — Tiges nombreuses, étalées-redressées, glabres ou pubescentes-glanduleuses. Feuilles linéaires, submucronées ou mutiques, portant dans les aisselles *des faisceaux denses* de petites feuilles qui, à la maturité, tombent sur le sol, s'y enracinent et reproduisent ainsi la plante mère. Pédicelles toujours dressés. Sépales obtus, appliqués. Pétales 5, *larges, obovales et trois fois aussi longs que le calice.* Etamines 10. Styles 5. Graines presque sans sillon sur le dos. Fleurs grandes, blanches. ♃. Juillet-août.

C. Dans les tourbières et les prés humides de la région des sapins, au-dessous de laquelle cette espèce descend à peine.

ALSINE Wahlbg.

Sépales 5. Pétales 5, entiers. Etamines 10 ou moins. Styles *trois.* Capsule s'ouvrant jusqu'à la base en *trois* valves.

a. Plantes vivaces.

1. *Feuilles uninerviées ou énerviées.*

A. Bauhinorum *Gay, ap. G. G.* 1, *p.* 253. — Souche très rameuse, à divisions étal'es-couchées, *fruticuleuses,* produisant des tiges herbacées, dressées, de 7-12 centim., pubérulentes. Feuilles linéaires, uninerviées, ciliolées. Fleurs 1-3, terminales. Pédoncules de 1-2 cent., *très pubescents-glanduleux, ainsi que les calices renflés-indurés* sous la capsule. Sépales oblongs, obtus, discolores et bordés au sommet d'une membrane scarieuse, à 3 nervures qui n'atteignent pas le sommet. Pétales obovales *une fois plus longs* que le calice. Capsule *du tiers plus longue* que le calice. Graines réniformes, écailleuses, *entourées d'une crête dentelée.* ♃. Juillet-août.

Sur les hautes sommités, à la Dôle, au Colombier, au Reculet, descend un peu avec les éboulis de ces cimes, mais pas au-dessous de 1400 mètres.

Obs. Après avoir relu les textes de Linné fils, de Reichard, de Willdenow, j'ai peine à croire qu'il ne faille pas donner à cette plante le nom de *Alsine liniflora.* Dans tous ces textes je lis : « *Caules distorti, perennantes; petala calyce duplo longiora.* » Or est-il possible d'appliquer ces caractères à une autre espèce, du moment où il est reconnu que Linné a décrit sous le nom d'*A. striata* la seule plante avec laquelle il eut été possible de la confondre. Je me borne à émettre des doutes ; car il n'entre pas dans ma pensée d'infirmer le résultat des longues et consciencieuses recherches de l'éminent botaniste qui a cru devoir donner à cette plante le nom d'*A. Bauhinorum.*

A. stricta *Wahlbg. fl. lap.* 127; *G. G.* 1, *p.* 254. — Souche *très grêle.* Tiges *filiformes,* couchées-étalées, presque nues, terminées par 1-3 fleurs. Feuilles linéaires-triquètres, sans nervures, *glabres, ainsi que toute la plante.* Pédicelles très longs

(2-4 centim.). Sépales ovales-lancéolés, concolores, subtriner-
viés. Pétales oblongs, *égaux au calice*. Capsule ovoïde, *dépassant à peine* le calice. Graines réniformes, luisantes, presque
lisses, sans crête. ♃. Juillet-août.

R. Dans les tourbières de la Chenalotte (*Contejean*), des Ponts, de la
Brevine, de Pontarlier, de Sainte-Croix, du Val-de-Joux.

2. *Feuilles plurinerviées.*

A. verna *Bartl. beitr.* 2, *p.* 63; *G, G.* 1, *p.* 251. — Souche
obscurément fruticuleuse, très rameuse, produisant des tiges
herbacées de 5-12 centim., dressées. Feuilles linéaires, glabres
ou pubescentes, trinerviées par la dessiccation avec deux sillons
en-dessous. Pédicelles dressés, glabres ou glanduleux. Calice
ovoïde, non induré à la base. Sépales ovales-lancéolés, concolores, trinerviés. Pétales blancs, larges et arrondis à la base,
atténués en onglet très-court, du quart ou du tiers plus longs
que le calice. Graines réniformes, chagrinées. ♃. Juin-août.

A. C. Dans toute la région alpestre, le Noirmont, les Rousses, Prémanon, Saint-Laurent, la Dôle, le Colombier, le Reculet; puis disséminé
dans toute la région des sapins, au-dessous de laquelle il descend souvent,
Durnon au-dessus de Salins, pelouses entre Aubonne et le val de la
Loue (*Grenier*).

b. *Plantes annuelles.*

A. Jacquini *Koch, syn.* 125; *G. G.* 1, *p.* 150. — Tiges
solitaires ou nombreuses, dressées, glabres ou pubérulentes au
sommet. Feuilles subulées-sétacées, trinerviées. Bractées subulées, *égalant ou surpassant* les pédicelles. Fleurs *réunies en
petits faisceaux* qui forment une grappe spiciforme. Calice à la
fin *induré à la base*. Sépales lancéolés-subulés, discolores,
blancs-scarieux avec une strie dorsale verte. Pétales trois fois
plus courts que le calice. Capsule *du tiers plus courte* que le
calice. Graines tuberculeuses-subépineuses. ☉. Juillet-août.

A. C. Aux environs de St-Claude, Moirans, Oyonax, etc.; aux Rousses,
le long de la forêt du Rizoux; commun dans la partie méridionale des
départements de l'Ain et du Jura; assez répandu sur le versant helvétique, sur les rochers du vignoble et dans les graviers des lacs, de Bâle à
Genève; n'existe point à Salins où il avait été indiqué.

A. tenuifolia *Crantz, inst.* 2, *p.* 407; *G. G.* 1, *p.* 250. —
Une ou plusieurs tiges grêles, dressées ou étalées, glabres ou
pubescentes-visqueuses au sommet. Feuilles subulées, planes,

subaristées, 5-nerviées à la base. Bractées *de moitié plus courtes*
au moins que les pédicelles dressés ou un peu réfractés. Fleurs
non fasciculées, *en cyme lâche* et paniculée. Calice non induré à
la base ; sépales lancéolés-subulés, *concolores, trinerviés*. Pétales 3-4 fois plus courts que le calice. Étamines 5-10. Capsule
égalant ou dépassant le calice. Graines chagrinées avec un
sillon dorsal. ☉. Juin-septembre.

β. *A. laxa Jord. pug.* 34. — Plante plus allongée et plus
grêle, d'un vert plus pâle ; étamines 5. Principalement dans
les moissons, où sa station dans un sol plus fertile et l'ombre
des céréales peuvent expliquer la différence de forme.

γ. *A. viscida Schreb. sp.* 30. — Pédicelles et calices *pubes-*
cents-glanduleux. Cette forme des lieux secs est plus commune
dans les terrains sableux-siliceux. L'*A. hybrida Vill.* est bien
distincte de cette forme par ses calices ovoïdes qui rappellent
ceux de l'*A. verna*, et dont les sépales sont moins aigus.

C. Dans les champs et sur les collines de la région inférieure et de la
région de la vigne.

Sous-trib. II. **STELLARINEÆ** Fenzl. — Valves ou dents de la
capsule *en nombre double* de celui des styles.

HOLOSTEUM Lin.

Sépales 5. Pétales 5, entiers ou denticulés. Étamines 3-5.
Styles trois. Capsules s'ouvrant par six dents, puis *en six valves*.
Graines convexes sur une face, concaves et munies d'une crête
sur l'autre face, dépourvues de strophiole. — Embryon plié et
plongé dans l'albumen. Fleurs en cyme ombelliforme.

H. umbellatum *L. sp.* 130 ; *G. G.* 1, *p.* 265. — Une ou
plusieurs tiges de 1-2 décim., simples, raides, dressées, plus ou
moins glanduleuses, portant 2 paires de feuilles, nues vers le
haut. Feuilles infér. oblongues, pétiolées ; les supér. oblo gues,
sessiles. Fleurs en ombelle, à pédicelles inégaux, réfractés, puis
redressés. Bractées scarieuses. Sépales lancéolés, de moitié
plus courts que les pétales blancs. Capsule plus longue que le
calice, à 6 dents roulées en dehors. ☉. Mars-mai.

C. Dans la plaine, les champs et les vignes ; dans la Bresse ; il ne s'élève
pas au-dessus de la région des vignes.

MŒHRINGIA Lin.

Sépales 4-5. Pétales 4-5, entiers ou émarginés. Etamines 5-10. insérées sur un disque. Styles 2-3. Capsule s'ouvrant par 4-6 valves. Graines lisses, *munies d'une strophiole à l'ombilic.*

M. muscosa *L. sp.* 515; *G. G.* 1, *p.* 255. — Tiges nombreuses, couchées-gazonnantes, filiformes, à la fin radicantes, de 5-30 centim. Feuilles *filiformes,* aiguës, charnues, uninerviées. Fleurs tétramères, 2-7 au sommet des rameaux. Pédicelles très longs (2 centim.). Sépales 4, uninerviés. Pétales 4, plus longs que le calice. Styles 2, allongés. Capsule à 4 valves. Strophiole chiffonnée-papyracée, très ample. ♃. Mai-août.

C. Sur les rochers et lieux frais dans tout le Jura, depuis le vignoble jusqu'aux sommités.

M. trinervia *Clair. man.* 150; *G. G.* 1, *p.* 257. — Tiges de 1-3 déc., étalées sur la terre, couvertes ainsi que les pédicelles de poils réfléchis. Feuilles *ovales-lancéolées, ciliées,* trinerviées. Fleurs disposées en cyme feuillée et divariquée. Pédicelles étalés et arqués après l'anthèse. Sépales lancéolés-acuminés, largement scarieux, trinerviés. Pétales bien plus courts que le calice. Etamines 10. Capsule à 6 valves. Strophiole scarieuse. ☉. Mai-juin.

C. Dans tous les bois de la chaîne jurassique depuis la plaine jusque sur les sommités.

ARENARIA Lin.

Sépales 5. Pétales 5, entiers ou émarginés. Etamines 10 ou moins. Styles 2-3. Capsule ovoïde, *s'ouvrant par 4-6 dents, puis divisée en 2-3 valves bidentées.* Graines chagrinées, dépourvues de strophiole. — Embryon *entourant* l'albumen.

a. Feuilles ovales ou lancéolées.

A. serpyllifolia *L. sp.* 606; *G. G.* 1, *p.* 259. — Tiges de 5-30 centim., nombreuses, très rameuses, étalées-diffuses, à entrenœuds plus longs ou plus courts que les feuilles. Celles-ci ovales, aiguës, à 1-3 nervures, brièvement *hérissées-grisâtres,* ainsi que toute la plante. Fleurs en cyme, rapprochées en panicule étroite et flexueuse. Pédoncules ordinair. plus longs que la capsule. Sépales *ovales acuminés*, à 3-5 nervures. Pétales *plus courts que le calice*. Capsule ovoïde, *renflée à la base*, assez brusquement retrécie au sommet. ☉. Juin-août.

C. Dans les champs cultivés, sur les murs, rochers, pelouses dans tout le Jura depuis la plaine jusque sur les sommets.

A. leptoclados *Guss. syn. 2, p.* 824. — Sépales *lancéolés-acuminés*, à 1-3 *nervures*. Pétales *inclus*. Capsule *oblongue-conique, plus allongée et non renflée à la base*. Le reste comme dans l'espèce précédente, dont elle diffère en outre parce qu'elle est plus grêle dans toutes ses parties, ce qui permet de ne jamais les confondre. ☉. Juin-août.

C. Dans les mêmes stations que le *A. serpyllifolia*, et pêle-mêle avec lui; le *A. leptoclados* m'a cependant paru préférer les sols argilo-siliceux.

A. ciliata *L. sp.* 608; *G. G.* 1, *p.* 259. — Souche et base des tiges *pérennantes*. Tiges nombreuses, étalées, pubérulentes au sommet et ordinair. triflores. Feuilles ovales ou lancéolées, aiguës, *glabrescentes* et au moins ciliées à la base, obscurément plurinerviées. Sépales ovales-lancéolés, à 3-5 nervures. Pétales blancs, *presque une fois plus longs* que le calice. Capsule ovoïde, égale au calice. ♃. Juillet-août.

R. Colombier de Gex, le Reculet, bords du lac de Joux.

Obs. La plante des bords du lac de Joux me semble très voisine de l'*A. gothica Fries*. si ce n'est elle. Mais il est difficile, dans des espèces aussi voisines, de trancher semblable question sur quelques exemplaires desséchés.

b. *Feuilles sublancéolées ou linéaires.*

A. grandiflora *All. ped. 2, p.* 114; *G. G.* 1, *p.* 261. — Souche fruticuleuse. Tiges nombreuses, de 5-12 cent., étalées en tous sens, ordin. triflores au sommet. Feuilles étroitement lancéolées-linéaires, aristées, épaisses à la marge, munies en-dessous d'une seule et forte nervure. Sépales ovales-lancéolés, aristés, uninerviés. Pétales blancs, au moins une fois plus longs que le calice. Capsule ovoïde, dépassant peu les sépales. ♃. Juin-a.

R. Rochers du haut Jura, le Chasseron, Chasseral, Mont-Suchet, où il est très abondant.

STELLARIA Lin.

Sépales 5. Pétales 5, *bifides ou bipartits*. Etamines ord. 10. Styles trois. Capsule ovoïde, s'ouvrant par six valves. Graines chagrinées, sans strophiole. — Etamines insérées sur un disque hypogyne, ou plus ou moins saillant et périgyne.

a. *Etamines insérées sur un disque hypogyne étroit.*
Bractées herbacées.

St. Holostea *L. sp.* 603; *G. G.* 1, *p.* 264. — Tiges couchées à la base, puis dressées, quadrangulaires, raides, glabres et pubérulentes au sommet, fragiles. Feuilles connées, à base large, lancéolées-acuminées ou linéaires, coriaces, scabres aux bords et sur la nervure dorsale. Cyme multiflore, divariquée. Sépales lancéolés, minces et sans nervure. *Pétales 1-2 fois plus longs que le calice, divisés jusqu'au milieu en deux lobes larges et rapprochés.* Capsule *globuleuse-vésiculeuse,* dépassant peu le calice, à six valves. Graines comprimées, papilleuses, dentées sur le dos. ♃. Mai–juin.

C. C. Dans toute la plaine et la région des vignes; nul dans la région montagneuse; ne franchit point le Jura et ne reparaît pas sur le versant suisse.

St. nemorum *L. sp.* 603; *G. G.* 1, *p.* 263. — Tiges longuement rampantes à la base, puis redressées, droites, *cylindriques, pubescentes,* fragiles. Feuilles infér. *ovales en cœur, à pétiole presque égal au limbe;* les supér. ovales-allongées, sessiles; toutes mollement velues. Cyme lâche, divariquée. Sépales lancéolés, à peine nerviés. *Pétales 1-2 fois plus longs que le calice, fendus presque jusqu'à la base en deux lobes divariqués.* Capsule allongée, *presque une fois plus longue que le calice.* ♃. Juin-août.

A. C. Dans les bois ombragés de toute la région des sapins; rare au-dessous; nul dans la plaine.

St. media *Vill. Dauph.* 3, *p.* 615; *G. G.* 1, *p.* 263. — Tiges nombreuses, étalées-diffuses, redressées, cylindriques, glabres, et *parcourues par une ligne de poils étalés* dans toute leur longueur. Feuilles ovales-subcordiformes, glabres, à pétiole *cilié.* Cyme multiflore et lâche. Sépales lancéolés, obtus, à poils étalés. Pétales bipartits, *ne dépassant pas le calice,* et souvent plus courts ou nuls. Etamines 5-10. Capsule ovoïde un peu exserte. ☉. Toute l'année.

Partout, dans les champs, le long des chemins, autour des habitations.

St. Borœana *Jord. pug.* 33. — Plante multicaule, d'un vert pâle. Feuilles de moitié plus petites que dans le *St. media;* fleurs plus petites, *toujours apétales;* pédicelles *hérissés en tout sens de longs poils étalés;* anthères bru es; styles presque nuls; graines de moitié plus petites et comprimées. ⊙. Mars-avril.

Cette plante, qui paraît silicicole, est assez répandue autour de Genève. M. Michalet pensait qu'elle existait auto. r de Dole, à la Serre ; mais la légitimité de cette espèce, aussi bien que son indigénat sur notre versant français, demande de nouvelles constatations.

b. *Etamines insérées sur un disque accru et devenu périgyne. Bractées scarieuses.*

St. glauca *Wither. arr.* 1, *p.* 420 ; *G. G.* 1, *p.* 264. — Tiges radicantes à la base, puis dressées, raides, quadrangulaires, *glauques et glabres,* ainsi que toute la plante. Feuilles lancéolées-linéaires, très glabres. Cyme pauciflore, munie à sa base d'un rameau *feuillé.* Pédicelles étalés – dressés. Bractées à *marge glabre.* Sépales obscurément trinerviés, glabres. Pétales *presque une fois plus longs que le calice,* bipartits, à lobes oblongs, peu divergents. Capsule oblongue, dépassant le calice. ⊙. Juin-juillet.

R. R. Environs de Dole, dans la plaine, Pleurre et Neublans, canton de Chaussin (*Michalet*); Montferney près Rougemont (*Paillot*); tourbières de Pontarlier, région des sapins, à près de 900 m. d'altitude (*Grenier*).

St. graminea *L. sp.* 604 ; *G. G.* 1, *p.* 264. — Tiges radicantes à la base, *flexueuses – diffuses,* quadrangulaires, très glabres, souvent *ciliées* à la base. Cyme *étalée-divariquée.* Pédicelles réfléchis après l'anthèse. Bractées *ciliées* au bord. S'pales ext. souvent ciliés, trinerviés. Pétales bipartits, à deux lobes sublinéaires, rapprochés, dépassant peu et rarem. d'un quart le calice. Capsule oblongue, d'un tiers plus longue que le calice. ♃. Juin-juillet.

C. Dans les bois, les haies, les prés humides de la région inférieure des montagnes, des vignes et de la plaine.

St. uliginosa *Murr. prod. gott.* 55 ; *G. G.* 1, *p.* 265. — Tiges de 1-4 déc., très nombreuses, quadrangulaires, diffuses, glabres. Feuilles lancéolées, ciliées à la base, glaucescentes. Fleurs en cyme latérale pauciflore. Bractées *non ciliées.* Pédicelles *fortement renflés sous le calice.* Sépales trinerviés. Pé-

tales bipartits, à lobes divergents, *plus courts que le calice.*
Capsule ovoïde, égale au calice, à dents droites. ⊙. Juin-juillet.

Bois, prés humides, tourbières, bords des ruisseaux et des eaux, dans la plaine et jusque sous les sommités ; très commun en Bresse et à la forêt de la Serre.

CERASTIUM Lin.

Sépales 5, rarem. 4. Pétales 5, rarem. 4, bifides, rar. entiers.
Styles *cinq et rar.* 4, *opposés aux sépales. Capsule cylindrique
ou cylindrico-conique, s'ouvrant par* 10 *et plus rarement
par* 8 *dents.*

Sect. i. Fleurs *tétramères* et plus rarem. pentamères. Pétales
entiers ou émarginés. Capsule à dents droites, roulées latéralement sur les bords. — Plantes glabres et glauques.

C. quaternellum *Fenzl, in Bluff et Fing. fl. germ.
éd.* 2, *vol.* 1, *p.* 748; *C. glaucum* γ *quaternellum* G. G. 1,
p. 267. — Une ou plusieurs tiges de 5-12 centim., dressées,
bi-triflores, portant 2-3 paires de feuilles. Celles-ci linéaires-
lancéolées, glabres, ainsi que toute la plante. Pédoncules dressés, droits, très allongés (2-4 centim.). Bractées scarieuses aux
bords, ainsi que les sépales. Pétales blancs, lancéolés, entiers,
de moitié plus courts que le calice. Etamines 4. Styles 4. Capsule
à 8 dents, ord. un peu plus longue que le calice. ⊙. Mai.

R. Pelouses sèches de la plaine; çà et là dans l'arrondissement de Dôle, Foucherans, Chaussin, Rahon, Gatey, etc.; Cramans ; nul dans la région des montagnes ; environs de Montbéliard (*Contejean*).

Sect. ii. Fleurs *pentamères,* exceptionnellement tétramères.
Pétales *incisés et bilobés.* Capsule à 10 et très rarement à
8 dents droites et roulées latéralement par les bords.

a. *Plantes annuelles.*

1. *Pétales ou étamines ciliés.*

C. viscosum *L. sp.* 627; G. G. 1, *p* 267. — Une ou plusieurs tiges étalées-dressées. Feuilles ovales, brièvement velues,
ainsi que toute la plante. Fleurs en cyme étalée, ou compacte
(*C. glomeratum* Thuill.). Pédicelles *plus courts* que le calice,
étalés après l'anthèse, et un peu courbés au sommet. Bractées

toutes herbacées. Sépales non scarieux, *barbus* au sommet. Pétales bifides, égalant le calice, *velus au-dessus de l'onglet.* Etamines 5-10, à filets *glabres.* Styles 5. Capsule à 10 dents. Pédicelles et calices ord. poilus-glanduleux. ☉. Avril-août.

C Dans la région de la plaine et dans celle des vignes ; plus rare dans la région mo tagneuse, où je l'ai retrouvé au-delà de Pontarlier à plus de 900 mètres d'altitude.

C. brachypetalum *Desp. in Pers. syn.* 1, *p.* 520 ; *G. G.* 1, *p.* 267. — Une ou plusieurs tiges, étalées-dressées. Feuilles ovales, *d'un vert blanchâtre et hérissées de longs poils mous,* ainsi que toute la plante. Fleurs en cyme lâche. *Pédicelles* 2-3 *fois plus longs* que le calice, courbés au sommet, étalés-dressés. Bractées *toutes herbacées.* Sépales non scarieux, longuement *barbus* au sommet. Pétales bifides, de moitié plus courts que le calice, et très rar. plus longs, à *onglet glabre.* Etamines 10, à *filets munis de quelques longs poils.* Style 5. Capsule à 10 dents. ☉. Mai-juin.

α. Pédicelles et sommet des tiges poilus-glanduleux : *C. luridum Guss.!*

β. Pédicelles et sommet des tiges poilus non glanduleux : *C. brachypetalum Guss.!*

A. C. Dans les mêmes stations que le précédent, et tout aussi abondant.

2. *Pétales et étamines glabres.*

C. semidecandrum *L. sp.* 627 ; *G. G.* 1, *p.* 268. — Une ou plusieurs tiges grêles, étalées-dressées, velues-visqueuses surtout au sommet. Feuilles ovales. *Toutes les bractées scarieuses* dans leur tiers extérieur et *denticulées.* Pédicelles 2-4 fois plus longs que le calice, *réfractés* après l'anthèse, redressés à la fin. Sépales *largement scarieux,* érodés au sommet. Pétales *plus courts* que le calice, *bidentés.* Etamines 5 et rarem. 10, glabres. ☉. Avril-mai.

C. C. Avec les précédents, surtout dans la plaine, le vignoble et la Bresse.

C. glutinosum *Fries, nov.* 132 ; *G. G.* 1, *p.* 268. — Une ou plusieurs tiges étalées-dressées, velues-visqueuses surtout au sommet. Feuilles ovales. Bractées *herbacées avec une marge scarieuse étroite.* Pédicelles 1-2 fois plus longs que le calice, *courbés en arc* vers le sommet, horizontaux après l'anthèse, puis redressés. Sépales étroitement scarieux. Pétales égalant ou dépassant un peu le calice. Etamines 10, glabres. ☉. Avril-mai.

Même dispersion que les précédents.

Obs. Je ne puis donner à la plante ici décrite le nom de *C. alsinoides* Lois., attendu que l'auteur ne donne à cette dernière espèce pour habitation que Bordeaux et Bayonne, tandis que celle-ci n'est pas moins commune autour de Paris qu'à Bordeaux. D'ailleurs il est évident par le texte que Loiseleur a décrit le *C. glutinosum* sous le nom de *C. semidecandrum*, puisqu'il dit : *Bracteis foliaceis*. Et si le texte était insuffisant pour prouver cette assertion, l'herbier de Loiseleur lèverait tous les doutes ; car sous le nom de *C. semidecandrum*, il n'offre que des *C. glutinosum* et *litigiosum*.

b. *Plantes pérennantes ou vivaces.*

C. vulgatum *L. sp.* 627; *G. G.* 1, *p.* 270. — Racine pérennante, produisant des tiges couchées et radicantes à la base, puis redressées. Feuilles d'un vert sombre, ord. velues, ainsi que toute la plante ; les radicales spatulées; les caulinaires ovales - oblongues. Panicule dichotome - multiflore. Pédicelles 2-3 fois plus longs que le calice, étalés, un peu courbés. Bractées sup. scarieuses et *glabres*. Sépales scarieux et glabres aux bords, obtus. Pétales bifides, *égalant ou dépassant peu le calice*. Etamines 10, glabres. Styles 5. Capsule à 10 dents. ♃. Avril-août.

α. *pilosum*. Plante velue, non glanduleuse.

β. *glandulosum*. Plante velue-glanduleuse dans la panicule.

γ. *glabrescens*. Plante presque glabre, à tige ne portant plus qu'une ligne longitudinale de poils.

C. C. Dans la plaine et les montagnes, et jusque sous les sommités; la var. β se rencontre principalement dans les lieux ombragés de la région des sapins.

C. arvense *L. sp.* 628; *G. G.* 1, *p.* 271. — Souche vivace, produisant des rejets radicants et de nombreuses tiges florifères de 1-3 déc., nues supér. Feuilles ovales-lancéolées ou linéaires, glabres, pubescentes ou velues-glanduleuses, ainsi que le haut de la plante. Cyme étalée, pauciflore. Pédicelles 2-3 fois plus longs que le calice, dressés et courbés. Bractées *toutes scarieuses et ciliées* au sommet. Sépales scarieux et glabres aux bords, obtus. Pétales bifides, 2-3 *fois plus longs que le calice*. Etamines 10, glabres. Styles 5. Capsule à 10 dents. ♃. Avr.-juin.

C. C. Dans tous les sols, depuis la plaine jusque sur les sommités.

MALACHIUM Fries.

Sépales 5. Pétales 5, bipartits. Styles *cinq, alternes avec les
sépales.* Capsule ovoïde, s'ouvrant par 5 valves bidentées.

M. aquaticum *Fries, fl. Hall.* 77; *G. G.* 1, *p.* 273. —
Tiges de 4-8 déc., couchées ou grimpantes, rameuses, fragiles,
pubescentes-glanduleuses vers le haut. Feuilles ovales, aiguës,
glabres; les inf. pétiolées, les sup. sessiles. Fleurs nombreuses,
en cyme feuillée. Pédicelles réfractés après l'anthèse. Sépales
herbacés, obtus, ordin. glanduleux. Pétales profondément bipartits, plus longs que le calice. Capsule dépassant un peu le
calice. ♃. Juin–septembre.

C. Aux bords des eaux, mares, ruisseaux, rivières, lieux humides, depuis
la plaine jusque dans la région des sapins.

XV. ÉLATINÉES.

(ELATINEÆ Camb.)

Fleurs hermaphrodites, régulières, à préfloraison imbriquée.
Calice persistant, à 3-4 sépales soudés à la base. Pétales 3-4,
libres, caducs. Etamines en nombre égal à celui des pétales, ou
en nombre double, hypogynes, libres. Anthères biloculaires,
introrses, s'ouvrant en long. Ovaire libre, à 3-4 carpelles, à
3-4 loges multiovulées. Ovules insérés à l'angle interne des
loges, réfléchis. Styles 3-4, courts; stigmates capités. Fruit
libre, capsulaire, polysperme, à 3-4 loges, à déhiscence septi-
frage produisant 3-4 valves. Graines insérées à l'angle interne
des loges, cylindriques, plus ou moins arquées, dépourvues
d'albumen. Embryon allongé. Radicule dirigée vers le hile. —
Plantes aquatiques, herbacées, à feuilles opposées ou verticillées.

ELATINE Lin.

Calice à 3-4 divisions. Pétales 3-4. Etamines 3-4 ou 6-8.
Capsule à 3-4 loges polyspermes. Graines plus ou moins
arquées, cylindriques, striées-réticulées en travers.

E. Alsinastrum *L. sp.* 527; *G. G.* 1, *p.* 278. Tiges dressées ou ascendantes, simples ou rameuses, fistuleuses, à entre-nœuds rapprochés. Feuilles *verticillées,* sessiles, 8-10 par verticille ; les sup. verticillées par 3-5, émargées et plus larges. Fleurs *verticillées,* subsessiles. Sépales 4. Pétales 4, plus longs que le calice. Étamines 8. Capsule à 4 loges et à 4 valves. ♃. Juin-septembre.

R. R. Etang de St-Seine à deux lieues de Dole (*Michalet*).

E. hexandra *DC. fl. fr.* 4, *p.* 772 ; *G. G.* 1, *p.* 278. — Tiges nombreuses, rar. solitaires, de 3-8 centim., grêles, ord. très rameuses, *couchées-radicantes,* parfois nageantes. Feuilles *opposées*, oblongues-spatulées, obtuses, courtement pétiolées. Fleurs portées par un *pédicelle aussi long ou plus long* que la capsule. Sépales 3. Pétales 3. Étamines *six*. ☉. Juin-septembre.

A. C. Autour des étangs de la Bresse, Chaussin, Chaumergy, Sellières, Poligny, Mont-sous-Vaudrey ; nul dans le restant du Jura français, sinon dans les étangs des environs de Belfort au pied des Vosges ; reparaît sur les rivages du Léman.

E. triandra *Schk. hand.* 1, *p.* 345, *t.* 109, *b.; G. G.* 1, *p.* 279. — Tiges nombreuses, de 3-8 cent., ord. très rameuses, couchées-radicantes, parfois nageantes. Feuilles opposées, oblongues-spatulées, obtuses, courtement pétiolées. Fleurs *sessiles*. Sépales 3. Pétales 3, roses. Étamines *trois*. ☉. Juin-sept.

Répandu autour de tous les étangs du canton de Chaussin, mais pas tous les ans ; St-Baraing, étangs de Servotte, de Balaisseaux, de Fort-Clos, de Tassenières, de Bolet, de Gatey, de la Chênée, de Pleurre, de Chêne-Bernard, de l'Abergement-Saint-Jean, de Neublans, etc. (*Michalet*). Ord. très abondant lorsqu'il apparaît.

Cette espèce est une des plus remarquables du bassin de la Bresse, car elle n'est pas cantonnée sur un ou deux points, mais elle est répandue aussi abondamment que le permet sa station exceptionnelle sur une zone de plusieurs lieues de longueur. Elle était jusqu'à ce jour à peine française, car elle croît surtout sur la rive droite du Rhin, près Strasbourg. Il est probable qu'on l'observera sur d'autres points de la Bresse ; mais il est à craindre que le dessèchement des étangs ne la fassent disparaître (*Mich.*).

Obs. Si je décris ici cette plante avec un calice *à trois sépales* et non *à deux*, ainsi que je l'ai admis dans la *Flore de France*, c'est que j'ai eu la possibilité de constater, avec M. Michalet, et sans contestation possible que cette plante, dans les exemplaires de la Bresse du moins, a toujours le calice ainsi fait. Un calice à deux sépales serait une anomalie dans les *Élatinées*, et je pense que l'opinion de Sehkuhr, Koch, Drève, Hayne, etc., ne saurait plus être admise comme indiquant l'état normal de la plante, mais tout au plus un état très exceptionnel, si ce n'est point une erreur.

9

XVI. LINÉES.

(Lineæ DC.)

Fleurs hermaphrodites, régulières. Calice à 5, rar. à 4 sépales, libres et plus rar. soudés, persistants, à préfloraison imbriquée. Corolle à 5, rar. à 4 pétales hypogynes, très caducs, à préfloraison tordue. Etamines hypogynes, 4-5, ord. un peu soudées à la base; anthères introrses, biloculaires, s'ouvrant en long. Ovaire libre, à 5 et plus rar. à 3-4 carpelles, à 5 et plus rar. à 3-4 loges biovulées, subdivisées en 2 loges uniovulées par une fausse cloison dorsale. Ovules insérés à l'angle interne des loges, suspendus, réfléchis. Styles 3-5. Fruit libre, capsulaire, à 5 et plus rar. à 3-4 loges dispermes, subdivisées en deux logettes monospermes par une fausse cloison dorsale plus ou moins complète; valves 4-5, bifides, septifrages. Graines comprimées, suspendues, dépourvues d'albumen. Embryon droit, huileux. Radicule dirigée vers le hile.

1. Radiola. — Fleurs tétramères.
2. Linum. — Fleurs pentamères.

RADIOLA Dill.

Calice *à 4 sépales* soudés à la base, *bi-trifides*. Pétales 4. Etamines 4. Styles 4. Capsule globuleuse, à 4 loges divisées par une cloison incomplète en 2 logettes monospermes. — Fleurs bl.

R. linoides *Gmel. syst.* 1, *p* 289; *G. G.* 1, *p*. 284. — Tige de 3-5 déc., filiforme, rameuse-dichotome. Feuilles opposées, ovales-aiguës, sessiles, uninervées. Fleurs solitaires dans les angles des rameaux, ou rapprochées en glomérules terminaux. Pétales égalant le calice, obovés. — Plante glabre, à fleurs petites (5-7 millim.). ☉. Juin-août.

⊿. C. Dans les champs sablonneux et siliceux de la Bresse; forêt de la Serre; nul dans toutes les régions calcaires.

LINUM Lin.

Calice à *cinq* sépales libres et *entiers*. Pétales 5. Etamines 5. Styles 5, rar. 3. Capsule globuleuse, à 5, rar. à 3 loges dispermes et subdivisées en 2 logettes monospermes.

Sect. I. *Feuilles opposées.*

L. catharticum *L. sp.* 401; *G. G.* 1, *p.* 284. — Plante annuelle. Tiges de 1-3 décim., dressées, rameuses-dichotomes supér. Feuilles opposées, oblongues. Fleurs petites, blanches, en cyme, à pédicelles très longs. Sépales ciliés-glanduleux, elliptiques. Pétales une fois plus longs que le calice. Capsule égalant les sépales. ⊙. Juin-août.

C. C. Sur tous les sols et à toutes les hauteurs.

Sect. II. *Feuilles éparses.*

a. *Fleurs jaunes.*

L. gallicum *L. sp.* 401; *G. G.* 1, *p.* 280. — Plante annuelle. Tiges de 1-3 déc., dressées, rameuses-dichotomes sup. Feuilles linéaires-lancéolées. Fleurs petites, jaunes, en cyme irrégulière, à pédicelles souvent plus courts que le calice. Sépales ciliés-glanduleux, ovales-acuminés. Pétales une fois plus longs que le calice. ⊙. Juillet-septembre.

A. R. Dans les champs sablonneux de la Bresse, Chaumergy, Bois-de-Gand, les Abergements, Grozon, etc.; nul dans le Jura suisse.

b. *Fleurs bleues, roses ou blanches.*

1. *Stigmates filiformes.*

L. usitatissimum *L. sp.* 398; *G. G.* 1, *p.* 283. — Plante annuelle. Tiges de 3-7 déc., solitaires, dressées, plus ou moins rameuses. Feuilles nombreuses, lancéolées-linéaires. Fleurs bleues, en corymbe formé de longues grappes subscorpioïdes. Pédicelles penchés avant l'anthèse, puis dressés. Sépales ovales-acuminés, les extér. ou tous non ciliés-glanduleux, égalant presque la capsule subglobuleuse. Graines non marginées. ⊙. Juillet-août.

A. C. Dans les moissons et cultures de la plaine et des montagnes; n'est cultivé en grand que dans la région des sapins.

2. *Stigmates capités.*

L. tenuifolium *L. sp.* 398; *G. G.* 1, *p.* 282. — Souche ligneuse, courte. Tiges de 1-4 déc., dressées ou ascendantes.

Feuilles très nombreuses, linéaires-aiguës. Fleurs d'un *rose lilas*. Sépales elliptiques, *longuement subulés*, *ciliés-glanduleux* aux bords, *égalant* la capsule subglobuleuse acuminée. Pétales 2-3 fois plus longs que le calice. Graines non marginées. ♃. Juin-août.

C. Sur les calcaires secs de la plaine, du vignoble et des basses montagnes.

L. alpinum *L. sp.* 1672; *G. G.* 1, *p.* 283 (*pr. part.*); *L. montanum Schl. cat.* 1815. — Souche ligneuse, courte. Tiges de 1-4 déc., dressées ou ascendantes. Feuilles très nombreuses, linéaires-aiguës. Fleurs *bleues*, en grappe plus ou moins allongée, à pédicelles longs, droits et dressés. Sépales *largement ovales*, les ext. mucronés, les int. arrondis-obtus, *non glanduleux* aux bords, *une fois plus courts* que la capsule subglobuleuse acuminée. Pétales trois fois plus longs que le calice. Graines étroitement marginées. ♃. Juin-août.

A. C. Sur le Moutendre, la Dôle, le Colombier, le Reculet.

Obs. Pendant quelque temps j'ai pu croire que notre plante jurassique différait de celle qui, dans nos Alpes, porte le nom de *L. alpinum*. Elle me paraissait surtout distincte de celle que M. Verlot m'avait envoyée vivante des rochers de Saint-Nizier près Grenoble. Mais la culture et trois semis successifs ont fait disparaître toute différence, et les deux plantes sont ainsi rentrées l'une dans l'autre. Notre espèce ne peut donc pas être séparée du *L. alpinum* que j'ai récolté dans toutes les Alpes du Dauphiné, et que j'ai reçu abondamment de Savoie. Toutefois, de l'espèce décrite dans notre *Flore de France*, il faut retrancher les var. β et γ qui constituent de bonnes espèces que la culture n'a point modifiées, et qui sont restées distinctes de notre plante jurassique.

XVII. OXALIDÉES.

(Oxalideæ DC.)

Fleurs hermaphrodites, régulières. Calice persistant, à 5 sépales plus ou moins soudés à la base, à préfloraison imbriquée. Corolle à 5 pétales, caducs, libres ou un peu soudés à la base, à préfloraison tordue. Etamines 10, hypogynes, soudées à la base; anthères biloculaires, s'ouvrant en long. Ovaire libre, à 5 carpelles opposés aux pétales, à 5 loges bi-pluriovulées, rar.

uniovulées. Ovules insérés à l'angle interne des loges, pendants, réfléchis. Styles 5, libres, ou soudés à la base ; stigmates entiers ou fendus. Fruit capsulaire, libre, à 5 angles, à 5 loges poly-spermes et plus rar. monospermes, à déhiscence loculicide, à valves restant adhérentes à l'axe. Graines insérées à l'angle interne des loges, enveloppées par une arille charnue qui se fend à la maturité et se rétracte avec élasticité pour les projeter. Albumen épais et charnu. Embryon droit ou arqué, placé dans l'intérieur de l'albumen. Radicule dirigée vers le hile.

OXALIS Lin.

Sépales 5, un peu soudés à la base. Pétales 5. Etamines 10, soudées à la base. Styles 5. Capsule membraneuse-herbacée, oblongue ou ovoïde, à 5 angles. Graines comprimées, entourées d'une arille élastique.

O. acetosella *L. sp.* 620 ; *G. G.* 1, *p.* 325. — Souche vi-vace, à rhizôme écailleux, rameux, traçant. Plante *acaule.* Feuilles *toutes radicales,* de 6-12 cent., mollement pubescentes, trifoliées, à folioles en cœur renversé, très longuement pétiolées, munies de stipules. Pédoncules *radicaux,* uniflores, portant au milieu une bractée bifide. Sépales oblongs, obtus, ciliés. Pétales *blancs,* 3-4 fois plus longs que le calice. Stigmates capités. Cap-sule *ovoïde.* Graines *luisantes,* striées en long. ♃. Mars-avril.

Outre les fleurs vernales que je viens de décrire, cette plante possède une deuxième sorte de fleurs estivales ; celles-ci sont très petites, à pétales presque nuls ou entièrement nuls, et à pé-doncules très courts, elles sont également fertiles (voir *Michalet, bull. bot.* 1860, *p.* 465).

C. Dans les bois un peu humides de la plaine et des montagnes, jusque sous les sommités.

O. stricta *L. sp.* 624 ; *G. G.* 1, *p.* 326 ; *O. Europæa Jord. ap. Schultz, arch.* — Souche grêle, *produisant de nombreux stolons charnus et des tiges* herbacées de 1-2 déc., dressées ou ascendantes. Feuilles à trois folioles en cœur renversé, longue-ment pétiolées, *sans stipules.* Pédoncules axillaires, *pluriflores ;* fleurs en ombelle. Sépales pubescents au sommet. Pétales *jaunes. une fois* plus longs que le calice. Stigmates capités. Capsule oblongue-cylindracée, pentagonale ; styles persistants. Graines ternes, striées en travers. ♃. Juin-septembre.

Rare et disséminé ; dans les champs argileux et dans le voisinage des habitations de la plaine ; assez commun sur les bords et dans l'intérieur de la forêt de Chaux ; vallée de l'Ognon, Montigny et Pesmes (*Garnier*); Rougemont (*Paillot*), etc.; Besançon; reparaît dans les mêmes conditions sur le versant suisse, Lausanne, Ouchy, Rolle, Nyon, Genève (*Rapin*, *Reuter*).

XVIII. BALSAMINÉES.

(BALSAMINEÆ A. Rich.)

Fleurs hermaphrodites, irrégulières. Calice caduc, à 5 sépales très inégaux ; les deux extérieurs ou latéraux semblables, petits, à préfloraison valvaire ; les deux antérieurs ou internes semblables aux deux précédents, plus petits ou nuls ; le supérieur très grand, bossu ou éperonné à la base. Pétales 5, hypogynes, caducs, plus ou moins inégaux, alternes avec les sépales, à préfloraison chiffonnée ; l'inférieur grand, concave, orbiculaire ; les quatre autres petits, soudés par paire et formant de chaque côté une lame bifide, ce qui donne à la corolle l'aspect tripétalé. Etamines 5, hypogynes, à filets dilatés et cohérents au sommet, coiffant l'ovaire, et se détachant simultanément par la base ; anthères biloculaires, s'ouvrant en long, cohérentes par les côtés. Ovaire libre, à 5 carpelles, à 5 loges ord. pluriovulées. Ovules insérés à l'angle interne des loges, suspendus, réfléchis. Stigmate sessile, entier ou 5-lobé. Fruit libre, capsulaire, à 5 loges ord. polyspermes, à cloisons très minces, ou uniloculaire par la destruction des cloisons, à déhiscence loculicide, à 5 valves se détachant des cloisons avec élasticité et se roulant sur elles-mêmes en projetant les graines, et en se subdivisant quelquefois en 2 valves secondaires ; plus rar. le fruit est une baie. Graines suspendues. Albumen nul. Embryon droit. Radicule dirigée vers le hile.

IMPATIENS Lin.

Calice à sépale sup. éperonné à la base. Stigmate à 5 lobes.

Capsule fusiforme, s'ouvrant avec élasticité, à déhiscence loculicide, à valves se roulant en dedans du sommet à la base.

I. noli-tangere *L. sp.* 1329; *G. G.* 1, *p.* 325. — Tige de
2-5 déc., dressée, rameuse, renflée aux nœuds. Feuilles alternes,
molles, pétiolées, ovales, crénelées, glabres, ainsi que toute la
plante. Pédoncules grèles, axillaires, étalés sous la feuille, portant 3-4 fleurs dont les latérales apétales sont fertiles ; les autres
pétalées, jaunes, à éperon courbé au sommet. Capsule fusiforme-
pentagonale. Graines striées. ☉. Juillet-août.

Rare et disséminé dans les bois humides et lieux ombragés de la
région des sapins et descendant parfois beaucoup plus bas ; abbaye de
la Grâce-de-Dieu ; forêt de la Serre ; très commun dans les bois humides
du canton de Rougemont (*Paillot*).

XIX. MALVACÉES.

(MALVACEÆ Juss.)

Fleurs hermaphrodites, régulières. Calice persistant, à 5 et
rar. à 3-4 sépales soudés infér., à préfloraison valvaire, souvent
muni à la base d'un calicule à plusieurs folioles. Corolle caduque,
hypogyne, à 5 pétales, soudés entre eux par les onglets, et avec
la base du tube staminal, à préfloraison imbriquée-tordue. Etamines nombreuses, hypogynes, à filets soudés en un tube qui
recouvre l'ovaire, et libres à leur sommet ; anthères uniloculaires, s'ouvrant en travers. Ovaire libre, constitué par des carpelles nombreux, uniovulés, verticillés autour de l'axe (dans
nos espèces), ou constitué par des carpelles peu nombreux,
soudés en un ovaire pluriloculaire, à loges multiovulées. Ovules
insérés à l'angle interne des carpelles, ordin. ascendants, pliés.
Styles soudés en colonne avec le prolongement de l'axe, libres
supérieurement ; stigmates indivis. Fruit libre, tantôt composé
de carpelles secs, nombreux, monospermes, verticillés autour
du prolongement de l'axe, dont ils se séparent à la maturité ;
tantôt composé de carpelles peu nombreux, soudés en une
capsule à plusieurs loges polyspermes et à déhiscence loculicide.
Graines ord. ascendantes. Embryon arqué ; cotylédons foliacés,

pliss's longitudinalement; albumen mince, mucilagineux, quelquefois presque nul. Radicule rapprochée du hile.

1. MALVA. — Calicule formé de 3 folioles libres.
2. ALTHÆA. — Calicule monophylle à 6-9 divisions.

MALVA Lin.

Calice à 5 sépales, muni d'un *calicule formé de trois folioles libres*. Stigmates obtus. Fruit déprimé, orbiculaire, disciforme, composé de carpelles nombreux, monospermes, verticillés autour du prolongement de l'axe.

a. Pédoncules solitaires à l'aisselle des feuilles.

M. Alcea *L. sp.* 971; *G. G.* 1, *p.* 288. — Souche vivace. Tiges de 5-8 décim., dressées, rameuses, *couvertes de poils étoilés* ainsi que toute la plante. Feuilles pétiolées; les radicales suborbiculaires, tronquées ou en cœur à la base, lobées, à lobes crénelés; les caulinaires profondément palmatiséquées, à 3-5 lobes cunéiformes, trifides et incisés-dentés. Fleurs solitaires à l'aisselle des feuilles et fasciculées à l'extrémité des rameaux. Calicule à folioles *ovales-aiguës*. Calice couvert de poils *étoilés*. Pétales roses, 4 fois plus longs que le calice, à onglet *étroit*. Carpelles *glabres* ou un peu velus au sommet, *réticulés*. ♃. Juin-août.

A. C. Disséminé dans la plaine et la région des vignes, au-dessus de laquelle il s'élève à peine.

M. moschata *L. sp.* 971; *G. G.* 1, *p.* 288; *M laciniata Desr. encycl.* 3, *p.* 749. — Souche vivace. Tiges de 5-8 décim., dressées, rameuses presque glabres ou munies de *poils simples,* ainsi que toute la plante. Feuilles pétiolées; les radicales suborbiculaires, tronquées ou en cœur à la base, lobées, à lobes crénelés; les caulinaires profondément palmatiséquées, à 3-5 lobes divisés en lobules *linéaires*. Fleurs solitaires à l'aisselle des feuilles ou fasciculées au sommet des rameaux. Calicule à folioles *linéaires* atténuées aux deux extrémités. Calice couvert de *longs poils simples*. Pétales roses; 4 fois plus longs que le calice, à onglet *large*. Carpelles *velus, lisses*. ♃. Juin-août.

Rare dans la région des vignes; commun en Bresse, où il remplace le *M. Alcea*; reparaît, mais assez rare, sur le premier plateau; puis se montre de plus en plus fréquent à mesure qu'on approche de la région des sapins, où il est commun, et au-delà de laquelle il s'élève jusque sous les sommités, ainsi que je l'ai observé sous les cimes qui dominent la Brevine, entre 1200 et 1300 mètres.

Obs. Constatons d'abord que les *M. moschata* et *Alcea* L. se trouvent incontestablement en Suède, ainsi que cela est démontré par les exemplaires publiés par Fries, dans son herbier normal ; et qu'en conséquence Linné a bien connu ces deux espèces, qu'il a décrites dans son *Flora suecica*. Puis remarquons que Desrousseaux, dans l'article de l'encyclopédie, après avoir réuni avec doute au *M. Alcea* le *M. moschata* L., a été conduit forcément à créer un nom nouveau pour cette dernière espèce, à laquelle il venait d'enlever son nom linnéen. Le nom donné par Desrousseaux ne désigne donc pas une espèce différente du *M. moschata* L., il n'en est qu'un simple synonyme dans toute l'étendue de l'acception.

b. *Pédoncules agrégés à l'aisselle des feuilles.*

M. sylvestris *L. sp.* 969; *G. G.* 1, *p.* 289. — Tiges de 3-6 décim., étalées, rameuses, couvertes de poils simples et étalés. Feuilles orbiculaires en cœur, à 5-7 *lobes* obtus, dentés. Pédicelles *dressés, plus courts que la feuille.* Calicule à folioles *oblongues.* Sépales triangulaires, dressés. Pétales 3-4 *fois* plus longs que le calice, fortement échancrés, tube des étamines couvert de poils *étoilés.* Carpelles *glabres*, réticulés. ②. Juin-sept.

C. Dans la plaine et les montagnes, surtout le long des chemins et dans le voisinage des habitations.

M. rotundifolia *L. sp.* 969; *G. G.* 1, *p.* 290. — Tiges de 2-5 décim., la centrale dressée, les latérales couchées. Feuilles orbiculaires en cœur à la base, *superficiellement lobées-crénelées.* Pédicelles *réfléchis.* Calicule à folioles *linéaires.* Sépales triangulaires, dressés. Pétales *deux fois* plus longs que le calice, fortement échancrés. Tube des étamines couvert de poils *simples.* Carpelles *velus et lisses.* ⊙. Mai-septembre.

C. Aux bords des chemins et dans le voisinage des habitations, dans la plaine et dans la montagne.

ALTHÆA Lin.

Calicule *monophylle à* 6-9 *divisions.* Calice 5-fide. Stigmates sétacés. Le reste comme dans le genre *Malva.*

A. officinalis *L. sp.* 966; *G. G.* 1, *p.* 294. — Souche *vivace.* Tiges de 6-12 décim., dressées. Feuilles *blanches-cotonneuses,* ovales, dentées, sublobées; les inférieures en cœur. Stipules subulées, caduques. Pédoncules multiflores, axillaires, plus courts que la feuille. Calicule à divisions lancéolées-linéaires. Calice à divisions ovales, subacuminées. Pétales deux fois plus longs que le calice. Carpelles mollement *velus*, un peu ridés sur le dos. ♃. Juin-août.

A. R. Dans les terrains salifères, Grozon, Lons-le-Saunier; *A. C.* sur les bords du Doubs et de la Loue, au-dessous de Dole (*Michalet*); çà et là de Bâle à Genève; très souvent naturalisé autour des habitations.

A. hirsuta *L. sp.* 166; *G. G.* 1, *p.* 295. — Plante annuelle. Tiges de 1-3 déc., la centrale dressée, les autres étalées. Feuilles *vertes;* les infér. réniformes, les supér. palmatipartites; stipules *ovales,* acuminées, *persistantes.* Pédoncules *uniflores,* axillaires, plus longs que les feuilles. Calicule à divisions linéaires-lancéol-ées, très allongées. Calice à divisions lancéolées, longuement acuminées. Pétales à peine plus longs que le calice. Carpelles *glabres,* ridés. ⊙. Mai-juillet.

Rare et disséminé sur les deux versants du Jura, dans la plaine et la région des vignes, au-dessus de laquelle il s'élève peu.

XX. GÉRANIACÉES.

(GERANIACEÆ Juss.)

Fleurs hermaphrodites, régulières, plus rarem. irrégulières. Calice persistant, à 5 sépales libres, à préfloraison imbriquée. Corolle à 5 pétales égaux ou inégaux, hypogynes, libres, caducs, à préfloraison imbriquée ou tordue. Glandes hypogynes 5, alternes avec les pétales. Etamines 10, hypogynes, sur deux rangs, les extérieures plus courtes, opposées aux pétales et parfois dépourvues d'anthères; les int. alternes avec les pétales; anthères biloculaires, s'ouvrant en long, introrses, paraissant souvent extrorses, après la fécondation, par leur réflexion sur le filet. Ovaire libre, à 5 carpelles biovulés, libres entre eux, verticillés à la base d'un prolongement de l'axe en forme de bec auquel ils sont soudés par leurs bords internes, à nervure dorsale prolongée au-dessus de la feuille carpellaire en un long appendice soudé également avec le prolongement de l'axe. Ovules insérés

sur des placentas soudés à l'axe, ascendants, pliés. Styles 5,
soudés avec le prolongement de l'axe; stigmates 5, libres. Fruit
sec, libre, à 5 carpelles monospermes (par avortement d'un
ovule), libres entre eux, verticillés à la base du prolongement
de l'axe auquel ils sont soudés et dont ils se détachent avec
élasticité, en se courbant ou s'enroulant dans une partie du
prolongement de la nervure dorsale. Graine dressée remplissant
la coque. Albumen nul. Embryon plié, à cotylédons foliacés,
condupliqués. Radicule rapprochée du hile.

1. GERANIUM. — Dix étamines fertiles.
2. ERODIUM. — Cinq étamines fertiles et cinq étamines stériles.

GERANIUM Lin. (ex part.).

Pétales 5, égaux. Glandes hypogynes 5, alternes avec les
pétales. Étamines 10, *toutes fertiles*. Carpelles subglobuleux ou
un peu oblongs. Prolongement des carpelles glabre à la face
interne, se détachant de l'axe de la base au sommet, et se courbant en cercle sur eux-mêmes en entraînant les coques.

Sect. 1. *Onglet des pétales bien plus court que le limbe.*

a. *Plantes vivaces. Souche épaisse. Corolle au moins une fois plus
grande que le calice.*

1. *Pédoncules et calices non glanduleux.*

G. sanguineum *L. sp.* 958; *G. G.* 1, *p.* 302. — Tiges de
3-5 déc., plusieurs fois bifurquées, étalées-subdiffuses, hérissées
de longs poils horizontaux. Feuilles toutes opposées et pétiolées,
divisées presque jusqu'au pétiole en 3-5 *partitions tri-multifides*
et à subdivisions *lancéolées-linéaires*. Pédoncules ordinairem.
uniflores, très longs (1 déc.), inclinés, puis à la fin courbés en
arc. Sépales étalés. Pétales pourprés, en cœur renversé, 2 fois
plus longs que le calice, à onglet *velu* sur la face supérieure.
Carpelles lisses, *glabres* et munis de quelques longs poils au
sommet. ♃. Juin-juillet.

C. Sur les pentes herbeuses et rocailleuses des montagnes, depuis la
région des vignes jusqu'au Reculet.

G. nodosum *L. sp.* 953; *G. G.* 1, *p.* 299. — Tiges de 2-5
déc., dressées, finement pubérulentes, renflées aux nœuds, plus

ou moins bifurquées. Feuilles opposées, *palmatifides*, à lobes *ovales-lancéolés*, *dentés*; stipules membraneuses. Pédoncules ord. biflores, courts, dressés à la maturité. Sépales oblongs. Pétales d'un pourpre violet, une fois plus longs que le calice, *ciliés* au-dessus de l'onglet. Carpelles pubescents, lisses et *munis d'une ride transversale au sommet*. ♃. Mai-juin.

R. R. Dans les basses montagnes, Gorge-de-Chenaux à Pennesières près Lons-le-Saunier (*De Jouffroy*); Saint-Amour (*Rozet*); St-Cergue (*Rapin*).

G. palustre *L. sp.* 954; *G. G.* 1, *p.* 300. — Tiges de 3-6 déc., ascendantes ou dressées, bifurquées et à branches étalées, à poils réfléchis. Feuilles palmatifides, à 5 lobes rhomboïdaux, incisés-dentés; stipules herbacées. Pédoncules biflores, allongés, *réfractés* à la maturité. Sépales oblongs. Pétales pourprés, 1-2 fois plus longs que le calice, *ciliés* au-dessus de l'onglet. Filets des étamines *ciliolés* vers la base. Carpelles lisses, *velus*. ♃. Juillet-août.

R. R. Le long du ruisseau de Saint-Joseph près Salins (*Garnier*); çà et là dans les haies autour de Pontarlier (*Grenier*); marais d'Orbe, Lausanne, Payerne (*Rapin*).

2. *Pédoncules et calices poilus-glanduleux*.

G. sylvaticum *L. sp.* 954; *G. G.* 1, *p.* 298. — Tiges de 3-8 déc., dressées, à poils appliqués, glanduleuses au sommet. Feuilles palmatifides, à 5 lobes rhomboïdaux, incisés-dentés, se prolongeant presque jusqu'au pétiole. Pédoncules *dressés* après l'anthèse. Calice ovoïde. Pétales violets, 2 fois plus longs que le calice, *velus à la face sup. de l'onglet*. Filets *velus* à la base. Carpelles velus, *sans rides*. ♃. Juin-juillet.

C. Dans les bois, les prés et les pâturages de tout le Jura, depuis le vignoble jusqu'aux sommités; mais surtout dans la région des sapins.

G. pratense *L. sp.* 954; *G. G.* 1, *p.* 298. — Tiges dressées, à poils appliqués, glanduleuses au sommet. Feuilles palmatifides, à 5 lobes rhomboïdaux, incisés-dentés, et se prolongeant presque jusqu'au pétiole. Pédoncules *réfractés* à la maturité. Calice *globuleux*. Pétales d'un violet clair, deux fois plus longs que le calice, à *onglet cilié et glabre* sur les faces. Filets *glabres* ou à peine ciliés. Carpelles velus, *sans rides*. ♃. Juillet-août.

A. R. Dans les haies et pâturages humides des environs de Pontarlier (*Grenier*); se retrouve au marais de Saône (*Grenier*).

G. phæum *L. sp.* 953; *G. G.* 1, *p.* 300. — Tiges de 2-5 décim., dressées, simples ou bifurquées, poilues et glanduleuses au sommet. Feuilles molles, plus pâles en-dessous, à 5 divisions rhomboïdales. incisées-dentées, et prolongées presque jusqu'au pétiole. Pédoncules ord. biflores, opposés aux feuilles, d'abord penchés, puis dressés lors de la floraison. Pétales d'un pourpre noirâtre ou lilas (*G. lividum L'Hér.*), 2 fois plus longs que le calice, à onglet cilié. Filets ciliés dans leur moitié inf. Carpelles *fortement ridés en travers au sommet*, poilus, à commissure *non barbue* comme dans les espèces précédentes. ♃. Mai-juin·

R. R. Dans le vallon d'Ardran sous le Reculet et en descendant vers Chesery; disséminé dans le Jura central, val de Ruz, val de Travers, vergers de Colombier, etc. (voir : Godet).

G. pyrenaicum *L. sp.* 257; *G. G.* 1, *p.* 303. — Racine fusiforme ou rameuse et non prémorce, comme dans tous les précédents. Tiges de 3-6 déc., dressées, bifurquées, à rameaux étalés et finement poilus-glanduleux. Feuilles molles, pubescentes, orbiculaires-palmatifides, à 5-7 divisions incisées, à *lobes arrondis-obtus*. Pédoncules biflores, *réfléchis* à la maturité. Pétales violets, en cœur renversé, une fois plus longs que le calice, ciliés au-dessus de l'onglet. Filets ciliolés à la base. Carpelles très pubescents, *non barbus à la commissure, dépourvus de rides.* ♃. Mai-septembre.

C. Dans les prés et les bois de la plaine, du vignoble et des montagnes, à toutes les hauteurs.

b. *Plantes annuelles; corolle dépassant peu le calice.*

1. *Feuilles divisées presque jusqu'au pétiole.*

G. colombinum *L. sp.* 956; *G. G.* 1, *p.* 302. — Tiges de 2-3 déc., ascendantes ou diffuses, pubescentes. Feuilles palmatiséquées à 5-7 divisions 3-5-fides et à lobes linéaires-incisés. Pédoncules *dépassant longuement* les feuilles florales, à pédicelles très inégaux, l'infér. réfracté, à *poils simples* appliqués. Fleurs purpurines, à pétales un peu plus longs que le calice. Carpelles lisses, *glabres.* Graines ponctuées. ☉. Mai-octobre.

C. Dans les cultures et aux bords des chemins de la plaine et des basses montagnes.

G. dissectum *L. sp.* 956; *G. G.* 1, *p.* 303. — Tiges de

2–3 décim., ascendantes ou diffuses, *velues et glanduleuses* au sommet. Feuilles palmatiséquées, à 5-7 divisions 3-5-fides et à lobes linéaires-incisés. Pédoncules *plus courts* que les feuilles ou les dépassant à peine, à pédicelles *velus-glanduleux*, égaux et non réfractés. Fleurs purpurines, à pétales dépassant peu le calice. Carpelles lisses, *velus*. Graines ponctuées. ☉. Mai-juillet.

C. Dans les cultures et aux bords des chemins de la plaine et des basses montagnes.

2. *Feuilles divisées à peine jusqu'au milieu du limbe.*

G. pusillum *L. sp.* 957; *G. G.* 1, *p.* 304. — Tiges de 1-5 décim., ascendantes ou diffuses, pubescentes, à poils courts et étalés, glanduleuses au sommet. Feuilles palmatifides, à 5-7 divisions incisées. Pédoncules plus longs que la feuille florale. Fleurs violacées. Pétales ciliés au-dessus de l'onglet, bifides, dépassant à peine le calice. Carpelles *lisses*, *pubescents*, non barbus à la commissure. Graines lisses. ☉. Mai-septembre.

C. Aux bords des chemins, sur les pelouses, dans les lieux incultes de la plaine et des basses montagnes.

G. molle *L. sp.* 955; *G. G.* 1, *p.* 304. — Tiges de 1-4 déc., ascendantes ou diffuses, pubescentes, à poils longs et étalés, glanduleuses au sommet. Feuilles palmatifides, à 5-7 divisions incisées. Pédoncules plus longs que la feuille florale. Fleurs roses. Pétales ciliés au-dessus de l'onglet, bifides, dépassant un peu le calice. Carpelles *ridés en travers*, *glabres*, non barbus à la commissure. Graines lisses. ②. Mai-octobre.

C. Aux bords des chemins, sur les pelouses, dans les lieux incultes de la plaine et des basses montagnes.

G. rotundifolium *L. sp.* 957; *G. G.* 1, *p.* 305. — Tiges de 2-4 décim., ascendantes ou diffuses, pubescentes et un peu glanduleuses au sommet. Feuilles palmatilobées, à 5-7 divisions incisées-crénelées. Pédoncules *plus courts* que la feuille florale. Fleurs roses. Pétales *entiers*, arrondis au sommet, *glabres* au-dessus de l'onglet. Carpelles *lisses*, *velus*, barbus à la commissure. Graines *ponctuées*. ☉. Mai-octobre.

C. Dans les cultures, dans les vignes, dans les lieux incultes de la plaine et des basses montagnes.

Sect. II. *Onglet des pétales égalant le limbe.*

G. lucidum *L. sp.* 955; *G. G.* 1, *p.* 306. — Plante annuelle. Tiges de 2-3 déc., ascendantes ou diffuses, *très glabres*. Feuilles palmatifides, à 5-7 divisions incisées. Pédoncules plus longs que les feuilles florales. Fleurs roses. Calice à 5 angles saillants, à sépales *glabres*, *les 3 extér. ridés en travers*. Pétales entiers, presque une fois plus longs que le calice. Carpelles *ridés en long* et réticulés, pubescents-glanduleux sur le dos. Graines lisses. ☉. Mai-août.

A. R. Disséminé dans toute la partie basse de la chaîne ; Besançon ; de Salins à Saint-Amour ; également rare sur le versant helvétique, environs de Genève, Sainte-Croix, etc. (voir : *Godet*); Baume-les-Dames (*Michalet*).

G. Robertianum *L. sp.* 955; *G. G.* 1, *p.* 306. — Plante annuelle, très odorante. Tiges de 2-5 décim., ascendantes ou diffuses, *velues-glanduleuses*. Feuilles *palmatiséquées*, *à 3-5 segments pétiolulés-pennatipartits* et incisés. Pédoncules plus longs que la feuille florale. Calice subanguleux, *glanduleux*. Pétales entiers, une fois plus longs que le calice. Carpelles *ridés en travers* au sommet et réticulés, pubescents ou glabres. Graines lisses. ☉. Mai-septembre.

C. Sur les vieux murs, sur les décombres et dans les éboulements des montagnes.

ERODIUM L'Hérit.

Pétales 5, un peu inégaux, les deux supérieurs un peu plus courts. Glandes hypogynes 5, alternes avec les pétales. Etamines 10, dont *cinq stériles*. Prolongement des carpelles *barbu* à la face interne, se détachant de l'axe du sommet à la base, et se tordant en spirale, dans une partie du prolongement de la nervure dorsale.

E. cicutarium *L'Hérit. in Ait. h. k.* 2, *p.* 414 ; *G. G.* 1, *p.* 311. — Tiges de 1-4 décim., étalées ou redressées, plus ou moins poilues. Feuilles pennatiséquées, à segments pennatilobés et à lobes dentés. Pédoncules multiflores, à *poils simples* et non glanduleux, ainsi que le calice. Pétales un peu plus longs que les sépales, obovés, roses et rar. blancs. Carpelles à poils apprimés,

munis au sommet d'une fossette avec un sillon au-dessous. ☉.
Mai-septembre.

C. Dans les champs, sur les pelouses, aux bords des chemins, etc.

E. commixtum *Jord. ap. Schultz arch.* 464. — Tiges de
1-4 déc., étalées, poilues. Feuilles pennatiséquées, à segments
pétiolulés et pennatilobés, à lobes ord. dentés et subaigus. Pédoncules à 4-6 fleurs, à *poils glanduleux ainsi que le calice,*
ordin. étalés. Pétales un peu plus longs que le calice, obovés,
roses ou blancs, et dont deux sont souvent tachés de noir à la
base. Carpelles à poils apprimés, munis au sommet d'une fossette contournée en-dessous par un sillon. ☉. Mai-septembre.
— Il diffère en outre de l'*E. cicutarium* par ses pédoncules
moins longs; par ses pétales à onglet plus court; par le bec du
fruit munis de poils moins nombreux et plus courts (28-32 mill.);
par le sillon des carpelles plus étroit; par les feuilles à décou-
pures moins aiguës; enfin par sa pubescence plus fournie et
moins allongée. Le caractère tiré des poils étalés ou appliqués
est incertain.

R. Cette plante exclusivement silicicole n'a encore été trouvée que dans
la forêt de la Serre; elle se retrouvera peut-être en Bresse, et très probablement sur la lisière vosgienne de nos départements. Cette plante,
signalée dans les Vosges et aux environs de Lyon par M. Jordan, m'a
été envoyée des montagnes du Vigan par M. le docteur Martin.

XXI. TILIACÉES.

(TILIACEÆ Juss.)

Fleurs hermaphrodites, régulières. Calice caduc, à 5 sépales
libres, à préfloraison valvaire. Corolle à 5 pétales libres, à préfloraison imbriquée. Etamines en nombre indéfini, hypogynes,
libres ou soudées en faisceaux; anthères biloculaires, s'ouvrant
en long. Style simple. Ovaire ordin. à 5 loges biovulées. Fruit
libre, ligneux, indéhiscent, à 5 angles, uniloculaire par la destruction des cloisons, et à 1-2 graines par avortement des ovules.
Graines ascendantes. Embryon droit, logé dans l'albumen charnu;
cotylédons foliacés. Radicule dirigée vers le hile.

TILIA Lin.

Sépales 5, colorés. Pétales 5. Stigmate à 5 lobes. Fruit sub-globuleux, à 5-10 côtes plus ou moins saillantes, à 1-2 graines. — Arbres à fleurs en corymbe dont le pédoncule est longuement soudé à une bractée membraneuse ; à feuilles inéquilatères.

T. sylvestris *Desf. h. p.* 152 ; *G. G.* 1, *p.* 286. — Branches étalées ; rameaux et bourgeons *glabres*. Feuilles orbiculaires-acuminées, *glabres des deux côtés, glauques* en-dessous et barbues-tomenteuses aux aisselles des nervures. Capsule petite, tomenteuse, *dépourvue de côtes* saillantes, *à parois minces et fragiles.* ♄. Juillet.

Dans les bois de la plaine et des montagnes, jusque sous les cimes.

T. intermedia *DC. prod.* 1, *p.* 513 ; *G. G.* 1, *p.* 286. — Branches étalées ; rameaux et bourgeons *glabres*. Feuilles *glabres sur les deux faces*, plus pâles en-dessous, brièvement pétiolées, pubescentes à l'aisselle des nervures. Fruit *gros, ellipsoïde, à côtes saillantes*, à paroi presque ligneuse. ♄. Juillet.

Dans les bois avec le précédent, mais plus rare.

T. platyphylla *Scop. carn.* 641 ; *G. G.* 1, *p.* 285. — Branches dressées ; rameaux et bourgeons *velus*. Feuilles suborbiculaires-acuminées, *vertes et mollement velues* en-dessous. Capsule tomenteuse, à *côtes saillantes*, à paroi épaisse, *ligneuse, très résistante.* ♄. Juillet.

Dans les bois avec les précédents, dans les promenades, autour des habitations.

XXII. ACÉRINÉES.

(ACERINEÆ Juss.)

Fleurs hermaphrodites ou unisexuelles, régulières, à préfloraison imbricative ou valvaire. Calice caduc, à 4-5 et plus rar. à 6-9 sépales soudés à la base. Pétales libres, en nombre égal à celui des sépales et insérés au bord d'un disque hypogyne très charnu, rar. nuls. Etamines 4-12, ord. 8, insérées sur le disque, libres ; anthères biloculaires, s'ouvrant en long. Style simple ; stigmate bifide. Fruit libre, sec, à 2 carpelles (samares) monospermes par avortement ou dispermes, indéhiscents, soudés, prolongés en aile dorsale membraneuse. Graines insérées à l'angle interne des carpelles. Albumen nul. Embryon plié ; cotylédons foliacés, pliés-enroulés. Radicule rapprochée du hile. — Arbres à feuilles opposées.

ACER Lin.

Fleurs polygames. Calice à 5 et plus rarem. à 4-9 divisions soudées à la base. Pétales en nombre égal à celui des sépales. Étamines 5-12, ord. 8, à filets subulés. Columelle persistante. — Fleurs d'un jaune verdâtre.

A. pseudo-platanus *L. sp.* 1495 ; *G. G.* 1, *p.* 321. — Grand arbre, à écorce lisse, à bourgeons verts et velus. Feuilles *opaques et blanchâtres en-dessous*, à 5 lobes inégalement dentés et séparés par des sinus aigus. Fleurs en *grappe allongée, pendante*. Sépales oblongs, obtus, *velus*. Filets des étamines *velus* à la base. Ovaire velu. Carpelles *velus à l'intérieur*, devenant glabres extérieurement, à ailes retrécies à la base et *parallèles*. ♄. Fl. avril–mai ; fr. juillet-août.

C. Dans toute la chaîne, depuis la plaine jusque sur les sommets ; plus abondant sur les sols siliceux de la forêt de Chaux et de la Serre.

A. platanoides *L. sp.* 1496 ; *G. G.* 1, *p.* 322. — Grand arbre, à écorce lisse, à bourgeons rouges et *glabres*. Feuilles *vertes et luisantes en-dessous*, à 5 lobes acuminés, sinuésdentés, séparés par des sinus *arrondis*. Fleurs en *corymbe dressé*. Sépales oblongs, obtus, *glabres*. Filets des étamines glabres. Ovaire glabre. Carpelles glabres sur les deux faces, à ailes *non rétrécies* à la base, *très divergentes* et laissant entre elles à peu près un angle droit. ♄. Fl. avril-mai ; fr. juillet-août.

Disséminé dans les bois de la région moyenne du Jura, surtout dans la partie située au-dessous de la région des sapins.

A. opulifolium *Vill. Dph.* 3, *p.* 802 ; *G. G.* 1, *p.* 321. — Grand arbre, à écorce lisse, à bourgeons *velus*. Feuilles *opaques et blanchâtres en-dessous,* quelquefois cotonneuses, à lobes aigus ou obtus, séparés par des sinus aigus. Fleurs en *corymbe penché,*

sessile. Sépales oblongs, *glabres.* Filets des étamines glabres.
Ovaire pubescent. Samare renflée et *fortement nerviée* à la base,
glabre sur les deux faces, à ailes un peu rétrécies à la base,
et écartées à angle droit. ♄. Fl. mars-avril; fr. juillet.

C. Sur toute la lisière des basses montagnes aux abords de la région
des vignes, sans pénétrer dans celle des sapins.

A. campestre *L. sp.* 1477; *G. G.* 1, *p.* 322. — Arbre peu
élevé, à écorce *fendillée-subéreuse,* à bourgeons *pubescents.*
Feuilles *opaques et vertes en-dessous,* à 3-5 lobes inégaux,
bi-trifides et séparés par des sinus aigus. Fleurs en *corymbe
dressé.* Sépales linéaires, obtus, *velus.* Filets glabres. Ovaire
velu et rarem. glabre. Samare renflée à la base, *sans nervures,*
glabre sur les deux faces, à ailes non rétrécies à la base, *étalées
en ligne droite.* ♄. Fl. mai; fr. juillet.

C. Dans la plaine et la région inférieure des montagnes, jusque sous
les sapins.

A. monspessulanum *L. sp.* 1497; *G. G.* 1, *p.* 322. —
Arbre ou arbuste à écorce fissurée, à bourgeons pubescents.
Feuilles *opaques et blanchâtres en-dessous,* à *trois lobes* ovales,
égaux, entiers ou crénelés, à sinus formant un angle droit.
Fleurs en *corymbe penché.* Sépales oblongs, *glabres.* Filets
glabres. Ovaire glabre. Samare renflée et fortement nerviée à
la base, glabre sur les deux faces; ailes rétrécies à la base,
dressées, *convergentes* et presque parallèles. ♄. Fl. avril-mai;
fr. juillet.

Découvert dans les broussailles, au-dessous du fort de l'Écluse, par
M. Reuter.

XXII. AMPÉLIDÉES.

(AMPELIDEÆ Kunth.)

Fleurs hermaphrodites ou polygames, régulières. Calice gamosépale, entier ou obscurément à 4-5 dents. Corolle à 4-5
pétales insérés au bord d'un disque charnu hypogyne, libres ou
plus ordin. soudés supérieurement et se détachant en une seule
pièce, à préfloraison valvaire. Étamines 5, plus rar. 4, insérées

sur le disque, opposées aux pétales, à filets libres ; anthères biloculaires, introrses, s'ouvrant en long. Style simple ; stigmate capité, subsessile. Ovaire libre, à 2 et plus rar. à 3-6 carpelles, à 2 et plus rar. à 3-6 loges biovulées. Ovules insérés à la base de la cloison, ascendants, réfléchis. Fruit bacciforme, oligosperme ; placentas axilles. Graines ascendantes. Embryon droit, logé dans un albumen charnu ou cartilagineux. Radicule dirigée vers le hile.

VITIS Lin.

Calice à 5 dents courtes. Pétales 5, soudés supér. en une coiffe qui se détache d'une seule pièce. Etamines 5. Stigmate sessile. Baie à 1-2 loges mono-di-spermes. Graines à testa osseux.

V. vinifera *L. sp.* 293 ; *G. G.* 1, *p.* 323. — Arbrisseau sarmenteux, grimpant. Feuilles suborbiculaires, plus ou moins profondément palmatilobées, glabres, velues ou tomenteuses. Fleurs odorantes, en grappes composées, opposées aux feuilles. Pétales verdâtres, obovés, très caducs. Etamines à filets subulés. Baies blanches, jaunes, violettes ou noires. ♄. Fl. juin ; fr. sept.–oct.

La vigne est cultivée largement au pied des premiers chaînons du Jura, sur les deux versants ; souvent subspontanée dans les haies et les taillis.

XXIII. CÉLASTRINÉES.

(CELASTRINEÆ R. Br.)

Fleurs hermaphrodites ou unisexuelles, régulières, à préfloraison imbriquée. Calice persistant, à 4-5 sépales soudés à la base. Corolle à 4-5 pétales libres, caducs, insérés au bord d'un disque hypogyne épais. Etamines 4-5, insérées avec les pétales au bord du disque, à filets libres ; anthères biloculaires, s'ouvrant en long. Style simple ; stigmate entier ou plus ou moins lobé. Ovaire libre ou soudé à la base avec le disque, à 3-5 carpelles, à 3-5 loges biovulées. Ovules insérés à l'angle interne des loges, ascendants, réfléchis. Fruit capsulaire, à 3-5 carpelles soudés, à 3-5 loges mono-di-spermes, à déhiscence loculicide. Graines ascendantes, munies d'un faux arille charnu produit par les bords de l'exostome. Embryon droit, logé dans un albumen charnu oléifère. Radicule dirigée vers le hile.

EVONYMUS Tournef.

Calice à 4-5 divisions. Pétales 4-5. Etamines 4-5. Capsule à 3-5 angles et à 3-5 loges bi-mono-spermes. Graines munies d'un faux arille charnu et coloré, qui les enveloppe entièrement.

E. Europæus L. sp. 286; *G. G.* 1, *p.* 331. — Arbuste de 2-3 mètres, glabre; jeunes rameaux quadrangulaires. Feuilles opposées, elliptiques, dentées. Fleurs 2-4, en petites grappes axillaires. Sépales 4, demi-circulaires. Pétales oblongs, très caducs. Etamines égalant le calice. Capsule verte, à la fin rouge, à 3-4 angles obtus et non ailés. Graine ovoïde, blanchâtre, enveloppée par un arille orangé. ♭. Fl. avril-mai; fr. août-sept.

C. Dans les bois et les haies de la plaine et des basses montagnes, d'où il s'élève çà et là jusque sur les sommités.

STAPHYLEA Lin.

Calice gamosépale, à 5 divisions, caduc, coloré. Pétales 5. Etamines 5. Fruit capsulaire, bi-tri-lobé, bi-tri-loculaire, membraneux, vésiculeux, s'ouvrant par le bord interne des lobes. Graines grosses sans arille, à testa osseux.

S. pinnata L. sp. 386; *G. G.* 1, *p.* 332. — Arbuste de 3-6 mètres. Feuilles opposées, à long pétiole, imparipennées, à 2-3 paires de folioles ovales-lancéolées, denticulées; stipules linéaires, blanchâtres. Fleurs en grappe pédonculée, pendante; pédicelles articulés vers la base, munis de bractéoles linéaires. Divisions du calice blanches-rosées, enveloppant les pétales oblongs. Capsule grande, vésiculeuse, bi-tri-lobée. Graine grosse, brune, luisante, ligneuse; amande verte. ♭. Fl. mai; fr. août.

Bois de Montfort à Clerval (*Paillot*); côte du moulin de Bélieu, dans la forêt (*Perdrizet*).

Obs. Tous les botanistes jurassiens ont considéré le *Staphylea pinnata* L. comme étranger à notre flore, bien que tous s'accordent à signaler sur plusieurs points sa rare dissémination. M. Paillot a retrouvé assez abondante cette belle espèce dans les bois montueux de Montfort à Clerval, sur le versant nord-est. Il y a lieu de supposer que là la plante est spontanée. Mais cette station un peu restreinte me laisse dans le doute, et je me borne à indiquer le fait, afin de provoquer des recherches qui donneront peut-être des résultats plus concluants.

L'*Æsculus hippocastanum*, de la famille des Hippocastanées, n'est pas même, dans le Jura, une plante subspontanée; je me borne donc à le mentionner ici. Je puis en dire autant du *Ruta graveolens Lin.* qui me paraît par trop étranger à la flore jurassique pour être compté et décrit parmi nos espèces indigènes.

XXIV. EMPÉTRÉES.

(EMPETREÆ Nutt.)

Fleurs dioïques ou polygames, régulières. Calice persistant, à 2-3 sépales libres, à préfloraison imbricative. Pétales en nombre égal à celui des sépales, marcescents. Etamines hypogynes, libres, en nombre égal à celui des pétales, rudimentaires ou nulles dans les fleurs femelles; anthères biloculaires, s'ouvrant en long. Style court ou. nul; stigmate lobé. Ovaire libre, sessile sur un disque charnu, formé de deux ou plusieurs carpelles, à loges uniovulées. Le fruit est un drupe, à noyaux osseux, insérés dans l'angle interne des loges. Graines dressées. Embryon droit logé dans l'axe de l'albumen épais et charnu. Radicule rapprochée du hile.

EMPETRUM Lin.

Calice à 3 sépales, entouré à sa base par 6 bractées. Pétales 3. Etamines 3. Drupe à 6-9 noyaux.

E. nigrum *L. sp.* 1450; *G. G.* 3, *p.* 74. — Tige décombante, très rameuse; rameaux nus à la base, puis très feuillés. Feuilles éparses ou subverticillées, courtement pétiolées, ciliées, linéaires-oblongues, épaisses et coriaces, d'un vert foncé, munies d'une ligne blanche sur le dos. Fleurs petites, sessiles à l'aisselle des feuilles sup.; bractées plus longues que le calice. Pétales obovés. Etamines exsertes. Drupe globuleux, noir. Graines oblongues, blanchâtres, finement ridées.. ♄. Avril-mai.

R. Dans les tourbières sèches et les gazons alpins des Rousses, de la vallée de Joux, du Boulu, de Prémanon; sommet du Reculet; montagne d'Allemogne au-dessus de Thoiry, parmi les *Rhododendrum* (*Reuter*).

XV. HYPÉRICINÉES.

(HYPERICINEÆ JUSS.)

Fleurs hermaphrodites, régulières. Calice persistant, à 5 et rar. 4 sépales libres ou soudés à la base, à préfloraison imbriquée. Corolle à 5 et rar. 4 pétales libres, à préfloraison tordue. Étamines en nombre indéfini, hypogynes, à filets ord. réunis à la base en 3-5 faisceaux opposés aux pétales. Anthères bilobées, introrses, oscillantes, s'ouvrant en long. Styles 3-5, libres ; stigmates capités. Ovaire libre, à 3-5 carpelles, à 3-5 loges multiovulées, plus rar. à une seule loge. Ovules insérés à l'angle interne des loges ou sur des placentas pariétaux, ord. horizontaux, réfléchis. Fruit libre, capsulaire, à 3-5 loges polyspermes, plus rar. à une seule loge, à déhiscence septicide ; plus rar. le fruit est bacciforme, indéhiscent. Graines petites, cylindracées, à testa lâche. Albumen nul. Embryon droit. Radicule dirigée vers le hile.

1. HYPERICUM. — Fruit capsulaire, à 3-5 valves.
2. ANDROSÆMUM. — Fruit bacciforme dans le jeune âge, à la fin sec et indéhiscent et plus rar. tridenté au sommet.

HYPERICUM Lin.

Sépales 5, libres, ou un peu soudés à la base, un peu inégaux. Étamines soudées par les filets en 3-5 faisceaux. Glandes hypogynes nulles. Styles 3, rar. 5. *Capsule à 3-5 loges, s'ouvrant par 3-5 valves.*

a. *Sépales frangés, ou bordés de glandes noires.*

H. Richeri *Vill. Dph.* 3, *p.* 501; *G. G.* 1, *p.* 319. — Souche rampante, stolonifère. Tige de 2-3 déc., glabre ainsi que toute la plante, cylindrique à la base, un peu comprimée au sommet, simple. Feuilles ovales, demi-embrassantes, fortement réticulées-veinées *sans ponctuations translucides*. Fleurs grandes, en corymbe pauciflore. Sépales *acuminés, bordés de longues franges glanduleuses*. Capsule *couverte de vésicules*. ♃. Juin-juillet.

Répandu sur toute la partie très élevée de la chaîne, depuis le Montendre au Reculet ; descend parfois, avec les débris mouvants des rochers, jusqu'aux environs de Gex.

H. montanum *L. sp.* 1105; *G. G.* 1, *p.* 318. — Souche courte. Tige de 4-10 déc., glabre ainsi que toute la plante, cylindrique, simple. Feuilles ovales, demi-embrassantes; les sup. *seules ponctuées-pellucides.* Fleurs grandes, en corymbe dense. Sépales aigus, *brièvement ciliés-glanduleux.* Capsule portant des bandelettes longitudinales. ♃. Juin-août.

Disséminé dans tout le Jura, depuis la région des vignes jusque sur les sommets.

H. pulchrum *L. sp.* 1106; *G. G.* 1, *p.* 317. — Souche courte. Tige de 3-5 déc., glabre ainsi que toute la plante. Feuilles glauques en dessous, *toutes ponctuées-pellucides;* celles des tiges *largement ovales et échancrées en cœur à la base, embrassantes.* Fleurs en panicule pyramidale peu fournie. Sépales *bordés de glandes sessiles.* Capsule portant des bandelettes longitudinales. ♃. Juin-août.

C. Dans la plaine, à peu près exclusivement sur les sols siliceux ; disséminé sur le premier plateau qu'il ne dépasse pas.

H. hirsutum *L. sp.* 1105; *G. G.* 1, *p.* 318. — Souche ligneuse, rampante, émettant de courts stolons. Tiges *velues ainsi que toute la plante.* Feuilles ovales, blanchâtres en-dessous, *toutes ponctuées-pellucides, brièvement pétiolées.* Fleurs en panicule ample, pyramidale. Sépales lancéolés, *ciliés par des glandes sessiles.* Capsule munie de bandelettes. ♃. Juin-août.

C. Dans les bois et buissons de la plaine et des basses montagnes.

b. Sépales entiers et dépourvus de glandes aux bords.

H. humifusum *L. sp.* 1105; *G. G.* 1, *p.* 315. — Souche grêle, vivace. Tiges *filiformes, couchées ou ascendantes,* munies de deux lignes saillantes. Feuilles *sessiles,* oblongues, bordées de points noirs; *les sup. seules ponctuées-translucides.* Fleurs petites (6-8 millim.), en corymbe. Sépales *obtus,* mucronés, entiers ou munis de quelques dents glanduleuses. ♃. Juin-sept.

C. Dans les champs et sols sablonneux et surtout siliceux de la plaine ; nul sur les calcaires.

H. perforatum *L. sp.* 1105; *G. G.* 1, *p.* 314. — Souche ligneuse. Tiges de 2-4 déc., *dressées,* munies de deux lignes peu saillantes. Feuilles *sessiles*, ovales, lancéolées ou lancéolées-linéaires, *toutes fortement ponctuées-pellucides.* Sépales *très aigus*, entiers, non ponctués de noir. Fleurs grandes (2 cent. de diam.). ♃. Juillet-août.

C. Partout, sur tous les sols, mais plus abondant dans la plaine.

Obs. Dans les lieux secs, sur les rocailles, dans les terrains sableux on rencontre souvent une forme plus petite et plus réduite dans toutes ses parties qui me paraît répondre à l'*H. microphyllum Jord*, qui ne serait alors qu'un état de la plante dû à la nature du sol.

H. quadrangulum *L. sp.* 679; *G. G. 1, p.*.314. — Souche rampante, stolonifère. Tige de 2-3 déc., dressée, *à 4 angles peu saillants et non ailés.* Feuilles ovales, très obtuses, *demi-embrassantes, à nervures réticulées; les sup. seules ponctuées-pellucides.* Fleurs grandes (2 centim. de diam.). Sépales *très obtus.* ♃. Juin-août.

C. C. Dans les pâturages et les bois de la région des sapins, au-dessous de laquelle il disparaît dans toute la moyenne montagne, pour reparaître ensuite dans la plaine, dans la forêt de Chaux, près de la Vieille-Loye (*Michalet*); Valdahon (*Paillot*).

H. tetrapterum *Fries nov.* 236; *G. G. 1, p.* 314. — Souche grêle, traçante, stolonifère. Tiges de 3-4 déc., dressées, *à 4 angles ailés.* Feuilles ovales, très obtuses, toutes *demi-embrassantes et ponctuées pellucides*, à nervures *non réticulées.* Fleurs petites (1 cent. de diam.). Sépales *acuminés-subulés.* ♃. Juillet-sept.

C. C. Dans les lieux humides de la plaine et surtout sur les sols siliceux; s'élève peu au-delà de la région des vignes.

Obs. Dans les annotations de M. Billot, page 175, je crois avoir démontré que les noms d'*H. tetrapterum* et *quadrangulum* doivent être appliqués conformément aux conclusions émises par Fries dans ses *Novitiæ*, p. 236, et que l'interprétation de M. Babington ne peut prévaloir sur celle du célèbre professeur d'Upsal. Si donc je reviens sur ce sujet, c'est que j'espère jeter quelque lumière sur un point encor obscur de cette question, c'est-à-dire sur la plante qui a pu inspirer à Linné la phrase synoptique de l'*Hortus cliffortianus.*

L'argumentation de M. Babington peut se résumer ainsi qu'il suit : Linné a appliqué le synonyme de l'*Hort. cliff.* à son *H. quadrangulum*; or ce synonyme a pour caractéristique : « *Foliola calycina subulata* » et la *H. tetrapterum Fries* a seul ce caractère parmi les espèces que Linné pouvait avoir en vue; donc le *H. tetrapterum Fries* est bien le *H. quadrangulum Lin.*

J'ai fait voir que si les trois mots sur lesquels M. Babington appuie son opinion semblent désigner le *H. tetrapterum*, par contre tout le restant des textes linnéens dit le contraire, et cela d'une manière si positive, qu'il est impossible de ne pas se ranger à l'opinion de Fries, sans nier l'évidence. De plus Linné lui-même, comme s'il eut songé à lever les scrupules des botanistes tentés d'accorder trop d'importance à ces mots : « *Foliola caly-cina subulata*, a pris soin de les supprimer dans la première édition du *Species* et dans ses publications postérieures.

Cette suppression, ce désaveu me semblaient concluants, tout en admettant qu'en Hollande, pour établir sa diagnose, Linné avait peut-être eu sous les yeux l'*H. tetrapterum*, qu'il n'avait plus revu en Suède, et qu'il avait fini, avec le temps, par confondre avec l'*H. quadrangulum*.

Je restais donc au fond dans l'impossibilité d'expliquer clairement comment Linné, avec son coup-d'œil si sûr, avait pu introduire dans sa diagnose une expression aussi énergiquement précise que ce « *foliola calycina subu-lata.* » Et je sentais une vague incertitude planer encore sur cette question, lorsqu'une nouvelle donnée vint me faire entrevoir une solution plus satisfaisante.

Ne pouvait-il donc pas se faire qu'en Hollande il existât une troisième espèce distincte, mais très rapprochée des *H. tetrapterum* et *quadrangulum*, et ayant servi de base à la diagnose linnéenne? J'en étais là, cherchant dans cette direction, lorsqu'en 1859 je reçus d'un habile botaniste des Ardennes, M. Callay, deux paquets de graines d'*Hypericum* provenant des environs de Chesne. M. Callay me signalait ces plantes comme nou-velles et distinctes, l'une de l'*H. perforatum*, l'autre de l'*H. quadrangulum*. J'attendis deux ans la floraison de ces plantes, et je pus enfin constater que l'une d'elles pouvait être regardée comme répondant à la diagnose de l'*Hortus cliffortianus*, et que ses sépales lancéolés-subulés constituaient sa principale différence avec le *H. quadrangulum Lin*

Je ne sais si on retrouvera plus tard une plante qui donne une plus large satisfaction au texte linnéen, mais j'avoue que je crois avoir retrouvé l'espèce linnéenne, objet de tant de contestations.

M. Callay et moi, nous nous proposions de donner à cette plante le nom de *H. linneanum*, voulant rappeler ainsi la diagnose de l'*Hortus cliffortianus*, lorsqu'un nouveau doute se présenta à moi.

Assurément notre plante n'était pas le *H. medium Peterm*. qui a les fleurs petites, les feuilles inf. imponctuées et les caulinaires sessiles. Ce n'était pas non plus le *H. commutatum Nolla* qui, d'après la figure de Reichenbach, comme d'après le texte de Bluff et Nees, a les sépales obtus. Mais n'était-ce pas le *H. intermedium Bellynck*?

Le moyen le plus certain d'éclairer la question était incontestablement de s'adresser à l'auteur pour obtenir un terme de comparaison certain. C'est ce que j'ai fait, et M. Bellynck, avec une parfaite amabilité, s'est empressé de m'adresser un bel exemplaire de son *H. intermedium*. J'ai pu constater alors que notre plante ne différait pas de la sienne, et qu'il ne nous restait plus qu'à adopter le nom de M. Bellynck, en y rapportant le synonyme de l'*Hort. cliff.* On peut donner de cette espèce la caractéris-tique suivante, par opposition à celle de l'*H. quadrangulum* :

H. INTERMEDIUM *Bellynck*, *fl. Nam.* 31. — Souche peu rampante. Tiges de 3-8 déc., dressées, rameuses, à 4 angles peu saillants et non ailées. Feuilles ovales-oblongues, très obtuses, demi-embrassantes, toutes forte-ment ponctuées-pellucides, à nervures *non rétirulées*. Sépales *lancéolés*, *aigus ou subulés*, souvent érodés, ce qui rend leur terminaison indécise. Pétales striés et ponctués de noir, bien plus longs que le calice.

ANDROSÆMUM All.

Calice à 5 sépales très inégaux, un peu soudés à la base. Glandes hypogynes nulles. Styles 3. Fruit *bacciforme dans sa jeunesse, puis sec et indéhiscent ou s'ouvrant seulement au sommet* par trois dents.

A. officinale *All. ped.* 2, p. 47; *Hypericum Androsæmum L. sp.* 1102; *G. G.* 1, p. 320. — Tiges de 6-10 déc., dressées, sous-frutescentes, rameuses; rameaux munis de deux lignes saillantes. Feuilles opposées, grandes, coriaces, ovales-lancéo-lées, obtuses, en cœur à la basse. Grappe lâche, corymbiforme. Sépales ovales-obtus, entiers, non ponctués de noir. Styles beaucoup plus courts que les pétales.

Saint-Amour près Lous-le-Saunier *(Rozet)*; paraît assez commun dans la Bresse de l'Ain, aux environs de Bourg *(Michalet)*.

———————

Sous-classe II. — DIALIPÉTALES PÉRIGYNES.

Pétales et étamines soudés par leur base au calice gamo-sépale, *et sur lequel ils paraissent s'insérer. Ovaire libre ou soudé avec le calice.*

XXVI. RHAMNÉES.

(RHAMNEÆ R. Br.)

Fleurs hermaphrodites ou unisexuelles par avortement, régu-lières. Calice à 4-5 sépales soudés infér. en tube, persistant, à préfloraison valvaire. Corolle a 4-5 pétales égaux, ordin. très petits, insérés au bord sup. du disque périgyne qui revêt le tube du calice; pétales rar. nuls. Étamines 4-5, insérées au bord du disque avec les pétales, opposées aux pétales; filets libres entre eux; anthères biloculaires, introrses, s'ouvrant en long. Styles 2-4, plus ou moins soudés; stigmates libres ou plus ou moins soudés. Ovaire-libre, rarem. soudé à sa base avec le tube du calice, à 2-4 carpelles, à 2-4 loges uniovulées. Ovules dressés, réfléchis. Fruit drupacé, à 2-4 noyaux cartilagineux-mono-spermes, indéhiscents, s'ouvrant rar. en long; très rar. le fruit est une samarre. Graines dressées. Embryon droit, logé dans un albumen mince et charnu. Radicule dirigée vers le hile. — Arbrisseaux ou arbres peu élevés.

RHAMNUS Lin.

Calice à tube urcéolé ou campanulé, persistant, à 4-5 divisions. Pétales 4-5, plans, très petits ou nuls. Etamines ord. 4. Fruit bacciforme, globuleux, indéhiscent, à 2-4 noyaux. Graines ord. creusées d'un sillon dorsal ou d'une échancrure latérale. — Fleurs d'un vert jaunâtre, fasciculées.

Sect. 1. *Graines munies d'un sillon dorsal; style bi-trifide; étamines* 4.

a. *Feuilles opposées.*

R. cathartica *L. sp.* 279; *G. G.* 1, *p.* 335. — Arbrisseau de 1-4 mètres, à rameaux étalés, spinescents, souvent opposés et offrant ordin. une épine dans la bifurcation. Feuilles ovales, ord. acuminées, finement et régulièrement dentées, fasciculées sur les rameaux florifères; pétiole court. Fleurs en fascicules sur des rameaux très courts. Graines ovoïdes-subtrigones, à sillon dorsal fermé. ♄. Mai-juin.

C. Dans les haies, pelouses et bois de la plaine et des basses montagnes.

b. *Feuilles alternes.*

R. alpina *L. sp.* 280; *G. G.* 1, *p.* 336. — Arbuste de 1-4 mètres, à rameaux alternes, non épineux. Feuilles à pétiole court, ovales, subacuminées, souvent obtuses au sommet et arrondies à la base, munies de 12-20 nervures de chaque côté de la médiane, finement dentées. Fleurs fasciculées; pédicelles égalant le calice. Divisions calicinales *triangulaires-équilatères, égalant* le tube. Graines à sillon ouvert. ♄. Fl. mai-juin; fr. août-septembre.

Très répandu dans les rochers de toute la chaîne du Jura, surtout dans les montagnes qui séparent la zone des vignes, de celle des sapins ; plus rare dans la région élevée ; nul dans la plaine.

R. pumila *L. mant.* 49 ; *G. G.* 1, *p.* 337. — Arbrisseau de 5-20 centim., très rameux, à rameaux *tortueux, appliqués sur les rochers,* non épineux. Feuilles à pétiole court, elliptiques, ou arrondies à une ou aux deux extrémités, à 6-9 nervures de chaque côté de la médiane, finement dentées. Fleurs fasciculées ; pédicelles *une fois plus longs* que le calice. Divisions calicinales *lancéolées, plus longues* que le tube. Graines à sillon ouvert. ♄. Avril-juin.

Fentes des rochers du Mont-d'Or, localité unique dans le Jura (*Grenier*).

Sect. II. *Graines munies d'une échancrure latérale à la base ; style indivis ; étamines* 5.

R. Frangula *L. sp.* 280 ; *G. G.* 1, *p.* 338. — Arbuste de 2-4 mètres, à rameaux étalés, opposés ou alternes, non épineux. Feuilles elliptiques ou obovales, obtuses ou subacuminées, *très entières* ou superficiellement sinuées. Fleurs ordin. fasciculées, pentandres ; pédicelles 2 fois plus longs que le calice. Divisions calicinales lancéolées, égalant le tube. Graines obovoïdes. ♄. Fl. mai-juin ; fr. août-septembre.

C. Bois et haies dans toute la France.

XXVII. PAPILIONACÉES.

(PAPILIONACEÆ Lin.)

Fleurs hermaphrodites, irrégulières. Calice à sépales soudés en tube inférieurement, à tube non soudé à l'ovaire, à limbe souvent bilabié 5-partit, ou 4-partit par la soudure complète de 2 sépales, persistant, marcescent ou caduc, à préfloraison imbriquée ou valvaire. Corolle irrégulière, papilionacée, à 5 pétales insérés à la base du calice, libres et plus rar. soudés en corolle gamopétale, ou plusieurs adhérents entre eux ; pétale supér. (*étendard*) plié en long dans le bouton et enveloppant les autres pétales ; les 2 pétales latéraux (*ailes*) appliqués sur les inférieurs ;

les 2 inf. rapprochés, libres ou soudés par leur bord interne et simulant un pétale unique (*carène*). Étamines 10, insérées avec les pétales à la base du calice, à filets tous soudés en tube entier ou fendu (*monadelphes*), ou l'étamine supérieure libre, les autres étant soudées entre elles (*diadelphes*); anthères biloculaires, introrses, s'ouvrant en long. Style simple; stigmate terminal. Ovaire libre, à un seul carpelle uniloculaire, à placenta occupant l'angle interne de la loge. Ovules réfléchis, puis courbés. Fruit sec (*gousse*) uniloculaire ou biloculaire par l'introflexion d'une des soudures, polysperme, oligosperme et rarem. monosperme, tantôt s'ouvrant en 2 valves suivant les lignes dorsales et placentaires, et présentant quelquefois des diaphragmes celluleux entre les graines; tantôt subdivisé en loges par des étranglements transversaux et se séparant à la maturité en articles monospermes; tantôt se réduisant à un article monosperme indéhiscent ou irrégulièrement déhiscent. Graines bisériées, à funicule souvent dilaté près du hile; albumen nul ou réduit à une couche peu distincte; embryon arqué, rar. droit; cotylédons épais; radicule rapprochée du hile, répondant à la commissure des cotylédons.

TRIB. I. **LOTEÆ** — Etamines monadelphes ou diadelphes. Gousse *continue* à une seule loge ou à deux loges longitudinales, quelquefois contournée en spirale. Cotylédons devenant *aériens et foliacés* après la germination, restant rar. épais et charnus. — Feuilles *imparipennées*, ou trifoliolées, ou unifoliolées, ou réduites au rachis.

Sous-TRIB. I. **GENISTEÆ.** — Etamines monadelphes.

A. *Calice fendu en deux lèvres jusqu'à la base.*

1. ULEX *Lin.*

B. *Calice tubuleux-campanulé, ord. bilabié.*

✻. *Style roulé en spirale pendant la floraison.*

2. SAROTHAMNUS *Wimm.*

✻✻. *Style droit ou courbé.*

1. *Stigmate oblique; feuilles uni-trifoliolées.*

3. GENISTA. — Stigmate oblique, introrse, glabre. Feuilles unifoliolées.

4. CYTISUS. — Stigmate terminal, extrorse, entouré de poils. Feuilles rifoliolées.

2. *Stigmate capité; feuilles trifoliolées ou imparipennées.*

5. ADENOCARPUS. — Gousse couverte de tubercules glanduleux.
6. ONONIS. — Gousse non glanduleuse, renflée, plus ou moins saillante dans le calice ouvert-campanulé.
7. ANTHYLLIS. — Légume inclus dans le calice vésiculeux et à dents conniventes.

SOUS-TRIB. II. TRIFOLIEÆ. — Etamines diadelphes.

A. *Légume uniloculaire.*
✳. *Feuilles trifoliolées.*

8. MEDICAGO. — Corolle caduque ; carène obtuse ; gousse réniforme, falciforme ou en spirale.
9. MELILOTUS. — Corolle caduque ; carène obtuse ; gousse droite, courte, 1-4 spermo, indéhiscente.
10. TRIFOLIUM. — Corolle marcescente ou persistante ; carène obtuse ; gousse droite, courte, ord. monosperme, subdéhiscente, renfermée dans le calice ou le dépassant à peine.
11. LOTUS. — Carène prolongée en bec ; gousse cylindrique.
12. TETRAGONOLOBUS. — Carène prolongée en bec ; gousse tétragone.

✳✳. *Feuilles imparipennées.*

13. ROBINIA. — Calice subbilabié. Carène aigue. Gousse comprimée.
14. COLUTEA. — Calice non labié. Carène tronquée. Gousse vésiculeuse.

B. *Légume semi-biloculaire. Feuilles imparipennées.*

15 OXYTROPIS. — Carène apiculée.
16. ASTRAGALUS. — Carène mutique.

TRIB. II. VICIEÆ. — Gousse *continue,* bivalve, à une seule loge longitudinale. Cotylédons *épaissis et restant souterrains* après la germination. — Feuilles *paripennées,* à rachis prolongé en vrille ou en arête, rar. réduites au rachis transformé en vrille ou en phyllode.

17. VICIA. — Etamines diadelphes ; style filiforme.
18. FABA. — Etamines monadelphes ; style filiforme, presque plat.
19. PISUM. — Etamines diadelphes ; style comprimé-canaliculé infér‍t.
20. LATHYRUS — Etamines monadelphes ou diadelphes ; style plan.

TRIB. III. HEDYSAREÆ. — Gousse *divisée transversalement* en articles monospermes qui se séparent ord. à la maturité. Étamines diadelphes. Cotylédons convertis en feuilles après la germination. — Feuilles *imparipennées.*

21. CORONILLA. — Carène atténuée en bec ; gousse linéaire, à articles oblongs, renflés.

22. ORNITHOPUS. — Carène obtuse; gousse linéaire, à articles oblongs, comprimés.

23. HIPPOCREPIS. — Carène atténuée en bec; gousse linéaire, à articles semi-lunaires.

24. ONOBRYCHIS. — Carène obliquement tronquée; gousse à un seul article comprimé et monosperme.

TRIB. I. **LOTEÆ.** — Étamines monadelphes ou diadelphes. Gousse *continue* à une seule loge ou à deux loges longitudinales, quelquefois contournée en spirale. Cotylédons devenant *aériens et foliacés* après la germination, restant rar. épais et charnus. — Feuilles *imparipennées,* ou trifoliolées, ou unifoliolées, ou réduites au rachis.

SOUS-TRIB. I. **GENISTEÆ.** — Étamines monadelphes.

A. *Calice fendu jusqu'à la base en deux lèvres.*

ULEX Lin.

Calice *divisé jusqu'à la base* en deux lèvres; la sup. bidentée; l'inf. tridentée. Pétales *presque égaux,* dépassant peu le calice; étendard oblong, dressé, *égalant* les ailes et la carène. Étamines monadelphes. Style arqué; stigmate capité. Gousse renflée, oligosperme, à peine plus longue que le calice. — Arbrisseau très épineux.

U. Europæus L. *sp.* 1045, *var.* α; *G. G.* 1, *p.* 344. — Arbrisseau de 1-2 mètres, très rameux, à rameaux entrelacés et épineux. Feuilles unifoliolées, linéaires-épineuses. Pédicelle *plus court* que la feuille florale. Bractées calicinales *plus larges* que le pédicelle. Calice velu. Étendard ovale; carène *droite,* ne dépassant pas les ailes. Gousse velue-hérissée. ♄. Printemps et automme.

Disséminé sur les deux versants du Jura et provenant probablement d'anciennes cultures; forêt de Chaux, Menotey, bois de Balaisseaux près Chaussin, Cernans près Salins, Lons-le-Saunier, Boulot près Besançon; Granvelle (Haute-Saône) dans les friches où il est abondant et certainement spontané (*Gevrey*).

U. nanus Sm. *fl. brit.* 757; *G. G.* 1, *p.* 345; *Billot exsicc.* n° 951 *ter* — Tiges de 3-5 déc., dressées, velues, à rameaux entrelacés et épineux. Feuilles très nombreuses, unifoliolées, linéaires-épineuses. Pédicelle *égal* à la feuille florale ; 2 bractéoles lancéolées, *plus étroites* que le pédicelle. Calice velu. Étendard ovale-oblong ; carène *courbée, plus longue et plus large que les ailes*. Gousse un peu velue. ♄. Juin-automne.

Assez abondant dans les terrains siliceux de Chassey-les-Scey, Menoux, Ferrières dans la Haute-Saône (*Thiout*).

B. *Calice tubuleux-campanulé, ord. bilabié.*

✳. *Style roulé en spirale pendant la floraison.*

SAROTHAMNUS Wimm.

Calice tubuleux, scarieux, à deux lèvres courtes, la supér. bidentée, l'inf. tridentée. Pétales inégaux ; étendard suborbiculaire, dressé, dépassant les ailes et la carène. Étamines monadelphes. Style filiforme, *roulé en spirale pendant la floraison;* stigmate *capité*. Gousse allongée, comprimée, polysperme. — Arbuste non épineux ; feuilles trifoliolées.

S. scoparius *Wimm. fl. schl.* 278; *G. G.* 1, *p.* 348. — Arbrisseau de 1-2 mètres, très rameux ; rameaux effilés, dressés, glabres, marqués d'angles verts. Feuilles inf. pétiolées et trifoliolées, les sup. simples et sessiles ; folioles obovales-oblongues, pubescentes-soyeuses sur les deux faces. Fleurs grandes, en grappes terminales. — Plante noircissant par la dessiccation. ♄. Mai-juin.

C. Dans les bois et sur les coteaux sablonneux et siliceux de la plaine, remonte avec des lambeaux de terrain diluvien jusque sur le plateau qui domine le vignoble à Salins et Saint-Amour ; nul sur le calcaire ; commun sur toute la lisière vosgienne du Doubs et de la Haute-Saône, sur les rives de l'Ognon (*Paillot*); rare dans le Jura vaudois, bois de Fernex, d'Allaman, Prangins, Nyon, Rolle, etc.

✳✳. *Style droit ou courbé.*

1. *Stigmate oblique; feuilles uni-trifoliolées.*

GENISTA Lin.

Calice tubuleux, à 2 lèvres, la sup. bidentée ou bipartite, l'inf. tridentée ou trifide. Pétales inégaux ; étendard *étroit, non redressé*, ne dépassant pas la carène ni les ailes. Étamines monadelphes. Style courbé au sommet; stigmate oblique *incliné en dedans* (introrse, seul caractère qui différencie ce genre du *Cytisus*, d'après Reichenbach). Gousse oblongue ou linéaire-oblongue, comprimée ou un peu renflée, polysperme ou oligosperme. — Feuilles *unifoliolées*.

a. *Fleurs solitaires ou géminées, naissant du centre de fascicules latéraux de feuilles.*

G. prostrata *Lam. dict.* 2, *p.* 818; *Cytisus decumbens Walp. rep.* 5, *p.* 504; *G. G.* 1, *p.* 360. — Sous-arbrisseau de 2-4 déc., très rameux; rameaux *couchés et radicants*, velus, ou glabres (*G. diffusa Willd.*). Folioles *planes*, oblongues ou obovales. Fleurs à *pédicelle environ 3 fois plus long* que le calice, en grappes lâches et unilatérales. Corolle *glabre*. ♃. Mai-juin.

Disséminé et assez abondant dans la zone qui sépare la région des vignes de celle des sapins, dans laquelle il pénètre profondément; le Bélieu, le Russey, Pontarlier, etc., d'où il descend à Poligny, Salins, Besançon, Dole, etc.; enfin il abonde dans la forêt de la Serre qui occupe le milieu de la plaine.

G. pilosa *L. sp.* 999; *G. G.* 1, *p.* 351. — Sous-arbrisseau de 3-6 déc., très rameux; rameaux diffus, noueux, striés-anguleux. Folioles *pliées – canaliculées*, oblongues, pubescentes-soyeuses à la face infér. Fleurs à *pédicelle plus court* et rarem. un peu plus long que le calice, disposées en grappe dressée et assez dense. Corolle *pubescente-soyeuse*. ♃. Avril-juin.

C. Disséminé sur les rochers et dans les lieux secs des basses et moyennes montagnes; sur le versant français, lisière vosgienne. Pont-de-Roide, Mandeure, Besançon, Salins, Arbois, Lons-le-Saunier, vallée de l'Ain; forêt de la Serre près Dole; plus rare sur le versant helvétique, Fort-de-l'Ecluse.

b. *Fleurs naissant à l'aisselle d'une bractée et formant une grappe terminale.*

G. sagittalis *L. sp.* 998; *G. G.* 1, *p.* 350. — Souche dure, traçante. Tiges de 2-3 déc., herbacées, nombreuses, dressées et rapprochées, *comprimées, à 2-4 ailes foliacées* qui s'interrompent à l'insertion des feuilles et donnent aux rameaux l'aspect *articulé*. Folioles rares, ovales-lancéolées, sans stipules. Fleurs en grappe ovoïde, terminale, dense, spiciforme. Gousse velue. ♃. Mai-juin.

C. C. Dans tout le Jura, depuis la plaine jusque sur les sommités les plus élevées.

G. tinctoria *L. sp.* 998; *G. G.* 1, *p.* 352. — Sous-arbrisseau de 3-6 déc. Tiges subligneuses, glabres, *cylindriques;* rameaux non épineux. Folioles lancéolées; stipules *subulées.* Fleurs en grappe allongée, terminale, un peu lâche. Pédicelles *plus courts* que le tube du calice. Etendard glabre, à peine *égal* à la carène *glabre.* Gousse glabre. ♄. Juin-août.

C. C. Dans tout le Jura, depuis la plaine jusque sur les sommités.

G. germanica *L. sp.* 999; *G. G.* 1, *p.* 356. — Sous-arbrisseau de 3-6 déc., dressé, rameux; rameaux anciens endurcis, *transformés en épines étalées-simples ou pennatipartites;* rameaux jeunes herbacés, velus, dressés, non épineux. Folioles lancéolées, luisantes, à longs cils; stipules nulles. Fleurs en grappe oblongue terminale; pédicelles *égalant* le tube du calice. Etendard glabre, de moitié plus court que la carène *velue.* Gousse *velue.* ♄. Mai-juin.

Disséminé sur le plateau qui domine le vignoble, depuis Salins à Saint-Amour; bois de la plaine; forêts de Chaux, de la Serre, etc.

CYTISUS Lin.

Calice tubuleux, à 2 lèvres divariquées; la supér. *tronquée* et ord. bidentée; l'infér. tridentée. Pétales très inégaux; étendard ovale, *dressé, dépassant* la carène et les ailes. Etamines monadelphes. Style courbé; stigmate capité, terminal, horizontal ou *incliné en dehors, entouré de poils* (seule différence avec le *Genista. Rchb. fl. exs. p.* 522). — Feuilles *trifoliolées*, rarem. unifoliolées.

a. Calice court, aussi large que long.

C. Laburnum *L. sp.* 1041; *G. G.* 1, *p.* 359. — Arbre de 3-6 mètres. Feuilles longuement pétiolées, à 3 folioles pétiolulées, elliptiques, pâles et *pubescentes* en-dessous. Fleurs d'un jaune pâle, en longues grappes pendantes. Calice large, campanulé, à poils *apprimés,* à 2 lèvres courtes et divariquées, la sup. bidentée, l'inf. tridentée. Gousse *pubescente, argentée-soyeuse, à bords épaissis.* ♄. Fl. mai; fr. juillet.

Irrégulièrement disséminé dans le Jura; de Lons-le-Saunier à Cousance et Saint-Amour; vallée de l'Ain jusqu'à Saint-Claude; Baume-les-Dames et Clerval où il est commun; Mont-Chatain près Dole; Fort-l'Ecluse, Thoiry, le Reculet, le Gralet.

C. alpinus *Mill. dict. n° 2*; **G. G.** 1, *p.* 359. — Arbre de
même taille que le précédent, avec lequel il est souvent confondu. Il en diffère : par ses fleurs plus petites et d'un jaune
plus foncé; par sa grappe *glabre ou à poils étalés;* par ses
gousses *glabres* dès leur naissance, à bord supér. moins épais
et ailé; par ses feuilles vertes sur les deux faces, *glabres* ou
bord'es de poils étalés. ♄. Juin-juillet.

C. Dans la partie élevée de la chaîne, les Rousses, la Dôle, la Faucille,
le Colombier, Fort-l'Ecluse ; descend à Pontarlier, à la Chaux-du-Dombief,
Champagnole, Lons-le-Saunier, Salins.

b. *Calice tubuleux-allongé.*

C. capitatus *Jacq. austr.* 2, *t.* 33; **G. G.** 1, *p.* 362. —
Sous-arbrisseau de 4-6 déc. Tiges dressées, rameuses, à poils
étalés. Feuilles à 3 folioles obovales, obtuses ; stipules nulles.
Pédicelles de moitié plus courts que le calice, les extér. munis
d'une bractéole. Fleurs en capitule dense. Calice velu, à deux
lèvres, la sup. largement tronquée-échancrée et obscurément à
2 lobes aigus, l'inf. tridentée. Gousse velue-hérissée, ainsi que
toute la plante. ♄. Juin-juillet.

C. Dans la plaine et dans tout le vignoble, au-dessus duquel il s'élève
peu ; plus commun en Bresse.

2. *Stigmate capité; feuilles trifoliolées ou imparipennées.*

ADENOCARPUS DC.

Calice tubuleux, *à 2 lèvres* porrigées, la sup. divisée jusqu'à
la base, l'infér. tridentée. Pétales inégaux ; étendard étalé, un
peu plus long que les ailes et que la carène courbée-ascendante.
Filets non dilatés, monadelphes. Style subulé, arqué; stigmate
capité. Gousse comprimée, polysperme, *couverte de tubercules*
glanduleux.

A. complicatus *Gay, ap. Dur. pl. ast. n°* 350; **G. G.** 1,
p. 364. — Arbrisseau de 6-12 déc., à rameaux étalés. Feuilles à
3 folioles d'un vert foncé, obovales ou oblongues, souvent pliées,
arrondies ou tronquées au sommet. Fleurs en grappes lâches et
allongées, terminales. Pédicelles plus longs que le calice. Celui-
ci tuberculeux-glanduleux, à lèvres très inégales; la supér. à
2 lobes lancéolés, l'inf. à 3 dents subulées, dont la médiane plus

longue. Etendard velu sur le dos. Gousse de 20-25 millimètres de long sur 6 de large. ♃. Juin-juillet.

A. C. Sur les coteaux granitiques au nord de Menotey près Dole, et sur presque toute la lisière occidentale de la forêt de la Serre jusqu'à Moissey, d'où il descend, entraîné sans doute par les eaux, dans le bois de Flamerans près d'Auxonne.

ONONIS Lin.

Calice *campanulé, non labié,* à 5 divisions. Etendard strié, très ample, dépassant les ailes; carène *prolongée en bec.* Etamines monadelphes. Style coudé presque à angle droit vers son milieu; stigmate capité. Gousse renflée, courte, oligosperme. — Feuilles trifoliolées, rar. unifoliolées ou pennées.

O. spinosa *L. sp.* 1006 *var.* β; *O. campestris Koch et Ziz. cat.* 22; *G. G.* 1, *p.* 373. — Souche non rampante, sans stolons. Tiges de 3-6 décim., *dressées,* très rameuses, à *rameaux munis d'épines divariquées.* Folioles linéaires-oblongues, finement dentées. Fleurs roses, en grappes longues feuillées et terminales. Divisions du calice linéaires-lancéolées, dépassant la gousse ovoïde et pubescente. ♃. Juin-juillet.

C. Sur le calcaire dans toute la chaîne, depuis la plaine jusqu'aux sapins.

O. repens *L. sp.* 1006; *O. procurrens Wallr. sch.* 381; *G. G.* 1, *p.* 374. — Souche *très rampante, émettant des stolons* souterrains. Tiges de 2-3 déc., étalées, couchées, très rameuses, à rameaux *inermes.* Folioles linéaires-oblongues, finement dentées. Fleurs roses, en grappes oblongues, feuillées et terminales. Divisions du calice linéaires-acuminées, dépassant la gousse ovoïde et pubescente. ♃. Juin-août.

C. Sur les pelouses arides de toute la plaine et des montagnes, jusque sur les sommités; il s'élève plus que le précédent, sur le Colombier (1500 mètres).

O. Natrix *L. sp.* 1008; *G. G.* 1, *p.* 369. — Tiges de 2-5 déc., dressées ou ascendantes, à rameaux allongés, inermes. Feuilles caulinaires à 3 et rar. à 5-7 folioles; celles-ci obovales ou oblongues, finement dentées. Fleurs *jaunes,* grandes, dressées; pédicelle égalant le tube du calice à divisions linéaires. Gousse *longuement exserte.* ♃. Juin-août.

Thoirette dans l'Ain, et de là jusqu'à l'embouchure de la Bienne (dans l'Ain); remonte le Rhône jusqu'à Genève.

ANTHYLLIS Lin.

Calice tubuleux, obscurément labié, souvent accrescent et enflé à la maturité, à 5 dents. Pétales inégaux ; étendard égalant les ailes et la carène *obtuse ;* ailes adhérentes à la carène par leur limbe. Style courbé ; stigmate capité. Gousse ovoïde, *incluse* dans le tube du calice, mono-disperme. — Feuilles *imparipennées*.

A. Vulneraria *L. sp.* 1012 ; *G. G.* 1, *p.* 380. — Tiges de 2-4 déc., dressées ou étalées, à poils appliqués. Feuilles *inf. à* 3-5 *folioles* oblongues, la terminale *beaucoup plus ample* que les autres et parfois existant seule ; les sup. à folioles plus étroites et presque égales. Fleurs jaunes, rar. rougeâtres, en capitules solitaires ou géminés. Calice à 5 dents inégales, à tube *enflé-vésiculeux* après l'anthèse. Etendard appendiculé à la base, à limbe de moitié plus court que l'onglet. ♃. Mai-juillet. ·
C. Dans les prés secs, sur tous les terrains et à toutes les hauteurs.

A. montana *L. sp.* 1012 ; *G. G.* 1, *p.* 380. — Tiges *subligneuses,* tortueuses et couchées à la base, puis dressées et herbacées. Feuilles *toutes imparipennées, à* 10-15 *paires de folioles toutes égales,* oblongues, mucronées. Fleurs *purpurines,* en capitules denses et terminaux. Calice non vésiculeux, à dents presque égales, subulées. Etendard non appendiculé à la base, à limbe deux fois plus long que l'onglet. ♃. Juin-juillet.
Dispersé sur les rochers du Jura ; Poupet près Salins ; la Châtelaine près Arbois ; Septmoncel, Bonlieu, la Dôle, le Colombier, le Reculet ; descend jusqu'à la roche qui domine Ornans dans le val de la Loue.

Sous-trib. II. **TRIFOLIEÆ.** — Etamines diadelphes.

A. *Légume uniloculaire.*

✻. *Feuilles trifoliolées.*

MEDICAGO Lin.

Calice campanulé, à 5 divisions. Corolle *caduque,* à étendard dépassant les ailes et la carène, à carène obtuse. Etamines diadelphes. Gousse ord. exserte, *réniforme, falciforme ou en spirale,* à bords souvent épineux, polysperme et rar. monosperme.

a. *Gousse non épineuse.*

M. falcata *L. sp.* 1096; *G. G.* 1, *p.* 385. — Racine longue. Souche épaisse et subligneuse. Tiges de 4-8 déc., *couchées* à la base, puis étalées-redressées. Folioles oblongues-cunéiformes, denticulées et émarginées au sommet. Fleurs *jaunes,* rarem. violacées, en grappe *courte;* pédicelles plus longs que les bractées et que le tube du calice. Gousse polysperme, *falciforme, décrivant rar. un tour de spire.* ♃. Juin-sept.

A. C. Aux bords du Doubs au-dessous de Dole, Peseux, Chaussin, Longwy, etc. (*Michalet*); Thoirette dans l'Ain; Rolle, Nyon, Genève; manque dans le canton de Neuchatel (*Godet*); se retrouve assez abondant aux environs de Montbéliard (*Contejean*), et à Belfort (*Parisot*).

M. falcato-sativa *Rchb. fl. exc.* 504; *G. G.* 1, *p.* 384. — Tiges couchées, et grappes courtes du *M. falcata;* fleurs d'abord *jaunes, puis violacées.* Gousse en spirale et *décrivant un tour complet.* ♃. Juin-sept.

Çà et là en société de ses congénères.

M. sativa *L. sp.* 1096; *G. G.* 1, *p.* 384. — Racine longue. Souche épaisse et subligneuse. Tiges de 4-8 déc., *dressées.* Folioles-cunéiformes, émarginées et denticulées au sommet. Fleurs *bleuâtres ou violacées,* en grappes *oblongues;* pédicelles *plus courts* que les bractées et que le tube du calice. Gousse polysperme, enroulée et *formant 2-3 tours de spire.* ♃. Juin-sept.

Plante cultivée partout, au-dessous de la région des sapins, et souvent subspontanée.

M. lupulina *L. sp.* 1097; *G. G.* 1, *p.* 383. — Racine *grêle, annuelle ou bisannuelle.* Tiges de 1-4 déc., étalées ou couchées. Folioles obovales-cunéiformes, émarginées et denticulées au sommet. Fleurs jaunes, très petites, *très brièvement pédicellées,* en têtes ovoïdes-denses. Gousse *monosperme, réniforme,* courbée au sommet, indéhiscente. ☉, ②. Mai-octobre.

C. C. Partout, sur tous les sols et à toutes les hauteurs.

b. *Gousse épineuse.*

M. minima *Lam. dict.* 3, *p.* 1412; *G. G.* 1, *p.* 391. — Tiges de 1-2 déc., dressées ou étalées, *pubescentes-subsoyeuses,* ainsi que toute la plante. Folioles obovales-cunéiformes, émar-

ginées et denticulées au sommet ; stipules *lancéolées, entières,*
ou les inf. denticulées. Fleurs jaunes, 1-4 au sommet de pédoncules *à peu près de même longueur* que la feuille. Gousse *plane
et lisse* sur les deux faces, subpubescente, subglobuleuse, à 4-5
tours de spire, dont le bord ext. porte deux rangs *d'épines rapprochées, dressées-subulées,* crochues au sommet. ☉. Mai-juin.

A. C. Disséminé sur les coteaux de la plaine et de la région des vignes,
sur les deux versants du Jura.

M. maculata *Willd. sp. 3, p.* 1412 ; *G. G.* 1, *p.* 391. —
Tiges de 3-5 déc., *couchées, glabres* ou munies de longs poils
épars, ainsi que toute la plante. Folioles obovales-'largies et
cunéiformes, denticulées au sommet, souvent maculées de noir;
stipules *semi-sagittées-dentées.* Fleurs jaunes, 1-4 au sommet
d'un pédoncule *une fois plus long* que la feuille. Gousse plane
et veinulée sur les deux faces, glabre, à 4-5 tours de spire lâche,
dont le bord extér. porte deux rangs *d'épines arquées en dehors
et distiques.* ☉. Mai-juin.

A. R. Seulement dans les champs de la plaine, Dole, Chaussin, Saint-
Amour, Lons-le-Saunier ; Vesoul (*Paillot*) ; manque dans le Jura suisse.

M. polycarpa *Willd. en. suppl.* 50 ; *G. G.* 1, *p.* 389. —
Tiges de 2-5 déc., couchées ou ascendantes, glabres. Folioles
obovales-élargies, en coin, ord. en cœur renversé, denticulées ;
stipules *laciniées, à divisions sétacées.* Fleurs jaunes, 4-8 au
sommet de pédoncules *égalant* à peine la longueur de la feuille.
Gousse glabre, noircissant à la maturité, *discoïde,* à 4-5 tours
de spire lâche, faces sup. et inf. planes, *fortement réticulées,* à
bord ext. mince et muni de deux rangs *d'épines subulées ou de
simples tubercules.* ☉. Mai-juillet.

A. C. Dans les moissons de la plaine au-dessous de Dole et d'Arbois,
sur les sols siliceux et calcaires ; Cuse dans le Doubs (*Paillot*).

MELILOTUS Lin.

Calice campanulé, à 5 dents. Corolle *caduque,* à étendard
égalant ou dépassant les ailes, à carène obtuse, adhérente aux
ailes au-dessus de l'onglet. Étamines diadelphes. Gousse *exserte,
droite, courte, ovoïde ou oblongue,* indéhiscente. — Fleurs en
grappes spiciformes allongées.

M. alba *Desr. in Lam. dict.* 4, *p.* 63 ; *G. G.* 1, *p.* 402. —

Tiges de 3-12 décim., glabres. Folioles inf. obovales, les supér.
rhomboïdales; stipules sétacées. Fleurs *blanches*, en longues
grappes dépassant de beaucoup les feuilles. Etendard *dépassant*
beaucoup les ailes qui égalent la carène. Gousse sessile, *glabre*,
obovoïde, réticulée, à suture sup. obtuse. ⊙. Juin–septembre.

A. C. Sur les bords du Doubs et de la Loue autour de Dole, plus rare
en remontant le cours du Doubs et de l'Ognon ; C. autour de Genève,
ainsi que dans les cultures et aux bords des chemins qui longent le lac.

M. officinalis *Desr. ap. Lam. dict. 4, p.* 63; *G. G.* 1,
p. 402. — Tiges de 3-8 déc., dressées ou étalées. Folioles obovales ou oblongues; stipules *lancéolées-subulées*. Fleurs *jaunes*,
à *étendard un peu plus long que les ailes qui dépassent la
carène*. Gousse brièvement stipitée, *glabre*, obovoïde, ridée en
travers, à suture sup. obtuse. ②. Juin–septembre.

C. Dans les champs calcaires, lieux secs et bords des chemins.

M. macrorhiza *Pers. syn. 2, p.* 348; *G. G.* 1, *p.* 402
— Tiges de 10-15 déc., dressées. Folioles oblongues, étroites
tronquées; stipules sétacées. Fleurs jaunes, à *pétales égaux*
Gousse coûrtement stipitée, *couverte de poils appliqués*, obovoïde, réticulée, à suture supérieure formant une *carène aigue*
②. Juillet–septembre.

C. Dans tous les lieux humides, le long des cours d'eaux , dans l
plaine et la région des vignes, au-dessus de laquelle il s'élève peu.

TRIFOLIUM Lin.

Calice campanulé ou tubuleux, subbilabié, à 5 dents ou à
5 divisions. Corolle *marcescente-persistante*, quelquefois gam-
pétale, à carène plus ou moins obtuse, à étendard dépassant l s
ailes et la carène. Etamines diadelphes. Gousse mono-tétr -
sperme, *incluse* ou à peine exserte, ovoïde ou oblongue, à pein
déhiscente. — Fleurs *en capitules* ou en épis compacts.

Sect. 1. *Fleurs dépourvues de bractéoles.*

a. *Capitules tous terminaux.*

Calice à 20 nervures.

T. rubens *L. sp.* 1081; *G. G.* 1, *p.* 404. — Tiges de 2-4
décim., dressées, *glabres, ainsi que toute la plante*. Feuilles

brièvement pétiolées, à folioles oblongues-lancéolées, finement dentées en scie; stipules lancéolées-linéaires, dentées, longuement soudées au pétiole. Capitules *oblongs-cylindracés,* solitaires et très rarem. géminés. Calice à 20 nervures, à dents sétacées, ciliées, dressées, inégales. ♃. Juin-juillet.

Disséminé sur les coteaux secs de la région des vignes et dans les bois de la plaine.

T. alpestre *L. sp.* 1082; *G. G.* 1, *p.* 405. — Tiges dressées, toujours simples, *mollement velues, ainsi que toute la plante.* Feuilles infér. longuement pétiolées, les supér. sessiles; folioles *lancéolées,* obscurém. denticulées; stipules acuminées-subulées. Capitules *globuleux,* solitaires ou géminés. Calice à 20 nervures, à dents sétacées, ciliées, inégales. ♃. Juillet–août.

R. R. Sur les pentes herbeuses du Colombier de Gex! (*Michalet*).

⚹⚹ *Calice à 10 nervures.*

T. incarnatum *L. sp.* 1083; *G. G.* 1, *p.* 404. — Plante *annuelle.* Tige de 2-4 déc., dressée, *couverte, ainsi que toute la plante, de poils mous et appliqués.* Feuilles à long pétiole, à folioles *largement obovales,* denticulées dans leur moitié supér.; stipules longuement adhérentes au pétiole, ovales-obtuses, dentées. Fleurs d'un rouge vif, parfois roses, en épi *ovoïde-subcylindrique.* Calice à dents subulées, presque égales, et atteignant ou dépassant la moitié de la longueur de la corolle. ☉. Mai-juill.

Souvent cultivé et subspontané le long des chemins et dans les champs de la plaine.

T. medium *L. fl. suec. ed.* 2, *p.* 558; *G. G.* 1, *p.* 406. — Souche traçante, rameuse. Tiges de 1-4 déc., étalées ou ascendantes, *flexueuses,* pubescentes, ainsi que toute la plante. Feuilles *toutes pétiolées;* folioles oblongues, à peine denticulées; stipules *lancéolées, acuminées.* Fleurs *roses,* en tête subglobuleuse, plus ou moins pédonculée au centre des feuilles florales. Calice à tube *glabrescent,* à dents sétacées, dressées, subétalées à la maturité. ♃. Juin-août.

A. C. Dans les bois et sur les collines, depuis la plaine jusque sur les sommités.

T. pratense *L. sp.* 1082; *G. G.* 1, *p.* 407. — Souche cespiteuse; racine pivotante. Tiges de 1-3 déc., dressées ou étalées, glabrescentes ou pubescentes, ainsi que toute la plante. Feuilles inf. pétiolées, les sup. *sessiles;* folioles oblongues, à peine denti-culées ; stipules à *partie libre courte et triangulaire, brusque-ment sétacée.* Fleurs *roses,* en tête subglobuleuse. Calice *velu,* à dents sétacées, toujours *dressées.* ♃. Mai-septembre.

C. C. Partout, depuis la plaine jusque sur les sommités.

T. ochroleucum *L. syst.* 3, *p.* 233 ; *G. G.* 1, *p.* 407. — Souche cespiteuse ; racine grosse, pivotante. Tiges de 1-4 déc., dressées, pubescentes-soyeuses, ainsi que toute la plante. Feuilles toutes pétiolées, folioles oblongues, très entières; stipules étroites, *lancéolées et insensiblement atténuées* en longue pointe subulée-dressée. Fleurs *jaunâtres,* en capitule subglobuleux. Calice *velu,* à dents *lancéolées-linéaires,* subulées, trinerviées, à la fin *éta-lées.* ♃. Juin-juillet.

A. R. Disséminé dans tout le Jura; *A. C.* dans l'arrondissement de Montbéliard (*Contejean*), et le canton de Rougemont (*Paillot*) ; Ornans, Besançon, Chemaudin, Baraque-des-Violons, Salins, Champagnole, la Faucille, etc.; Thoiry ; descend jusqu'à Dole et dans la forêt de la Serre.

b. *Capitules terminaux et axillaires.*

T. arvense *L. sp.* 1083; *G. G.* 1, *p.* 410. — Plante an-nuelle. Tige de 1-2 déc., dressée, simple ou rameuse, pubescente-soyeuse, ainsi que toute la plante. Folioles linéaires-oblongues. Stipules longuement sétacées. Fleurs blanches ou rosées, en épis *velus-soyeux, oblongs-cylindriques, à pédoncules longs et dé-pourvus de feuilles florales.* Calice très velu, à dents presque égales, *subulées,* plus longues que la corolle. ☉. Juillet-sept.

C. C. Dans les moissons de la plaine et des montagnes.

T. scabrum *L. sp.* 1084 ; *G. G.* 1, *p.* 412. — Plante an-nuelle. Tiges de 1-2 déc., étalées-redressées, pubescentes, ainsi que toute la plante. Folioles obovales-oblongues, à nervures latérales *saillantes et arquées en dehors;* stipules ovales-aiguës. Fleurs blanches ou rosées, en capitules ovoïdes, solitaires, axillaires et terminaux, *sessiles* à l'aisselle des feuilles. Calice pubescent, campanulé, à divisions *lancéolées-acuminées,* à peu près de la longueur de la corolle, devenant *divergentes et presque épineuses à la maturité.* ☉. Mai-juillet.

C. Disséminé sur les pelouses de la plaine et de la région des vignes.

T. striatum *L. sp.* 1085; *G. G.* 1, *p.* 412. — Plante annuelle. Tiges de 1-3 déc., étalées ou redressées, très pubescentes, ainsi que toute la plante. Folioles obovales-oblongues, à nervures latérales *peu saillantes et non arquées;* stipules ovales-aiguës. Fleurs blanches ou rosées, en capitules ovoïdes, solitaires, *sessiles ou subpédonculés.* Calice velu, *urcéolé et contracté vers la gorge,* à dents *sétacées,* à peu près de même longueur que la corolle, dressées ou étalées à la maturité. ☉. Juin-juillet.

R. Disséminé; environs de Dole, Mont-Roland, Authume, Rochefort, Saint-Ylie, Lons-le-Saunier (*Michalet*); environs de Nyon et de Genève.

Sect. 11. *Fleurs munies de bractéoles.*

a. *Corolle plus ou moins pourprée ou blanche.*

† *Pédicelles au moins aussi longs que le calice.*

T. repens *L. sp.* 1080; *G. G.* 1, *p.* 419. — Tiges de 1-4 décim., *couchées et radicantes,* glabres, ainsi que toute la plante. Folioles obovales, dentées et émarginées au sommet; stipules ovales-oblongues, *brusquement subulées.* Pédoncules dépassant longuement les feuilles axillantes. Fleurs blanches, réfléchies après l'anthèse, à pédicelles supérieurs égalant la longueur du calice, dont les deux dents supér. *contiguës* égalent le tube. Gousse *sessile,* bosselée, à 4 graines. ♃. Mai-octobre.

C. Partout, sur tous les sols et à toutes les hauteurs.

T. elegans *Sav. bot. etr.* 4, *p.* 42; *G. G.* 1, *p.* 120. — Tiges ascendantes, *non radicantes,* presque glabres, ainsi que toute la plante. Folioles obovales, dentées et émarginées au sommet; stipules *lancéolées-acuminées,* aristées. Pédoncules dépassant longuement les feuilles, axillaires et terminaux. Fleurs *roses,* réfl'chies après l'anthèse, à pédicelles supér. égalant la longueur du calice, dont les deux dents sup. séparées par un *sinus obtus* égalent deux fois la longueur du tube. Gousse *pédicellée,* oblongue, non bosselée, *disperme.* ♃. Juin-août.

C. Dans les sols argilo-siliceux de la plaine et surtout de la Bresse, et sur le plateau qui domine la région des vignes.

Le *T. hybridum L.,* étranger à notre flore, a été vu à Miserey près Besançon, par MM. Bavoux et Contejean.

†† *Pédicelles nuls ou bien plus courts que le calice..*

T. fragiferum *L. sp.* 1086; *G. G.* 1, *p.* 413. — Tiges

rampantes et radicantes, nombreuses, glabres ou pubescentes.
Folioles obovales ou suborbiculaires, denticulées et émarginées,
glabres; pétiole velu; stipules lancéolées-subulées. Pédoncules
plus longs que les feuilles, *tous axillaires.* Fleurs roses, sessiles,
en capitules subglobuleux; bractéoles *lancéolées formant sous
les capitules un involucre qui égale les calices.* Calice pubescent, à dents sétacées et dressées; à la maturité le dos du calice
devient *enflé-vésiculeux et tomenteux.* ♃. Juin-sept.

C.C. Dans la plaine et dans le vignoble, sur tous les terrains, disséminé
sur le premier plateau, sans arriver jusqu'aux sapins.

T. montanum *L. sp.* 1084; *G. G.* 1, *p.* 416. — Souche
grosse et dure, rameuse. Tiges de 2-4 décim., dress'es, pubescentes. Folioles *oblongues-lancéolées,* coriaces, glabres en-
dessus, *soyeuses en-dessous,* à dents cuspidées; stipules lancéolées-subulées. Pédoncules *axillaires et terminaux,* plus
longs que les feuilles. Fleurs *blanches,* subsessiles, *réfléchies*
après la floraison, en capitules subglobuleux. Calice campanulé,
velu, à dents *lancéolées-acuminées,* dressées. ♃. Mai-juillet.

C. Dans les prés secs et dans les pâturages, depuis la région des vignes
jusque sur les sommités.

T. Thalii *Vill. Dauph.* 1, *p.* 298; *G. G.* 1, *p.* 418. —
Souche dure, rameuse. Tiges *très courtes* (5-10 cent.), étalées,
glabres, ainsi que toute la plante. Folioles obovales; stipules
lancéolées-subulées. Pédoncules *paraissant radicaux* par la
brièveté des tiges. Fleurs blanches-rosées, *toujours dressés,* à
pédicelles très courts, en capitules subglobuleux. Calice glabre,
à dents lancéolées-acuminées, dressées. — Port d'un *T. repens*
cespiteux. ♃. Juin-août.

A. C. Dans la région alpestre, à partir de 1200 mètres; le Reculet, le
Colombier, le Crêt de Chalam, la Faucille, la Dôle, le Montendre.

b. *Corolle jaune; gousse stipitée.*

T. badium *Schreb. ap. Sturm. fl. germ.* 16; *G. G.* 1,
p. 424. — Tiges de 1-2 déc., presque glabres, dressées. Feuilles
inf. alternes, les sup. *opposées;* folioles obovales ou oblongues,
toutes sessiles; stipules lancéolées-linéaires, les sup. *dilatées,*
toutes *plus courtes* que le pétiole. Pédoncule dressé, plus long
que la feuille, *ord. solitaire* et terminal, ou géminé, le second

étant latéral. Fleurs d'abord jaunes, puis *brunes*, en capitules d'abord hémisphériques, puis subglobuleux, à pédicelles égalant le tube du calice. Calice à dents très inégales. Etendard strié, plan sur le dos, bien plus long que les ailes qui elles-mêmes dépassent beaucoup la carène. Style un peu plus court que la gousse brièvement stipitée. ♃. Juillet-août.

R. R. Le Noirmont, au-dessus des Rousses! (*Michalet*): le Chasseral, au-dessus de la source de Suze; au Marchairuz (*Godet*).

T. agrarium *L. sp.* 1087, *et herb!; Puel, bull. bot.* 1856, *p.* 397; *T. aureum Poll. pal.* 2, *p.* 344; *G. G.* 1, *p.* 424.— Tiges de 2-4 déc., subpubescentes, *dressées.* Folioles obovales-oblongues, *toutes sessiles;* stipules *lancéolées-linéaires, plus longues* que le pétiole. Pédoncules nombreux, ascendants, raides, égalant ou surpassant un peu la feuille. Fleurs jaunes, à pédicelles courts, en capitules ovoïdes. Calice à dents inégales. Etendard strié, plan sur le dos, bien plus long que les ailes. *Style égalant* à peu près la gousse. ☉. ②. Juin-août.

A. R. Lisières des bois et sur les pelouses de la plaine et des basses montagnes.

T. procumbens *L. sp.* 1088, *et herb!; Puel, bull. bot.* 1856, *p.* 400; *T. agrarium G. G.* 1, *p.* 423; *T. campestre Schreb. ap. Sturm. fl. germ. h.* 16.— Tiges de 1-4 décim., *étalées-diffuses,* pubescentes. Folioles obovales ou oblongues, la moyenne *pétiolulée;* stipules *ovales-lancéolées, plus courtes* que le pétiole. Pédoncules nombreux, raides, égalant ou dépassant la feuille. Fleurs jaunes, à pédicelles courts, en capitules ovoïdes. Calice à dents très inégales. Etendard strié, plan sur le dos, bien plus long que les ailes. *Style 3-4 fois plus court* que la gousse. ☉. Juin-septembre.

β. *pumilus.* Pédoncules une fois plus longs que la feuille; capitules d'un tiers plus petits; fleurs plus pâles; tige dépassant rarem. un décim. *T. pseudo-procumbens Gmel. bad.* 3, *p.* 240.

C. C. Dans les champs de la plaine, d'où il monte jusque dans la région des sapins.

T. minus *Relhan ap. Sm. brit.* 1403; *T. procumbens G. G.* 1, *p.* 423. — Tiges de 1-3 déc., grêles, étalées-diffuses, glabres ou pubescentes. Folioles obovales-cunéiformes, *la moyenne pétiolulée* ou parfois subsessile dans les petits exemplaires ; stipules ovales-aiguës. Pédoncules raides, filiformes, ascendants, *bien plus longs* que les feuilles. Fleurs petites, en capitules ovoïdes de 5-15 fleurs, portées par des pédicelles plus courts que le calice, dont les dents sont très inégales. Eten-dard *presque lisse ou à peine strié, caréné sur le dos, dépassant à peine les ailes.* Style 3-5 fois plus court que la gousse. ☉. Juin-septembre.

C. C. Dans les champs et les prés, depuis la plaine jusque dans la région alpestre.

T. filiforme *L. sp.* 1088; *G. G.* 1, *p.* 422; *Michalet bull. bot.* 1860, *p.* 336; *T. micranthum Viv. fl. lib.* 45. — Tiges filiformes de 5-15 centim., étalées-diffuses, glabres. Folioles obovales-cunéiformes, *la moyenne toujours sessile;* stipules oblongues-aiguës. Pédoncules *flexueux,* filiformes, ascendants, bien plus longs que les feuilles. Fleurs petites, en capitules de 2-6 fleurs portées par des *pédicelles plus longs que le tube du calice,* à dents peu inégales. Etendard *lisse,* caréné sur le dos, dépassant à peine les ailes. Style 3-5 fois plus court que la gousse. ☉. Mars-juin.

R. R. Forêt de Chaux près Dole, au bord du chemin dit le Grand-Contour ! (*Michalet*).

Obs. Les dénominations que je viens d'admettre pour la plupart des espèces de cette dernière section (*Chronosemium*) ne sont point celles que nous avions proposées dans notre *Flore de France*, j'en vais donc expliquer brièvement les motifs.

MM. Soyer-Willemet, Godron et Puel ont publié récemment de savants mémoires sur la détermination des espèces de ce petit groupe de trèfles. Je n'ai point intention de continuer le débat ; je crois au contraire que le moment est venu de le résumer, et je vais essayer de le faire aussi succinctement qu'il me sera possible. Les espèces qui ont servi de thème à la discussion sont : *T. agrarium L.; T. procumbens L.; T. filiforme L.; T. minus Relhan; T. aureum Poll.; T. campestre Schreb.*

1º *T. agrarium L.* — Quelle plante doit porter ce nom ? Doit-il correspondre au *T. aureum Poll.*, ou au *T. campestre Schreb.?*

Si l'on observe que Linné, dans sa diagnose, donne à sa plante une tige *dressée* (*caule erecto*), et que dans son *Hortus cliffortianus* il a réuni les *T. agrarium* et *spadiceum*, il deviendra évident que la plante de Linné correspond au *T. aureum Poll.*, et nullement au *T. campestre Schreb.* Car comment supposer que Linné a réuni la plante *diffuse* de nos champs, avec la plante *dressée* qu'il a plus tard nommée *T. spadiceum.* Sur ce point l'opinion de M. Soyer-Willemet me paraît inadmissible. De plus l'herbier de Linné étant parfaitement d'accord avec cette version, on est conduit, on ne peut plus logiquement, à admettre que le *T. agrarium L. sp. éd.* 1, *p.* 772, *et herb !* a pour synonyme le *T. aureum Poll.* Ajoutons que M. Fries partage cette opinion; qu'il a publié, dans son herbier normal, fasc. 9, n° 52, sous le nom de *T. agrarium*, la plante même de Pollich, et que le savant professeur d'Upsal, dans toutes ses publications, n'a jamais soulevé à cet égard le moindre doute.

2° *T. filiforme L.* — Sans doute ce serait le moment d'aborder l'examen du *T. procumbens L.* Mais la question devant se simplifier par l'étude préalable du *T. filiforme*, je passe d'abord à l'examen de ce dernier.

Tout le monde étant maintenant d'accord sur la plante à laquelle Linné a donné le nom de *T. filiforme*, ainsi que sur l'identité de cette espèce, avec le *T. micranthum Viv.*, je pourrais borner là le résumé de la discussion. Toutefois j'ajouterai que, si j'en juge par l'herbier normal de Fries, ce *T. filiforme* est étranger à la Suède, et que Linné qui l'avait fait figurer dans le *Flora suecica* (1755), a eu raison de ne pas reproduire cette assertion dans le *Species* (1764). En effet, dans son herbier normal, sous le nom de *T. filiforme*, Fries a deux fois donné une plante qui n'est point celle de Linné, et qui est le *T. minus Relhan!* (voir herb. norm. fasc. 2, n° 48, et fasc. 9, n° 54). D'après cela, je me crois donc autorisé à admettre que, jusqu'à ce jour, la Suède ne possède pas le *T. filiforme L.*, dont la détermination reste néanmoins parfaitement précisée.

3° *T. procumbens L.* — Parmi les espèces qui nous occupent, il ne nous reste plus qu'à déterminer la plante que Linné a nommée *T. procumbens.* Remarquons d'abord que nous n'avons plus à appliquer qu'un seul nom linnéen, et qu'il nous reste cependant deux plantes qui croissent toutes deux en Suède. Sera-ce donc à la plante munie de fleurs aussi grandes que celles du *T. agrarium*, ou à la plante pourvue de fleurs presque aussi petites que celles du *T. filiforme*; en d'autres termes, sera-ce au *T. campestre Schreb.*, ou au *T. minus Relhan* qu'il conviendra d'appliquer la dénomination linnéenne?

Dans le *Flora suecica* (p. 261), Linné ne différencie son *T. procumbens* que des *T. agrarium* et *spadiceum*, sans se préoccuper du *T. filiforme*. De ce fait seul je concluerais déjà, avec M. Puel, que Linné avait en vue le *T. campestre Schreb.*, dont les capitules et les fleurs, bien qu'un peu plus petits, ont tant de ressemblance avec le *T. agrarium L.* (aureum Poll.), et que Linné n'avait nullement la pensée de désigner le *T. minus Relhan*, si différent par la petitesse de ses fleurs et de ses capitules.

Cette forte présomption acquiert une bien autre valeur, je dis même le degré d'une incontestable certitude, si on remarque, 1° que le *T. campestre* est commun dans toute la Suède et la Norwège, qu'il ne disparaît qu'en Laponie, et qu'abondamment répandu autour d'Upsal il a été bien connu de Linné; 2° que le *T. filiforme* n'existant pas en Suède, et que de plus le *T. minus* ne se trouvant pas autour d'Upsal et n'appartenant qu'à la partie méridionale et occidentale de la presqu'île scandinave, Linné a été dans l'impossibilité de commettre aucune confusion; 3° que le *T. campestre* commun dans toute la presqu'île est le seul qui réponde à l'habit. du *Flora suecica*; 4° que l'herbier de Linné apporte à cette opinion son imposante consécration, et que c'est bien le *T. campestre* qui y est conservé sous le nom de *T. procumbens*; 5° que cette opinion enfin est celle des plus habiles botanistes de la Suède, et de Fries en particulier qui, dans son herb. norm. fasc. 9, n° 53, a publié la même plante sous le nom de *T. procumbens*, sans avoir jamais soulevé, dans ses ouvrages, un doute à cet égard. D'après toutes ces raisons, nous sommes, je crois, bien légitimement en droit de conclure que le *T. procumbens L.* a pour synonyme *T. campestre Schreb.*

4° *T. minus* Rehhan. — Tout ce que nous venons de dire des *T. agrarium*, *procumbens* et *filiforme* de Linné nous permet cette fois d'apprécier la valeur du *T. minus* Rehlan , et de nous résumer ainsi qu'il suit. D'abord le *T. minus* constitue une bonne espèce, qui n'a point été connue de Linné, et qui est parfaitement distincte des trois espèces précitées ; il doit donc garder le nom qui lui a été imposé par Relhan.

Secondement il ne peut prendre le nom de *T. procumbens* qui lui a été appliqué par plusieurs botanistes, parce que, sans compter les raisons précédemment produites, sa dispersion dans le sud-ouest de la Scandinavie et son absence autour d'Upsal sont en contradiction avec les paroles mêmes de Linné dans le *Flora suecica*. Ce que nous avons dit à l'article du *T. procumbens* ne permet pas de lui appliquer ce dernier nom*, malgré l'opinion contraire de M. Soyer-Willemet ; et j'ajouterai que la vue de la fig. 3, tab. 14 du *Synopsis* de Ray, dont M. Soyer a tiré son principal argument n'a pas modifié ma conviction Cette figure grossière peut représenter tout ce qu'on voudra, et Linné, qui ne connaissait pas le *T. minus*, ne l'a donnée sans doute, selon son habitude, que comme une représentation approximative de la plante qu'il avait en vue, c'est-à-dire du *Trifolium* nommé plus tard par Schreber *T. campestre*. M. Soyer a disposé avec un rare talent les textes qui paraissent militer en faveur de sa manière de voir. Mais ce ne sont là que des inductions, des interprétations de textes plus ou moins incertains, qui ne peuvent dominer les faits fournis par l'inspection de l'herbier de Linné, et par l'étude de la dispersion des espèces en litige à travers les diverses régions de la Suède, dont les ouvrages de Linné nous ont laissé une statistique incontestable.

LOTUS Lin.

Calice campanulé, à 5 divisions. Corolle caduque, *à carène prolongée en bec*. Étamines diadelphes, à filets alternativement dilatés vers le haut. Style *atténué* au sommet. Gousse *droite, linéaire, cylindrique*, polysperme, avec fausses cloisons transversales, s'ouvrant en 2 valves qui se tordent en spirale.

L. corniculatus *L. sp.* 1092; *G. G.* 1, *p.* 432. — Tiges de 2-6 décim., étalées ou ascendantes, glabrescentes ou très velues. Folioles obovales ou oblongues-sublinéaires. Fleurs 2-6 en capitules; dents du calice lancéolées, *conniventes* avant l'anthèse. Étendard *orbiculaire ;* ailes *ovales*, élargies au milieu, *fortement courbées* au bord inférieur ; carène coudée *vers le milieu du limbe et brusquement atténuée en bec*. ♃. Mars-sept.

Dans les prés et les pâturages de la plaine et des montagnes, jusque sur les sommités.

L. tenuis *Kit. ap. Willd. en.* 797; *G. G.* 1, *p.* 432. — Tiges grêles; pédoncules filiformes; ailes de la corolle *oblongues-obovales, non courbées au bord inférieur ;* gousse grêle. Le reste comme dans le *L. corniculatus*, dont il me paraît bien distinct, surtout par sa dispersion. ♃. Mai–septembre.

C. Dans les terrains siliceux et argileux de la plaine et du vignoble, qu'il ne dépasse pas; nul sur le calcaire.

L. major *Scop. carn.* 2, *p.* 86 (1772); *L. uliginosus Schkr. handb.* 2, *p.* 412; *G. G.* 1, *p.* 432. — Souche *rampante, stolonifère*. Tiges de 5–8 décim., fistuleuses, dressées, glabrescentes ou velues. Folioles obovales. Fleurs 8–12, en capitules; dents du calice *étalées-subréfléchies* avant l'anthèse. Etendard *ovale;* ailes *obovales, non courbées* au bord inférieur; *carène coudée vers la base du limbe et insensiblement atténuée au bec.* ♃. Juillet-août.

C. Dans les lieux humides et argilo-siliceux de la plaine, du vignoble et du plateau qui le domine; n'arrive pas jusqu'à la région des sapins.

TETRAGONOLOBUS Scop.

Calice tubuleux-campanulé, à 5 divisions. Corolle caduque, *à carène prolongée en bec.* Etamines diadelphes, à filets alternativement dilatés vers le haut. Style *épaissi* au sommet. Gousse droite, cylindracée et *munie de 4 ailes foliacées-longitudinales*, polyspermes avec fausses cloisons transversales, s'ouvrant en deux valves qui se tordent en spirale.

T. siliquosus *Roth*, *tent.* 1, *p.* 323; *G. G.* 1, *p.* 428. — Tiges de 2–4 décim., dressées ou étalées, pubescentes. Folioles obovales-cunéiformes. Fleurs d'un jaune pâle, solitaires et rar. géminées, à pédoncule bien plus long que la feuille. Calice à dents une fois plus courtes que le tube. Gousse glabre, bordée de 4 ailes planes, quatre fois plus étroites que son diamètre. ♃. Juin-juillet.

C. Dans les lieux humides, depuis la région des vignes jusqu'aux sommités; les Rousses (*Michalet*).

✳✳. *Feuilles imparipennées.*

ROBINIA Lin.

Calice campanulé, *subbilabié*, à 5 dents. Corolle à étendard dépassant peu les ailes, à carène *aiguë*. Etamines diadelphes. Stigmate *terminal*. Gousse *comprimée*, oblongue-linéaire, polysperme, non vésiculeuse, *bivalve*, épaissie sur la suture interne.

R. pseudo-Acacia *L. sp.* 1054; *G. G.* 1, *p.* 455. — Arbre élevé. Feuilles à 5-10 paires de folioles oblongues et munies chacune d'une stipelle; 2 aiguillons stipulaires à la base du pétiole commun. Fleurs nombreuses, blanches, odorantes, en grappes pendantes. Calice pubescent, ventru, à divisions courtes. Etendard orbiculaire; ailes linéaires. ♄. Mai–juin.

Planté et subspontané dans la plaine et la moyenne montagne.

COLUTEA Lin.

Calice campanulé, à 5 dents. Corolle à étendard dépassant peu les ailes, à carène disposée en bec court et tronqué. Etamines diadelphes. Stigmate *latéral*. Gousse *enflée-vésiculeuse*, membraneuse, polysperme, *indéhiscente*.

C. arborescens *L. sp.* 1045; *G. G.* 1, *p.* 454. — Arbuste de 2-3 mètres. Feuilles à 2-3 paires de folioles obovales, un peu glauques en-dessous; stipules petites lancéolées. Fleurs jaunes, 2-6 en grappes axillaires. Calice couvert de poils noirs appliqués, à tube court, à dents inégales. Etendard orbiculaire; ailes étroites, plus courtes que la carène. Gousse très grande (4-5 centim. de long, sur 2-3 de large), enflée-vésiculeuse, d'abord fermée, puis à la fin entre-ouverte au sommet. ♄. Juin-juillet.

Pied du Jura, dans la vallée du Rhône au-dessous de Genève; çà et là aux environs de Neuchâtel, Nyon, Genève; abondant dans les carrières du mont Querelles à Cuse dans le Doubs (*Paillot*), où il paraît bien spontané.

Obs. Le *Galega officinalis* L. n'est point cultivé dans nos régions en prairies artificielles; cependant on le rencontre quelquefois le long des eaux et particulièrement sur les bords du Doubs au-dessous de Dole. Il se reconnaît à ses tiges droites de 6-10 décim.; à ses feuilles à 5-8 paires de folioles oblongues-lancéolées; à ses fleurs violacées en grappes oblongues, à calice campanulé, à carène aiguë, à stigmate en tête; à sa gousse sessile, linéaire-allongée, exserte et striée sur les faces.

B. *Légume semi-biloculaire. Feuilles imparipennées.*

ASTRAGALUS Lin.

Calice campanulé ou tubuleux, à 5 dents. Corolle à étendard dépassant les ailes; carène *obtuse*. Etamines diadelphes. Gousse divisée en 2 loges longitudinales plus ou moins complètes par l'introflexion de la nervure dorsale.

A. glycyphyllos *L. sp.* 1067; *G. G.* 1, *p.* 438. — Tiges de
5-10 décim., flexueuses, couchées ou étalées, glabrescentes.
Feuilles à 4-7 paires de folioles ovales; stipules libres, ovales-
acuminées. Pédoncule *de moitié plus court* que la feuille florale.
Fleurs d'un jaune verdâtre, en capitules denses; bractéoles
lancéolées-subulées, bien plus longues que les pédicelles. Gousses
cylindriques-trigones (30 à 35 mill. de long, sur 5-6 de large),
stipitées, *arquées-connirentes*, creusées d'un sillon profond sur
le bord externe. ♃. Juin-juillet.

Disséminé dans la région des vignes sur les deux versants du Jura.

A. Cicer *L. sp.* 1067; *G. G.* 1, *p.* 439. — Tiges de 3-6 déc.,
couchées-diffuses, *mollement velues, ainsi que toute la plante.*
Feuilles à 5-10 paires de folioles ovales-oblongues, obtuses;
stipules lancéolées, libres ou soudées. Pédoncule un peu plus
court que la feuille florale. Fleurs d'un jaune pâle, en capitules
ovoïdes, denses; bractéoles lancéolées, plus longues que les
pédicelles. Gousses courtes (12-15 mill. de long sur 8-9 de large),
sessiles, imbriquées, *ovoïdes-vésiculeuses*, avec un sillon sur les
deux sutures. ♃. Juin-juillet.

Collines et bords des chemins dans la basse région comprise entre la
chaîne du Jura et les lacs de Genève et de Neuchatel.

OXYTROPIS, DC.

Calice campanulé ou tubuleux, à 5 dents. Corolle à étendard
dépassant les ailes; carène *apiculée*. Etamines diadelphes. Gousse
divisée en 2 loges longitudinales plus ou moins complètes par
l'introflexion de la nervure dorsale. — Ce genre ne diffère du
genre *Astragalus* que par la carène apiculée.

O. montana *DC. fl. fr.* 4, *p.* 565; *G. G.* 1, *p.* 450. —
Souche subligneuse et rameuse. Tiges de 3-15 cent., herbacées.
Feuilles à 9-15 paires de folioles ovales ou lancéolées; stipules
lancéolées, soudées au pétiole. Fleurs bleues, 6-12 en capitules;
bractéoles lancéolées. Gousse pubescente, de 12 à 18 millim. de
long, ovoïde-cylindracée, supportée par une podogyne grêle et
plus long que le tube du calice. ♃. Juillet-août.

Pâturages et roches de la région alpestre, à partir de 1600 mètres, sur
toute la chaîne du Colombier et du Reculet.

Trib. II. VICIEÆ. — Gousse *continue*, bivalve, à une seule
loge longitudinale. Cotylédons *épaissis et restant souterrains*
après la germination. — Feuilles *paripennées*, à rachis prolongé en vrille ou en arète, rar. réduites au rachis transformé
en vrille ou en phyllode.

VICIA Tournef.

Calice tubuleux-campanulé, à 5 divisions ou dents presque
égales ou inégales (les 2 supér. plus courtes). Étamines *diadelphes*, à tube *tronqué très obliquement*. Style *filiforme*, variablement comprimé. Gousse allongée et polysperme, ou courte
et oligosperme. Graines subglobuleuses, anguleuses, rarement
comprimées-lenticulaires. — Rachis des feuilles terminé en
vrille rameuse et très rar. simple.

Sect. 1. *Corolle dépassant longuement les divisions du calice.*

    a. *Fleurs solitaires ou géminées, subsessiles à l'aisselle*
des feuilles. (Pl. annuelles.)

V. sativa *L. sp.* 1037; *G. G.* 1, *p.* 438. — Tige de 3-10
déc., flexueuse, plus ou moins velue, ainsi que toute la plante.
Feuilles à 3-7 paires de folioles obovales ou oblongues, tronquées
ou émarginées au sommet. Fleurs ordinair. géminées, grandes,
purpurines-violettes. Calice fendu à la maturité, à dents lancéolées-subulées, dressées, égalant le tube. Gousse *largement*
linéaire-comprimée, bosselée, roussâtre, pubescente et glabrescente à la fin. Graines brunes, lisses, globuleuses-subcomprimées.
☉-②. Juin-août.

C. C. Dans toutes les moissons de la plaine et des montagnes, jusque
dans la région des sapins (Pontarlier), où il finit par disparaître; cultivé
comme fourrage, ou pour ses graines employées à l'alimentation des
gallinacées.

V. angustifolia *All. ped.* 1 (1785), *p.* 325; *Roth, tent.* 1
(1788), *p.* 310; *G. G.* 1, *p.* 439. — Tige de 2-9 décim., plus ou
moins pubescente, ainsi que toute la plante. Feuilles à 3-7 paires
de folioles obcordées, oblongues, lancéolées ou linéaires, aigu⁂s
ou tronquées, mucronées. Fleurs solitaires ou géminées, grandes,
purpurines-violacées ou rouges. Calice entier ou fendu à la ma-

turité, à dents lancéolées-subulées, dressées, égalant le tube.
Gousse *linéaire-cylindracée*, variablement comprimée, non
bosselée, noirâtre, luisante et glabre à la maturité. Graines
noirâtres, lisses, subglobuleuses. ⊙. Mai-juillet.

α. Folioles des feuilles sup. ovales-oblongues. — *V. segetalis*
Thuil. par. 367; *V. Forsteri Jord.; Bor. fl. centr.* 172? Cette
forme varie à fleurs jaunes, dans les moissons du Vigan, d'où
M. le Dr Martin d'Aumessas me l'a envoyée. A l'époque où je
pensais que, dans les fleurs, le jaune ne peut passer au violet,
j'avais donné à cette plante le nom de *V. Martini*.

β. Folioles des feuilles supér. linéaires, tantôt acuminées au
sommet et mucronées : *V. Bobartii Forst. tr. lin.* 16, p. 442,
tantôt tronquées ou émarginées au sommet et mucronées :
V. heterophylla Presl, del. prag. 37, *V. uncinata Desv., Bor.*
fl. centr. p. 173. — Sur nos collines sèches et arides, cette forme
reste naine et dépasse à peine 2 déc.; les fol. sup. sont lancéolées
ou linéaires; la gousse, moins gonflée par le fait d'une maigre
alimentation, ne fend ord. pas le calice ; la fleur sans être plus
grande prend une teinte d'un beau rouge. — Dans les cultures
et pelouses du Vigan, d'où elle m'a été envoyée par M. Diomède
Tuczkiewicz, cette forme à feuilles étroites offre aussi une variation à fleurs jaunes que j'avais autrefois nommée : *V. Diomedis*.

C. Dans tous les sols et à toutes les hauteurs, depuis la plaine jusque
dans la région des sapins.

Obs. Au voisinage d'une vigne, sur une pelouse très sèche, où cette
plante croissait en abondance, et se montrait comme sur les sols arides
avec sa tige naine et sa belle fleur d'un rouge vif, je remarquai un petit
espace de quelques mètres, où la plante plus développée était redevenue
du *V. segetalis*, et n'étalait que des fleurs d'un rouge vineux-violacé. Véri-
fication faite, je constatai que cette transformation s'était produite sur la
place où le vigneron avait déposé le fumier qu'il avait plus tard répandu
dans sa vigne.

J'ai vainement cherché des caractères stables pour diviser ce type en
plusieurs espèces, ainsi qu'on l'a récemment pratiqué. Les feuilles qui ont
une large part dans cette multiplication ne sauraient servir à établir même
de bonnes variétés, et elles n'offrent en réalité que des variations passant
insensiblement de la forme obcordée, obovale et elliptique, à la forme
lancéolée ou linéaire, acuminée ou rétuse. Il est presque toujours facile
de rencontrer les principales variations sur un seul et même exemplaire.
Que dire du calice fendu ou entier, sinon que l'intégrité du calice accuse
la stérilité du sol, de même que l'allongement de la plante et l'élargisse-
ment des folioles indiquent un sol plus fertile.

Je n'hésite donc plus à réunir ces formes dont on a fait autant d'espèces;

mais il m'est impossible d'aller jusqu'à réunir le *V. angustifolia* (comme je viens de le circonscrire) au *V. sativa L.* Car il m'a paru que la gousse, dans les deux plantes, restait constante et distincte, au milieu des nombreuses variations des deux types. Dans le *sativa*, elle est large, comprimée et toruleuse, plus ou moins velue et d'un fauve pâle à la maturité; dans l'*angustifolia*, elle est étroitement cylindracée, peu comprimée, rarem. un peu toruleuse, noire et luisante à la maturité. Ces caractères tirés de la gousse m'ont paru résister à toutes les influences; car je possède des exemplaires, venus sur un sol aride, qui n'atteignent pas 2 décim., et dont les gousses sont identiques à celles d'exemplaires provenant de cultures fertiles, où ils ont acquis plus d'un mètre de haut. Je vois donc là deux types, deux espèces.

V. Lathyroïdes *L. sp.* 1037; *G. G. 1, p.* 460. — Tiges de 1-3 déc., plus ou moins pubescentes, non grimpantes. Feuilles à 2-4 paires de folioles obovales ou oblongues, à *rachis terminé par une arête ou une vrille simple.* Fleurs *solitaires, très petites* (7-9 millim.), lilacées. Calice régulier, à divisions linéaires, dressées. Gousse sessile, linéaire, comprimée, non bosselée, glabre et noire à la maturité. Graines *tuberculeuses, cubiques.* ☉. Avril–mai.

R. R. Cette plante, qui n'a été signalée que près de Genève, et dans une station restreinte, ne me paraît pas appartenir légitimement à la végétation jurassique.

V. lutea *L. sp.* 1037; *G. G. 1, p.* 462. — Tiges de 2-5 déc., pubescentes ou glabrescentes, non grimpantes. Feuilles à 5-7 paires de folioles. oblongues ou linéaires, mucronées. Fleurs *jaunes*, solitaires. Calice *irrégulier*, à dents lancéolées-subulées, très inégales; les sup. plus courtes, *dressées-conniventes.* Etendard glabre. Gousse *stipitée, largement oblongue* (3-4 centim. de long sur 1 de large), noircissant à la maturité, *hérissée de* longs poils renflés à la base. Graines subglobuleuses, lisses. ☉. Mai–juin.

R. Çà et là sur le terrain siliceux de la plaine, Dole, Menotey et la forêt de la Serre (*Michalet*), entre Chaussin et Gatey; Orbe, Rolle, Coppet, Genève, etc.; dans la Haute-Saône, Chassey-les-Scey, etc. (*Thiou*).

Obs. Le *V. hybrida*, si facilement distinct du précédent par son étendard velu, n'appartient point au Jura, et ne s'y rencontre qu'accidentellement et très rarement.

b. *Fleurs en grappes plus ou moins pédonculées.*

☩ *Style épais, barbu sous le stigmate.*

V. sepium *L. sp.* 1038; *G. G. 1, p.* 463. — Tiges de 3-8

décim., pubescentes ou glabrescentes. Feuilles à 3-7 paires de
folioles ovales-oblongues ou oblongues, tronquées, mucronulées.
Stipules *semi-sagittées*. Fleurs violacées, veinées, 3-7 en grappe
au sommet d'un *pédoncule beaucoup plus court que la feuille*.
Calice à dents inégales; les supér. plus courtes, dressées-conniventes; les infér. élargies à la base, subulées et plus courtes que
le tube. Gousse stipitée, lancéolée-linéaire (2-3 centim. de long
sur 7 millim. de large), glabre, lisse et noire à la maturité.
Graines subglobuleuses, lisses, à hile occupant les deux tiers de
leur circonférence. ♃. Mai-automne.

C. Partout et à toutes les hauteurs, depuis la plaine jusque sur la Dôle
et le Reculet.

V. dumetorum *L. sp* 1035; *G. G.* 1, *p.* 466. — Tiges de
10-15 décim., presque ailées, grimpantes, glabres. Feuilles à
4-5 paires de folioles ovales, obtuses, apiculées, rudes et finement ciliées aux bords; stipules *semi-lunaires et dentées*. Fleurs
d'abord purpurines, puis d'un jaune sâle, 3-7 en grappe au
sommet d'un *pédoncule plus long que la feuille*. Calice à dents
inégales, très courtes; les deux supér. conniventes. Gousse stipitée, lancéolée-linéaire (3-4 centim. de long sur 8-9 millim. de
large), comprimée, fauve et glabre à la maturité. Graines
globuleuses, d'un brun noir; hile occupant les deux tiers de
leur circonférence. ♃. Juillet-août-septembre.

A. C. Dans la région qui domine le vignoble et dans laquelle il pénètre :
Montbéliard, Besançon, Salins, Saint-Amour, etc ; remonte jusque vers
la haute région montagneuse, où, près de Pontarlier, je l'ai trouvé en
abondance dans des forêts de sapins ; également commun sur le versant
suisse : Lausanne, Morges, Rolle, Longirod, Nyon. etc.

##. *Style fin, pubescent tout autour au sommet, et non barbu
sous le stigmate.*

1. *Gousse tronquée obliquement au sommet et prolongée en bec.*

V. pisiformis *L. sp.* 1034; *G. G.* 1, *p.* 466. — Tiges de
1-2 mètres, glabres, grimpantes. Feuilles à 3-4 paires de folioles
très grandes, largement ovales (2-3 centim. de long sur 1-2 de
large), obtuses, mucronées; *les 2 infér. situées à la base du
pétiole et simulant des stipules.* Fleurs d'un *jaune-verdâtre*,
5-15 en grappe au sommet d'un pédoncule long de plus d'un
décim. et *plus court que les feuilles*. Calice à dents très inégales,

n'égalant pas le tube, les sup. plus courtes. Etendard oblong, à onglet non distinct du limbe. Gousse de 3 centim. de long sur 1 de large, fauve, glabre et comprimée, stipitée et à support plus long que le tube du calice. Graines globuleuses; hile occupant la moitié de leur circonférence. ♃. Mai-juin.

A. C. Dans les bois des environs de Chariez (Haute-Saône) *(Thiout)*; cette plante qui apparaît là sur notre lisière vosgienne, jusqu'à présent ne s'est point montrée sur d'autres points du Jura.

V. Cracca *L. sp.* 1035; *Cracca major Frank.*; *G. G.* 1, *p.* 468. — Tiges de 3-15 déc., glabrescentes, pubescentes, ou velues-soyeuses (*V. incana Thuill.*). Feuilles à 8-10 paires de folioles oblongues, lancéolées ou linéaires, obtuses ou aiguës, mucronées. Fleurs violettes, en grappes multiflores égalant ou dépassant les feuilles. Calice à tube non bossu à la base; à dents très inégales, n'égalant pas le tube; les sup. plus courtes. Etendard *rétréci vers son milieu*, à partie infér. (onglet) *suborbiculaire plus large et aussi longue que la partie supér.* (limbe). Gousse glabre, oblongue, stipitée et à support *plus court* que le tube du calice. Graines subglobuleuses, lisses; hile égalant le tiers de leur circonférence. ♃. Juin-août.

A. C Dans tout le Jura et à toutes les hauteurs, dans les prés, les champs, les haies.

V. tenuifolia *Roth, tent.* 2, *p.* 183; *Cracca tenuifolia G. G.* 1, *p.* 469. — Tiges de 5-15 décim., pubescentes ou glabrescentes. Feuilles à 8-10 paires de folioles oblongues, lancéolées ou sublinéaires, obtuses ou aiguës, mucronées. Fleurs violettes panachées de blanc, en *longue grappe dépassant* les feuilles. Calice non bossu à la base, à dents très inégales, n'égalant pas le tube; les sup. plus courtes. Etendard *rétréci vers son tiers inf.*, à partie sup. (limbe) *une fois plus longue et aussi large que la partie infér.* (onglet). Gousse glabre, oblongue, stipitée à support *égal* au tube du calice. Graines subglobuleuses, lisses, à hile occupant *le quart* de leur circonférence. ♃. Juin-août.

C. Dans les haies, buissons, bords des bois, autour de Dole, Plumont, Champvans, Jouhe, Authume, Mont-Roland *(Michalet)*; je l'ai trouvé bien au-dessus du vignoble, sur le plateau qui domine Salins; rare ou plutôt nul sur le versant suisse, où M. Godet y met en doute son existence.

V. varia *Host, austr.* 2, *p.* 332; *Cracca varia G. G.* 1, *p.* 469. — Plante *annuelle ou bisannuelle.* Tiges de 5-15 déc., plus ou moins pubescentes, grimpantes. Feuilles à 5-8 paires de folioles oblongues, lancéolées ou sublinéaires, obtuses ou aiguës. Fleurs violettes mêlées de blanc, en grappe égalant ou dépassant les feuilles. Calice *bossu à la base,* à dents très inégales, subulées, n'égalant pas le tube; les supér. plus courtes. Étendard rétréci *vers son quart sup.,* à partie inf. (onglet) *au moins une fois plus longue et aussi large que la partie supér.* (limbe). Gousse *largement oblongue, très comprimée,* stipitée à support plus long que le tube du calice. Graines globuleuses, lisses, à hile occupant *le huitième* de leur circonférence. ☉-②. Juin–août.

C. Dans les moissons de la plaine, du vignoble et du plateau qui le domine.

2. Gousse *arrondie au sommet et non prolongée en bec.* (*Fleurs petites.*)

V. tetrasperma *Mœnch, meth.* 148; *Ervum tetraspermum L. sp.* 1039; *G. G.* 1, *p.* 474. — Plante annuelle. Tiges de 2-6 déc., glabres. Feuilles à 3-5 paires de folioles lancéolées ou linéaires, obtuses, mucronulées, glabres. Fleurs petites (5 mill.), blanchâtres, à étendard bleuâtre, au nombre de *une-deux* au sommet de pédoncules ord. plus courts que les feuilles et *dépourvus d'arête.* Calice à dents presque égales, lancéolées, plus courtes que le tube. Gousse glabre, linéaire-oblongue, comprimée, à 3-4 *graines* globuleuses; hile occupant *le sixième* de leur circonférence. ☉. Juin–août.

C. Dans les moissons de la plaine, du vignoble et des basses montagnes.

V. gracilis *Lois. gall.* 2, *p.* 148; *Ervum gracile DC. monsp.* 109; *G. G.* 1, *p.* 475. — Fleurs *deux-cinq* au sommet d'un pédoncule *aristé et presque une fois plus long que les feuilles.* Gousse à 4-6 *graines;* hile ovale, occupant à peine le *huitième* de leur circonférence, et presque de moitié plus petit que dans le *V. tetrasperma,* dont les fleurs sont d'un tiers plus petites. Plusieurs auteurs le réunissent comme variété au *tetrasperma* dont il a les autres caractères. ☉. Juin–août.

Dans les moissons, avec le précédent, mais plus rare.

Sect. ii. *Corolle plus courte, ou à peine plus longue que le calice.*

V. hirsuta *Koch, syn. ed.* 1, *p.* 191; *Cracca minor Riv.;* G. G. 1, *p.* 473; *Ervum hirsutum L. sp..* 1039. — Tiges de 2-6 décim., *grimpantes,* pubescentes ou glabres. Feuilles à pétioles termin's en vrilles presque toujours rameuses, à 8-10 paires de folioles lancéolées ou linéaires, obtuses ou tronquées, mucronées; stipules moyennes semi-sagittées, incisées, à dents sétacées. Fleurs très petites (3-4 millim.), d'un blanc bleuâtre, 3-8 au sommet de pédoncules qui égalent à peine la longueur des feuilles. Calice à dents presque égales, subulées, plus longues que le tube, un peu plus courtes que la corolle. Style *glabre, comprimé latéralement.* Gousse oblongue (10 mill. sur 5), sessile, disperme, *velue.* Graines globuleuses, lisses. ⊙. Mai-juillet.

C. Dans les moissons, les pâturages, les buissons de la plaine, du vignoble et de la région inférieure des montagnes.

V. Ervilia *Willd. sp.* 3, *p.* 1103; *Ervilia satira Link;* G. G. 1, *p.* 475; *Ervum Ervilia L. sp.* 1040. — Tiges de 2-3 déc., *dressées,* pubescentes. Feuilles *dépourvues de vrilles et terminées par une arête,* à 8-12 paires de folioles oblongues-linéaires, tronquées; stipules semi-sagittées, incisées. Fleurs 1-3 au sommet d'un pédoncule aristé, *bien plus court* que la feuille. Calice à dents presque égales, plus longues que le tube et à peu près aussi longues que la corolle. Style *subulé,* pubescent au sommet. Gousse lancéolée-linéaire, *fortement toruleuse, glabre.* Graines 3-4, rosées, lisses, globuleuses. ⊙. Juin-juillet.

Çà et là dans les moissons de la plaine et du vignoble, rarement cultivé.

V. Lens *Coss. et Germ. fl. par. éd.* 1, *p.* 143; *Lens esculenta Mœnch, meth.* 131; G. G. 1, *p.* 476 (*la lentille*). — Tiges de 2-4 décim., *dressées,* pubescentes. Feuilles à pétioles terminés en vrilles simples ou bifides, à 5-7 paires de folioles oblongues, obtuses; stipules *lancéolées, entières.* Fleurs petites, d'un blanc bleuâtre, 1-3 au sommet d'un pédoncule aristé à peu près aussi long que la feuille. Calice à dents presque égales, linéaires-subulées, ciliées, bien plus longues que le tube et à peu près aussi longues que la corolle. Style *muni d'une ligne de poils* sur sa face sup., *comprimé de haut en bas.* Gousse *rhomboïdale,* mono-disperme, comprimée, *glabre.* Graines *comprimées-lenti-culaires,* lisses. ☉. Juin–juillet.

La lentille est subspontanée dans les champs ; elle est souvent cultivée dans les sols sablonneux de la plaine, et particulièrement sur les plateaux compris entre le vignoble et les sapins, où elle constitue une réelle exploitation.

FABA Tournef.

Calice campanulé-tubuleux, à 5 dents, les 2 sup. plus courtes. Étamines *monadelphes,* à tube des étamines très obliquement tronqué. Style filiforme, barbu sous le stigmate, légèrement comprimé de haut en bas. Graines oblongues-tronquées. Le reste comme dans le genre *Vicia.*

F. vulgaris *Mœnch, meth.* 130 ; *Vicia Faba L. sp.* 1039 ; *G. G. 1, p.* 462. — Tiges de 4-10 décim., dressées, anguleuses, fistuleuses, glabres. Feuilles terminées par une arête, à 1-3 paires de folioles grandes, oblongues, obtuses, mucronées, en-tières ; stipules semi-sagittées, ovales-aiguës, dentées. Fleurs blanches ou rosées, à ailes tachées de noir au sommet, 2-3 en grappe très brièvement pédonculée. Calice bien plus court que la corolle, à dents inégales ; les sup. plus courtes, conniventes. Étendard dépassant longuement les ailes. Gousse très grande, enflée-charnue, pubescente, à la fin noire. Graines séparées par du tissu cellulaire abondant, brunes, lisses, à hile linéaire occupant tout leur bord supérieur. ☉. Juin-août.

Très fréquemment cultivé dans la plaine et la région des vignes.

PISUM Tournef.

Calice campanulé, à 5 divisions foliacées, presque égales ; *les 2 sup. un peu plus amples.* Étamines diadelphes, à *tube tronqué à angle droit.* Style *plié en long et canaliculé en-dessous.* Gousse linéaire-oblongue, polysperme. Graines globuleuses ou anguleuses ; hile elliptique-arrondi.

P. arvense *L. sp.* 1027 ; *G. G. 1, p.* 478. — Tiges de 3-8 déc., glabres, grimpantes. Feuilles à 1-2 paires de folioles obo-vales ou oblongues, dentées ou entières ; stipules plus amples que la feuille, ovales-semi-sagittées, dentées. Fleurs 1-3, au

sommet d'un pédoncule aristé, et à peine plus long que les stipules. Ailes et étendard d'un pourpre violet. Gousse glabre,
cylindracée. Graines globuleuses-tronquées, lisses. ⊙. Juin-juil.

Fréquemment cultivé dans la région des vignes, sur le plateau qui la
domine, et jusque sous la région des sapins.

Le *P. sativum*, distinct par ses fleurs blanches et ses graines globuleuses, est cultivé depuis la plaine jusque sous nos hautes sommités.

LATHYRUS Lin. (*Lathyrus et Orobus*).

Calice campanulé, à 5 dents, *les 2 sup. plus courtes*. Étamines
diadelphes ou monadelphes, à tube tronqué transversalement *à
angle droit*. Style *plan* sur les faces supér. et infér., linéaire ou
élargi au sommet, pubescent en-dessus. Gousse linéaire-oblongue,
polysperme, tronquée obliquement en bec; graines subglobuleuses plus ou moins comprimées, à hile oblong ou linéaire.

Sect. ɪ. (LATHYRUS). *Rachis des feuilles terminé en vrille.*

a. *Rachis à 1-4 paires de folioles.*

⸕ *Pédoncules multiflores. (Plantes vivaces.)*

1. *Tiges distinctement ailées.*

L. sylvestris *L. sp.* 1033; *G. G.* 1, *p.* 482. — Tiges de
1-2 mètres, glabres. Feuilles à une paire de folioles lancéolées
ou sublinéaires, à pétiole fortement ailé. Fleurs d'un *rose-pâle*,
à pédoncule bien plus long que la feuille. Calice à dents infér.
lancéolées, séparées par un sinus arrondi. Gousse glabre,
oblongue-linéaire (5-6 centim. sur 7 millim.). Graines subglobuleuses, *obscurément chagrinées*, à hile occupant *la moitié* de
leur circonférence. ♃. Juin-août.

C. Dans la région des vignes, d'où il s'élève jusque dans celle des sapins.

L. latifolius *L. sp.* 1033; *G. G.* 1, *p.* 4. 483. — Tiges de
1-2 mètres, glabres. Feuilles à une paire de folioles largement
ovales, lancéolées ou sublinéaires, à pétiole fortement ailé.
Fleurs d'un *rose vif*, à pédoncule bien plus long que la feuille.
Calice à dents infér. lancéolées, séparées par un sinus arrondi.
Gousse glabre, oblongue-linéaire (8-10 centim. sur 1). Graines
subglobuleuses, *fortement rugueuses-chagrinées*, à hile occupant *le tiers* de leur circonférence. ♃. Juillet-août. — Cette plante

se distingue facilement du *L. sylvestris* par ses fleurs d'un rose-vif, 2-3 fois plus grandes, et dont l'étendard étalé a plus de 2 centim. de largeur, par ses gousses au moins d'un tiers plus grandes, son style plus long et plus épais, ses graines plus fortement rugueuses.

Haies entre Saint-Amour et Vauxenans (*Rozet*), où il paraît bien spontané; le Chaumont au-dessus de Neuchatel.

L. heterophyllus *L. sp.* 1034; *G. G.* 1, *p.* 483. — Tiges de 1 mètre, glabres. Feuilles *supér.* à 2-3 *paires* de folioles lancéolées, à pétiole largement ailé. Fleurs roses, à pédoncule bien plus long que la feuille. Calice à dents infér. séparées par un *sinus aigu*. Gousse glabre, linéaire-oblongue (7-8 centim. sur 7-8 millim.). Graines fortement rugueuses-chagrinées; hile occupant le tiers de leur circonférence. ♃. Juillet-août.

A. R. Disséminé dans le Jura : pentes du Colombier (1600 m.); entre Levier et Frasne (*Garnier*); çà et là autour de Pontarlier et spécialement sur le Mont (*Grenier*); Morteau (*Dumont*).

2. *Tiges anguleuses et aptères.*

L. pratensis *L. sp.* 1033; *G. G.* 1, *p.* 488. — Souche à ramifications fibreuses. Tiges de 4-8 déc., pubescentes-soyeuses ou presque glabres. Feuilles à une paire de folioles lancéolées; stipules *sagittées*. Fleurs *jaunes*, à pédoncule bien plus long que la feuille. Gousse linéaire-oblongue (20-30 millim. sur 5-6), pubescente ou glabre. Graines lisses. ♃. Juin-août.

C. Dans les haies, les bois, les prés, les champs de la plaine et des montagnes.

L. tuberosus *L. sp.* 1033; *G. G.* 1, *p.* 484. — Souche à ramifications *renflées-tubériformes*. Tiges de 4-10 déc., glabres. Feuilles à une seule paire de folioles oblongues; stipules semi-sagittées. Fleurs *rouges,* à pédoncule plus long que la feuille. Gousse linéaire-oblongue (3 centim. sur 6 millim.). Graines obscurément chagrinées. ♃. Juin-août.

C. Dans les moissons de la plaine, du vignoble et des basses montagnes.

†† *Pédoncules 1-5-flores. (Plantes annuelles.)*

1. *Graines lisses.*

L. sativus *L. sp.* 1030; *G. G.* 1, *p.* 482. — Tiges de 3-6 décim., ailées, glabres. Feuilles à pétiole ailé, à une paire de folioles lancéolées ou linéaires. Fleurs blanches, rosées ou bleuâtres, à pédoncule uniflore, ord. plus long que le pétiole. Calice à dents presque égales, lancéolées, *deux fois plus longues que le tube.* Gousse lancéolée-oblongue (3-4 centim. sur 15-18 millim.), comprimée, *réticulée,* glabre, *munie sur le bord sup. de deux ailes membraneuses.* ⊙. Mai-juin.

Cultivé et subspontané dans les moissons de la plaine et du vignoble.

L. Cicera *L. sp.* 1030; *G. G.* 1, *p.* 481.— Tiges de 3-6 déc., ailées, glabres. Feuilles à pétiole ailé, à une paire de folioles lancéolées. Fleurs purpurines, à pédoncule uniflore, ord. plus long que le pétiole. Calice à dents presque égales, lancéolées, 1-2 fois plus longues que le tube. Gousse lancéolée-oblongue (3-4 centim. sur 8-9 millim.), comprimée, *lisse,* glabre, *à bord sup. sillonné et étroitement bordé.* ⊙. Juin-juillet.

Cultivé et subspontané dans les moissons de la plaine et du vignoble.

L. sphæricus *Retz, obs.* 3, *p.* 39; *G. G.* 1, *p.* 490. — Tiges de 1-4 décim., *anguleuses,* dressées, glabres. Feuilles à pétiole court et un peu ailé, *terminé par un mucron dans les feuilles inf. et par une vrille simple dans les sup.;* une seule paire de folioles lancéolées ou linéaires; stipules *plus longues que le pétiole.* Fleurs rougeâtres; pédoncule uniflore, longuement aristé, articulé vers son milieu, *plus court que le pétiole.* Gousse linéaire (5-7 centim. sur 6-7 millim.), bosselée, munie de nervures longitudinales *saillantes.* ⊙. Juin-juillet.

Coteaux secs des environs de Dole, Champvans, Serre-les-Meulières, Mont-Alans (*Michalet*); Jura méridional (*Godet*): environs de Genève.

2. *Graines tuberculeuses.*

L. hirsutus *L. sp.* 1032; *G. G.* 1, *p.* 481. — Tiges de 4-6 déc., *ailées,* un peu velues. Feuilles à pétiole bordé, à une paire de folioles oblongues-lancéolées, obtuses, mucronées. Fleurs d'un violet bleuâtre, 1-3 sur des pédoncules qui dépassent longuement la feuille. Gousse *oblongue, couverte de poils renflés à la base.* Graines *globuleuses.* ②. Juin-sept.

C. Dans les moissons de la plaine, du vignoble et des basses montagnes.

L. angulatus *L. sp.* 1034; *G. G.* 1, *p.* 490. — Tiges de 1-5 décim., *quadrangulaires,* glabres. Feuilles à pétiole non bordé, à une paire de folioles *linéaires*, aiguës. Fleurs d'un rouge bleuâtre, *solitaires* à l'extrémité de pédoncules longuement aristés, bien plus longs que le pétiole et égalant souvent la feuille. Gousse *linéaire, glabre*. Graines *cubiques*. ⊙. Mai-juill.

R. R. Champs de Bletterans ,*Roset, de Jouffroy*).

b. *Rachis dépourvu de folioles.*

L. aphaca *L. sp* 1029; *G G.* 1, *p.* 480. — Tiges de 4-8 décim., anguleuses, glabres. Feuilles à rachis sans folioles et terminé en vrille simple ou rameuse; stipules sagittées, ovales, très amples et simulant des feuilles. Fleurs jaunes, 1-2 à l'extrémité de pédoncules plus longs que le pétiole. Gousse oblongue (2-3 centim. sur 7 millim.), courbée, glabre et jaunâtre à la maturité. Graines lisses. ⊙. Mai-août.

C. C. Dans les champs de la plaine et du vignoble.

Obs. Dans cette plante les 2-3 premières feuilles sont composées d'une paire de folioles portées par un pétiole presque aussi long qu'elles; les stipules sont alors petites et semi-sagittées. Dans les feuilles suivantes commence l'avortement constant des folioles au profit des stipules démesurément agrandies.

Sect. ii. (Orobus). *Rachis des feuilles terminé par une arête courte ou nulle.*

a. *Rachis dépourvu de folioles.*

L. Nissolia *L. sp.* 1029; *G. G.* 1, *p* 481; *Orobus Nissolia Gren.* — Tiges de 4-7 décim., anguleuses, presque glabres. Feuilles à rachis aplani-foliacé, lancéolé-linéaire, à nervures parallèles, dépourvu de folioles et de vrille, ressemblant à des feuilles de graminées. Fleurs purpurines, 1-2 sur un pédoncule plus court que le pétiole. Gousse oblongue-linéaire (5-6 centim. sur 4-5 millim.), pubérulente. Graines chagrinées-rugueuses. ⊙. Mai-août.

R. Disséminé dans les moissons de la plaine et du vignoble.

b. *Rachis portant plusieurs paires de folioles.*

†† *Fleurs jaunes.*

L. luteus *Gren.; L. montanus G. G.* 1, *p.* 486; *Orobus luteus L. sp. ed.* 1 (1753), *p.* 728; *O. montanus Scop. carn.* 2, *p.* 60. — Souche horizontale, à fibres grêles. Tiges de 2-4 déc., dressées, anguleuses, très feuillées, pubescentes. Feuilles à pétiole non ailé, à 3-5 paires de folioles ovales, elliptiques ou lancéolées, d'un vert glauque en-dessous. Fleurs nombreuses, portées par un pédoncule plus long que la feuille. Gousse de 6-7 centim. sur 7-8 millim., arquée, glabre. Graines lisses; hile occupant le tiers de leur circonférence. ♃. Mai-juin.

R. Dans la région alpestre : pentes herbeuses du Noirmont, de la Dôle, du Colombier, du Reculet.

Obs Koch, dans son *Synopsis*, page 226, a cru devoir réunir l'*Orobus lævigatus W. K.* à l'*O. luteus Lin.* Tout en reconnaissant l'extrême affinité de ces deux plantes, je ne puis partager cette opinion, et je remarque sur mes deux exemplaires d'*O. lævigatus* un caractère qui me paraît plus que suffisant pour distinguer les espèces.

Dans le *Lathyrus* (Orobus) *lævigatus* les dents du calice sont presque égales et très petites (1-2 millim.); tandis que dans le *L. luteus* les dents inf. sont *linéaires-subulées et presque aussi longues que le tube du calice.* Je regarde d'après cela la plante de Hongrie comme distincte de celle du Jura, des Alpes et des Pyrénées.

♯♯ *Fleurs violettes ou purpurines.*

1. *Tige ailée.*

L. macrorhizus *Wimm. fl. schl.* 166; *G. G.* 1, *p.* 487; *Orobus tuberosus L. sp.* 1028. — Souche rampante, stolonifère, rameuse, *renflée-tubériforme* aux points de division. Tiges de 1-3 décim., ascendantes-diffuses, presque simples. Feuilles à pétiole plus ou moins ailé, à 2-4 paires de folioles ovales, oblongues, lancéolées ou linéaires, glauques en-dessous. Fleurs roses-violacées, 3-4 sur un pédoncule aussi long que la feuille axillante. Gousse linéaire-oblongue, glabre, noircissant à la maturité. ♃. Avril-mai.

C. C. Dans les bois siliceux et argileux de la plaine, du vignoble et du plateau qui le domine, s'avançant même jusque près des sapins.

2. *Tige anguleuse, non ailée.*

L. niger *Wimm. fl. schl.* 166; *G. G.* 1, *p.* 488; *Orobus niger L. sp.* 1028. — Souche verticale, subligneuse, à divisions fasciculées. Tiges de 4-10 décim., subsolitaires, dressées, rameuses, glabres. Feuilles à pétiole non ailé, à 4-6 paires de folioles *ovales-oblongues*, *obtuses*, mucronées, *glauques en-dessous*, *noircissant par la dessiccation*, ainsi que toute la

plante. Fleurs purpurines, 4-8 sur un pédoncule plus long que
la feuille axillante. Gousse linéaire-oblongue (5 centim. sur
5 mill.). Graines ovoïdes; hile égalant le tiers de leur circonférence. ♃. Juin–juillet.

Disséminé dans le Jura : bois de Bleigny près Salins (*Garnier*); bois de
Poupet (*Babey*); Loisia près Cousance (*Moniez*); Coges près Bletterans
(*Rosel*); bois au-dessus d'Ornans sur le plateau de Chantrans (*Grenier*);
Porentruy (*Turmann*); Grand'Combe-des-Bois (*Carteron*); Abbevillers
(*Quelet*); plus abondant sur le versant suisse où il se montre sur tous les
coteaux secs, les bois, les baies de la plaine, du vignoble et de la région
qui le domine.

L. vernus *Wimm. fl. schl.* 166; *G. G.* 1, *p.* 485; *Orobus
vernus L. sp.* 1028. — Souche épaisse, ligneuse. Tiges de 2-4
décim., dressées, simples, glabres. Feuilles à pétiole non ailé,
à 2-4 paires de folioles *ovales, longuement acuminées, d'un
vert clair sur les deux faces.* Fleurs violettes, 3-7 sur un pédoncule ordin. plus long que la feuille axillante. Gousse linéaire-
oblongue (4-5 centim. sur 5 millim.). Graines ovoïdes; hile
égalant le quart de leur circonférence. ♃. Avril–mai.

C. C. Dans tout le Jura, depuis la plaine jusque sur les sommités.

L. ensifolius *J. Gay, ann. sc. nat.* 4ᵉ *sér. vol.* 8, *cah.* 6;
L. canescens G. G. 1, *p.* 489 (*pro part.*); *Orobus ensifolius
Lap. mém. mus.* (1815), *p.* 2, *p.* 303, *t.* 12 (*excl. var.* β); *Lap.
abr. suppl.* (1818), *p.* 104. — Souche pivotante, ligneuse (voir
Gay, l. c.). Tiges de 2-4 décim., dressées, simples. Feuilles à
pétiole à peine ailé, *extrêmement court et égalant à peine les
stipules;* à 2 et rar. à 3 paires de folioles lancéolées-linéaires ou
linéaires. Fleurs bleues, 4-8 sur un pédoncule bien plus long
que la feuille axillante. Gousse linéaire-oblongue (5-6 centim.
sur 6 millim.). Graines ovoïdes; hile égalant le quart de leur
circonférence. ♃. Mai–juin.

Très abondant dans les pâturages et les prés-bois de Boujailles et de la
Vessoye; environs de Champagnole; la Rivière près Pontarlier; bords
des bois de Dournon, au-dessus de Salins (*Grenier*); val de la Brevine.

Tʀɪʙ. III. HEDYSAREÆ. — Gousse *divisée transversalement*
en articles monospermes qui se séparent ord. à la maturité.
Etamines diadelphes. Cotylédons convertis en feuilles après
la germination. — Feuilles *imparipennées.*

CORONILLA Lin.

Calice campanulé, subbilabié, à 5 dents ; les supér. presque soudées. *Carène prolongée en bec.* Étamines diadelphes. Gousse polysperme, linéaire, *subcylindrique ou anguleuse,* se subdivisant en articles *oblongs, renflés.*

a. *Stipules libres.*

C. varia *L. sp.* 1048 ; *G. G.* 1, *p.* 497. — Tiges de 3-6 déc., couchées-diffuses, glabres. Feuilles à 7-12 paires de folioles ovales-oblongues, un peu glauques en-dessous ; les 2 infér. naissant au contact de la tige. Fleurs *roses, panachées de blanc et de violet,* 12-15 en tête, sur un pédoncule une fois plus long que la feuille. Pédicelles 1-2 fois plus longs que le calice. Etendard à onglet dépourvu d'écailles et une fois plus long que le calice. Gousse de 3-5 centim., formée de 3-6 articles allongés, à 4 angles obtus. ♃. Juin-août.

C. Dans les moissons de la plaine, sur les coteaux du vignoble et sur le plateau compris entre ce dernier et les sapins.

C. Emerus *L. sp.* 1046 ; *G. G.* 1, *p.* 493. — Arbrisseau de 6-15 déc., à tiges *frutescentes-ligneuses,* glabres. Feuilles à 2-3 paires de folioles obovales, obtuses ou émarginées, glauques en-dessous ; *les inf. écartées de la tige ;* stipules petites. Fleurs jaunes, 2-3 sur un pédoncule plus court que la feuille, à pédicelles *plus courts* que le calice. Etendard à onglet deux fois plus long que le calice et *pourvu d'une écaille* sur sa face interne. Gousse de 5-10 centim., à 7-10 articles linéaires, à 2 angles obtus. ♄. Mai-juin.

C. C. Dans tous les terrains incultes de la plaine et du vignoble, et sur les plateaux inférieurs ; nul en Bresse.

b. *Stipules plus ou moins soudées en une seule oppositifoliée.*
(*Fleurs jaunes*).

C. montana *Scop. carn.* 2, *p.* 72 ; *G. G.* 1, *p.* 493. — Souche ligneuse. Tiges herbacées, *dressées,* glabres. Feuilles à 3-6 paires de folioles glauques, obovales, entourées d'une marge cartilagineuse comme les suivantes ; la foliole terminale un peu

plus grande, tronquée, cunéiforme ; *les infér. accolées à la tige
et simulant 2 stipules ;* stipules petites (2-3 millim. de long),
libres ou soudées plus ou moins. Fleurs 15-20 en tête au sommet
de pédoncules 2 fois plus longs que la feuille axillante; *pédicelles
2 fois plus longs* que le tube du calice. Gousse de 25-30 mill.,
à 2-6 articles oblongs, subtétragones. ♃. Juin.

Rochers de Brise-Poutot au-dessus de Pont-de-Roide (Doubs), où il
est très abondant ; côtes du Doubs (voir *Contejean*, l. c.); Mont-Aubert
au-dessus de Concise près Neuchatel.

C. vaginalis *Lam. dict.* 2, *p.* 121; *G. G.* 1, *p.* 495. —
Souche ligneuse. Tiges herbacées, suffrutescentes à la base,
ascendantes ou diffuses, glabres. Feuilles à 3-6 paires de folioles
glauques, obovales-cunéiformes, obtuses ou tronquées ; *les inf.
éloignées de la tige;* stipules oblongues, *grandes* (6-8 mill. de
long). Fleurs 4-10 sur un pédoncule 1-2 fois plus long que la
feuille ; *pédicelles égalant le calice.* Gousse de 20 à 30 millim.,
à 3-6 articles à 6 angles, dont 4 un peu ailés. ♃. Juin-juillet.

A. C. Très répandu dans les deux régions supérieures du Jura : le
Reculet, le Colombier, la Dôle, le Mont-d'Or, le Chateleu, etc.; toutes les
côtes du Doubs (voir *Contejean*, l. c.).

C. minima *L. sp.* 1048; *G. G.* 1, *p.* 496.— Souche ligneuse.
Tiges de 1-2 décim., couchées-diffuses, herbacées et suffruticu-
leuses à la base, glabres. Feuilles à 3-4 paires de folioles obovales-cunéiformes, obtuses ; *les infér. accolées à la tige* et simulant des stipules; stipules très petites (1 millim. de long). Fleurs
3-8, sur un pédoncule 2-3 fois plus long que la feuille ; pédicelles
un peu plus longs que le tube du calice. Gousse de 20-25 mill.,
à 2-6 articles oblongs, à 4 angles obtus. ♃. Juin-août.

R. R. Dans le Jura : lieux sablonneux ou pierreux de l'Ain, à Thoirette
et tout le long de la rivière en remontant son cours (*Michalet*).

ORNITHOPUS Lin.

Calice tubuleux-campanulé, à 5 dents presque égales. Corolle
à *carène arrondie au sommet et non rostrée.* Etamines diadelphes. Gousse linéaire, arquée, *comprimée latéralement,*
réticulée-veinée, à articles oblongs-comprimés.

O. perpusillus *L. sp.* 1049; *G. G.* 1, *p.* 498. — Tiges de
1-3 déc., diffuses ou ascendantes, très pubescentes, ainsi que

toute la plante. Feuilles à 7-12 paires de folioles ovales ou
oblongues, obtuses; les infér. pétiolulées, les moyennes et les
sup. sessiles. Fleurs très petites (5 mill. de long), roses mêlées
de blanc et de jaune, 2-7 sur un pédoncule aussi long que la
feuille, et portant sous le capitule une feuille bractéale pennée
qui dépasse un peu les fleurs. Calice de moitié plus court que
la corolle, à dents 2 fois plus courtes que le tube. Gousse arquée,
pubescente, à 6-10 articles un peu plus longs que larges. ☉.
Mai-juillet et automne.

Champs et bois siliceux-sablonneux de la plaine : Chaussin, la Chénée,
Pleurre, Chêne-Bernard, etc.; forêt de la Serre.

HIPPOCREPIS Lin.

Calice campanulé, à 5 dents presque égales. Carène *atténuée
en bec*. Etamines diadelphes. Gousse linéaire, *comprimée latéralement, creusée sur le bord interne d'échancrures* correspondant aux graines, à articles *semi-lunaires*.

H. comosa *L. sp.* 1050; *G. G.* 1, *p.* 500.— Souche ligneuse.
Tiges de 2-4 décim., glabres, diffuses. Feuilles à 5-7 paires de
folioles vertes, glabres, obovales, émarginées ; les supér. sublinéaires. Fleurs jaunes, 6-12, pendantes sur un pédoncule 1-2
fois plus long que la feuille. Pétales égalant 1 centim., à onglet
plus long que le calice. Gousse de 25 à 35 millim., chagrinées-
tuberculeuses sur la partie arquée des articles. ♃. Avril-juin.

C. C. Dans les prés, sur les coteaux et à toutes les hauteurs.

ONOBRYCHIS Lin.

Calice campanulé, à 5 dents presque égales. Corolle à *carène
élargie et tronquée obliquement au sommet,* non rostrée. Etamines diadelphes. Gousse *à un seul article* comprimé, monosperme et souvent épineux sur les faces et sur le bord externe
arqué et caréné. Graines réniformes.

O. sativa *Lam. fl. fr.* 2, *p.* 652; *G. G.* 1, *p.* 505. — Souche
vivace. Tiges de 2-6 déc., simples, *dressées,* pubescentes, ainsi
que les feuilles. Celles-ci à 6-12 paires de folioles obovales,
oblongues ou sublinéaires, échancrées ou obtuses; stipules
soudées en une seule oppositifoliée. Fleurs roses, en grappe

oblongue, longuement pédonculée; à pédicelles portant au sommet 2 bractéoles lancéolées-acuminées. Calice à dents une fois plus longues que le tube. Etendard égalant la carène; ailes très petites, incluses dans le calice. Gousse pubescente, à bord externe caréné et *denticulé*. ♃. Mai–juillet.

C. Dans les prés et sur les coteaux, à toutes les hauteurs; souvent cultivé dans la plaine, plus souvent dans la région des sapins, ainsi que sur le plateau qui domine le vignoble, où la luzerne ne réussit plus. Le *Medicago sativa* ne résiste point aux tardives gelées si fréquentes sur les plateaux inférieurs de nos montagnes; sa culture peut à peine dépasser avec sécurité la région des vignes; au-delà de cette limite, nos cultivateurs, instruits par l'expérience, remplacent cette plante fourragère par l'*Onobrychis sativa*, qui dans les sols fertiles et bien exposés donne facilement deux coupes pendant l'été (*Sain-foin à deux coupes*).

O. montana *DC. fl. fr.* 4, *p.* 161; *O. sativa var.* β, *G. G.* 1, *p.* 505. — Cette plante, que nous avons réunie à l'*O. sativa,* m'en paraît distincte, et se reconnaît aux caractères suivants : tiges *couchées à la base*, puis ascendantes. Folioles moins nombreuses (5-7 paires), plus courtes et un peu plus larges. Epi plus court, fleurs plus grandes, d'un *beau rouge*. Gousse plus largement bordée, à bord sup. *denté-épineux*. ♃. Juillet.

R. R. Colombier de Gex (*Rapin*).

XXVIII. AMYGDALÉES.

(AMYGDALEÆ JUSS.)

Fleurs hermaphrodites, régulières. Calice marcescent-caduc, à 5 sépales soudés en tube campanulé et non soudé avec l'ovaire, à limbe 5-partit, à préfloraison imbriquée. Corolle à 5 pétales insérés au bord supér. du disque mince qui tapisse le tube du calice, libres, caducs, à préfloraison imbriquée. Etamines 15-30, libres, insérées avec les pétales à la gorge du calice; anthères biloculaires, introrses, s'ouvrant en long. Ovaire libre, fait d'un seul carpelle, uniloculaire, biovulé; style simple, à stigmate capité ou pelté. Fruit charnu *(drupe)*, à sarcocarpe ord. succulent, à un seul noyau osseux (endocarpe ligneux), monosperme et rarem. disperme. Graine suspendue. Albumen nul. Embryon droit. Radicule dirigée vers le hile.

1. **Amygdalus.** — Noyau marqué de sillons irréguliers ou d'anfractuosités profondes. Feuilles pliées en long dans leur jeunesse.

2. **Prunus.** — Noyau lisse ou rugueux ; drupe glauque-pubérulente, rar. pubescente. Feuilles roulées en long avant leur complet développement. Pédicelles fructifères ord. plus courts que la drupe.

3. **Cerasus.** — Noyau très lisse ; drupe glabre, jamais glauque-pulvérulente ni pubescente. Feuilles pliées en long avant leur complet développement. Pédicelles fructifères plus longs que la drupe.

AMYGDALUS Lin.

Drupe globuleuse ou oblongue, succulente ou charnue-coriace, ord. pubescente-veloutée. Noyau ovoïde ou oblong, *marqué de sillons irréguliers, ou d'anfractuosités plus ou moins profondes.* — Feuilles pliées longitudinalement dans leur jeunesse.

A. Persica *L. sp.* 676 ; *G. G.* 1, *p.* 513 (*Pêcher*). — Arbre de petite taille (2-5 mètres), à rameaux élancés. Feuilles elliptiques lancéolées, brièvement pétiolées, dentées en scie, glabres. Fleurs d'un rose vif, naissant avant les feuilles. Fruit globuleux, charnu, très succulent, ord. couvert d'un duvet velouté, coloré en rouge sur une de ses faces, à chair blanche, jaune, rosée ou rouge, adhérent peu ou beaucoup au noyau. Noyau ovoïde, creusé d'anfractuosités profondes. ♄. Fl. avril ; fr. août-sept.

β. *nuda.* Fruit lisse dépourvu de duvet. *Persica lævis DC. fl. fr.* 4, *p.* 487 (*vulg. Brugnon*).

Cultivé dans les jardins et dans les vignes ; originaire de Perse ?.

A. communis *L. sp.* 677 ; *G. G.* 1, *p.* 512 (*Amandier*). — Arbre de taille médiocre (5-10 m.). Feuilles elliptiques-lancéolées, dentées en scie, glabres. Fleurs blanches ou rosées, naissant presque en même temps que les feuilles. Fruit vert à la maturité, pubescent-velouté, oblong-comprimé, charnu-coriace, s'ouvrant par une fente longitudinale ou se déchirant irrégulièrement. Noyau oblong, à parois épaisses ou minces, à surface presque lisse, creusée de fissures étroites. Amande douce ou amère, comestible, oléifère. ♄. Fl. mars ; fr. août-septembre.

Cultivé çà et là dans les jardins.

PRUNUS Tournef.

Drupe globuleuse ou oblongue, succulente, glabre, glauquepulvérulente ou pubérulente-veloutée. Noyau ovoïde ou oblong,

lisse ou un peu rugueux. Feuilles *roulées* en long avant leur
épanouissement.

Sect. i. *Drupe pubescente-veloutée.*

P. Armeniaca *L. sp.* 679; *G. G.* 1, *p.* 513 (*Abricotier*).—
Arbre de petite taille (3-4 m.). Feuilles ovales–suborbiculaires,
presque en cœur à la base, acuminées, glabres, luisantes, coriaces, crénelées-dentées; pétiole glanduleux. Fleurs naissant
avant les feuilles; pédoncules solitaires ou géminés, très courts.
Fruit globuleux, avec un sillon latéral, très succulent, pubéru-
lent-velouté, jaune-rougeâtre sur la face exposée au soleil. ♄.
Fl. avril-mai; fr. juillet.

Cultivé dans la plaine et la région des vignes au-dessus de laquelle il
ne s'élève pas.

Sect. ii. *Drupe couverte d'une efflorescence glauque.*

P. domestica *L. sp.* 680; *G. G.* 1, *p.* 514 (*Pruneautier*).
— Arbre ou arbrisseau élevé, non épineux, à jeunes rameaux
glabres. Feuilles elliptiques, aiguës, crénelées-dentées, légèrement pubescentes en-dessous. Fleurs naissant avant les feuilles;
pédicelles ordin. pubescents, solitaires ou géminés, plus courts
que le fruit. Calice *velu* intérieurement. Pétales d'un blanc-
verdâtre. Fruit *pendant,* oblong, un peu arqué, violet, rougeâtre
ou jaune, à saveur douce. Noyau rugueux sur les faces. ♄.
Fl. avril; fr. juillet-sept.

Cultivé dans la plaine et le vignoble, et jusque dans la région des sapins.

P. insititia *L. sp.* 680; *G. G.* 1, *p.* 514 (*Prunier*).— Arbre,
ou arbrisseau élevé, non épineux, à jeunes rameaux *pubescents-
veloutés.* Feuilles ovales–aiguës, dentées en scie, pubescentes
en-dessous. Fleurs naissant avant les feuilles; pédoncules ord.
géminés, finement *pubescents-tomenteux,* plus courts que le
fruit. Calice glabre et granuleux intérieurement; pétales blancs.
Fruit penché, globuleux, noir, violet, rougeâtre, jaune ou verdâtre, à saveur douce et sucrée; noyau rugueux. ♄. Fl. avril;
fr. juillet-sept. — Les formes signalées dans le Jura sous le nom
de *P. fruticans* me paraissent rentrer dans les très nombreuses
variétés de cette espèce.

Cultivé abondamment dans la plaine et la région des vignes, d'où il
s'avance jusque dans la région des sapins.

P. spinosa *L. sp.* 681; *G. G.* 1, *p.* 515 (*Epine noire*). — Arbrisseau de 1-2 mètres, très épineux, à jeunes rameaux pubescents. Feuilles ovales ou obovales-lancéolées, dentées en scie, glabres ou pubescentes. Fleurs naissant avant les feuilles; pédoncules *glabres,* solitaires et plus rar. géminés, plus courts que le fruit; calice glabre intérieurement; pétales blancs. Fruit *dressé,* globuleux, noir, glauque, d'une saveur très acerbe; noyau rugueux. ♄. Fl. avril; fr. sept.-oct.

C. C Dans les bois, les haies et sur les coteaux de la plaine, du vignoble et de la région montagneuse au-dessous des sapins.

CERASUS Juss.

Drupe subglobuleuse, succulente, *glabre, dépourvue d'efflorescence glauque.* Noyau subglobuleux, *lisse.* — Feuilles *pliées en long* avant leur épanouissement.

Sect. I. *Fleurs fasciculées, naissant avant ou avec les feuilles.*

C. avium *Mœnch, meth.* 672; *Prunus avium L. sp.* 680; *G. G.* 1, *p.* 515. — Grand arbre, à rameaux étalés-dressés. Feuilles fasciculées, obovales-oblongues, acuminées, un peu plissées, doublement dentées, *pubescentes* en-dessous; pétiole pourvu au sommet *de 2 glandes.* Fleurs blanches, naissant avec les feuilles, sortant d'un bourgeon dont les écailles sont *toutes scarieuses* et ciliées-glanduleuses. Fruit globuleux, rouge ou noir, d'une saveur douce. Noyau dur, épais, à bords obtus. ♄. Fl. avril; fr. juin-juillet.

C. Dans les bois de la plaine, du vignoble et de la moyenne montagne, jusque dans la région des sapins.

C. vulgaris *Mill. dict. n.* 1; *Prunus Cerasus L. sp.* 679; *G. G.* 1, *p.* 515. — Arbre ou arbrisseau bien moins élevé que le précédent, à rameaux *étalés et pendants.* Feuilles obovales-oblongues, acuminées, *planes,* doublement dentées, *glabres* dès leur jeunesse; pétioles *dépourvus de glandes.* Fleurs naissant avant les feuilles, sortant de bourgeons dont les écailles extérieures sont scarieuses et *les intérieures foliacées.* Fruit globuleux-déprimé, d'un rouge vif et jamais noir, d'une saveur acidule. ♄. Fl. avril-mai; fr. juin-juillet.

Cultivé dans la plaine et le vignoble au-dessus duquel il ne s'élève pas.

Sect. II. *Fleurs en corymbe simple ou en grappe.*

C. Mahaleb *Mill. dict. n. 4; Prunus Mahaleb L. sp.* 678;
G. G. 1, *p.* 516 (*Bois de Ste-Lucie*).— Arbrisseau de 1-3 mètres,
à rameaux étalés-dressés. Feuilles coriaces, glabres, luisantes,
légèrement en cœur à la base, ovales-suborbiculaires, brièvement acuminées, finement dentées, à dents arquées et calleuses
au sommet. Fleurs petites, très odorantes, en grappes *courtes et
corymbiformes, dressées.* Pédicelles la plupart caducs après
l'anthèse. Calice à divisions réfléchies, *non ciliées.* Fruit petit,
gros comme un pois, noir, globuleux, amer-acerbe, non comestible. ♄. Fl. mai; fr. août.

Dans les haies et sur les coteaux de la plaine et du vignoble, ainsi que
sur les premiers plateaux de la région montagneuse.

C. Padus *DC. fl. fr. 4. p.* 580; *Prunus Padus L. sp.* 677;
G. G. 1, *p.* 516. — Arbuste de 1-3 mètres, à rameaux étalés-
dressés. Feuilles obovales, acuminées, finement dentées, à dents
étalées non glanduleuses; pétiole muni de 2 glandes au sommet.
Fleurs petites, odorantes, *en longues grappes cylindriques,
pendantes;* pédicelles la plupart persistants après l'anthèse.
Calice à dents arrondies et *ciliées-glanduleuses.* Fruit globuleux,
noir ou rouge, de la grosseur d'un pois, d'une saveur amère
très acerbe. ♄. Fl. mai; fr. août.

Disséminé dans le Jura, entre le vignoble et les sapins : côtes du
Doubs et du Dessoubre (*Contejean*); marais de Saône près Besançon;
Pontarlier; Boujailles, Champagnole, Chalain, Clairvaux, etc.; se retrouve
dans les bois siliceux de la plaine, Gizia près Cousance (*Moniez*); forêt de
Chaux, à Plumont, à Rans, à Etrepigney, etc.

XXIX. ROSACÉES.

(ROSACEÆ Juss.)

Fleurs hermaphrodites et rar. unisexuelles par avortement,
régulières. Calice non adhérent, persistant, à 5 et rar. à 4 sépales
plus ou moins soudés inférieurement, à préfloraison valvaire;
sépales souvent munis de stipules soudées deux à deux pour

former un calicule dont les divisions alternent avec celles du
calice. Corolle à 5 et rar. à 4 pétales libres, caducs, insérés sur
un disque situé à la base des divisions calicinales, à préfloraison
imbriquée. Etamines en nombre ordin. indéfini et rarem. défini,
libres, insérées avec les pétales ; anthères biloculaires, introrses,
s'ouvrant en long. Ovaire libre; carpelles libres, en nombre
indéfini, rar. réduits à 1-2, uniovulés et rar. bi-pluriovulés.
Ovules suspendus ou dressés, réfléchis. Styles libres, rarem.
.agglutinés en colonne. Fruit composé de carpelles libres entre
eux, ordin. en nombre indéfini, rarem. réduits à 1-2, secs ou
drupacés, monospermes indéhiscents, et plus rar. polyspermes
déhiscents, ord. en capitule sur le réceptacle, ou renfermés
dans le tube du calice charnu ou induré. Graines suspendues
ou dressées, sans périsperme. Embryon droit. Radicule dirigée
vers le hile.

Trib. I. **SPIRÆACEÆ.** — Etamines en nombre indéfini. Carpelles ord. 5, rar. 1-2, *disposés en un seul verticille, secs,
déhiscents par le bord interne, à 2-6 graines.*

1. Spiræa. — Calice dépourvu de calicule. Styles terminaux, marcescents.

Trib. II. **DRYADEÆ.** — Etamines en nombre indéfini et très
rar. défini. Carpelles nombreux, *monospermes, indéhiscents,*
secs ou drupacés, disposés sur un réceptacle saillant sec ou
charnu.

A. *Carpelles secs.*

✳. *Styles s'allongeant à la maturité en longue arête plumeuse.*

2. Dryas. — Calice à 8-9 divisions sur un seul rang, sans calicule.
3. Geum. — Calice à 5 divisions, avec calicule à 5 divisions.

✳✳. *Styles non accrescents, non plumeux, ord. caducs.*

4. Sibbaldia. — Etamines 5. Réceptacle concave.
5. Potentilla. — Pétales suborbiculaires. Réceptacle convexe, sec.
6. Comarum. — Pétales lancéolés-aigus. Réceptacle convexe, spongieux.
7. Fragaria. — Pétales suborbiculaires. Réceptacle charnu-succulent,
caduc.

B. *Carpelles drupacés-succulents.*

8. Rubus. — Calice dépourvu de calicule.

Trib. III. ROSEÆ. — Carpelles nombreux, *renfermés dans le tube du calice* qui s'accroît et devient *charnu* à la maturité.

9. Rosa. — Carpelles insérés sur les parois du tube du calice. Tiges munies d'aiguillons.

Trib. IV. AGRIMONIEÆ. — Carpelles 1-2, secs, *renfermés dans le tube du calice* qui devient presque *ligneux* à la maturité.

10. Agrimonia. — Calice turbiné, chargé au sommet du tube d'acicules subulés.

Trib. I. SPIRÆACEÆ. — Étamines en nombre indéfini. Carpelles ord. 5, rar. 1-2, *disposés en un seul verticille, secs, déhiscents par le bord interne, à 2-6 graines.*

SPIRÆA Lin.

Calice à 5 divisions, dépourvu de calicule. Pétales 5. Styles terminaux, marcescents.

a. *Feuilles stipulées.*

S. Filipendula L. *sp.* 702; *G. G.* 1, *p.* 517. — Fibres radicales portant des *renflements ovoïdes, tubériformes.* Tiges de 3-6 décim., herbacées, dressées, simples. Feuilles à contour étroitement lancéolé, glabres ou pubescentes, pennatiséquées, ord. à 15-20 paires de segments *non confluents,* très inégaux, pennatipartits-incisés, à lobes ciliés surtout au sommet. Fleurs blanches ou rosées, en corymbe multiflore terminal. Pétales obovés, *à peine onguiculés.* Étamines *plus courtes* que les pétales. Carpelles *pubescents,* dressés, *non contournés en spirale.* ♃. Juin-juillet.

Disséminé sur les plateaux situés au-dessus de la région des vignes, jusque dans la région alpestre; au-dessus d'Ornans, Pontarlier, Boujailles, Champagnole, Blamont; Dôle à Monnières (*Gouget*); plus rare sur le versant helvétique où, de la région alpestre, il descend jusqu'aux bords des lacs : Nyon, Longirod, Genève, etc.

S. Ulmaria L. *sp.* 702; *G. G.* 1, *p.* 517. — Fibres radicales non renflées. Tiges de 6-12 déc., herbacées, dressées, simples. Feuilles glabres, vertes ou argentées-tomenteuses en-dessous, pennatiséquées, à 5-9 paires de segments très inégaux, double-

ment dentés, les terminaux *confluents* en un segment terminal
très ample, 3-5-lobé. Fleurs blanches, en corymbe multiflore et
terminal. Pétales arrondis, *longuement onguiculés.* Etamines
plus longues que les pétales. Carpelles 5-9, *glabres, contournés
en spirale.* ♃. Juin-juillet.

C. Dans les prés humides, aux bords des eaux, dans toute la chaîne du
Jura, mais surtout dans la plaine et le vignoble.

b. *Feuilles sans stipules.*

S. Aruncus *L. sp.* 702; G. G. 1, *p.* 518. — Souche ligneuse.
Tiges de 8-15 décim., dressées, sillonnées, glabres. Feuilles de
2-3 déc., triangulaires dans leur pourtour, bi-tripennatiséquées,
à segments opposés, ovales, acuminés, doublement et inégalement dentés, pétiolulés. Fleurs dioïques, disposées en petits
épis cylindriques formant par leur réunion une très ample panicule terminale. Etamines plus longues que les pétales oblongs.
Carpelles 3-4, dressés. ♃. Juin-août.

C. Dans les bois de toute la région des montagnes au-dessus du vignoble,
mais surtout dans la région des sapins.

Trib. II. DRYADEÆ. — Etamines en nombre indéfini et très
rar. en nombre défini. Carpelles nombreux, *monospermes,
indéhiscents,* secs ou drupacés, disposés sur un réceptacle
saillant, sec ou charnu.

A. *Carpelles secs.*

✻. *Styles s'allongeant à la maturité en longue arête plumeuse.*

DRYAS Lin.

Calice à 8-9 *divisions sur un seul rang, sans calicule.* Pétales
8-9. Styles subterminaux, s'accroissant longuement après la floraison, plumeux. Carpelles secs, groupés sur un réceptacle sub-
concave, sec et persistant. Graine ascendante; radicule infère.

D. octopetala *L. sp.* 717; G. G. 1, *p.* 519. — Tiges suffrutescentes de 5-15 centim., très rameuses, étalées. Feuilles pétiolées, oblongues, obtuses, arrondies à la base, profondément
dentées, tomenteuses-argentées en-dessous. Fleurs grandes, à
pédoncules terminaux, nus, solitaires, uniflores, allongés (5-10

centim.). Pétales blancs, deux fois plus longs que les sépales. Réceptacle très velu. Carpelles velus, à long style plumeux. ♄. Juillet-août.

R. Pâturages des sommités : la Dôle, le Reculet, le Creux-du-Van, Chasseral (voir *Godet*, 1. c.) : le Mont-d'Or et le Suchet, où il devient très rare à cause de la récolte que l'on en fait pour le substituer au thé de Chine.

GEUM Lin.

Calice à 5 divisions, *muni d'un calicule* à 5 divisions. Pétales 5. Styles terminaux, s'accroissant longuement après la floraison, continus ou genouillés dans leur partie sup. et à article terminal caduc. Carpelles secs, en tête sur un réceptacle cylindroïde, sec, persistant. Graine ascendante ; radicule infère.

a. Style genouillé vers son milieu.

G. urbanum *L. sp.* 716 ; *G. G.* 1, *p.* 519. — Rhizôme *court*, tronqué. Tiges de 4-9 déc., dressées. Feuilles pubescentes, lyrées-pennatiséquées, à 5-7 segments lancéolés, incisés-dentés, lobés. Fleurs jaunes, *dressées.* Calice *vert, à divisions réfractées après la floraison.* Pétales obovales en coin. Carpophore nul ; réceptacle velu-hispide. Carpelles en tête, sessiles ; style genouillé vers son quart supér., et poilu au-dessus de l'articulation. ♃. Juin-juillet.

C. Dans les haies et les bois de tout le Jura, depuis la plaine jusque sur les sommités de la Faucille et du Reculet.

G. rivale *L. sp.* 717 ; *G. G.* 1, *p.* 520. — Rhizome allongé. Tiges de 2-8 décim., dressées. Feuilles velues, lyrées-pennatiséquées, à lobe terminal *orbiculaire* en cœur ou en coin à la base ; stipules petites, dentées ou entières. Fleurs *penchées,* d'un jaune orangé veiné de rouge. Calice *rougeâtre, à divisions dressées après la floraison.* Pétales longuement onguiculés et en coin à la base, égaux au calice. Réceptacle velu-hérissé ; *carpophore aussi long que le calice.* Carpelles hérissés, genouillés vers leur milieu, à style velu surtout sur l'article sup. ♃. Mai-juillet.

C. Dans les lieux humides des montagnes et surtout dans la région des sapins ; manque dans la plaine.

b. *Style non genouillé-articulé.*

G. montanum *L. sp.* 717; *G. G.* 1, *p.* 521. — Rhizôme court. Tiges de 1-3 décim., dressées, uniflores. Feuilles lyrées-pennatiséquées, à lobes latéraux petits; le terminal très grand, subcordiforme, obscurément lobé. Fleurs jaunes; pétales une fois plus longs que le calice, à onglet court. Réceptacle pubescent; carpophore nul. Carpelles velus, à style non articulé, fortement plumeux. ♃. Juillet-août.

R. R. Dans les rochers du Colombier de Gex! (localité unique dans le Jura) (*Michalet*).

❋❋. *Styles non accrescents-plumeux, ord. caducs.*

SIBBALDIA Lin.

Calice à 5 divisions, muni d'un calicule à 5 divisions. Pétales 5. Etamines *cinq.* Styles latéraux, courts, caducs. Carpelles secs, 5-10 sur un réceptacle *concave,* non charnu. Graine pendante; radicule supère.

S. procumbens *L. sp.* 406; *G. G.* 1, *p.* 521. — Souche très rameuse, à divisions couchées, feuillées au sommet. Feuilles ternées, glauques, velues, pétiolées, égalant ou dépassant les corymbes; folioles obovales, cunéiformes, tronquées et tridentées au sommet; stipules lancéolées. Fleurs 3-6 en petits corymbes terminaux. Calice à tube hémisphérique, à segments lancéolés, veinés en réseau, étalés, puis dressés à la maturité. Pétales plus courts que le calice. Carpelles ovoïdes, luisants; réceptacle velu. ♃. Juillet-août.

R. Pâturages alpins du Colombier, du Reculet, du Crêt-du-Miroir.

POTENTILLA Lin.

Calice à 5 et rar. à 4 divisions, muni d'un calicule à 5-4 divisions. Pétales 5-4, *orbiculaires ou obovales, arrondis ou émarginés.* Etamines 20 ou plus. Styles latéraux, courts, caducs. Carpelles secs, nombreux, en tête sur un réceptacle *convexe, non charnu,* persistant. Graine pendante; radicule supère.

Sect. I. *Tiges florales latérales, naissant aux aisselles des feuilles · d'une rosette centrale indéterminée.*

a. *Fleurs blanches.*

†† *Feuilles 5-foliolées.*

P. alba *L. sp.* 713; *G. G.* 1, *p.* 523. — Souche oblique, grêle. Tiges grêles, *flexueuses, étalées,* 1-2-foliées, 2-4-flores. Feuilles à 5 folioles sessiles, vertes et glabres en-dessus, soyeuses-argentées en-dessous, *lancéolées-étroites,* portant au sommet 5-7 petites dents conniventes; les caulinaires 1-2, trifoliolées et simples; pétioles soyeux; stipules linéaires, très longues. Pétales échancrés au sommet, plus longs que les sépales. Filets des étamines *glabres.* Carpelles lisses, *glabres,* velus à l'ombilic. ♃. Juin-août.

Bois de Prangins près Nyon ; bois de Bay près Genève.

P. caulescens *L. sp.* 713; *G. G.* 1, *p.* 524. — Souche *grosse,* peu rameuse et couverte des débris d'anciens pétioles. Tiges de 1-2 décim., *dressées.* Feuilles longuement pétiolées, à 5-7 folioles sessiles, *oblongues,* terminées par 3-5 dents conniventes; les caulinaires digitées ou trifoliolées; vertes et velues-soyeuses; stipules linéaires. Fleurs nombreuses, en corymbe serré. Pétales un peu plus longs que le calice, oblongs, à peine émarginés au sommet. Filets des étamines *très hérissés.* Carpelles *hispides.* ♃. Juin-juillet.

R. Dans le Jura : au Creux-du-Van, rochers de Fleurier, rochers des Montets près de la Tourne.

†† † *Feuilles trifoliolées.*

P. Fragariastrum *Ehrh. herb.* 146; *G. G.* 1, *p.* 522; *P. fragarioides Vill. Dph.* 3, *p.* 561 (1789); *P. Fragaria Poir. enc.* 5, *p.* 599 (1804); *Fragaria sterilis L. sp.* 709. — Souche épaisse, *stolonifère.* Tiges grêles, *allongées, étalées,* biflores. Feuilles radicales à 3 folioles obovales, dentées antérieurement; 1-2 feuilles caul. *trifoliolées;* stipules lancéolées-acuminées. Lobes du calicule plus petits que ceux du calice *non coloré* à la base. Pétales *en cœur* au sommet, un peu plus longs que le calice. Etamines *dressées* et formant un tube cylindrique *ouvert* supérieurement et au fond duquel on aperçoit les taches pâles de la base des filets et les ovaires aussi longs ou plus longs que ces filets. Carpelles d'abord lisses, ridés à la fin, glabres et velus à l'ombilic. ♃. Avril-mai. .

C. Dans les haies, les bois, les pâturages, depuis la région des vignes jusqu'à celle des sapins.

P. micrantha *Ram. in DC. fl. fr. 4, p.* 468; *G. G.* 1, *p.* 523. — Souche épaisse, simple ou bifide, *sans stolons*, terminée par une rosette de feuilles. Tiges *plus courtes* que les feuilles radicales, et *réduites presque à des pédoncules radicaux* portant une feuille *unifoliolée*. Feuilles à 3 folioles obovales, à dents plus fines, plus aiguës et plus nombreuses que dans le précédent; stipules ovales-aiguës. Lobes du calicule *presque égaux* à ceux du calice *taché de pourpre* à sa base. Pétales obovales, *entiers ou à peine émarginés, plus courts* que le calice. Étamines *infléchies-conniventes en cône* et recouvrant ainsi les ovaires qu'on ne peut plus apercevoir, non plus que les taches pourpres de la base des filets; de plus le fond du calice *fortement coloré* de pourpre apparaît entre les pétales et donne à la fleur un aspect très remarquable. Carpelles un peu plus petits que dans le précédent. ♃. Avril-mai.

C. Dans les basses montagnes, sur les coteaux, sur les deux versants du Jura.

b. *Fleurs jaunes.*

†† *Feuilles palmatiséquées, à 3-5 folioles.*

P. minima *Hall. f.; G. G.* 1, *p.* 526. — Tiges de 2-5 cent., étalées, uniflores. Feuilles *trifoliolées,* à pétiole à peine aussi long que les folioles obovales, dentées, glabres en-dessus, pubescentes en-dessous. Fleurs petites. Calice à divisions lancéolées, muni d'un calicule à divisions *obtuses*. Pétales dépassant un peu le calice. Carpelles rugueux, glabres; réceptacle petit, à poils presque aussi longs que les carpelles. ♃. Juillet-août.

R. R. Sur la montagne d'Allemogne, à droite du Reculet, au Creux-des-Neiges, où cette espèce a été découverte par M. Reuter.

P. verna *L. sp.* 712; *G. G.* 1, *p.* 528. — Souche ord. très rameuse. — Tiges de 1-2 décim., *couchées* et parfois un peu radicantes, plus ou moins pubescentes, ainsi que toute la plante, à poils étalés-dressés. Feuilles radicales à 5-7 folioles oblongues-cunéiformes, dentées dans leurs deux tiers antérieurs, à dent terminale *plus petite;* les caulinaires 1-2-foliolées; stipules des feuilles rad. étroitement *linéaires-subulées.* Pétales d'un tiers plus longs que le calice. Carpelles lisses; réceptacle poilu. ♃. Av.-mai.

C. C. Sur les coteaux et dans les pâturages secs, depuis la plaine jusqu'au pied de la zône alpestre (1100 mètres), où il est remplacé par le suivant.

P. salisburgensis *Hœncke, in Jacq. coll. 2, p.* 68 (1788); *P. rubens Vill. Dauph. 3, p.* 566? (1789); *P. alpestris Hall. f. in Ser. mus.* 52 (1818); *G. G. 1, p.* 528. — Souche rameuse. Tiges de 1-2 déc., *dressées ou ascendantes,* mollement pubescentes. Feuilles d'un vert gai; les radicales *à 5 folioles,* parfois à 3 et jamais à 7 folioles; celles-ci *largement obovales,* terminées par 5-7 dents, *toutes de même grandeur;* stipules *toutes ovales.* Pétales d'un jaune vif, plus foncés à la base, *une fois plus longs* que le calice. Carpelles lisses; réceptacle poilu. ♃. Juin-juillet.

α. *firma.* Tiges fermes, dressées, un peu épaisses; folioles se recouvrant par les bords, à dents larges : *P. sabauda DC. fl. fr. 4, p.* 458; *P. alpestris Reut. cat.* 186.

β. *gracilior.* Tiges grêles, plus fortement décombantes; folioles plus étroites, ne se recouvrant pas, à dents plus petites : *P. filiformis Vill. l. c.* 564; *DC. suppl.* 542; *P. jurana Reut. cat.* 186.

C. Sur toute la partie alpestre de la chaîne, depuis le Mont-d'Or au Reculet; descend jusqu'à 1100 mètres aux environs des Rousses, et même à 1000 mètres entre le Métabief et le Mont-d'Or (Grenier).

P. aurea *L. sp.* 712; *G. G. 1, p.* 528. — Souche rameuse. Tiges dressées ou ascendantes, *à poils appliqués.* Feuilles rad. longuement pétiolées, à 5 folioles oblongues, *glabres, argentées-soyeuses aux bords et sur les nervures de la face inférieure, portant au sommet trois-cinq dents* dont la centrale est *plus petite;* stipules lancéolées-aiguës. Fleurs grandes d'un beau jaune. Carpelles obscurément rugueux; réceptacle pubescent. ♃. Juin-juillet.

C. Dans toute la région alpestre, à partir de 1100 à 1200 m., Suchet, Mont-d'Or, Montendre, la Dôle, le Reculet, etc.

P. intermedia *L. mant.* 76; *G. G. 1, p.* 529. — Souche presque simple. Tiges de 2-4 décim., courbées à la base, puis ascendantes-dressées, à poils étalés. Feuilles radicales longue-

ment p.'tiolées, *à 5-7 folioles* vertes et pubescentes sur le d ux
faces, obovales-allongées, cun'iformes, *fortement dentées du
sommet à la base,* à dents lancéolées; stipules des feuilles rad.
à partie libre lancéolée-acuminée, et de plus en plus ovale dans
les caulinaires; toutes hérissées de longs poils horizontaux,
ainsi que les pétioles. Fleurs en panicule étalée-dressée. Divisions du calicule aussi longues et plus étroites que celles du
calice. Carpelles lisses, rugueux ou ridés et offrant souvent tous
les intermédiaires sur le même réceptacle. ♃. Juin-juillet.

R. R. Dans les clairières des bois de sapins près de Saint-George et le
long de la route de Marchairu au-dessus de Rolle (*Reuter*); au-dessus de
Longirod (*Gaudin*).

Obs. Linné a établi le *P. intermedia* sur les textes de Bauhin et de Haller
qui assignent la Suisse pour patrie à cette espèce. Ma diagnose est faite
sur des exemplaires récoltés dans les prés de Saint-George (Jura). J'ai reçu
la même plante de M. Perrier, qui l'avait récoltée dans la Tarentaise. Mais
faut-il admettre l'identité de la plante jurassique avec les diverses formes
de nos Alpes de Gap et du Lautaret? c'est ce que j'examinerai dans le
supplément de la *Flore de France.*

P. Tormentilla *Nestl. pot.* 65; *G. G.* 1, *p.* 530; *Tormentilla erecta L. sp.* 716. — Rhizôme épais. Tiges grêles, de 1-3
déc., *ascendantes,* très feuillées. Feuilles radicales pétiolées et
détruites lors de l'anthèse; les caulinaires *sessiles,* à *trois* folioles
oblongues en coin, profondément dentées dans leur moitié ant.,
à dents aiguës; *stipules 3-5-fides,* imitant 2 folioles sessiles.
Fleurs *tétramères;* pédoncules solitaires, plus longs que les
feuilles. Carpelles légèrement ridés à la loupe. ♃. Juin-juillet.

C. C. Dans les bois, les prés et lieux tourbeux de la plaine, surtout dans
ses parties siliceuses, dans la région des vignes, d'où il s'élève jusque sur
nos plus hautes sommités.

P. procumbens *Sibth. oxon.* 162. — Tiges de 3-8 déc.,
couchées, flagelliformes, très rameuses, plus ou moins radicantes. Feuilles pétiolées, 2-5 à chaque nœud, *à 3-5 folioles*
obovales ou oblongues, incisées-dentées, à dents ovales-lancéolées, *aiguës,* plus ou moins velues en-dessous et à poils appliqués; stipules entières ou incisées. Fleurs presque toutes ou
toutes *tétramères.* Carpelles *rugueux ou tuberculeux* à parfaite
maturité. ♃. Juin-juillet.

α. *P. mixta Nolte, ap. Rchb. exsicc.* 1743; *G. G.* 1, *p.* 531.
— Tiges *exactement couchées* dans toute leur longueur, moins

régulièrement et bien moins ramifiées que dans la var. suivante, *très radicantes*. Feuilles ord. 3-5 à chaque nœud, inégalement pétiolées, ord. à 5 folioles larges et obovales, vertes et même luisantes, assez semblables à celles du *P. reptans*, dont cette forme a le port. Fleurs pentamères et tétramères. Carpelles rares, tuberculeux.

β. *P. nemoralis Nestl. pot.* 65; *P. procumbens* **G. G.** 1, p. 531; *Tormentilla reptans L. sp.* 716. — Tiges d'abord un peu *dressées*, puis couchées-rampantes, rameuses-dichotomes, *non radicantes*, sinon vers l'arrière-saison. Feuilles radicales à 5, les caul. à 3-5 folioles *lancéolées-oblongues, pubescentes-grisâtres*, assez semblables à celles du *P. Tormentilla* dont il se rapproche davantage. Fleurs presque toutes tétramères. Carpelles presque toujours nuls, rugueux?

A. C. Dans les bois de la Bresse : près de l'Etang-de-Fays, Bletterans, Commenailles, Froideville, Francheville, Tassenières, etc.

Obs. Cette plante est incontestablement un produit hybride des *P. reptans* et *Tormentilla*. Elle se présente sous deux formes dont la première (α *mixta*) rappelle, parfois à s'y méprendre, le *P. reptans*; tandis que la seconde (β *nemoralis*) présente une bien plus grande affinité avec le *P. Tormentilla*, dont il n'est pas toujours très facile de la distinguer. En admettant que ces ressemblances accusent les indices de paternité, la première serait : *P. reptanti-Tormentilla*; et l'autre : *Tormentilla-reptans*. Mais ces formes ne sont pas toujours aussi tranchées que je viens de l'indiquer; on trouve souvent des intermédiaires qui passent de l'une à l'autre, et dont le classement ne peut se faire que par approximation.

P. reptans *L. sp.* 714; **G. G.** 1, p. 531. — Tiges de 2-6 déc., flagelliformes, simples, couchées-radicantes. Feuilles *inégalement pétiolées naissant 2-5 à chaque nœud, à cinq folioles obovales*, en coin à la base, dentées dans les deux tiers antérieurs, à dents presque *obtuses;* stipules entières ou incisées. Fleurs *pentamères;* pédoncules solitaires ou géminés, dressés, aussi longs ou plus longs que les feuilles et oppositifoliés. Carpelles *tuberculeux.* ♃. Juin-août.

C. Partout, depuis la plaine jusque dans la région des sapins.

†† †† Feuilles pennatiséquées.

P. Anserina *L. sp.* 710; **G. G.** 1, p. 531. — Tiges de 3-6 déc., flagelliformes, rampantes et radicantes. Feuilles *pennatiséquées, à 6-12 paires de segments* oblongs, incisés-dentés, verts en-dessus, veloutés-argentés en-dessous, et plus rarem. sur les deux faces. Fleurs axillaires, solitaires, longuement pédon-culées. Pétales presque une fois plus longs que le calice. Car-pelles lisses. ♃. Mai-juillet.

C. C. Dans la plaine et la région des vignes au-dessus de laquelle il s'élève peu.

Sect. ii. *Tiges florales naissant du centre d'un bourgeon central et alors terminales.*

a. *Feuilles pennatiséquées.*

P. rupestris *L. sp.* 711; *G. G.* 1, *p.* 532. — Souche oblique, *subligneuse.* Tiges de 2-3 déc., *dressées,* peu feuillées, pubescentes, glanduleuses et dichotomes au sommet. Feuilles radicales nombreuses, longuement pétiolées, à 5-7 segments ovales, inégalement dentés, le terminal pétiolulé; feuilles sup. sessiles, triséquées; stipules ovales. Fleurs *blanches,* à pétales obovales, bien *plus longs* que le calice. Carpelles lisses et glabres; réceptacle peu velu. ♃. Juin-juillet.

R. Dans le Jura : au bois de Prangins près Nyon; au bois de Bay près Genève.

P. supina *L. sp.* 711; *G. G.* 1, *p.* 532. — Plante *annuelle.* Tiges allongées, *couchées,* très rameuses. Feuilles inf. longue-ment pétiolées, pennatiséquées, à 7-11 segments fortement incisés-dentés, les supér. décurrents sur le pétiole; stipules ovales, entières. Fleurs *jaunes,* à pétales obovales, émarginés, à peine aussi longs que le calice. Carpelles ridés, glabres. ☉. Juin-septembre.

Çà et là aux bords de presque tous les étangs de la Bresse, mais presque toujours peu abondant.

b. *Feuilles palmatiséquées.*

P. argentea *L. sp.* 712; *G. G.* 1, *p.* 533. — Tiges de 1-4 déc., *dressées,* blanches-tomenteuses. Feuilles à 5 folioles d'un vert foncé et ordinair. pubescentes en-dessus, blanches-tomenteuses en-dessous, *oblongues* et en coin à la base, incisées ou pennatifides, à lobes *sublinéaires,* le terminal *dépassant* les latéraux, à *bords un peu roulés en-dessous;* stipules entières ou à 2-3 lobes linéaires. Fleurs en cyme terminale *dressée* et

feuillée. Pétales 5, émarginés, à peine plus longs que le calice.
Carpelles finement ridés. ♃. Juin-juillet.

Indiqué çà et là dans la plaine et dans la région des vignes.

Obs. En faisant figurer cette espèce au nombre des plantes jurassiques,
je n'ai pas voulu affirmer son existence dans nos contrées. J'ai voulu seulement, tout en tenant compte des indications fournies par mes devanciers,
appeler sur elle un nouvel examen, et arriver ainsi à une constatation
certaine de sa présence ou de son absence dans le Jura. Car tout ce que
j'ai vu jusqu'à ce jour, provenant de localités appartenant à notre cir-
conscription, m'a paru rentrer dans l'espèce suivante. La diagnose que je
propose ici a été rédigée sur des exemplaires récoltés près d'Upsal, je
pourrais donc presque dire sur des exemplaires qui ont passé sous les
yeux de Linné. Ces exemplaires sont de plus identiques à ceux que j'ai
reçus de Gap, de Savoie et de Lyon : il est donc probable que le vrai
P. argentea Lin. existe au moins dans la vallée du Rhône qui longe le Jura
et dans les environs de Genève.

P. collina *Wib. Werth.* 267; *G. G.* 1, *p.* 533. — Tiges de
1-4 d'c., vertes et pubescentes, *étalées à terre* et même diffuses,
puis redressées au sommet, entremêlées de rosettes stériles.
Feuilles à pétioles tomenteux et *poilus,* à 5 folioles *non roulées
en-dessous par les bords,* vertes et *glabres* en-dessus, plus ou
moins blanches-tomenteuses et argentées en-dessous, ordin.
munies de longs poils aux bords et sur les nervures, *obovales*
et en coin à la base, incisées ou pennatifides, à 5-7 lobes ovales-
sublancéolés, le terminal ord. *plus court;* stipules lancéolées.
Fleurs en cyme terminale *diffuse.* Pétales 5, émarginés, à peine
plus longs que le calice. Carpelles finement ridés. — Cette plante
se distingue du *P. argentea* par ses folioles plus larges, plus
planes, à dents plus élargies et moins aiguës. ♃. Juin-juillet.

Çà et là dans la plaine et la région des vignes : Besançon, Dole, la forêt
de la Serre, et probablement dans la plupart des localités suisses assignées
au *P. argentea.* C'est peut-être le *P. demissa Jord.?*

COMARUM Lin.

Calice et calicule à 5 divisions. Pétales *lancéolés-aigus.* Styles
latéraux, marcescents. Carpelles secs, sur un réceptacle *spongieux* persistant. Graines pendantes; radicule supère.

C. palustre *L. sp.* 718; *G. G.* 1, *p.* 535. — Tiges longuement rampantes, radicantes, à partie ascendante de 2-5 décim.,
pubescente. Feuilles pennatiséquées, à 5-7 segments rapprochés,
oblongs, dentés, coriaces, glauques en-dessous. Calice rougeâtre,

à divisions ovales-acuminées, bien plus longues que les pétales, s'accroissant beaucoup après la floraison et dépassant longuement les fruits. Carpelles lisses. ♃. Juin-juillet.

C. Dans toutes les tourbières du Jura, depuis la plaine jusqu'au pied des sommités.

FRAGARIA Lin.

Calice et calicule à 5 divisions. Pétales obovales-orbiculaires. Etamines 20 ou plus, Styles latéraux, marcescents. Carpelles secs, sur un *réceptacle ovoïde, très ample, charnu-succulent, caduc* à la maturité. Graines pendantes; radicule supère.

F. vesca *L. sp.* 709; *G. G.* 1, *p.* 535; *Gren. bull. bot. fr. 2, p.* 349. — Stolons, pris dans toute leur longueur, constituant *un sympode* composé d'articles *munis* d'une écaille dans les intervalles qui séparent les bouquets de feuilles; ces articles naissent successivement dans l'aisselle de la feuille externe des rosettes de feuilles. Tiges florales de 1-3 déc., nues ou portant une feuille ord. unifoliolée, plus longues que les feuilles. Celles-ci à 3 folioles ovales-oblongues, blanchâtres-subsoyeuses en-dessous, dentées, un peu plissées; les 2 latérales *sessiles;* pétioles à poils étalés. Pédicelles couverts de poils *appliqués.* Calice *étalé ou réfléchi* à la maturité. Fruit ovoïde, portant des carpelles jusqu'à la base, adhérent très peu au calice. ♃. Avril-juin. — M. Paillot a trouvé sur le mont de Cuse près Rougemont la variation à feuilles unifoliolées (*F. monophylla Duch.*).

C. C. Sur tous les terrains, depuis la plaine jusque sur les sommités.

F. collina *Ehrh. beitr.* 7, *p.* 26; *G. G.* 1, *p.* 536. — Stolons (coulants) formant ordin., en les prenant dans toute leur longueur, un *axe secondaire d'une seule pièce, privé* d'écailles dans les intervalles qui séparent les bouquets de feuilles, l'infér. en étant toujours pourvu. Tiges de 1-2 déc., nues ou portant une feuille ord. unifoliolée, à peine plus longues que les feuilles. Celles-ci à 3 folioles ovales-oblongues, pubescentes-soyeuses en-dessous, dentées, un peu plissées; pétioles à poils étalés. Pédicelles couverts de poils *appliqués.* Calice *appliqué sur le fruit.* Celui-ci subglobuleux, souvent rétréci et presque dépourvu de carpelles à la base, très adhérent au calice. ♃. Mai-juin.

α. *genuina.* Stolons (axes d'une seule pièce) sans écaille

dans les intervalles qui séparent les rosettes de feuilles, excepté dans l'inférieur; folioles toutes *subsessiles. F. collina auct.*

β. *petiolulata.* Stolons sans écáilles, ou avec une écaille dans les intervalles qui séparent les rosettes de feuilles (sympodes); folioles *toutes pétiolulées,* surtout la centrale. *F. Hagenbachiana Lang, ap. Koch, tosch.* 163; *J. Gay, bull. bot. fr.* 5, *p.* 279.

C. Dans les lieux secs, sur les pelouses et les coteaux, dans les buissons de la plaine et de la région des vignes, mais seulement sur le calcaire.

Obs. En 1855, dans le Bulletin de la soc. bot. de France, vol. 2, p. 349, je publiai une note assez détaillée sur l'organisation sympodique du Fraisier (*F. vesca*). En 1858, dans le même Bulletin, vol. 5, p. 277, M. Gay développa, avec sa lucidité habituelle, les caractères différentiels des coulants des *F. vesca* et *collina.* Mais lorsque, pour distinguer les *F. collina* et *Hagenbachiana*, il assigna au premier des stolons toujours d'une seule pièce, et au second des stolons sympodiques, il dépassa la limite du vrai. Le stolon du *F. collina* passant au sympode s'est offert à moi trop souvent, ainsi qu'à M. Gay lui-même, pour ne pas ranger ce caractère parmi ceux qui sont insuffisants pour établir une espèce. Le caractère tiré des folioles pétiolulées ou sessiles est également sans valeur, ainsi que Vulpius l'a dit dans le *Bot. Zeit.* 1861. Rien de plus facile que de trouver sur nos coteaux tous les intermédiaires entre la forme à folioles toutes sessiles, ou à deux folioles latérales sessiles avec la moyenne pétiolulée, et la forme à folioles toutes pétiolulées.

F. elatior *Ehrh. beitr.* 7, *p.* 23; *G. G.* 1, *p.* 536; *F. magna Thuill. par.* 254 *(vulg. Capron).* — Stolons peu nombreux, rar. nuls, munis d'une écaille dans les intervalles qui séparent les rosettes de feuilles. Celles-ci à 3 folioles pubescentes-blanchâtres en-dessous, obovales-oblongues, très amples, plissées, dentées; les latérales *pétiolulées;* pétioles à poils étalés. Pédicelles couverts de poils *étalés.* Fleurs plus grandes que dans les deux précédents, à anthères souvent avortées, et à filets plus longs que l'ovaire. Calice *étalé ou réfléchi* à la maturité. Fruit ovoïde, rétréci et dépourvu de carpelles à la base, musqué au goût et à l'odorat, adhérent au calice. ♃. Avril-juin.

Çà et là dans les haies et les bois de la plaine et du vignoble, sur le calcaire; à Rougemont et Nans, sur la Silice.

B. *Carpelles drupacés-succulents.*

RUBUS Lin.

Calice à 5 divisions, *dépourvu de calicule.* Pétales 5, suborbiculaires ou oblongs. Etamines nombreuses. Styles presque terminaux, marcescents. Carpelles nombreux, *drupacés-succu-lents, formés d'un péricarpe charnu et d'un noyau osseux,* rapprochés en tête et constituant un fruit bacciforme sur un *réceptacle charnu,* conique ou ovoïde, spongieux et persistant. Graine pendante; radicule supère.

Obs. Le genre *Rubus* ne peut être traité complètement que dans une monographie. J'espère donner plus tard celle des espèces qui appartiennent à la flore des monts Jura. Je me borne donc à donner ici les formes les plus anciennes et les plus vulgaires. En attendant on consultera avec grand avantage la monographie de M. Mercier, éditée par M. Reuter, à la suite de son excellent catalogue de 1861.

Sect. i. *Feuilles des tiges stériles pennatiséquées.*

R. idæus *L. sp.* 706; *G. G.* 1, *p.* 551 (*Framboisier*). — Souche largement traçante. Tiges de 1-2 mètres, dressées, glauques, à aiguillons sétacés et droits. Feuilles des rameaux stériles pennatiséquées, à 5 folioles ovales; celles des rameaux fertiles palmatiséquées, ord. à 3 folioles, et parfois simples et seulement lobées ou dentées; toutes blanches-tomenteuses en-dessous; stipules soudées au pétiole. Pétales blancs, dressés. Fruit savoureux, parfumé, rouge et rarem. jaune, finement velouté, à peine adhérent au réceptacle et tombant à la maturité. ♄. Mai-juillet.

C. Dans les bois de la plaine et surtout de la région des sapins. Cultivé dans les jardins, où on possède une variété remontante.

Sect. ii. *Feuilles toutes palmatiséquées; stipules libres, naissant sur la tige; tige herbacée.*

R. saxatilis *L. sp.* 708; *G. G.* 1, *p.* 537. — Tiges herba-ces; les florifères dressées, presque sans aiguillons; les stériles couchées-stoloniformes, à aiguillons sétacés. Feuilles palmati-séquées, toutes à 3 folioles pubescentes, molles et vertes. Stipules libres, naissant sur la tige à la base des pétioles. Fleurs blanches, 3-6 en cyme ombelliforme, et 1-2 à l'aisselle des feuilles supérieures qui dépassent toutes les fleurs. Pétales blancs, dressés. Fruit acide, rouge, formé de 4-8 carpelles adhé-rant au réceptacle discoïde. ⚥. Mai-août, suivant les altitudes.

C. Dans la région des sapins, au-dessous de laquelle il descend très rarement.

Sect. III. *Feuilles palmatiséquées; stipules naissant sur le pétiole.*

a. *Tige frutescente, cylindracée ou obscurément anguleuse.*

†† *Folioles latérales sessiles.*

R. cæsius *L. sp.* 706; *G. G.* 1, *p.* 537. — Tiges florifères dressées, flexueuses, à aiguillons fins, rares, ou très nombreux (*R. ferox Vest.*); tiges foliifères arrondies et couchées, glabres et glauques, à aiguillons sétacés et droits, à l'exception de ceux du sommet qui sont arqués. Feuilles palmatiséquées, à 3 et rar. à 5 folioles glabres ou pubescentes, ord. vertes sur les 2 faces. Calice appliqué sur le fruit mûr. Pétales blancs, étalés. Fruit acidule, noir, couvert d'une poussière glauque; carpelles gros et peu nombreux, très adhérents au réceptacle conique. ♄. Juin-a.

Dans les haies de la plaine, de la montagne et jusque sous les sommités.

†††† *Folioles latérales pétiolulées.*

R. glandulosus *Bell. app. ped.* 34; *G. G.* 1, *p.* 542. — Tiges cylindriques, couchées, munies d'aiguillons grêles-subulés, droits et inclinés, entremêlés, ainsi que sur les pétioles, d'acicules et de glandes stipitées. Feuilles vertes, velues sur les deux faces, à 3 grandes folioles ovales ou elliptiques, acuminées; stipules très haut placées sur le pétiole, qui est arrondi en-dessus. Sépales se redressant après l'anthèse, puis se réfléchissant un peu. Fleurs disposées en grappe plus ou moins lâche, à rameaux étalés; pétales blancs ou roses. ♄. Juin-juillet.

β. *R. hirtus W. K. rub.* 93, *t.* 43. — Pétiole un peu canaliculé en-dessus. Sépales toujours appliqués sur le fruit après l'anthèse. Fleurs disposées en grappe un peu serrée et à rameaux dressés; pétales rapprochés.

C. Dans les sols argilo-siliceux de la plaine et des montagnes, où il s'élève jusqu'à la limite supérieure des sapins, Mont-d'Or entre 1000 et 1100 mètres d'altitude. M'a paru nul sur le calcaire.

b. *Tiges anguleuses, à 5 faces planes ou canaliculées.*

† *Feuilles plus ou moins vertes en-dessus, blanches en-dessous.*

R. discolor *W. K. rub.* 46, *t.* 20; *G. G.* 1, *p.* 540. — Tiges anguleuses, *à faces planes* et parfois subcanaliculées vers le haut, rampantes lorsqu'elles ne sont pas soutenues par les arbustes voisins, à aiguillons robustes, droits ou un peu courbés, très élargis à la base. Feuilles vertes en-dessus, blanches-tomenteuses en-dessous, coriaces ; celles des tiges florales à 3 et celles des tiges foliifères à 5 folioles ; folioles *toutes longuement pétiolulées, ovales-arrondies,* la terminale acuminée et ord. cordiforme à la base, à dentelures irrégulières et mucronées ; pétiole canaliculé, à poils étalés et à aiguillons crochus. Grappe dense, souvent interrompue, à pédoncules *divariqués.* Sépales réfléchis. Pétales roses, chiffonnés, à onglet saillant. Fruit formé de carpelles nombreux et petits. ♄. Juin–juillet.

C. Dans les haies de la plaine et de la montagne.

R. tomentosus *Borkh. in Willd. sp. 2, p.* 1083; *G. G.* 1, *p.* 544. — Tiges anguleuses, à *faces canaliculées,* excepté tout à fait à la base, à aiguillons courts, robustes, élargis à la base, droits dans le bas de la tige, puis arqués et crochus au sommet. Feuilles blanchâtres ou cendrées en-dessus et rarem. vertes, blanches en-dessous; celles des tiges florales à 3, celles des tiges foliifères à 5 folioles ; celles-ci *rhomboïdales-oblongues,* atténuées à la base ; les latérales *sessiles;* pétiole velu, canaliculé, à aiguillons courts et crochus. Grappe allongée, *très étroite,* dense, fortement aciculée, à pédoncules *étalés-dressés.* Sépales réfléchis. Pétales blancs, toujours étroits et atténués à la base. Fruit petit, formé de carpelles nombreux. ♃. Juin–juill.

4. R. Dans la région des vignes, la moyenne montagne, et jusque dans la région des sapins; Chapelle-des-Buis près Besançon; Buillon sur la Loue: entre La Main et le val de la Loue ; Montbéliard (*Contejean*) : commun sur le versant helvétique du Jura (*Mercier*).

†† *Feuilles vertes sur les deux faces.*

R. fastigiatus *W. N. rub.* 16, *t.* 2; *R. fruticosus G. G.* 1, *p.* 549. — Tige anguleuse ou canaliculée au-dessous des pétioles, à aiguillons peu nombreux, élargis à la base, droits, ou un peu courbés vers le haut de la tige. Feuilles vertes sur les deux faces, un peu plus pâles et pubescentes en-dessous ; les raméales à 3, et les caulinaires à 5 folioles devenant à la fin un peu coriaces et plissées, ovales-oblongues, la terminale un peu en cœur à la base, les latérales presque sessiles; pétiole subcanaliculé, à

aiguillons crochus. Fleurs en grappes nombreuses, simples,
étroites, fastigiées, lâches; pédoncules grêles, allongés, étalés-
dressés, presque inermes. Sépales réfléchis. Pétales ovales, ciliés. Fruit petit, à carpelles nombreux. ♄. Juin–juillet.

    C. Dans les bois de la plaine et du vignoble, qu'il ne dépasse guère.

Trib. III. ROSEÆ. — Etamines en nombre indéfini. Carpelles
   nombreux, monospermes, secs, indéhiscents, *renfermés dans*
   le tube du calice qui s'accroît et devient *charnu* à la maturité.

ROSA Lin.

    Calice dépourvu de calicule; tube urcéolé, plus ou moins
étranglé au sommet, s'accroissant après la floraison, et devenant charnu à la maturité; limbe à 5 divisions plus ou moins
foliacées, ordin. pennatipartites. Corolle à 5 pétales, à préfloraison imbriquée-tordue. Etamines nombreuses. Styles latéraux,
saillants au sommet du tube. Carpelles indéhiscents, osseux,
insérés sur la face interne et sur le fond du tube du calice (voir
Godet, fl. jur. p. 204).

    Obs. Dans la *Flore de France*, pour subdiviser le genre *Rosa*, j'ai em-
ployé le caractère tiré des carpelles sessiles ou pédicellés. Mais après
avoir pratiqué, pendant plusieurs années, des milliers de sections sur les
fruits de presque toutes nos espèces jurassiques, je suis arrivé à conclure
que ce caractère n'avait pas toute la valeur que je lui avais assigné. De
plus la difficulté, sinon l'impossibilité de son emploi, sur les exemplaires
d'herbier rendant souvent son application illusoire, j'ai cru devoir y renoncer complètement.
    Sans doute le caractère auquel je me suis adressé, pour remplacer celui
tiré des carpelles, est emprunté à un organe bien moins important : *les*
aiguillons. Mais le peu de variabilité, pour ne pas dire l'invariabilité de ce
caractère lui donne, dans la pratique, une valeur de premier ordre; et de
plus ce précieux avantage n'est point obtenu par la rupture des affinités
qui permettent de réunir nos *Rosa* en sous-groupes naturels.
    Une difficulté plus grande que celle de la classification des espèces
résidait dans la délimitation des espèces elles-mêmes. Ainsi en 1823,
Trattinick décrivait 246 espèces de *Rosa*, tandis qu'en 1828 Wallroth
réduisait ces 246 espèces à 24 types ou espèces. Entre deux opinions
aussi opposées, quel parti prendre? Le meilleur moyen eût été d'imiter
MM. Decaisne et Naudin, et de procéder par voie de semis à l'étude de
ces espèces. Mais, hélas! je n'avais pas de jardin à ma disposition. J'ai
donc dû recourir à d'autres moyens, qui, sans être aussi probants, ont
suffi pour jeter la lumière sur un certain nombre de questions douteuses.
    Voici le procédé que j'ai suivi Etant données deux formes considérées
par les uns comme constituant deux espèces, et par les autres deux varié-

tés, je commençais par relever avec soin les caractères différentiels assignés
à chaque forme ; puis, sur des pieds qui m'offraient le type bien accusé
de l'une des deux formes, je cherchais si les caractères donnés comme
spécifiques ne se modifiaient pas sur certains rameaux , et ne passaient
pas par degrés insensibles d'une forme à l'autre. Or, de patientes investigations dans ce sens m'ont souvent permis de constituer des séries qui
établissaient, sans contestation possible, l'identité des deux types, et les
ramenaient à n'être que deux formes d'une seule et même espèce.

C'est ainsi, pour ne citer qu'un exemple, que j'ai rencontré, sur le même
rameau du *R. alpina*, des fruits lagéniformes et d'autres globuleux, des
fruits glabres et d'autres couverts de soies glanduleuses, des pédoncules
glabres et d'autres hispides, etc., et que j'ai pu démontrer, au moyen des
faits dont l'exactitude est attestée par mon herbier, que les espèces créées
au détriment du *R. alpina* ne sont que des formes de ce dernier.

Malheureusement ce procédé n'a pas toujours répondu à mes désirs, et
dans bien des cas il a été impuissant à dissiper mes doutes. C'est ce qui
m'est arrivé pour le groupe du *R. canina*, dont je n'ai pu limiter les
espèces que par analogie, c'est-à-dire empiriquement ; de sorte que les
semis me paraissent désormais l'unique méthode qui puisse nous donner
la connaissance exacte des espèces qui composent cet inextricable groupe.

ANALYSE DU GENRE.

§ I. Aiguillons sétacés ou subulés, droits ou faiblement arqués.

Sect. I. *DIMORPHACANTHÆ.* — Aiguillons de deux sortes : les uns
rigoureux, droits ou un peu arqués, les autres *grêles et sétacés* et souvent
glanduleux (les uns et les autres parfois nuls). Divisions calicinales entières, ou les extér. pennatiséquées, *réfléchies et caduques*.

R. austriaca ; R. gallica ; R. hybrida ; R. consanguinea ; R. alba.

Sect. II. *CORONATÆ.* — Aiguillons sétacés et subulés, ou tous subulés.
Divisions calicinales *dressées, persistantes* (c'est-à-dire ne se séparant pas
du fruit, même à sa chute). Feuilles *non tomenteuses*.

†† *Aiguillons tous sétacés.*
R. spinosissima ; R. rubella ; R. alpina.

†† †† *Aiguillons sétacés et subulés, ou tous subulés.*
R. sabauda ; R. salevensis ; R. spinulifolia.

Sect. III. *VILLOSÆ.* — Aiguillons tous subulés, droits ou un peu arqués.
Divisions calicinales *dressées ou étalées*, plus ou moins persistantes. Feuilles
tomenteuses.

†† *Divisions calicinales dressées et persistantes.*
R. coronata ; R. mollissima ; R. vestita ; R. cinnamomea.

†† †† *Divisions calicinales étalées, ne persistant que jusqu'à
la coloration du fruit.*
R. dimorpha ; R. insidiosa ; R. tomentosa.

Sect iv. *AMBIGUÆ.* — Aiguillons tous subulés, droits ou arqués plus ou moins. Divisions calicinales *étalées*, ne persistant que jusqu'à la coloration du fruit. Feuilles glabres ou pubescentes et non tomenteuses.

Ɒ *Folioles munies de glandes sur la face inférieure.*

R. fœtida ; R. alpestris.

ⱰⱰ *Folioles dépourvues de glandes sur la face inférieure.*

R. orophila ; R. montana ; R. Chavini; R. rubrifolia.

§ II. Aiguillons vigoureux, larges, plus ou moins comprimés, fortement recourbés-crochus.

Sect. v. *CANINÆ.* — Feuilles glabres, pubescentes ou tomenteuses, non *glanduleuses* sur les faces (excepté dans le *R. trachyphylla*).

Sous-sect. I. Divisions calicinales *dressees ou subétalées*, persistant au moins jusqu'à la coloration du fruit.

R. solstitialis ; R. Reuteri.

Sous-sect. II. Divisions calicinales *réfléchies* et promptement caduques.

1. *Styles soudés en colonne aussi longue que les étamines.*
R. arvensis.

2. *Styles glabres, libres ou soudés, plus courts que les étamines.*
R. stylosa.

3. *Styles pubescents, hérissés ou velus, feuilles glabres ; fruit sphérique.*
R. sphærica ; R. globularis.

4. *Styles pubescents, hérissés ou velus ; feuilles glabrescentes ; fruit ovoïde ou oblong.*
R. canina ; R. trachyphylla ; R. dumalis ; R. biserrata.

5. *Styles pubescents, hérissés ou velus ; pétioles velus-tomenteux ; folioles plus ou moins pubescentes.*
R. affinis ; R. platyphylla ; R. urbica ; R. dumetorum.

Sect. vi. *RUBIGINOSÆ.* — Feuilles plus ou moins *glanduleuses* sur les faces, qui sont glabres ou pubescentes, mais *non tomenteuses*.

Obs. Les *R. fœtida* et *alpestris*, à folioles glanduleuses en-dessous, ont été rangés à la suite des *Villosæ*, à cause de leurs aiguillons presque droits et subulés ; le *R. trachyphylla* a été placé à côté du *R. canina*, à cause de son extrême ressemblance avec ce dernier, dont il n'est peut-être qu'une variété.

1. *Styles velus ou hispides.*

R. tomentella ; R. Klukii ; R. graveolens ; R. rubiginosa.

2. *Styles glabres.*

R. sepium ; R. Lemani ; R. micrantha.

§ I. **Aiguillons sétacés ou subulés, droits ou un peu courbés.**

Sect. i. Dimorphacanthæ. — Aiguillons de *deux sortes :* les uns grêles, sétacés et même glanduleux, les autres vigoureux et un peu courbés (les uns et les autres souvent nuls). Divisions calicinales entières, ou les extér. pennatiséquées, *réfléchies et caduques.*

R. austriaca *Crantz, fl. austr.* 86 (1769), *R. pumila Jacq. austr.* 2, *p.* 59 (1774); *Lin. f. suppl.* 262. — Arbrisseau à racine rampante, à tiges dressées, *grêles, peu élevées* (3-5 décim.), portant surtout vers leur milieu des *aiguillons iné- gaux,* les plus forts un peu courbés, les petits droits, sétacés et parfois glanduleux. Feuilles à pétiole pubescent-glanduleux et finement aiguillonné en-dessous ; folioles 3-5, fermes, petites souvent pliées selon la nervure médiane, ovales, obtuses ou aiguës, pétiolulées, glabres en-dessus, *blanchâtres-poilues et à nervures saillantes en-dessous,* à nervure médiane glandu- leuse ; bords doublement dentés, à dents glanduleuses ; stipules glanduleuses. Pédoncules solitaires, glanduleux. Tube du ca- lice obovoïde, hispide-glanduleux ; divisions du calice ovales- lancéolées, entières ou pennatipartites, glanduleuses, égalant la corolle, réfléchies et caduques. Pétales d'un *rouge vif* ou roses (*R. pumila Mill.*), plus pâles en dehors et vers l'onglet. Styles laineux. Fruit pyriforme, hispide, d'un rouge orangé et long- temps persistant. ♄. Juin-juillet.

C. Aux environs de Genève, entre Carouge et Veyrrier, Nyon, Orbe, etc.; mont de Bregille près Besançon.

Obs. La plante que je viens de décrire se rencontre incontestablement à l'état vraiment spontané dans la chaîne jurassique. De plus on y trouve encore çà et là, dans les haies, surtout au voisinage des villes, une plante qui est peut-être différente, et à laquelle je réserve le nom de *R. gallica,* parce qu'étant généralem. cultivée en innombrables variétés semi-doubles, doubles et panachées, sous le nom de *Rose de Provins,* elle a dû être plus probablement connue de Linné. J'en donne la diagnose, autant que faire se peut, lorsqu'il s'agit de plantes qui appartiennent probablement à un type commun. Car ce n'est pas sans hésitation que je sépare les *R. gallica* et *austriaca* réunis par tant d'auteurs; et je comprends toute la circonspec- tion qu'il convient d'apporter dans l'établissement des espèces, lorsqu'il s'agit d'un groupe que la culture a modifié si profondément, que les variétés se comptent par centaines. Ces réserves faites, j'espère qu'on ne verra nul inconvénient à décrire séparément les deux plantes.

R. gallica *L. sp.* 705; *G. G.* 1, *p.* 552 (*part.*); *R. provincialis* A *it. kew. éd.* 2, *vol.* 2, *p.* 261. — Tiges *atteignant et dépassant souvent un mètre,* peu aiguillonnées. Folioles ovales, souvent *allongées,* obscurément-doublement dentées, tout en portant aux bords des glandes pédicellées. Fleurs ordin. semi-doubles, à pétales d'un *rouge vineux très foncé.* ♄. Juin.

R. R. Çà et là dans les haies; mont de Bregille près Besançon (*Grenier*).

OBS. En étudiant les *R. gallica* et *austriaca* de nos environs, j'ai constaté que les fleurs qui ne renfermaient que des styles à peine hérissés, lors de l'anthèse, montraient assez souvent à la maturité du fruit des styles un peu plus allongés et laineux. Ce caractère ne saurait donc servir toujours à établir des coupes dans ce genre, et sa variabilité expliquerait comment le no 354 des centuries Billot offre des fruits à styles laineux, pendant que les styles; dans l'exemplaire en fleurs, sont simplement hérissés. Enfin je termine en disant que le *R. provincialis* ne me paraît différer du *R. gallica* que par ses folioles arrondies, dont la nervure médiane est parfois (non toujours) dépourvue de glandes.

Le *R. centifolia,* plus cultivé encore que le *R. gallica,* diffère de ce dernier par sa racine moins traçante, ses tiges plus élevées; par ses aiguillons plus inégaux et dont quelques-uns atteignent une plus forte dimension; par ses folioles dont le tissu est bien moins coriace; par ses fleurs d'un rose couleur de chair; enfin par les divisions du calice plus longues et plus étroites.

R. hybrida *Schl. cat.* 1815; *G. G.* 1, *p.* 553. — Arbrisseau de 5-12 déc., à *tiges longues, grêles et tombantes,* à rameaux portant des aiguillons inégaux, subulés, mêlés de soies glanduleuses. Feuilles à pétiole pubescent ou tomenteux, finement aiguillonné, à 5-7 folioles, ovales, aiguës ou obtuses, glabrescentes et vertes en-dessus, *blanchâtres et pubescentes en-dessous,* faiblement-doublement dentées, à dents secondaires glanduleuses; stipules glabres, ciliées et bordées de glandes, à oreillettes peu divergentes. Pédoncules solitaires ou géminés, rar. en bouquet, dressés, hispides, munis d'une petite bractée à la base. Tube du calice hispide-glanduleux, ovoïde; divisions du calice ovales-acuminées, indivises ou subdécoupées, glanduleuses, plus courtes que la corolle, réfléchies, non persistantes. Pétales grands, d'un *rose clair ou blanc.* Styles non soudés et *rapprochés en colonne* hérissée. Fruit ovoïde, d'un rouge orangé, souvent stérile et tombant avant la maturité. ♄. Juin.

Environs de Genève, entre Veyrrier et Carouge au bois de la Batie et probablement sur tout le Jura, dans les lieux où croissent simultanément les *R. gallica* et *arvensis,* dont il paraît être un hybride; son port a plus de rapport avec le *R. arvensis* qu'avec le *R. gallica*; moins étalé que le premier, il est moins dressé que le second.

R. psilophylla *Rau, en.* 101; *Déségl. monogr.* 79; *R. gallico-canina Reut. ap. Godet, fl. jur.* 218, *et Reut. cat.* 73; *Rapin, guid.* 196. — Arbrisseau de un mètre au plus, à aiguillons *la plupart robustes,* subulés, plus ou moins courbés, et même larges et falciformes, ordin. *mêlés à d'autres aciculaires.* Feuilles à pétioles glabrescents, glanduleux et aiguillonnés; folioles 5-7, ovales-suborbiculaires, *vertes et glabres* sur les deux faces, ou à nervure médiane de la face inférieure hérissée et à nervures saillantes, doublement dentées, à dents secondaires terminées par une glande. Pédoncules solitaires ou en corymbe, munis de soies glanduleuses, qui manquent quelquefois, entourés de bractées lancéolées, doublement dentées-glanduleuses. Tube du calice ovoïde-oblong, glabre; divisions calicinales fortement pennatiséquées et glanduleuses, réfléchies et caduques. Corolle grande, d'un beau rose. Styles hérissés. Fruit ovoïde, ellipsoïde ou oblong. ♄. Juin. — Les aiguillons aciculaires manquant assez souvent, on est tenté de reporter cette espèce dans la section des *Canina.*

R. R. Environs de Genève (*Reuter, Rapin*).

R. consanguinea *Gren.; R. umbellato-gallica et gallico-umbellata Rapin, mss! et ap. Reut. cat.* 72. — Arbrisseau d'environ un mètre, à rameaux sarmenteux et grêles, à *aiguillons les uns robustes, recourbés et dilatés à la base; les autres grêles, droits, subulés et même sétacés,* tantôt rares, tantôt très nombreux surtout vers le sommet des rameaux. Feuilles à pétioles pubescents ou tomenteux, glanduleux, à aiguillons fins; folioles 5-7, ovales-arrondies, glabres en-dessus, *glanduleuses et subpubescentes en-dessous,* doublement dentées et à dents glanduleuses; stipules ordinair. glanduleuses en-dessous. Pédoncules solitaires ou en corymbe, hispides-glanduleux et très rar. nus, munis de larges bractées glabres ou glanduleuses en dessous. Tube du calice ovoïde, hispide et rar. glabre; divisions calicinales étalées, caduques. Corolle grande, d'un rose pourpré. Styles un peu en colonne, faiblement hispides. Fruit ovoïde, un peu atténué au sommet. ♄. Juin.

R. R. Environs de Veyrrier près Genève (*Rapin*).

R. alba *L. sp.* 705; *Déségl. monogr.* 91.— Arbrisseau de
1-2 mètres, très rameux, à aiguillons forts et crochus. Feuilles
à pétioles velus et glanduleux, aiguillonnés en-dessous ; folioles
5, ovales, vertes et glabres en-dessus, *velues et blanchâtres* en-
dessous, simplement dentées ; stipules glabres ou un peu velues
en-dessous au sommet. Pédoncules allongés, *ord. solitaires, rar.
géminés, couverts de soies glanduleuses*. Tube du calice ovoïde,
glabre ou hispide à la base ; divisions calicinales pennatiséquées,
munies aux bords de glandes stipitées. Corolle grande, *toujours
blanche,* ord. demi-double. Styles hispides. Fruit oblong. ♄. Juin.

Çà et là dans les haies, surtout dans le voisinage des habitations. Cette
plante n'est pas indigène.

Sect. II. CORONATÆ. — Aiguillons sétacés et subulés, ou tous
subulés. Divisions calicinales *dressées, persistantes* (c'est-à-dire
ne se se séparant pas du fruit, même à sa chute). Feuilles *non
tomenteuses.*

†† *Aiguillons tous sétacés.*

R. spinosissima *L. sp.* 705; *G. G.* 1, *p.* 553 (*p. part.*);
Rau, en. 58; *Godet, fl. jur.* 205; *R. pimpinellifolia DC. fl.
fr.* 4, *p.* 438; *Reut. cat. éd.* 2, *p.* 63; *Rapin guid. éd.* 2, *p.* 190;
et non null. auct. (*p. part.*). — Arbrisseau *bas* (2-4 déc.), très
rameux, à rameaux dressés, et tantôt chargés d'aiguillons grêles,
subulés ou sétacés, droits, très inégaux et horizontaux, tantôt
entièrement inermes (*R. mitissima Gmel. fl. bad.* 4, *p.* 358).
Pétioles glabres, inermes ou très finement aiguillonnés ; 5-9 folioles petites, suborbiculaires ou ovales-obtuses, très glabres,
vertes et plus pâles en-dessous, à dents simples et non glanduleuses ; stipules étroites, toutes semblables, glabres, à oreillettes
divergentes. Fleurs odorantes, à pédoncules axillaires, solitaires,
glabres ou hispides. Calice à tube globuleux, ord. glabre, à divisions entières, lancéolées, de même longueur que le bouton, et
bien plus courtes que la corolle. Celle-ci à pétales *blancs et à
onglet jaunâtre.* Styles libres, velus, dépassant le disque plan.
Fruit *globuleux-déprimé, brun* ou noirâtre à la maturité, couronné par les sépales dressés et persistants. ♄. Fl. juin ; fr. sept.

A. C. Dans tout le Jura, depuis les premiers escarpements du Lomont
jusque sur les sommités ; la roche près de Nans (*Paillot*); Chatard près

Baume; Planèze et Arguel près Besançon; Salins, etc.; côtes du Doubs et du Dessoubre dans l'arrondissement de Montbéliard (voir *Contej.*, en.).

Obs. J'ai conservé le nom de *R. spinosissima*, parce que Linné lui-même, dans le *Mantissa*, page 399, a cru devoir proposer la suppression du *R. pimpinellifolia*. Mais cette réunion est-elle légitime? Gmelin et Rau, qui ont cultivé pendant de longues années les deux plantes, pensent le contraire, et les regardent comme deux bonnes espèces La plante du Jura répond très exactement au *R. spinosissima Rau*, par sa taille de 2-4 déc., ses pédoncules glabres ou hispides, ses fleurs blanches tachées de jaune au centre. A ce type doit on rattacher le *R. pimpinellifolia* des Alpes qui forme un buisson de 1-2 mètres, et dont les fleurs, portées sur des pédoncules toujours glabres, sont d'un rose pâle? J'ai cultivé pendant près de vingt ans un pied de *R. pimpinellifolia*, dont j'ignorais l'origine; ses fleurs étaient demi doubles; sa taille atteignait près de deux mètres, mais jamais je n'ai vu sa racine pivotante émettre de rejets, pendant que je voyais la racine du *R. spinosissima* produire des rejets en tous sens et à grande distance de la souche-mère. Ce fait n'est-il qu'un accident, ou bien, par un examen ultérieur, viendra-t-il s'ajouter à ceux qui militent en faveur de la conservation des deux espèces? C'est là la question.

En attendant que la lumière se fasse, comment traiterons-nous la plante jurassique à fleurs roses, décrite par MM. Reuter et Rapin, sous le nom de *R. pimpinello-alpina* et *alpino-pimpinellifolia*, éditée par M. Godet, sous le nom de *R. rubella Smith*, et peut-être aussi sous celui de *gentilis* par Sternberg et Koch. Est-elle un hybride, rentre-t elle dans l'esp ce alpine, ou doit-elle constituer une espèce? Faute de documents suffisants, je me range provisoirement à l'opinion de M. Godet, qui, après avoir constaté l'identité de notre plante avec celle de Smith, l'a décrite dans sa flore sous le nom de *R. rubella Smith*.

R. rubella *Sm. engl. fl. éd.* 2, *vol.* 2, *p.* 375; *Godet, fl. jur.* 205; *R. alpino-pimpinellifolia et pimpinellifolio-alpina Reut. cat. éd.* 2, *p.* 64; *Rap. guid. éd.* 2, *p.* 190. — Tige élevée (1-2 m.); feuilles grandes et parfois un peu doublement dentées; fleurs à pétales d'un *rose-clair;* fruit *ovoïde*, un peu étranglé au sommet, *rouge* de sang à la maturité. Le reste comme dans l'espèce précédente. ♄. Juin.

R. Sur le Chaumont au-dessus de Neuchatel; sur le Salève.

R. alpina *L. sp.* 703; *G. G.* 1, *p.* 556; *R. pyrenaica Gouan, ill.* 31, *t.* 19; *R. monspeliaca Gouan, fl. monsp.* 255; *R. pendulina Ait. kew.* 2, *p.* 208; *R. lagenaria Vill Dauph.* 3, *p.* 553; *R. pimpinellifolia Vill. Dauph.* 3, *p.* 553; *R glandulosa Bell. act. taur.* 1790, *p.* 230. — Arbrisseau de 4-15 déc., à tiges anciennes ord. dépourvues d'aiguillons, à tiges nouvelles tantôt nues, tantôt plus ou moins armées d'aiguillons inégaux, sétacés, rar. un peu forts et presque subulés. Feuilles à pétioles

ord. glanduleux et rarem. nus, inermes ou munis de quelques
aiguillons très fins; folioles 7-11, elliptiques-oblongues et ord.
obtuses, glabres et vertes en-dessus, plus pâles et glauques en-
dessous avec la nervure médiane parfois pubérulente-glandu-
leuse, doublement dentées, à dents secondaires glanduleuses;
folioles latérales pétiolulées; stipules glabres, bordées de glandes,
à oreillettes divergentes. Fleurs solitaires ou géminées. Pédoncules *recourbés* après l'anthèse, glabres ou hispides-glanduleux,
munis ord. d'une large bractée à la base. Tube du calice sphérique, ovoïde ou oblong, glabre ou hispide-glanduleux; divisions
du calice entières, lancéolées-acuminées, glabres ou glanduleuses, plus ou moins foliacées au sommet, *égalant ou dépassant la corolle*, à bords tomenteux et glanduleux, réfléchies lors
de l'anthèse, puis redressées-conniventes et persistantes sur le
fruit. Pétales d'un *pourpre vif*. Styles courts, hérissés-velus;
disque tronqué. Fruit sphérique, ovoïde, oblong, ou lagéniforme,
fortement étranglé au sommet, plus ou moins *penché sur le
pédoncule recourbé, rouge écarlate* à la maturité, couronné par
les sépales dressés et persistants. ♄. Juin-juillet.

C. Dans la région alpestre et dans celle des sapins, au-dessous de laquelle
il descend un peu.

Obs. En 1862, pendant plus d'un mois, j'ai observé cette plante dans
nos montagnes, et il m'a été impossible de la subdiviser en plusieurs
espèces. Au contraire, il m'a toujours été facile d'établir des séries passant par degrés insensibles d'un caractère donné comme spécifique à un
caractère opposé auquel on avait assigné la même valeur. Il y a plus, j'ai
fini par trouver réunis, sur les mêmes rameaux, ces prétendus caractères
spécifiques. Ainsi la présence ou l'absence d'aiguillons est facile à constater. Je conserve en herbier des fleurs ou des fruits nés sur un même
rameau et portés par des pédoncules les uns nus et les autres hispides;
de plus lorsque les pédoncules sont géminés, il n'est pas rare de voir l'un
parfaitement glabre, pendant que l'autre est fortement hispide. On trouve
également sur un même rameau des sépales nus ou glanduleux, des fruits
passant par toutes les formes, et dont les uns sont hispides et les autres
glabres. Je possède une branche munie de deux fruits géminés, dont l'un
est parfaitement sphérique, tandis que l'autre est lagéniforme. En présence
de ces faits, il m'a été impossible d'admettre comme espèces les *Rosa
pyrenaica, R. monspeliaca, R. pendulina, R. lagenaria*.

Quant aux synonymes de Villars et de Bellardi, voici les motifs qui
m'ont déterminé à les rapporter ici. Bellardi (l. c.) affirme que Villars, à
qui il a envoyé son *R. glandulosa*, lui a écrit qu'il en reconnaissait l'identité avec son *R. pimpinellifolia*. Les synonymes de Villars et de Bellardi
appartiennent donc à la même espèce; reste à la déterminer. D'abord
Villars dit que son *R. pimpinellifolia* n'est pas celui de Linné; puis la

longue description qu'il donne de sa plante fait voir sans nul doute qu'il a eu en vue une forme du *R. alpina*. De là je pourrais déjà conclure que ces deux synonymes se rapportent au *R. alpina*. Mais ajoutons de nouvelles preuves. Bertoloni (fl. it 5, p. 210) a constaté que le *R. glandulosa Bell.* est un *R. alpina*; et M. Rapin a de même rencontré dans l'herbier de Decandolle ce *R. glandulosa*, étiqueté de la main de Bellardi, et n'étant qu'un *R. alpina*. Nul doute ne saurait donc s'élever sur la légitimité de la synonymie que j'ai adoptée.

⚎ ⚎ *Aiguillons sétacés et subulés, ou tous subulés.*

R. sabauda *Rap. bull. soc. hall.* 178, *et guid. Vaud. éd.* 2, *p.* 191; *Reut. cat. éd.* 2, *p.* 64. — Tiges de 1-2 mètres; aiguillons des surgeons larges, comprimés, atténués en pointe droite et subulée; aiguillons des tiges florales *très inégaux, passant insensiblement de la forme robuste-subulée à l'état de soies* parfois glanduleuses. Feuilles à pétiole pubescent, muni de glandes pédicellées et de quelques aiguillons fins; folioles 5-9, petites et rappelant celles du *R. spinosissima, ovales, glabres,* simplement dentées ou assez obscurément surdentées, et à dents secondaires terminées çà et là par une glande; stipules glabres, ciliées-glanduleuses, à oreillettes porrigées. Fleurs solitaires, rarem. géminées ou ternées. Pédoncules hispides. Tube du calice subsphérique, *glabre,* ou plus rarem. hispide; divisions du calice pennatipartites, un peu plus courtes que la corolle. Pétales d'un blanc-rosé. Fruit subsphérique, rouge, couronné par les divisions redressées et persistantes du calice. ♄. Juin-juillet.

R. Sur le mont Salève, sur le versant oriental (*Rapin*).

R. salævensis *Rapin, bull. soc. hall.* 178, *et guid. éd.* 2, *p.* 191; *Reut. cat.* 64; *R. Perrieri Songeon, inéd.* — Tiges de 1-2 mètres, glaucescentes ou rougeâtres, nues ou munies d'aiguillons rares, longs, tous subulés et un peu courbés. Feuilles (comme celles du *R. canina*) à pétioles *glabres* ou parsemés de soies glanduleuses et d'aiguillons; folioles 5-7, ovales, aiguës ou acuminées, *glabres sur les deux faces,* simplement ou presque doublement dentées, à dents aiguës porrigées, quelquefois glanduleuses. Fleurs solitaires ou géminées, rarem. ternées. Pédoncules glabres ou fortement hispides-glanduleux; divisions calicinales *glabres,* lancéolées-allongées, à peine pennatipartites, terminées par un appendice ordin. foliacé, d'abord réfléchies, puis redressées et persistantes. Tube du calice ovoïde, *glabre*. Pétales d'un rose pourpre. Fruit oblong, couronné par les lobes dressés et persistants du calice. Styles très velus, rapprochés en capitule. ♄. Fl. juin.

R. Mont Salève; La Tourne dans le Jura; dans les bois du hameau des Saules, au-dessous de la montagne du Chateleu près Morteau (*Grenier*).

R. spinulifolia *Dematr. en. p.* 8; *Godet, fl. jur.* 209; *Rapin, guid. éd.* 2, *p.* 191; *Reut. cat.* 65. — Tiges de 1-2 mèt., à rameaux glauques violacés, à aiguillons droits, subulés, brusquement élargis à la base sur les surgeons, grêles et rares ou nuls sur les rameaux florifères. Feuilles à pétioles *pubérulents ou tomenteux*, glanduleux et subaiguillonnés; folioles 5-7, subsessiles, ovales-elliptiques, glabres en-dessus, plus pâles et *souvent pubescentes en dessous, et à nervure médiane couverte de glandes stipitées qui existent aussi plus ou moins sur les autres nervures,* doublement dentées, à dents aiguës et glanduleuses à la pointe; stipules glabres en-dessus, *pubescentes et glanduleuses en-dessous,* à oreillettes courtes et divergentes. Fleurs solitaires ou géminées. Pédoncules hérissés d'aiguillons sétiformes terminés par une glande. Tube du calice ovoïde, *hérissé-glanduleux;* divisions du calice à peine divisées, terminées par un appendice foliacé, couvertes de glandes stipitées, égalant presque la corolle, redressées et persistantes. Pétales d'un beau rose (et non pourprés comme dans *R. alpina*). Fruit ovoïde, hispide, rouge, couronné par les divisions dressées et persistantes du calice. Styles courts, très velus, rapprochés en tête. ♄. Fl. juin.

β. *denudata*. Folioles et pétioles tout à fait glabres. — *R. marginata Wallr. ann. bot.* 68, *et Ros. hist.* 253; *Reut. cat.* 66; *R. tomentosa b. marginata Rapin, guid.* 192.

A. C. Sur toute la partie élevée du Jura, sans descendre au-dessous de la région des sapins; montées de la Faucille et de Saint-Cergue, puis entre Saint-Cergue et les Rousses, sur le Chaumont, à Thoiry, sur le Salève, etc; Pontarlier (*Grenier*); la Grand'Combe-des-Bois (*Contejean*).

Sect. III. VILLOSÆ. — Aiguillons tous subulés, droits ou un peu arqués. Divisions calicinales dressées ou étalées, plus ou moins persistantes. Feuilles *tomenteuses*.

†† *Divisions calicinales persistantes.*

R. coronata *Crepin, in Wirtg. exsicc. n° 270 (1858) et n° 270 bis (1860), et Crepin, not. p. 25 (1862); R. sabauda β coronata Rapin!, guid. 192.* — Tige de 6-10 décim., à aiguillons nombreux, *très inégaux, passant insensiblement de la forme subulée à l'état de soies* parfois glanduleuses. Feuilles à pétiole *velu-tomenteux,* subglanduleux, inerme; folioles 5-7, petites et rappelant celles des *R. obtusifolia* et *tomentella,* ovales, *très pubescentes en-dessus, tomenteuses en-dessous,* tantôt dépourvues et tantôt plus ou moins munies en-dessous de petites glandes, obscurément-doublement dentées, à dents secondaires glanduleuses. Stipules étroites, pubescentes, ciliées-glanduleuses, à oreillettes porrigées. Fleurs ord. solitaires, à pédoncules hispides-glanduleux, ainsi que le tube subsphérique du calice. Divisions calicinales pennatiséquées, bien plus courtes que la corolle. Pétales d'un *blanc rosé.* Fruit ovoïde, rouge, couronné par les divisions redressées et persistantes du calice. ♄. Juin-juillet.

R. R. Mont Salève *(Rapin).*

R. mollissima *Willd. prod. berol. 437; Fries, nov. 151, et summ. 174, et herb. norm. fasc. 7, n° 44!; R. ciliato-petala Koch, syn. 253; R. resinosa et mollissima Déségl. l. c.* — Tiges peu élevées, d'environ un mètre, à aiguillons *tous subulés,* forts, droits ou un peu courbés. Feuilles à pétioles tomenteux et glanduleux, aiguillonnés en-dessous; folioles 5-7, subsessiles, ovales-elliptiques ou obovales, rapprochées et souvent imbriquées, mollement pubescentes sur les deux faces, tantôt dépourvues en-dessous, tantôt munies de glandes fines plus ou moins abondantes, *un peu rugueuses* sur les deux faces, et surtout en-dessous où les nervures sont assez saillantes, doublement dentées, à dents larges, ouvertes et glanduleuses; stipules larges, subpubescentes en-dessus, velues et glanduleuses en-dessous, à oreillettes courtes et divergentes. Bractées larges et *plus longues* que les pédoncules. Ceux-ci solitaires ou agrégés, *très courts,* n'égalant pas ord. la longueur du fruit, hérissés de soies glanduleuses. Tube du calice ovoïde ou subglobuleux, hérissé ou glabre, étranglé *mais sans col* au sommet; divisions calicinales brièvement pennatiséquées, hispides-glanduleuses, égalant presque la corolle, redressées après l'anthèse, *devenant charnues à la base et persistantes.* Pétales d'un *rouge vif.* Fruit ovoïde ou subglobuleux, étranglé et *sans col* au sommet, couronné par les divisions calicinales redressées et persistantes. Styles poilus. ♄. Juin.

Çà et là dans la région des sapins : Pontarlier, Valorbe (*Grenier*); bois de Perrigny près Lons-le-Saunier (*Michalet*); Val de Ruz (*Godet*); Salève (*Reuter*); environs de Genève (*Rapin*).   -

Obs. Cette espèce, voisine du *R. pomifera* (*R. Grenieri Déségl.*), qui n'appartient point au Jura, s'en distingue au premier coup d'œil par les soies fines et glanduleuses, et non spinescentes, qui recouvrent ses fruits. Constatons également que dans cette espèce la face inférieure des folioles se présente tantôt entièrement dépourvue, tantôt munie de glandes abondantes, et qu'il est facile de trouver tous les intermédiaires entre ces états extrêmes; ce qui rend impossible la subdivision de cette espèce en deux autres, en s'appuyant sur ce caractère.

R. vestita *Godet, fl. jur.* 210; *Reut. cat.* 65. — Tiges d'environ un mètre, à aiguillons *rares ou nuls,* droits, subulés. Feuilles à pétioles tomenteux, glanduleux, inermes; folioles 5-7, subsessiles, ovales-elliptiques, pubescentes en-dessus, velues-tomenteuses en-dessous, et assez rarem. munies de quelques glandes fines, *lisses sur les deux faces, même en-dessous où les nervures sont à peine saillantes* (ce qui donne à la plante son aspect particulier), doublement dentées-glanduleuses; stipules larges, glabrescentes en-dessus, pubescentes en-dessous, à oreillettes divergentes. Bractées larges, ordin. *de moitié plus courtes* que les pédoncules. Ceux-ci ord. solitaires, *égalant ou dépassant la longueur du fruit,* hérissés de soies glanduleuses. Tube du calice ovoïde, hérissé, *étranglé et formant un petit col au sommet;* divisions du calice pennatiséquées, terminées par un appendice foliacé, glanduleuses, égalant presque la corolle, redressées après l'anthèse, *devenant charnues à la base et persistantes.* Pétales *d'un beau rose,* mais moins foncé que dans le *R. mollissima.* Fruit *ovoïde-oblong,* atténué en un col surmonté d'un disque formé par la réunion des div. calicinales redressées et persistantes. Styles courts et très velus. ♄. Juin.

R. Environs de Lignières (*Chaillet, Godet*; Salève (*Reuter*).

Obs. Cette plante dont le port et le fruit rappellent ceux du *R. alpina* n'est pour M. Rapin qu'une variété du *R. spinulifolia.* N'ayant pu voir d'intermédiaires entre ces deux espèces, je ne puis adopter cette opinion.

R. cinnamomea *L. sp.* 703; *G. G.* 1, *p.* 556. — Tiges de
1-2 mètres, à rameaux d'un brun de cannelle; aiguillons plus
ou moins nombreux, droits, souvent inégaux et caducs. Feuilles
à pétioles pubescents, presque *inermes;* folioles 5-7, *ovales-*
oblongues, pubescentes-cendrées et soyeuses en-dessous, glabrescentes en-dessus, *simplement dentées;* stipules des rameaux
stériles étroites, celles des rameaux florifères larges et dilatées
au sommet. Fleurs ord. solitaires. Pédoncules *glabres,* courts
et enveloppés par de larges bractées. Tube du calice globuleux,
glabre; divisions calicinales presque entières et dilatées au
sommet en un appendice foliacé, aussi longues ou plus longues
que la corolle. Pétales d'un *rose vif.* Fruit globuleux, d'un
rouge orangé, *glabre*, couronné par les divisions *dressées et*
persistantes du calice. Styles courts, hérissés. ♄. Juin.

Çà et là dans les haies depuis la région des vignes, jusque dans la région
alpestre; sur les bords du lac de Joux (*Godet*).

 # # Divisions calicinales étalées, ne persistant que jusqu'à
la coloration du fruit.

R. dimorpha *Bess. en.* 19; *Déségl. monogr.* 121; *R. sub-*
globosa Sm. engl. bot.; Billot, exs. 1481! — Tiges de 8-15 déc.,
à aiguillons droits et un peu courbés, forts et subulés. Feuilles
à pétioles velus-tomenteux, glanduleux et aiguillonnés; folioles
5-7, ovales-elliptiques, pubescentes en-dessus, tomenteuses en-
dessous et rar. munies de quelques glandes très fines, obscurément visibles à la loupe, *simplement ou à peine doublement*
dentées, à dents largement ovales et souvent non glanduleuses;
stipules glabres en-dessus, pubescentes en-dessous, à oreillettes
courtes et divergentes. Fleurs solitaires ou agrégées. Pédoncules
hérissés de soies glanduleuses. Tube du calice ovoïde-subglobuleux, hérissé; divisions du calice pennatiséquées, glanduleuses,
plus courtes que la corolle, *étalées* après l'anthèse, et caduques
à la maturation du fruit. Pétales d'un *rose-pâle.* Fruit *globuleux,*
non couronné par les divisions du calice. Styles glabrescents ou
pubescents. ♄. Juin.

C. Dans les haies et sur les collines de la région des vignes, de la
moyenne montagne, et de la région des sapins.

R. insidiosa *Grenier.* — Port des *R. dimorpha* et *to-*

mentosa, dont il diffère par les caractères suivants : les feuilles sont *tomenteuses* en–dessous et *dépourvues de glandes,* comme celles du *R. dimorpha;* les feuilles qui précèdent et accompagnent les fleurs sont *doublement dentées,* et les dents sont *lancéolées et glanduleuses,* comme celles du *R. tomentosa;* mais celles qui naissent sur les rameaux qui apparaissent souvent à la base de l'inflorescence ont les folioles à *dents largement ovales, presque simples et à peine glanduleuses,* comme celles du *R. dimorpha;* le fruit est *ovoïde atténué au sommet,* comme celui du *R. tomentosa.* Serait-ce un hybride des *R. dimorpha* et *R. tomentosa?* ♄. Juin.

R. Sur les collines des environs de Besançon.

R. tomentosa *Sm. fl. brit.* 2, *p.* 539, *Engl. bot. t.* 990; *Fries, herb. norm. fasc.* 9, *n°* 46!; *R. seringeana Godr. fl. lor. éd.* 2, *p.* 255; *R. tomentosa var. scabriuscula Fries, summ.* 197; *R. scabriuscula Sm. engl. bot. t.* 1896. — Tiges de 1-2 mètres, à aiguillons droits ou un peu courbés, forts et subulés. Feuilles à pétioles velus–tomenteux, glanduleux et aiguillonnés; folioles 5-7, subsessiles, ovales–elliptiques, pubescentes en-dessus, *tomenteuses et chargées de glandes fines en-dessous, doublement dentées* et à *dents lancéolées et glanduleuses;* stipules glabrescentes en-dessus, pubescentes et *glanduleuses* en-dessous au moins dans les feuilles inférieures, à oreillettes courtes et divergentes. Fleurs solitaires ou agrégées. Pédoncules hérissés de soies glanduleuses. Tube du calice ovoïde, h´rissé-glanduleux; divisions du calice pennatiséquées, glanduleuses, plus courtes que la corolle, *étalées* après l'anthèse et caduques dès le commencement de la coloration du fruit. Pétales d'un *rose-pâle.* Fruit *ovoïde et atténué au sommet* non couronné par les divisions du calice. Styles glabrescents ou pubescents. ♄. Fl. juin.

C. Dans les haies et sur les collines de la plaine, de la région des vignes et de la moyenne montagne ; pas rare autour de Besançon; je l'ai récolté au pied du Mont-d'Or à environ 1,200 mètres d'altitude.

Obs. J'ai conservé à cette plante le nom de *R. tomentosa,* parce que notre plante est identique à celle que j'ai reçue d'Angleterre sous ce nom, et qu'elle ne diffère pas non plus de celle que Fries a publiée sous ce même nom, dans son herbier normal. Si ce nom ne devait point être conservé, c'est incontestablement celui de *R. scabriuscula* Sm., comme plus ancien, qui devrait lui être substitué.

Sect. IV. AMBIGUÆ. — Aiguillons tous subulés, droits ou plus ou moins arqués. Divisions calicinales *étalées,* ne persistant que jusqu'à la coloration du fruit. — Feuilles pubescentes ou glabres.

Folioles glanduleuses en-dessous.

R. fœtida Bast. suppl. fl. M. et L. (1812); Bor. fl. centr. 878; Déségl. mon. 117. — Arbrisseau de un mètre et plus, à rameaux étalés, à aiguillons subulés, *les uns droits, les autres inclinés et même quelques-uns assez fortement courbés* pour rappeler ceux du groupe des *Canina.* Feuilles à pétioles pubescents, glanduleux et aiguillonnés; folioles 5-7, toutes pétiolées, ovales, aiguës, presque glabres en-dessus, *pubescentes, grisâtres et parsemées de glandes en-dessous,* doublement dentées, à dents secondaires glanduleuses; stipules glabres, ou pubescentes et glanduleuses en-dessous. Pédoncules solitaires ou en corymbe, *hispides-glanduleux,* munis de bractées ovales, glabres, ou pubescentes et glanduleuses en-dessous, un peu plus courtes que les pédoncules. Tube du calice ovoïde, hispide; divisions calicinales glanduleuses, subappendiculées, égalant presque la corolle, *étalées, puis réfléchies* et tombant lors de la coloration du fruit. Corolle d'un rose pâle. Styles *glabrescents ou glabres,* souvent soudés en colonne. Fruit ovoïde, hispide-glanduleux, non couronné par les sépales. ♄. Juin.

R. R. Près de Pontarlier, à la Fresse, au Ce neux près la Brevine, dans le haut Jura (*Grenier*); bois d'Authume près Dole (*Michalet*).

Obs. J'ai d'abord pris cette rose pour le *R. alpestris Rap.,* et M. Rapin lui-même avait adopté cette manière de voir. Mais en l'étudiant de nouveau, je crus y voir une espèce nouvelle, que je distribuai sous le nom de *R. abietina.* Enfin après l'avoir attentivement comparée au *R. fœtida Bast.,* il m'a semblé que les différences étaient trop minimes pour songer à en constituer une espèce.

R. alpestris Rapin ap. Reuter, cat. 68; *R. monticola b alpestris* Rapin, guid. 194. — Feuilles à pétioles *glabres,* glanduleux et aiguillonnés; folioles ovales, souvent arrondies au sommet, *glabres sur les deux faces,* parsemées de glandes en-dessous. Styles *velus.* Le reste comme dans le *R. fœtida* dont il a le port et l'aspect; de telle sorte que j'ai pendant longtemps distribué notre *R. fœtida* sous le nom de *R. alpestris.* ♄. Juin.

R. R. Mont Salève (*Rapin et Reuter*).

 # # Folioles dépourvues de glandes sur la face inférieure.

R. orophila *Grenier.* — Arbrisseau presque inerme. Pétioles *tomenteux*, glanduleux, *inermes*. Feuilles elliptiques-aiguës, glabres sur les deux faces, subpubescentes-glanduleuses en-dessous sur la nervure médiane, *doublement dentées*, à dents secondaires glanduleuses; stipules pubescentes et subglanduleuses en-dessous, à oreillettes courtes, ovales, dressées. Pédoncules hispides-glanduleux, ainsi que le tube ovoïde ou pyriforme du calice. Divisions calicinales étalées ou subréfléchies, *pennatiséquées* et prolongées en appendice lancéolé. Corolle..... Styles courts, très velus. Fruit ovoïde. — Cette plante a presque les feuilles pubescentes du *R. fœtida;* mais elles sont dépourvues de glandes en-dessous; de plus les styles sont velus et non glabres. Si ce dernier caractère rapproche cette espèce du *R. alpestris,* le *tomentum* des pétioles et l'absence de glandes sur la face inf. des folioles l'en distinguent nettement. ♄. Juin.

Cette plante me vient des environs du Bourg-d'Oysans ; mais elle est si voisine des deux précédentes qu'il y a lieu de croire qu'elle se retrouvera dans le Jura.

R. montana *Chaix in Vill. Dph.* 1, *p.* 346, *et* 3, *p.* 547; *G. G.* 1, *p.* 558. — Arbrisseau de 1-2 mètres, à aiguillons rares, presque droits. Feuilles à pétioles glabres, faiblement glanduleux et aiguillonnés; folioles 5-7, *arrondies ou obovales-obtuses,* rar. aiguës, petites, glabres, vertes et souvent lavées de pourpre, presque simplement dentées ; stipules glabres, à oreillettes aiguës et dressées. Pédoncules solitaires ou 2-4 réunis, *hérissés de longs poils spiniformes glanduleux,* ainsi que le tube du calice *ovoïde.* Divisions calicinales ovales, longuement acuminées, presque entières, un peu plus courtes que la corolle, étalées ou un peu réfléchies, caduques seulement à la maturité. Corolle d'un *blanc rosé.* Styles velus. Fruit gros, ovoïde ou ellipsoïde, un peu étranglé en col au sommet, fortement hispide, précoce. ♄. Juin-juillet.

R. R. Mont Salève (*Rapin,* *Reuter*) ; ne paraît pas encore avoir été trouvé sur notre chaîne jurassique proprement dite.

R. Chavini *Rapin, guid.* 195; *Reut. cat.* 69. — Cette plante a le port et presque tous les caractères du *R. montana;*

et je me borne à signaler ici leurs caractères différentiels. Aiguillons *robustes et assez fortement arqués;* folioles presque toutes *elliptiques-aiguës* et rar. obtuses; divisions calicinales *presque* entièrement *réfléchies, tombant au début de la coloration du fruit,* et non à l'approche de la maturité, comme dans le *R. montana,* dont je n'ose la considérer comme une forme, à cause de la différence des aiguillons. ♄. Juin.

R. R. Mont Salève (Rapin).

R. rubrifolia *Vill. Dph.* 3, *p.* 549; *G. G.* 1, *p.* 557. — Arbrisseau robuste, de 1-2 mètres, à rameaux glauques et pruineux, à aiguillons rares, presque droits. Feuilles à pétioles glabres, nus ou aiguillonnés; folioles 5-7, *lancéolées,* aiguës, glabres, *glauques* et souvent lavées de pourpre, simplement dentées; stipules purpurines, à oreillettes divergentes. Pédoncules ord. en corymbe, *glabres, ainsi que le tube du calice globuleux.* Divisions calicinales *entières,* terminées par un appendice lancéolé, *plus longues que la corolle,* redressées ou étalées après l'anthèse, et tombant lors de la coloration du fruit. Corolle d'un *rose vif.* Styles velus. Fruit assez petit (à peine un cent. de diam.), *sphérique* ou subpyriforme. ♄. Juin-juillet.

C. Çà et là dans la région alpestre et dans la région des sapins, d'où il descend jusque sur les confins de la région des vignes à Salins.

§ II. **Aiguillons vigoureux, larges, plus ou moins comprimés, fortement recourbés-crochus.**

Sect. v. CANINÆ. — Feuilles glabres, pubescentes ou tomenteuses, *jamais glanduleuses sur les faces* (excepté dans le *R. trachyphylla*).

Sous-sect. I. Divisions calicinales *dressées ou subétalées,* persistant au moins jusqu'à la coloration du fruit.

R. solstitialis *Bess. prim. fl. gall.* 1, *p.* 324 (1809), *descriptio optima!; R. coriifolia Fries, nov. éd.* 1, *p.* 33, *et éd.* 2, *p.* 147, *et herb. norm. fasc.* 6, *n° 43!; Déségl. mon. p.* 86; *Reuter, cat.* 69; *R. terebenthinacea Gren. in Billot, exsicc. n°* 1480; *Michalet, cat.* 151; *R. frutetorum Bess. en. Vohl. et Pod.* 18 (*forma fructu spharico); R. collina var. solstitialis Bess. en. Vohl. et Pod.* 63 (*planta infaustè ad*

R. collinam ab ipso auctore relata). — Arbrisseau de 1-2 mèt., à aiguillons dilatés à la base, comprimés et crochus. Feuilles à pétioles *tomenteux et inermes,* ou rar. munis de 1-2 petits aiguillons; folioles 5-7, ovales ou elliptiques, aiguës et rarem. arrondies, ordin. pubescentes en-dessus dans leur jeunesse, *velues-tomenteuses et grisâtres en-dessous* ou très rar. dénudées, à dents simples et non glanduleuses, plus rarem. doublement dentées et à dents secondaires glanduleuses; stipules larges, ord. pubescentes en-dessous. Pédoncules solitaires, géminés ou ternés, *très courts,* ord. *très glabres* ou rarem. munis de quelques soies glanduleuses, ayant à la base de larges bractées souvent plus longues qu'eux. Tube du calice globuleux, glabre; divisions calicinales pennatiséquées, redressées et persistant jusqu'au commencement de la maturité du fruit. Corolle d'un *rose vif.* Styles velus. Fruit d'un *rouge orangé pâle* et pruineux à la maturité, ord. ovoïde et comme tronqué à la base, bien plus rar. sphérique (*R. frutetorum*). ♃. Juin.

α. *genuina.* Folioles tomenteuses en-dessous, à dents simples; pédoncules et fruits nus. *R. solstitialis Bess.*

β. *glandulosa.* Folioles tomenteuses en-dessous, doublement dentées et à dents secondaires glanduleuses; pétioles munis de quelques soies glanduleuses. *R. cinerea Rap. msc.*

γ. *denudata.* Folioles *glabres* sur les deux faces; pétioles tomenteux; pédoncules nus. *R. implexa Gren.*

C. Dans les haies et sur les collines de la région des sapins; abonde à Pontarlier (Grenier): Salève (Rapin).

R. Reuteri *Godet, fl. jur.* 208 et 218; *Reut. cat.* 68. — Arbrisseau de 1-2 mètres, à aiguillons nombreux, dilatés à la base et comprimés, très crochus. Feuilles à pétioles *glabres* ou subpubescents en-dessus, munis ou dépourvus de glandes stipitées, *aiguillonnés* en-dessous; folioles 5-7, ovales, aiguës, souvent aiguillonnées en-dessous sur la nervure médiane, *glabres,* souvent glaucescentes et lavées de pourpre, simplement dentées, ou doublement dentées et dents secondaires glanduleuses; stipules larges et *glabres.* Pédoncules solitaires ou en corymbe, *très courts,* ord. nus et rar. munis de soies glanduleuses, ayant à la base de larges bractées souvent plus longues qu'eux. Tube du calice ovoïde ou globuleux, glabre,

divisions calicinales pennatiséquées, redressées, persistant jusqu'au commencement de la maturité du fruit. Corolle d'un *rose
vif*. Styles velus. Fruit ord. globuleux, souvent pyriforme dans
le fruit central des corymbes, ou dans les fruits isolés, d'un
rouge orangé pâle et pruineux à la maturité, ayant l'aspect
d'un fruit en cire, couronné presque jusqu'à la maturité par
les sépales. ♄. Juin.

α. *genuina*. Pétioles non glanduleux ; folioles à dents simples
non glanduleuses ; pédoncules nus. *R. Reuteri Godet.*

β. *intermedia*. Pétioles glanduleux ; folioles doublement dentées, à dents secondaires glanduleuses ; pédoncules nus. *R. com-
plicata Gren.*

γ. *transiens*. Pétioles peu ou pas glanduleux ; folioles à dents
simples non glanduleuses ; pédoncules munis de quelques soies
glanduleuses, ainsi que le fruit. *R. intricata Gren.*

δ. *adenophora*. Pétioles glanduleux ; folioles doublement
dentées-glanduleuses ; fruits et pédoncules munis de quelques
soies glanduleuses, ainsi que le fruit. *R. fugax Gren.*

C. C. Dans toute la région alpestre et dans la région des sapins, au-
dessous de laquelle il descend peu ; très commun à Pontarlier.

Sous-sect. II. Calice à divisions *réfléchies* et promptement
caduques.

1. *Styles soudés en colonne aussi longue que les étamines.*

R. arvensis *Huds. fl. angl.* 192 (1762) ; *L. mant.* 245 ;
G. G. 4, *p.* 554 ; *R. repens Scop. carn.* 1, *p.* 355 ; *Déségl. mon.
p.* 23. — Arbrisseau à *rameaux allongés et tombants*, de 1-2
mètres et même plus, à aiguillons ordin. médiocres, parfois sur
de jeunes pousses vigoureuses ils sont très forts, larges, comprimés, fortement courbés, et assez semblables à ceux du
R. rubiginosa, d'autres fois sur des rameaux grêles et allongés
ils se montrent faibles, subulés et peu courbés. Feuilles à pétioles pubescents, portant ord. quelques glandes et aiguillons ;
folioles 5-7, ovales ou arrondies, vertes en-dessus, plus pâles et
glaucescentes en-dessous et à nervure médiane ord. pubescente,
simplement dentées. Pédoncules solitaires ou en corymbe, nus
ou chargés de glandes stipitées, munis de bractées lancéolées.

Tube du calice ovoïde ou globuleux ; divisions calicinales courtes, ovales-lancéolées, presque entières, réfléchies et caduques bien avant la maturité. Corolle blanche. Styles soudés en colonne glabre égalant ou dépassant les étamines. Fruit sphérique ou ovoïde, petit, nu ou hispide-glanduleux. ♄. Juin.

β. *depauperata*. Pétioles non glanduleux ; pédoncules ordin. solitaires, dépourvus de glandes stipitées. *R. arvensis Déségl. mon.* 21 ; *R. candida Scop.* 10.

C. C. Dans la plaine et la région des vignes, d'où il s'élève jusque dans la région alpestre.

Obs. Il est incontestable que Hudson n'a connu que la forme à pédoncules nus, et que Linné, en se bornant à reproduire, dans son *Mantissa*, la diagnose de Hudson, n'a rien ajouté à la connaissance de cette espèce. Mais la forme à pédoncules glanduleux ne constitue pas pour cela une espèce, et si l'on peut par une recherche attentive trouver des individus à pédoncules absolument lisses, il n'est pas plus rare d'en observer qui offrent sur la même souche, sinon sur le même rameau, les deux formes dont nous parlons, et qui fournissent ainsi la preuve qu'il n'y a là qu'une seule espèce.

2. *Styles glabres, libres ou soudés, plus courts que les étamines.*

R. stylosa *Desv. journ. bot.* (1810), *p.* 316, *et* (1813), *p.* 113, *t.* 14 ; *R. systyla Bast. suppl. M. et L. p.* 13 (1812) ; *Déségl. mon.* 24, *et ap. Billot exsicc. n°* 1483. — Arbrisseau de 1-2 mètres, à rameaux dressés, à aiguillons robustes, dilatés à la base, comprimés et très crochus. Feuilles à pétioles plus ou moins pubescents ou subtomenteux, aiguillonnés en-dessous ; folioles 5-7, ovales-aiguës, ou ovales-lancéolées, pétiolulées, luisantes en-dessus, pubescentes en-dessous sur les nervures et même sur toute la surface, devenant souvent glabres à la fin, simplement dentées. Pédoncules solitaires ou en corymbe, hérissés de soies glanduleuses parfois très réduites et plus rarem. nulles, munis de bractées glabres. Tube du calice ovoïde, glabre ; divisions calicinales pennatiséquées. Corolle presque blanche (*R. leucochroa*), ou d'un rose très pâle (*R. systyla*). Styles glabres en colonne plus ou moins longue. Fruit ovoïde ou sub-globuleux. ♄. Juin.

α. *nuda*. Feuilles glabrescentes ; pédoncules dépourvus de glandes stipitées. *R. contempta Déségl. msc.* — Cette forme se montre ord. sur les mêmes rameaux en compagnie de la var. β.

β. *trivialis*. Pétioles plus ou moins pubescents; folioles plus ou moins pubescentes en-dessous sur les nervures; pédoncules hispides–glanduleux; fleurs roses. *R. systyla Bast. loc. cit.; Déségl. l. c.*

γ. *vestita*. Pétioles velus; folioles velues en-dessous sur toute la surface; pédoncules hispides-glanduleux. (J'ai aussi cette forme à pédoncules pubescents.) *R. fastigiata Bast. suppl.* 30; *Déségl. mon.* 23, *et ap. Billot exsicc. n°* 1863.

δ. *albiflora*. Fleurs blanches. Cette variante peut se produire dans toutes les variétés précédentes. *R. leucochroa Desv. journ. bot.* 1810, *p.* 316, *et* (1813), 2, *p.* 113, *pl.* 15.

Çà et là sur les bords du lac Léman, Genève, Compesières, Nyon, etc.; Besançon; commun aux environs de Rougemont, Nans, Cuse, etc. (*Paillot*).

Obs. Il n'est pas difficile de trouver sur le même rameau, ou au moins sur la même souche, des pédoncules hispides-glanduleux et d'autres entièrement nus. On trouve de même, côte à côte, des folioles glabres ou à nervures poilues, et d'autres à face inférieure entièrement pubescente. Impossible donc de fonder sur ce caractère la distinction des *R. systyla* et *fastigiata*. Le *R. stylosa*, édité par Desvaux en 1810, n'est que la forme pubescente atteignant son *maximum* de développement.

M. l'abbé Chaboisseau m'a envoyé vivant, des environs de Pindray, sous le nom de *R. systyla?*, une forme que je signale ici, n'ayant pu la rapporter à aucune des formes mentionnées plus haut. Je la dédie à son inventeur. — *R. Chaboissæi Gren.* Pétioles pubescents, glanduleux, aiguillonnés; folioles plus ou moins pubescentes en-dessous, *doublement dentées*, à dents secondaires terminées par une glande. Pédoncules glabres, pubescents, ou hispides-glanduleux. Tube du calice ovoïde. Fleurs blanches ou rosées. Styles glabres, rapprochés ou un peu soudés en colonne à la base. Fruit ovoïde. — Cette plante, par les styles, tient au *R. systyla*, et par ses folioles aux *R. biserrata* ou *dumalis*. Mais il se peut qu'en l'observant dans son lieu natal on trouve des formes intermédiaires qui démontrent qu'elle n'est encore qu'une variété à ajouter à celles que j'ai signalées dans le *R. systyla*.

3. *Styles pubescents, hérissés ou velus, feuilles glabres; fruit sphérique.*

R. sphærica *Gren. ap. Schultz, arch.* 333; *Déségl. mon.* 64. — Arbrisseau de 1-2 mètres, à aiguillons robustes, dilatés, comprimés et crochus. Feuilles à pétioles plus ou moins pubescents à la base et à l'insertion des folioles, avec ou sans glandes pédicellées, plus ou moins aiguillonnés en-dessous; folioles 5-7, ovales-aiguës, pétiolulées, *simplement dentées,* à dents non glanduleuses au sommet et rar. munies, à la base des folioles, de quelques glandes qui les font paraître obscurément bidentées; stipules larges. Pédoncules solitaires ou en corymbe, glabres ou munis de soies glanduleuses, entourés de bractées ovales-acuminées et glabres. Tube du calice *subglobuleux;* divisions calicinales pennatiséquées, *étalées* et caduques. Corolle d'un rose pâle. Styles hérissés. Fruit *sphérique,* et celui qui est au centre des corymbes parfois pyriforme-oblong. ♄. Juin.

β. *aciphylla.* Pétioles pubescents en-dessus, très peu ou pas glanduleux; folioles lancéolées-cuspidées; fleurs très petites (2 cent. de diam.); fruit petit, de la grosseur d'un gros pois. *R. aciphylla Rau, en.* 69, *cum ic.; Déségl. mon.* 66.

γ. *glandulosa.* Pédoncules munis de soies glanduleuses; fruit sphérique, portant rar. quelques soies. *R. setulosa Gren. msc.*

A. C. Dans la moyenne montagne, et surtout dans la région des sapins; rare dans le vignoble et la plaine.

R. globularis *Franchet, ap. Bor. fl. cent. éd.* 3, *p.* 221; *Déségl. mon.* 64. — Arbrisseau de 1-2 m., à aiguillons robustes et crochus. Feuilles à pétioles plus ou moins pubescents en-dessus à la base, parsemés de glandes, subaiguillonnés; folioles 5-7, ovales-aiguës, plus ou moins *doublement dentées,* à dents secondaires glanduleuses; stipules larges, denticulées-glanduleuses. Pédoncules solitaires ou en corymbe, glabres ou munis de soies glanduleuses, pourvus de larges bractées glanduleuses aux bords. Tube du calice *globuleux;* divisions calicinales pennatiséquées portant quelques glandes, *étalées* ou un peu redressées, caduques. Corolle d'un rose pâle. Styles faiblement hérissés et parfois presque glabres. Fruit *sphérique.* ♄. Juin. — Cette plante a de grands rapports avec le *R. Reuteri* à fruits globuleux et à folioles doublement dentées; mais il s'en distingue bien par sa fleur d'un rose pâle, et non rouge, et par ses sépales moins redressés et plus promptement caducs.

β. *adenophora.* Pédoncules seuls, ou pédoncules et fruits hérissés de soies glanduleuses. *R. Martini Gren. msc.* N'ayant connu cette belle variété que par M. le Dr Martin d'Aumessas, qui m'en a envoyé de superbes exemplaires récoltés dans les environs de Bagnols-les-Bains, j'ai cru devoir la lui dédier dans l'hypothèse où on viendrait à en constituer une espèce.

Çà et là dans les haies; environs de Genève (*Rapin*).

4. *Styles pubescents, hérissés ou velus; pétioles et feuilles glabrescents; fruit ovoïde ou oblong.*

R. canina *L. sp.* 704; *G. G.* 1, *p.* 557; *Billot, exsicc. n° 2239!* — Arbrisseau de 1-2 mètres, à rameaux élancés, à aiguillons robustes et crochus. Feuilles à pétioles glabres ou un peu pubescents en-dessus à la base et à l'insertion des folioles, ou même sur toute leur longueur, avec ou sans glandes stipitées, plus ou moins aiguillonnés en-dessous; folioles 5-7, ovales, aiguës, pétiolulées, *simplement dentées,* à dents supérieures ord. conniventes; stipules larges. Pédoncules solitaires ou en corymbe, glabres ou munis de soies glanduleuses, entourés de bractées ovales-acuminées. Tube du calice ovoïde ou oblong; divisions calicinales pennatiséquées, glabres ou portant quelques glandes stipitées, réfléchies et caduques. Corolle d'un rose très pâle. Styles hérissés. Fruit ovoïde, pyriforme-allongé ou ovoïde-allongé. ♄. Juin.

α. *nuda.* Rameaux florifères allongés et aiguillonnés; pétioles glabres, obscurément glanduleux, aiguillonnés; fruit ovoïde. *R. canina.*

β. *ramosissima.* Rameaux florifères nombreux, courts et inermes; pétioles subpubescents, non glanduleux, subinermes; folioles lancéolées, à dents cuspidées. *R. canina* β *ramosissima Rau, en.* 74.

γ. *insignis.* Pétioles glabres ou subpubescents et à peine glanduleux; folioles ovales-arrondies; fruit gros ovoïde-allongé. *R. insignis Déségl. msc.*

δ. *pyriformis.* Folioles ovales-arrondies; fruit pyriforme-oblong, très allongé (2 centimètres et plus). *R. touranginiana Déségl. mon.* 62.

ε. *glandulosa.* Pédoncules et fruits hérissés de soies glanduleuses. — *R. andegavensis Bast. fl. M. et L. p.* 189; *Déségl. mon.* 75; *R. canina var. hirtella G. G.* 1, *p.* 558.

C. C. Dans les haies et sur les collines de la plaine, de la région des vignes et des montagnes, jusque dans la région des sapins.

R. trachyphylla *Rau, en. p.* 124 (1816); *Déségl. mon.* 95; *Billot, exs. n° 2061!* — Arbrisseau atteignant deux mètres, à aiguillons robustes, crochus, dilatés à la base. Feuilles à pétioles *glabres* ou pubérulents, chargés de glandes stipitées, plus ou aiguillonnés ; folioles 5-7, toutes pétiolées, *ovales-elliptiques, cuspidées,* glabres en-dessus, à peine plus pâles en-dessous, et à nervures blanchâtres saillantes et *parsemées sur les nervures de glandes saillantes, doublement dentées* et à dents glanduleuses ; stipules étroites, glabres ou un peu glanduleuses en-dessous, à oreillettes aiguës et divergentes. Pédoncules solitaires ou en corymbe, *hispides-glanduleux* et très rarem. nus, munis de grandes bractées glabres ciliées-glanduleuses. Tube du calice ovoïde, glabre ou hispide à la base ; divisions calicinales pennatiséquées, réfléchies et caduques. Corolle d'un rose pâle. Styles *très velus.* Fruit subglobuleux. ♄. Juin. Port et aspect du *R. canina.*

β. *nuda.* Pétioles non pubescents ; nervure médiane seule saillante ; pédoncules peu ou pas glanduleux. (Observé avec le type sur la même souche.) *R. Blondœana Déségl. mon.* 94.

R. R. Environs de Pontarlier, dans les haies (*Grenier*), et probablement çà et là dans tout le Jura.

OBS. Cette plante a de si grands rapports avec le *R. canina* que M. Rapin a cru devoir les réunir. Dans ce cas le *R. trachyphylla* se place à côté du *R. andegavensis,* qui n'est plus alors regardé que comme une variété du *R. canina.*

R. dumalis *Bechst. forstb. p.* 241, *et* 939 (1810); *R. canina* γ *glandulosa Rau en.* 75; *R. ramulosa Godr. fl. lorr. éd.* 2, *vol.* 1, *p.* 231; *R. biserrata nonnull.* (*non Mérat*); *R. stipularis Mérat, fl. par. éd.* 1, *p.* 192 (1812); *R. sarmentacea Woods, ex Backer, rev. brit. ros. p.* 25. — Arbrisseau de 1-2 mètres, à aiguillons robustes et crochus. Feuilles à pétioles plus ou moins pubescents en-dessus, parsemés de glandes stipitées, aiguillonnés ; folioles 5-7, ovales, aiguës, plus ou moins *doublement dentées,* à dents secondaires glanduleuses, et n'existant parfois qu'à la base des folioles, ce qui fait que leur sommet est simplement denté ; stipules larges, denticulées-glanduleuses. Pédoncules solitaires ou en corymbe, glabres ou munis de glandes stipitées. Corolle d'un rose pâle. Styles hérissés et parfois presque glabres, rarem. rapprochés à la base en colonne courte. Fruit *ovoïde,* glabre ou portant quelques soies glanduleuses. ♄. Juin.

β. *glandulosa.* Pétioles seuls, et plus rar. pétioles et fruits hérissés de soies glanduleuses. *R. Kosinsciana Bess. en. Volh. et Pod.* 60?; *Déségl. mon.* 76! Je présume que ce n'est point la plante de Besser, car il dit la fleur grande, et le fruit très grand (2 cent. et plus), ce que je n'ai jamais observé dans notre plante.

C. C. Dans les haies de la plaine, des montagnes, jusque dans la région des sapins; la var. β au pied du mont Rosemont près Besançon.

R. biserrata *Mérat, fl. par. éd.* 1 (1812), *p.* 190; *R. montana Lois. gall. éd.* 2, *vol.* 1, *p.* 362 *(non Vill.); R. malmundariensis Lej. fl. sp.* 1, *p.* 231? *(folioles du calice très glanduleuses); R. canina* δ *squarrosa Rau, en.* 77. — Pétioles très glanduleux; *folioles glanduleuses en-dessous sur la nervure médiane, doublement* et triplement dentées-glanduleuses; sépales fortement glanduleux, surtout aux bords; fruit ovoïde, glabre. Le reste comme dans le *R. dumalis,* dont il n'est peut-être qu'une variété. ♃. Juin.

R. R. Dans les haies autour de Pontarlier (*Grenier*).

5. *Styles pubescents, hérissés ou velus; pétioles velus-tomenteux; folioles plus ou moins pubescentes.*

R. affinis *Rau, en.* 79. — Arbrisseau de 1-2 mètres, à aiguillons forts et crochus. Feuilles à pétioles velus-tomenteux, glanduleux, presque inermes; folioles 5-7, ovales, aiguës, *presque glabres sur les deux faces, doublement dentées, à dents secondaires glanduleuses;* stipules ciliées-glanduleuses, presque glabres. Pédoncules solitaires ou en corymbe, glabres, entourés de bractées ovales glabres. Tube du calice ovoïde; divisions calicinales pennatiséquées, bordées de glandes stipitées, réfléchies et caduques. Corolle d'un rose pâle. Styles courts, hispides. Fruit ovoïde ou oblong. ♃. Juin.

R. R. Environs de Nans-les-Rougemont (*Paillot*).

R. platyphylla *Rau, en.* 82; *Déségl. mon.* 85; *R. opaca Gren. ap. Schultz, arch.* 332, *et ap. Billot, exs. n°* 1478. Arbrisseau de 1-2 mètres, à rameaux élancés, à aiguillons robustes et crochus. Feuilles à pétioles tomenteux, munis en-dessous d'aiguillons recourbés; folioles 5-7, *larges* (3-4 cent. de long, sur 2-3 de large), *ovales,* aiguës ou plus ou moins arrondies et même suborbiculaires, d'un *vert foncé* et glabres en-dessus, même sur les jeunes pousses, un peu glauques en-dessous et *pubescentes au moins sur la nervure médiane*, et parfois sur toute la surface, simplement dentées; stipules denticulées-ciliées, glabres. Pédoncules glabres, solitaires ou en corymbe, munis de bractées ovales, à peu près aussi longues qu'eux. Tube du calice ovoïde-subglobuleux; divisions du calice pennatiséquées, glabres, ord. étalées après l'anthèse et caduques. Corolle d'un rose très pâle. Styles courts et plus ou moins hispides. Fruit *globuleux*, celui qui est placé au centre des corymbes assez souvent pyriforme-oblong. ♄. Juin.

C. C. Dans la région des sapins où il est plus abondant qu·le *R. canina*.

Obs. J'ai rapporté mon *R. opaca* à la plante de Rau, sans avoir à cet égard une entière certitude. En effet Rau ne donne pas à sa plante un fruit sphérique mais ovoïde, ce que je n'ai jamais observé dans mon *R. opaca*. A cela près, sa description cadre assez bien avec ma plante pour que j'aie cru pouvoir les identifier.

D'autre part si je compare au *R. platyphylla Rau*, les caractères dichotomiques assignés par Léman à son *R. urbica*, j'ai peine à croire que les deux auteurs n'aient pas eu en vue une seule et même plante, qui devrait alors garder le nom plus ancien de Rau. Léman dit de sa plante : « *Foliis simpliciter serratis, pedunculis glabris, petiolis villosis.* » Or je retrouve identiquement les mêmes expressions dans la diagnose de Rau. Si donc cette identité des deux plantes de Rau et de Léman était démontrée, mon *R. platyphylla* devrait reprendre le nom de *R. opaca Gren.*

R. urbica *Lém. bull. phyll.* 1818, *vol.* 86, *p.* 364; *Déségl. mon.* 84. — Arbrisseau de 1-2 mètres, à aiguillons robustes et crochus, parfois inégaux, comme dans le *R. platyphylla.* Feuilles à pétioles tomenteux, aiguillonnés en-dessous; folioles 5-7, *petites* (20-30 mill. de long sur 15 de large), *ovales-elliptiques*, aiguës, simplement dentées, d'un *vert pâle* en-dessus, un peu glauques en-dessous, ord. *pubescentes-soyeuses sur les deux faces dans les jeunes pousses,* dont l'axe d'un rouge vineux contraste avec la couleur subargentée des folioles, qui, en vieillissant, deviennent *glabres, excepté en-dessous sur les nervures,* ou au moins sur la médiane; stipules denticulées-ciliées, glabres. Pédoncules glabres, solitaires ou en corymbe, munis de bractées ovales ord. un peu plus courtes qu'eux. Tube du calice ovoïde ou oblong; divisions calicinales pennatiséquées, glabres, réfléchies et caduques. Corolle d'un rose pâle. Styles courts, hispides. Fruit *ovoïde ou oblong,* et très rar. subglobuleux. ♄. Juin.

β. *glandulosa*. Pédoncules munis de quelques soies terminées par des glandes.

C. C. Depuis la plaine jusque dans la région des sapins, dans les haies et sur les collines, la var. β à Besançon, où je ne l'ai vue qu'une fois.

R. dumetorum *Thuill. fl. par.* 250; *Déségl. mon.* 82; *R. sepium Rau, en.* 90 (*non Thuill.*); *R. submitis Gren. ap. Schultz, arch.* 332; *Billot, exs. n° 1476!*; *R. corymbifera Gmel. bad.* 2, *p.* 424. — Arbrisseau de un mètre et plus, à aiguillons rares sur le vieux bois, plus abondants forts et très crochus sur les rejets qui naissent des rameaux florifères après l'anthèse. Feuilles à pétioles tomenteux, ceux des rameaux fleuris *inermes,* ceux des rejets, naissant sur ces rameaux, ordin. munis de forts aiguillons; folioles 5–7, *ovales-arrondies au sommet, parsemées en-dessus de poils apprimés, pubescentes en-dessous sur toute la surface,* simplement dentées; stipules plus ou moins pubescentes en-dessous. Pédoncules glabres ou hispides, solitaires ou en corymbe, munis de bractées ovales pubescentes au moins en-dessous. Tube du calice ovoïde-oblong; divisions calicinales pennatiséquées, glabres. Corolle d'un rose pâle. Styles hérissés ou subpubescents. Fruit *oblong.* ♄. Juin.

β. *glandulosa*. Pédoncules plus ou moins hérissés de soies glanduleuses. Le reste comme dans le type. *R. collina Jacq. aust. t.* 192.

C. C. Dans les haies et sur les collines depuis la plaine jusqu'à là région alpestre; la var. β à Nans-les-Rougemont (*Paillot*).

Sect. VI. RUBIGINOSÆ. — Feuilles plus ou moins *glanduleuses* sur les faces glabres ou pubescentes, mais *non tomenteuses.*

OBS. J'ai distrait de cette section : 1° les *R. fœtida* et *R. alpestris,* dont les aiguillons ne sont qu'obscurément recourbés-crochus; 2° le *R. trachyphylla* dont l'extrême ressemblance avec le *R. canina* ne permet pas de le séparer, puisqu'à la rigueur on pourrait, avec M. Rapin, le considérer comme une simple variété de ce dernier.

1. *Styles velus ou hispides.*

R. tomentella *Lém. bull. phyll.* 1818, *vol.* 86, *p.* 364; *Déségl. mon.* 92; *Billot, exs. n° 1477!* — Arbrisseau de un mètre et plus, touffu, à aiguillons robustes et crochus sur les vieux troncs, plus grêles sur les jeunes rameaux. Feuilles à pétioles

velus-glanduleux, aiguillonnés en-dessous; folioles 5-7, *petites,
ovales-arrondies,* légèrement velues en-dessus, *très pubescentes
et munies en-dessous de quelques glandes sur les nervures,*
doublement dentées et à dents glanduleuses; stipules glabres
en-dessus, pubescentes en-dessous. Pédoncules courts, solitaires
ou en corymbe, *glabres ou munis de quelques glandes stipitées,*
entourés par de larges bractées ovales-acuminées plus ou moins
velues en-dessous. Tube du calice ovoïde-subglobuleux, glabre;
divisions calicinales pennatiséquées, à appendices bordés de
glandes pédicellées. Corolle d'un rose très pâle. Styles hérissés,
un peu en colonne à la base; disque un peu saillant. Fruit subglobuleux. ♃. Juin. — Port du *R. obtusifolia* qui diffère par les
folioles simplement dentées, etc.

Çà et là dans la plaine et la région des vignes et des basses montagnes.

R. Klukii *Bess. en Vohl. et Pod. p.* 46, 61, 67; *Déségl.
monogr.* 100; *Billot, exs.* 1665!. — Arbrisseau de 1-2 mètres,
à aiguillons robustes, fortement arqués et souvent mêlés d'aiguillons plus petits. Feuilles à pétioles pubescents-glanduleux,
aiguillonnés; folioles 5-7, *elliptiques-oblongues,* aiguës, glabres
en-dessus, glanduleuses et à nervures un peu *velues en-dessous,*
doublement dentées-glanduleuses; stipules plus ou moins glanduleuses en-dessous. Pédoncules solitaires ou en corymbe,
glabres ou hispides, munis de bractées glabres. Tube du calice
ovoïde, glabre; divisions calicinales pennatiséquées, glanduleuses, d'abord réfléchies, puis étalées et caduques. Corolle
blanche ou rosée. Styles *hérissés, un peu soudés en colonne
courte.* Fruit *ovoïde, un peu atténué au sommet.* ♃. Juin. Port
et aspect du *R. sepium.*

R. Dans les haies; environs de Genève (*Rapin*).

R. graveolens *Gren. fl. fr.* 1, *p.* 560 (*excl. var.* γ). —
Arbrisseau de 1-2 mètres, à aiguillons robustes, dilatés et crochus. Feuilles à pétioles pubescents et rar. glabres, subaiguillonnés; folioles 5-7, elliptiques ou oblongues, glabres sur les deux
faces ou munies de poils apprimés en-dessus et pubescentes en-
dessous, glanduleuses, doublement dentées glanduleuses; stipules glabres ou glanduleuses en-dessous. Pédoncules solitaires
ou en corymbe, *glabres,* munis de bractées glabres ou glandu-

leuses en-dessous. Tube du calice petit, ovoïde-subglobuleux, glabre ; divisions calicinales presque glabres, étalées ou réfléchies, *persistant jusqu'à la coloration du fruit.* Corolle d'un rose pâle. Styles courts, *libres, hérissés.* Fruit *sphérique.* ♄. Juin. — Port et aspect intermédiaires à ceux des *R. sepium* et *R. rubiginosa.*

α. *nuda.* Pétioles, folioles et bractées glabres ; fruit gros. *R. Jordani Déségl. mon.* 106. — Je possède quelques exemplaires de cette variété dont les pédoncules réunis en corymbe sont les uns glabres et les autres hispides-glanduleux.

β. *eriophora.* Pétioles pubescents ainsi que la face inférieure des folioles ; bractées souvent glanduleuses en-dessous ; fruit petit. *R. lugdunensis Déségl. mon.* 101.

R. Dans la partie méridionale du Jura, environs de Genève, Thoiry (*Rapin, Michalet*).

R. rubiginosa *L. mant.* 564 ; *G. G.* 1, *p.* 560. — Arbrisseau touffu, de 1-2 mètres ; tiges de l'année droites et raides, à aiguillons nombreux, très robustes, très courbés et fortement dilatés à la base. Feuilles à pétioles pubescents-glanduleux, aiguillonnés ; folioles 5-8, *ovales-arrondies,* doublement dentées-glanduleuses, glabres ou munies de poils apprimés en-dessus, tantôt glabrescentes, tantôt velues en-dessous, très glanduleuses ; stipules glabres en-dessus, pubescentes et parfois glanduleuses en-dessous. Pédoncules solitaires ou en corymbe, *couverts de soies glanduleuses ord. entremêlées de fins aiguillons* qui les dépassent un peu, munis de bractées tantôt glabres sur les deux faces, tantôt pubescentes et aussi *glanduleuses en-dessous.* Tube du calice ovoïde-subglobuleux, plus ou moins *hispide ;* divisions calicinales glanduleuses, d'abord réfléchies, puis redressées, caduques ou persistant jusqu'à la coloration du fruit. Corolle d'un *rose vif.* Styles *velus.* Fruit ovoïde-subglobuleux. ♄. Juin.

α. *denudata.* Folioles presque glabres sur les deux faces ; bractées glanduleuses en-dessous. *R. rubiginosa Déséglise, monogr.* 109.

β. *echinocarpa.* Folioles pubescentes en-dessus ; bractées glanduleuses en-dessous. *R. echinocarpa Ripart, ap. Déségl. monogr.* 110.

γ. *comosa.* Bractées glabres sur les deux faces ; fruit ovoïde ou ovoïde-oblong, souvent couronné par les divisions du calice. *R. comosa Rip. in Schultz, arch. p.* 254 ; *Déségl. mon.* 113.

δ. *umbellata.* Bractées glabres sur les deux faces ; fruit sub-globuleux, parfois couronné par les divisions du calice. *R. umbellata Leers, herb.* 117 *et* 286 ; *Déségl. l. c.* 111.

C. Dans la région des vignes et dans la moyenne montagne ; moins commun dans la région des sapins ; assez rare sur les sols siliceux de la plaine.

Obs. Ainsi que je l'ai constaté pour les différentes formes du *R. alpina*, il est facile de trouver ici, sur les mêmes souches, des formes qui passent d'une variété à l'autre. Ainsi que le dit M. Crepin, j'ai observé que les pieds qui donnent des fruits couronnés par les divisions calicinales, produisent souvent, l'année suivante, des fruits qui ne jouissent point de ce caractère, qui pourrait dépendre de l'état de sécheresse ou d'humidité de l'atmosphère. Le port touffu et dressé de cet arbrisseau, ses fleurs rouges le distinguent parfaitement de *R. sepium* et *micrantha* dont les rameaux sont diffus et recourbés.

2. *Styles glabres ou presque glabres.*

R. sepium *Thuill. fl. par.* 252 ; *G. G.* 1, *p.* 560 ; *Billot, exs. n*° 1871 ! — Arbrisseau de 1-2 mètres, à aiguillons robustes, dilatés, crochus. Feuilles à pétioles *glabres* et glanduleux, aiguillonnés ; folioles 5-7, petites, oblongues ou elliptiques et atténuées aux deux extrémités, *glabres*, glanduleuses en-dessous, doublement dentées-glanduleuses ; stipules ordin. glanduleuses en-dessous. Pédoncules solitaires ou en corymbe, *glabres*, munis de bractées glabres. Tube du calice ovoïde-oblong, glabre ; divisions calicinales réfléchies et caduques. Corolle blanche ou rosée. Styles *presque glabres*. Fruit ovoïde-oblong. ♄. Juin-juillet.

β. *agrestis.* Folioles ovales ; corolle blanche ; styles très glabres ; fruit ovoïde. *R. agrestis Savi, Pis.* 1, *p.* 475 ; *Déségl. mon.* 104 ; *Billot exs. n*° 2263 ! — Comme M. Savi ne me paraît pas avoir connu la plante de Thuillier, il se pourrait que la sienne fût identiquement la même que celle de Thuillier, et qu'elle se reportât au type du *R. sepium* et non à la var. β.

C. Sur les collines de la plaine d'où il monte jusque dans la région alpestre ; assez commun en Bresse (*Michalet*).

R. Lemani *Bor. fl. centr.* 230 ; *Déségl. monogr.* 102. — Arbrisseau de 1-2 mètres, à aiguillons robustes, dilatés, cro-

chus. Feuilles à pétioles *glabres* et fortement glanduleux, subaiguillonnés; folioles 5-7, petites, elliptiques, atténuées aux deux
extrémités, fortement glanduleuses en-dessous et pubescentes
sur la nervure médiane, doublement dentées-glanduleuses, stipules glabres ou un peu glanduleuses en-dessous. Pédoncules
solitaires ou en corymbe, *hispides-glanduleux*, munis de
bractées *glabres*. Tube du calice oblong, nu ou hispide à la
base; divisions calicinales plus ou moins glanduleuses, réfléchies, caduques. Corolle rose. Styles glabres, un peu soudés en
colonne. Fruit ovoïde. ♄. Juin.

Çà et là sur les collines : Abbenans et Cuse dans le Doubs (*Paillot*).

Obs. Cette plante facile à distinguer par l'absence de poils sur toutes
ses parties, n'est peut-être qu'une variété glabre du *R. micrantha.*

R. micrantha *Smith, Engl. bot. t.* 2490; *Sm. fl. engl.* 2,
p. 387; *R. nemorosa Libert in Lej. fl. sp.* 2, *p.* 80 (*non Déségl.*).
— Arbrisseau de 1-2 mètres, *lâche;* tiges de l'année flexueuses
et recourbées au sommet, à aiguillons robustes, dilatés, crochus.
Feuilles à pétioles *pubescents* et subtomenteux, glanduleux, aiguillonnés; folioles 5-7, ovales-arrondies ou elliptiques-aiguës,
glabres ou pubérulentes en-dessus, plus ou moins *pubescentes
en-dessous*, glanduleuses et doublement dentées-glanduleuses;
stipules plus ou moins pubescentes et parfois glanduleuses en-
dessous. Pédoncules solitaires ou en corymbe, *hispides-glanduleux,* munis de bractées glabres sur les deux faces ou pubescentes en-dessous et quelquefois glanduleuses. Tube du calice
ovoïde-oblong ou subglobuleux; divisions calicinales d'abord
réfléchies, puis redressées ou étalées et caduques, persistant
rar. jusqu'à la coloration du fruit. Corolle d'un *rose pâle.* Styles
glabres, rar. munis de quelques poils. Fruit nu ou hispide-
glanduleux surtout à la base, ovoïde, tantôt un peu atténué au
sommet, tantôt subglobuleux. ♄. Juin-juillet.

α. *R. nemorosa Déségl. l. c.* 114.— Folioles elliptiques, glabres
ou parsemées de poils en-dessus; bractées glabres sur les deux
faces; fruit ovoïde-atténué au sommet, hispide. Rameaux florifères presque inermes.

β. *R. micrantha Déségl. l. c.* 115. — Folioles très petites,
ovales, glabres en-dessus; bractées glabres sur les 2 faces; fruit
ovoïde-subglobuleux, hispide. Le reste comme dans la var. α.

δ. *R. permixta Déségl. l. c.* 107. — Folioles ovales-arrondies; bractées velues en-dessous; fruit ovoïde.

γ. *R. septicola Déségl. l. c.* 109. — Bractées pubescentes et glanduleuses en-dessous; fruit ovoïde-subglobuleux. Le reste comme dans la var. δ.

C. Sur les collines de la plaine, de la région des vignes et de la moyenne montagne; rare dans la région des sapins; bien plus commun autour de Besançon que les *R. sepium* et *R. rubiginosa.*

TRIB. IV. **AGRIMONIEÆ.** — Etamines 12-20. Carpelles 1-2, monospermes, indéhiscents, secs, *renfermés dans le tube du calice induré* à la maturité.

AGRIMONIA Lin.

Calice sans calicule, turbiné, à limbe à 5 divisions conniventes après la floraison, presque ligneux à la maturité, à 10 cannelures, hérissé au sommet de soies subulées sur plusieurs rangs. Pétales 5, entiers. Etamines 12-15 insérées avec les pétales au devant de l'anneau glanduleux qui resserre la gorge du calice. Styles terminaux; stigmates subbilobés. Carpelles 1-2, renfermés dans le tube induré du calice.

A. Eupatorium *L. sp.* 643; *G. G.* 1, *p.* 561. — Souche épaisse, cespiteuse. Tiges de 4-8 déc., dressées, simples ou peu rameuses. Feuilles velues en-dessus, *cendrées-tomenteuses* en-dessous, pennatiséquées, à 5-7 segments ovales-oblongs, profondément dentés, entremêlés de segments plus petits incisés ou entiers; stipules foliacées, embrassantes, incisées-dentées. Fleurs en grappes allongées-effilées. Calice fructifère à tube *creusé de sillons qui descendent jusqu'à sa base*, ne renfermant qu'*un akène*, à soies extérieures *étalées*. ♃. Juin-sept.

C. Dans les bois et les haies de la plaine, et dans la région montagneuse au-dessus des sapins.

A. odorata *Mill. dict. n.* 3; *G. G.* 1, *p.* 562. — Tiges de 4-8 déc., ord. simples, dressées. Feuilles pubescentes en-dessus, obscurément cendrées en-dessous et *parsemées de petites glandes brillantes résineuses odorantes*, pennatiséquées, à 5-9 segments plus amples que ceux du précédent. Fleurs en grappes *courtes et compactes*. Calice fructifère gros, *obscurément sillonné* ou sillonné seulement vers son milieu, renfermant *ord.* 2 *akènes*, à soies extérieures *réfléchies*. Le reste comme dans l'espèce précédente. ♃. Juin-septembre.

. *A. C.* Dans toute la Bresse, çà et là au pied du Jura, mais seulement sur les sols siliceux ; Mouchard, Besançon, au marais de Saône et au bois de Chalezeule ; sur le versant suisse : Cossonay, Gingins, les Rouges, Copet, Gex, etc.

XXX. POMACÉES.

(Pomaceæ Bartl.)

Fleurs hermaphrodites, régulières. Calice à 5 sépales soudés inférieurement en un tube soudé avec l'ovaire, à limbe formé de 5 segments persistants ou caducs, à préfloraison valvaire. Corolle à 5 pétales insérés sur un disque mince à la gorge du calice, libres, caducs, à préfloraison imbriquée. Étamines libres, en nombre indéfini (15-30), insérées avec les pétales à la gorge du calice ; anthères bilobées, introrses. Ovaire unique, soudé avec le calice, formé de 5 carpelles ou moins par avortement, à 5 loges ou moins, biovulées et rar. pluriovul'es. Ovules insérés à l'angle interne des loges, ascendants, réfléchis. Styles 5, ou moins par avortement, libres ou soudés à la base ; stigmates entiers. Fruit charnu, à 5 loges ou moins par avortement ; loges 1-2-spermes, rarem. polyspermes ; endocarpe membraneux ou cartilagineux et entr'ouvert au côté interne des loges, ou osseux et partagé en loges indéhiscentes libres entre elles (nucules). Graines ascendantes, rar. subhorizontales. Albumen nul. Embryon droit. Radicule infère dirigée vers le hile.

Trib. I. *Fruit à endocarpe osseux.* (*Fruit à noyaux.*)

1. Mespilus. — Fruit couronné par les divisions du calice accrues et foliacées, turbiné-déprimé, à 5 noyaux.

2. Cratægus. — Fruit turbiné, couronné par les divisions courtes du calice, à 1-3 noyaux non saillants au sommet du fruit.

3. Cotoneaster. — Fruit subglobuleux, à divisions calicinales courtes et entourant au sommet du fruit un disque déprimé au milieu duquel 3-5 noyaux font saillie.

TRIB. II. *Fruit à endocarpe mince ou cartilagineux, jamais osseux. (Fruit à pepins.)*

4. AMELANCHIER. — Pétales lancéolés-linéaires.

5. CYDONIA. — Pétales suborbiculaires; loges 5, polyspermes (10-15 graines par loge).

6. PYRUS. — Pétales suborbiculaires; loges dispermes; endocarpe coriace-parcheminé.

7. SORBUS. — Pétales suborbiculaires; loges dispermes; endocarpe membraneux et mou.

TRIB. I. *Fruit à endocarpe osseux. (Fruit à noyaux.)*

MESPILUS Lin.

Limbe du calice à 5 divisions *foliacées;* tube turbiné. Styles 5, distincts. Ovaire à 5 loges biovulées. Fruit globuleux-déprimé; *couronné par les divisions accrues du calice, et au centre desquelles apparaît un large disque égalant le diamètre transversal du fruit,* et portant cinq saillies correspondant aux loges. Noyaux *cinq,* osseux, à une graine.

M. germanica *L.* sp. 684; *G. G. 1, p.* 567 *(Néflier).* — Arbrisseau de 1-4 mètres, épineux, tortueux. Feuilles brièvement pétiolées, oblongues, aiguës ou obtuses, entières ou dentées dans leur moitié antérieure, pubescentes en-dessous. Fleurs grandes, solitaires, presque sessiles, à bractées linéaires. Calice florifère tomenteux, à divisions plus longues que le tube. Pétales concaves, ondulés. Fruit gros (3-4 centim. de diam.), turbiné-déprimé, brun, dur, acerbe, devenant pulpeux et acidule-sucré. ♄. Fl. mai; fr. sept.

A. C. Dans les bois des environs de Dole et de Besançon, et surtout dans les sols siliceux; çà et là dans le Jura, sans s'élever au-dessus de la région des vignes.

CRATÆGUS Lin.

Limbe du calice à 5 lobes *courts;* tube *urcéolé.* Ovaire à 1-2 et plus rar. à 3-5 loges biovulées; styles 1-2, plus rar. 3-5. Fruit subglobuleux ou oblong, couronné par les lobes *marcescents* du calice, et *rétréci en ombilic moins large que le diamètre transversal du fruit.* Noyaux 1-2, rar. plus, osseux.

C. Oxyacantha L. *sp.* 683 (*Aubépine*). — Arbrisseau de
1-2 mètres. Feuilles glabres, coriaces, luisantes en-dessus,
souvent glauques en-dessous, pétiolées, obovales-cunéiformes,
pennatilobées ou pennatipartites, à 3-7 lobes dentés ou incisés;
stipules subfalciformes, dentées ou entières. Fruit d'un rouge
assez foncé, farineux-pulpeux et d'une saveur fade à la maturité. ♄. Fl. avril-mai; fr. août-sept.

α. *C. oxyacanthoides Thuill. par.* 245; *G. G.* 1, *p.* 567. —
Feuilles ord. *peu profondément lobées*, à nervures latérales
arquées et dont *la concavité regarde la nervure médiane.*
Pédicelles et calices florifères *glabres* ou presque glabres. Styles
1-2. Fruit à 1-2 noyaux.

β. *C. monogyna Jacq. austr.* 3, *t.* 292; *G. G.* 1, *p.* 567. —
Feuilles ord. profondément pennatipartites, à nervures arquées
et dont la convexité regarde la nervure médiane. Pédicelles et
calices florifères ord. *pubescents ou velus.* Style ord. *solitaire.*
Fruit ordinairement à *un seul noyau.*

C. C. Dans les bois, les haies, sur les coteaux de la plaine, des basses
montagnes et de la région des sapins.

OBS. Sans doute si l'on prend les extrêmes des deux types que je viens
de signaler, on peut se croire en droit d'admettre deux espèces bien légitimes. Mais si on veut prendre la peine d'examiner seulement pendant
quelques heures tous les individus que l'on rencontre, on ne tarde pas à
voir que les deux types passent de l'un à l'autre par la modification de
tous les caractères que l'on avait regardés d'abord comme spécifiques, et
l'on est forcément conduit à conclure ici à l'unité d'espèce.

COTONEASTER Medik.

Noyaux osseux, au nombre de 3-5, *faisant saillie au-dessus
du disque du fruit, et se montrant ainsi à nu dans la partie
supérieure.* Le reste comme dans le genre *Cratægus.*

C. vulgaris *Lindl. tr. lin. soc.* 13, *p.* 101; *G. G.* 1, *p.* 568;
Mespilus Cotoneaster L. sp. 686. — Arbrisseau de 2-6 décim.
Feuilles ovales-arrondies, mucronées, vertes et glabres en-
dessus, blanches-tomenteuses en-dessous, brièvement pétiolées.
Fleurs ordinair. solitaires ou géminées à l'aisselle des feuilles,
brièvement pédonculées, dressées, puis penchées; pédoncules
pubescents. Calice *glabre*, à segments arrondis et scarieux aux
bords. Pétales ovales, concaves, dressés, un peu plus longs que

le calice. Styles ordin. 3. Fruit réfléchi, rouge de sang, *glabre,* de la grosseur d'un pois. ♄. Fl. avril–mai; fr. août.

C. Dans toute la partie alpestre de la chaîne jurassique, ne descend pas au-dessous de la région des sapins.

C. tomentosa *Lindl. l. c.; G. G.* 1, *p.* 569. — Feuilles de 4-5 cent. de longueur, et ainsi 1-2 *fois plus grandes* que celles du *C. vulgaris,* plus ou moins pubescentes sur la face supér. *Pédoncules et calices velus-tomenteux.* Fleurs *réunies 3-5 en petits corymbes dressés* après l'anthèse. Fruits *dressés.* Le reste comme dans le précédent. ♄. Fl. avril–mai; fr. août.

Çà et là dans tout le Jura, mais toujours peu abondant, depuis la région alpestre jusqu'aux abords de celles des vignes, où il ne pénètre pas.

TRIB. II. *Fruit à endocarpe mince, souvent cartilagineux, jamais osseux.* (*Fruit à pepins.*)

CYDONIA Tournef.

Limbe du calice à divisions presque *foliacées;* tube campanulé. Pétales suborbiculaires. Ovaire à 5 loges *multiovulées.* Styles 5. Fruit pyriforme, ombiliqué au sommet et surmonté par le limbe *accru* du calice; endocarpe membraneux-coriace; loges 5, *à* 10-15 *graines entourées de mucilage.*

C. vulgaris *Pers. syn.* 2, *p.* 40; *G. G.* 1, *p.* 569 (*Cognassier*). — Arbre à tronc tortueux, de 3-6 mètres, à jeunes pousses couvertes d'un duvet grisâtre, ainsi que les calices, les pétioles et la face inférieure des feuilles. Feuilles ovales–oblongues, arrondies ou en cœur à la base, obtuses ou aiguës; stipules ovales, glanduleuses aux bords. Fleurs solitaires, subsessiles; bractées ovales, glanduleuses. Divisions du calice ovales–oblongues, bordées de dents glanduleuses. Pétales elliptiques, échancrés, laineux à la base, ainsi que les styles. Fruit pyriforme, couvert d'un duvet floconneux. ♄. Fl. mai; fr. sept.

Cette plante est toujours à l'état cultivé dans le Jura.

PYRUS Lin.

Calice à limbe 5-fide, à tube urcéolé. Pétales suborbiculaires. Ovaire à 5 loges *biovulées.* Styles 5. Fruit subglobuleux ou turbiné, à endocarpe *coriace-parcheminé,* à 5 loges ord. dispermes.

Sect. I. *Styles libres.*

P. communis *L. sp.* 686; *G. G. 1, p.* 570 (*Poirier*). —
Grand arbre pyramidal, de 6-14 mètres, à bourgeons glabres.
Feuilles velues-aranéeuses dans leur jeunesse, glabres et luisantes dans l'âge adulte, à limbe arrondi ou ovale, finement
denté, aussi long que le pétiole. Corymbes simples ou un peu
rameux, de 6-12 fleurs; pédoncules longs, grêles, velus ou
glabres, ainsi que les calices. Styles 5, libres, pubescents à la
base, égalant les étamines. Fruits petits (2 centim. de diam.),
acerbes, globuleux ou turbinés. ♄. Fl. avril-mai; fr. sept.

C. Dans tout le Jura depuis la plaine jusque dans la région des sapins,
et sous les deux formes : *Achras* (fruit turbiné) et *Pyraster* (fruit arrondi
à la base).

Sect. II. *Styles soudés à la base.*

P. acerba *DC. prod.* 2, *p.* 635; *G. G. 1, p.* 572 (*Pommier*).
— Arbre de 4-10 mètres, à rameaux étalés, à bourgeons velus et
non tomenteux. Feuilles vertes en-dessous, d'abord pubescentes
sur les nervures, puis glabres, à limbe ovale-oblong, acuminé,
crénelé ou denté, brièvement pétiolé. Fleurs rosées, en fascicules ombelliformes au centre des rosettes de feuilles qui terminent les rameaux. Pédicelles glabres ou pubescents, ainsi que
les calices. Styles soudés à la base. Fruit gros, globuleux, glabre,
acerbe ou sucré, à pédicelle presque entièrement plongé dans la
dépression qui existe à la base. ♄. Fl. avril-mai; fr. sept.-oct.

C. Dans tout le Jura depuis la plaine jusque sous les plus hautes sommités, à la Faucille, etc., et s'élevant ainsi plus que le précédent.

Obs. Le *P. Malus L.* n'a pas été trouvé, à ma connaissance, dans la
chaîne du Jura. Il se distingue : par ses feuilles blanches-tomenteuses
en dessous même à l'état adulte; par ses bourgeons tomenteux; par les
pédicelles pubescents-tomenteux ainsi que les calices; enfin par son
fruit à saveur douce.

SORBUS Lin.

Calice à limbe 5-fide, à tube urcéolé. Pétales suborbiculaires.
Ovaire à 2-5 loges biovulées. Styles 2-5. Fruit globuleux ou
turbiné, à 2-5 loges ord. monospermes par avortement, ord.
très inégales et plus rar. régulières, à endocarpe *membraneux
et mou.*

a. *Pétales étalés.*

✝ *Feuilles imparipennées.*

S. domestica *L. sp.* 684; *G. G.* 1, *p.* 572. — Arbre élevé, à bourgeons *glabres et glutineux*. Feuilles à 13-17 folioles velues-soyeuses en-dessous dans leur jeunesse, puis glabrescentes, oblongues, dentées et à dents cuspidées. Fleurs en corymbes plus courts que les feuilles. Calice à 5 dents *recourbées* en dehors. Ovaire *à cinq loges*. Fruit charnu et acerbe, devenant brun, pulpeux et sucré par un commencement de fermentation. ♄. Fl. mai-juin; fr. sept-oct.

A. C. Dans les forêts de Dammartin, d'Abbenans, de Chassey-les-Montbozon et de Nans, où il est certainement spontané (*Paillot*); souvent cultivé dans les jardins.

S. aucuparia *L. sp.* 683; *G. G.* 1, *p.* 572. — Arbuste ou arbre peu élevé, à bourgeons *tomenteux-blanchâtres*. Feuilles à 13-17 folioles plus ou moins tomenteuses-floconneuses en-dessous lors de l'anthèse, puis glabrescentes, oblongues, dentées et à dents acuminées. Fleurs en corymbes très amples, plus courts que les feuilles. Calice à dents *dressées, puis rabattues en-dedans* après la floraison. Ovaire à 2-3 loges, rar. plus; styles en nombre égal à celui des loges, laineux à la base. Fruit *petit* (6-9 millim. de diam.), *globuleux*, à 2-3 loges inégales et rar. plus, d'un rouge écarlate, devenant pulpeux mais gardant toujours une saveur amère-acerbe. ♄. Fl. mai-juin; fr. sept.-oct.

C. Très répandu dans toute la région des sapins, moins abondant dans la région montagneuse qui domine les vignes, descend cependant jusque dans la plaine, dans les forêts autour de Dole, et dans la forêt de la Serre.

✝✝ *Feuilles subpennatiséquées, lobées ou entières.*

S. hybrida *L. sp.* 684. — Arbre de 3-5 mètres, à bourgeons tomenteux. Feuilles tomenteuses-blanchâtres lors de l'anthèse, à limbe ovale-lancéolé, *pennatiséqué à la base, à 1-4 paires de segments* parfaitement séparés, et suivis d'un grand segment terminal portant d'abord des *lobes profonds* et dentés, devenant de moins en moins profonds et se réduisant à des dents vers le sommet du segment; segments de la base du limbe manquant quelquefois. Fleurs en corymbes très amples, plus courts que

les feuilles. Calice tomenteux, à 5 dents rabattues en-dedans
après la floraison. Ovaire ord. à 2-3 loges et à autant de styles
laineux à la base. Fruit ovoïde, orangé, douceâtre-acidule. ♄.
Fl. mai-juin; fr. sept.-oct.

R. Çà et là dans la partie élevée de la chaîne au pied du dernier sommet du Suchet (*Grenier*); entre St.-Cergues et les Rousses (*Gaud.*); côtes
du Doubs! et au Mont-de-Laval (*Contejean l. c.*); Creux-du-Van (*Chaillet*);
entre les Hauts-Geneveys et les Loges (*Godet*), etc.

S. scandica *Fries*, *hall.* 83; *G. G.* 1, p. 573. — Arbuste
de 3-4 mètres, à bourgeons subtomenteux. Feuilles *tomenteuses-
cendrées* en-dessous, même à l'état adulte, à limbe ovale ou
oblong, *incisé-lobulé* surtout dans sa partie moyenne, inégalement denté en scie, plus ou moins en coin et entier à la base.
Fleurs en corymbes amples et plus courts que les feuilles. Calice
tomenteux, à 5 dents dressées ou infléchies en-dedans à la maturité. Ovaire à 2-3 loges et à autant de styles laineux à la base.
Fruit ovoïde, orangé, acidule. ♄. Fl. mai-juin; fr. sept.-oct.

C. C. Dans toute la région élevée du Jura et dans celle des sapins, au-
dessous de laquelle il descend un peu, sans s'avancer cependant jusqu'à
la région des vignes.

OBS. MM. Soyer et Godron ont publié, sous le nom de *S. Mougeoti*, une
plante vosgienne qui me parait identique à celle que je viens de décrire.
D'abord la plante des Vosges étant de tout point identique à celle du Jura,
il ne reste plus qu'à voir si notre plante diffère réellement du *S. scandica*
Fries. — D'après MM. Soyer et Godron la plante de Suède se distingue de
celle des Vosges et du Jura : 1° par son corymbe plus fourni, plus rameux, plus étalé. Or ces différences ne sont point spécifiques, elles dé-
pendent simplement de la fertilité du sol. car je possède, des environs
d'Upsal, des exemplaires identiques à mes exemplaires vosgiens et jurassiques, et surtout à mes exemplaires venant de St.-Nizier près Grenoble;
2° par son calice fructifère à dents étalées-réfléchies, par ses pétales plus
grands, par ses anthères plus largement ovales. Ici encore je n'ai pu
trouver de différences constantes, et il m'a été facile de trouver, sur la
plante française, identité de caractères, avec toutes les transitions; 3° par
ses fruits trois fois plus gros, surmontés par les dents du calice courbées-
réfléchies en-dehors. Sans doute le fruit de la plante jurassique et vosgienne est ord. petit; mais c'est le fait de l'altitude et de l'aridité du sol;
car M. Godron ayant envoyé à M. Verlot, de Grenoble, des greffes de la
plante du Hohneck, elles ont produit, en 1862, des fruits dont le volume
ne le cédait en rien à celui du *S. Aria*. Restent les dents du calice réfléchies sur le fruit. Les dents sont étalées au début, puis elles se redressent
et deviennent conniventes à parfaite maturité; j'ai donc lieu de croire que
ce caractère a été pris sur un fruit peu avancé; 4° par les feuilles moins
atténuées et plus arrondies à la base, plus profondément lobées, à lobes
décroissant au sommet et non à la base, bordées surtout à la marge externe des lobes de dents plus nombreuses aiguës - incombantes. Les

feuilles plus largement arrondies à la base correspondent aux exemplaires provenant des lieux fertiles, ainsi que je l'ai vu sur certains exemplaires du Jura, des Alpes, des Pyrénées, et les feuilles à base atténuée-cunéiforme répondent aux exemplaires originaires des sols arides qui constituent la station habituelle de la plante jurassique et vosgienne. Dans les formes françaises à feuilles larges, quelle que soit leur provenance, il y a identité pour la lobulation, avec la plante de Suède. Enfin je n'ai pu constater de différence permanente dans les dents qui sont tantôt subétalées, tantôt incombantes. En résumé le *S. Mougeoti* n'est que la forme xérophile du *S. scandica* ; et cette forme se caractérise par la petitesse des fruits, et par la réduction des feuilles qui sont plus étroites, plus fortement atténuées-cunéiformes et moins profondément lobulées à la base.

S. Aria *Crantz, austr.* 46 (*nec ic.*); *G. G.* 1, *p.* 573. — Arbre ord. assz élevé (8-12 mètres), à bourgeons subtomenteux. Feuilles *blanches*-tomenteuses en-dessous même à l'état adulte, à limbe ovale ou oblong, arrondi, ou en coin à la base (*S. arioides Michalet, exsicc. n°* 76), *obscurément lobulées*, dentées et à dents et lobules décroissant du milieu à la base de la feuille. Fleurs en corymbes amples et plus courts que les feuilles. Calice tomenteux, à 5 dents d'abord subétalées, puis dressées et conniventes sur le fruit. Ovaire à 2-3 loges, et à autant de styles laineux à la base. Fruit subglobuleux, orangé, pulpeux, douceâtre-acidule. ♄. Fl. mai ; fr. sept.

C. C. Depuis la plaine (où il est rare), et la région des vignes où il est commun, jusque sur les plus hautes sommités.

S. torminalis *Crantz, austr.* 85; *G. G.* 1, *p.* 574. — Arbre élevé (10-15 mètres), à bourgeons glabrescents. Feuilles *glabres, luisantes et vertes sur les deux faces* à l'état adulte, à limbe tronqué ou en cœur à la base, *palmatilobé,* à 5-7 *lobes lancéolés-acuminés* dentés, les inf. plus grands. Fleurs en corymbes amples égalant ou dépassant les feuilles. Calice tomenteux, à dents subétalées même à la maturité, ou caduques. Styles 2-3 *glabres* même à la base. Fruit ovoïde d'un brun jaunâtre, charnu, acerbe, pulpeux et acidule par un commencement de fermentation. ♄. Fl. mai ; fr. sept.-oct.

A. C. Dans les bois à sol siliceux des basses montagnes et de la région des vignes.

b. *Pétales dressés.*

S. Chamæmespilus *Crantz, austr.* 83; *G. G.* 1, *p.* 574. Petit arbuste de 1-2 mètres, très rameux, à bourgeons glabrescents. Feuilles elliptiques-lancéolées, entières à la base, dentées dans le reste de leur pourtour, glabres en-dessus, glabres ou tomenteuses et devenant glabrescentes en-dessous. Fleurs roses, en petits corymbes beaucoup plus courts que les feuilles. Calice tomenteux à la base et intérieurement, à 5 dents subétalées, puis dressées et conniventes sur le fruit. Ovaire à 2 loges. Styles 2, velus à la base. Fruit ovoïde, d'un rouge jaunâtre. ♄. Fl. juin; fr. sept.

β. *S. Aria-Chamæmespilus Rchb.; S. ambigua* Michalet, *exsicc. n° 77.* — Pétales dressés, rosés; feuilles tomenteuses-blanchâtres en-dessous. — J'ai eu bien souvent occasion d'observer la var. β, ainsi que tous les intermédiaires qui l'unissent au type, et cependant je n'ai pu arriver à me faire une idée précise sur l'origine plus ou moins hybride de cette forme. Si donc je la rattache ici au *S. Chamæmespilus*, ce n'est point parce que j'ai des raisons concluantes pour la regarder comme une simple modification de cette espèce; mais plutôt parce qu'il m'a été impossible de trouver aucune limite fixe entre les nombreuses variations que j'ai observées.

A. C. Sur tous les sommets du Jura, d'où il descend avec les éboulements jusqu'à 1,200 et même 1,100 mètres; au pied des escarpements du Mont-d'Or, il est déjà assez abondant à une altitude qui dépasse à peine 1,000 mètres.

AMELANCHIER Medik.

Calice à limbe 5-fide, à tube turbiné. Pétales 5, *lancéolés-linéaires.* Ovaire à 5 loges biovulées. Styles 5, soudés à la base. Fruit subglobuleux; endocarpe crustacé-fragile; loges 5, *très incomplètement biloculaires* par la saillie de la nervure médiane des carpelles; 2 graines dans chaque loge, à test membraneux.

A. vulgaris *Mœnch, meth.* 682; *G. G.* 1, *p.* 575. — Petit arbuste d'un mètre. Feuilles pétiolées, ovales, obtuses, dentées, velues-tomenteuses dans leur jeunesse, à la fin glabres. Fleurs en corymbes pauciflores, naissant très peu avant les feuilles. Fruit de la grosseur d'un pois, d'un noir-bleuâtre. ♄. Fl. avril; fr. août.

C. Sur tous les rochers du Jura, depuis la région des vignes jusque sur les sommités; manque en plaine et dans la Bresse.

XXXI. LYTHRARIÉES.

(LYTHRARIEÆ Juss.)

Fleurs hermaphrodites, régulières ou presque régulières. Calice gamosépale, libre, persistant, à 8-12 divisions sur deux rangs, les intérieures à préfloraison valvaire. Pétales 4-6, en nombre égal aux divisions calicinales internes et alternes avec elles, insérés au sommet du tube du calice, à préfloraison imbriquée-chiffonnée, rarem. nuls. Etamines 6-12, rarem. plus ou moins, uni-bisériées, insérées sur le tube du calice au-dessous des pétales; anthères introrses, bilobées, s'ouvrant en long. Ovaire libre, unique, formé de 2 et rar. 4-5 carpelles, à 2 et rarem. 4-5 loges pluriovulées. Ovules insérés à l'angle interne des loges, ascendants ou horizontaux, réfléchis. Style simple; stigmate capité, rarem. bilobé. Fruit capsulaire, membraneux, biloculaire ou uniloculaire par oblitération des cloisons, plus rar. 4-5 loculaire, à loges polyspermes, à déhiscence irrégulière ou loculicide, à 2 valves rarem. plus. Graines ascendantes ou horizontales. Albumen nul. Embryon droit. Radicule dirigée vers le hile.

1. LYTHRUM. — Calice tubuleux-cylindrique; pétales dépassant longuement le calice.

2. PEPLIS. — Calice à tube court campanulé; pétales très petits, très caducs.

LYTHRUM Lin.

Calice à tube *cylindrique*, à 8-12 dents, sur deux rangs, alternes, les extér. plus longues. Pétales 4-6, insérés vers le haut du tube du calice. Etamines 8-12, insérées *vers la base ou vers le milieu* du tube du calice. Style filiforme; stigmate capité. Capsule renfermée dans le tube du calice, *oblongue*, biloculaire, polysperme, à déhiscence loculicide ou irrégulière.

L. Salicaria L. *sp.* 642; *G. G. 1, p. 593.* — Souche *subligneuse*. Tige de 3-10 déc., à 4 ou 6 angles, dressée, simple ou rameuse. Feuilles glabres ou pubescentes, opposées ou ternées, lancéolées-aiguës, en cœur à la base. Fleurs purpurines, *formant un long épi* interrompu à la base, *réunies 4-10* sur des pédoncules communs axillaires très courts. Calice *nu à la base,* à 12 nervures et à 12 dents, dont 6 internes courtes et triangulaires, et 6 externes subulées. Pétales linéaires-ellip-tiques, bien plus longs que le calice. Étamines 12, dont 6 plus courtes que le calice. ♃. Juillet-sept.

C. C. Au bord des eaux, dans la plaine et les basses montagnes ; à peu près nul dans la région des sapins.

L. Hyssopifolia *L. sp.* 642 ; *G. G.* 1, *p.* 594. — Plante *annuelle.* Tige de 1-4 décim., dressée, très feuillée, simple ou rameuse, à angles peu marqués et subcylindriques. Feuilles glabres, alternes, *linéaires-oblongues, sessiles, atténuées à la base.* Fleurs purpurines, *solitaires ou géminées* à l'aisselle de toutes les feuilles, depuis la base au sommet de la tige. Calice *pourvu à la base de deux petites bractées,* à 12 nervures et à 12 dents, dont les ext. sont deux fois plus longues que les int. Pétales oblongs. Étamines *six,* dont trois plus courtes. Capsule cylindrique. ☉. Juin-sept.

C. Dans les champs siliceux et humides de la plaine, et particulièrement en Bresse.

PEPLIS Lin.

Calice à tube *campanulé, court,* à limbe divisé en 12 dents, sur 2 rangs, les extér. plus courtes et réfléchies, les internes dressées. Pétales 6, insérés au sommet du tube, *très petits ou nuls.* Étamines 6, insérées *au sommet* du tube du calice. Style filiforme, *nul ou presque nul ;* stigmate capité. Capsule mem-braneuse, *subglobuleuse,* entourée dans la moitié infér. par le tube du calice, biloculaire, polysperme, se déchirant irrégu-lièrement.

P. Portula *L. sp.* 474, *G. G.* 1, *p.* 597. — Tige glabre, rameuse, couchée et radicante à la base, plus rarem. flottante. Feuilles glabres, opposées, obovales, atténuées en un court pé-tiole. Fleurs solitaires et subsessiles à l'aisselle des feuilles. Calice portant à sa base deux petites bractées linéaires. Pétales d'un rose pâle, souvent nuls. Stigmate subsessile. ☉ et ②. Juin-sept.

C. C. Dans les lieux humides et plus particulièrement sur les sols sili-ceux, par conséquent en Bresse ; nul dans la région des montagnes, et n'atteignant pas la zone des sapins.

XXXII. PORTULACÉES.

(PORTULACEÆ JUSS.)

Fleurs hermaphrodites régulières ou presque régulières. Calice libre ou un peu soudé à la base de l'ovaire, à 2 et rarem. 3-5 sépales, persistants ou à partie sup. caduque, à préfloraison imbriquée. Corolle à 5, rar. à 4-6 pétales, insérés à la base du calice, plus ou moins soudés entre eux, plus rar. libres, à préfloraison imbriquée. Etamines tantôt en nombre égal à celui des pétales, opposées à ces organes et souvent soudées inf. avec eux, tantôt en nombre plus grand et rar. moindre; anthères introrses, biloculaires, s'ouvrant en long. Ovaire libre ou soudé à la base avec le calice, à 3-5 carpelles, uniloculaire par l'avortement des cloisons, 3-pluriovul². Ovules insérés sur un placenta central libre. Style simple ou 3-5-fide, à lobes stigmatifères situés à leur face interne. Fruit capsulaire, membraneux, uniloculaire, polysperme, à déhiscence circulaire (pyxide), ou bien 3-sperme et trivalve à déhiscence loculicide. Graines ascendantes ou réfléchies, à albumen farineux central. Embryon annulaire périphérique. Radicule rapprochée du hile.

1. PORTULACA. — Calice à partie sup. caduque, tombant avec la partie sup. de la capsule; capsule polysperme s'ouvrant circulairement.
2. MONTIA. — Calice persistant, capsule 3-sperme, à 3 valves.

PORTULACA Tournef.

Calice *soudé inférieurement avec la base de l'ovaire*, à 2 segments dont *la partie sup. caduque* tombe avec l'opercule de la capsule. Pétales 5, rar. 4-6, insérés au sommet du tube du calice, libres ou soudés à la base, fugaces. Etamines 6-12, soudées avec la base de la corolle. Style ord. 5-fide. Capsule ovoïde-trigone, uniloculaire, *polysperme, s'ouvrant circulairement par la chute de la moitié supérieure*, qui fait opercule.

P. oleracea *L. sp.* 638; *G. G.* 1, *p.* 605.—Plante annuelle, glabre, charnue. Tiges de 1-3 décim.; couchées, rameuses-subdichotomes. Feuilles opposées ou les supér. éparses, obovales-oblongues, sessiles, charnues, glabres. Fleurs jaunes, sessiles, solitaires ou agglomérées au sommet des rameaux, entourées par les feuilles sup. rapprochées en involucre. Calice comprimé, enveloppant la capsule, et terminé par des divisions inégales et obtuses. Pétales obovales, soudés à la base. Graines noires, luisantes, subréniformes, chagrinées. ☉. Juin-oct.

Champs et voisinage des habitations de la plaine; çà et là sur les alluvions des rivières.

MONTIA Lin.

Calice *libre*, à 2-3 sépales *persistants*. Pétales 5, insérés à la base du calice, inégaux, soudés à la base et formant une corolle gamopétale fendue d'un côté. Étamines 3, rar. 4-5, opposées aux pétales et soudées inférieurement avec eux. Capsule subglobuleuse, recouverte par le calice, uniloculaire, 3-*sperme*, à déhiscence loculicide, *s'ouvrant en 3 vaires*.

M. minor *Gmel. bad.* 1, *p.* 301; *G. G.* 1, *p.* 606. — Tiges de 2-10 cent., *dressées ou ascendantes*, dichotomes, à rameaux étalés. Feuilles opposées, connées, oblongues ou spatulées, atténuées en pétiole, très glabres, entières, d'un vert jaunâtre. Fleurs en cymes terminales ou latérales; les terminales munies à la base d'une bractée scarieuse et oppositifoliée. Corolle petite, blanche, à pédicelles courbés, puis redressés après la dissémination. Graines *fortement tuberculeuses*. ☉. Avril-juin.

C. C. Dans les champs sablonneux et siliceux de la plaine; nul sur le calcaire et dans toutes les autres régions; forêt de la Serre, où il prend dans les ruisseaux l'aspect du *M. rivularis Gmel.*, dont il reste bien distinct par son inflorescence, ses graines tuberculeuses, ses tiges jamais radicantes et sa durée. Cette dernière espèce, abondante dans les Vosges, manque donc à notre flore, à moins qu'on ne veuille l'y rattacher par notre extrême limite vosgienne.

— — — —

XXXII. PARONYCHIÉES.

(Paronychieæ St-Hil.)

Fleurs hermaphrodites, régulières. Calice libre, à 5, rarem. à 4 sépales libres ou soudés plus ou moins en tube à la base, non soudés à l'ovaire, persistants, à préfloraison imbriquée ou valvaire. Corolle à pétales libres, souvent rudimentaires-filiformes, en nombre égal à celui des divisions calicinales. Étamines 5, rar. 4, insérées, ainsi que les pétales, sur un disque à la base des divisions ou à la gorge du calice; anthères introrses, biloculaires, s'ouvrant en long. Ovaire libre, à 2-3 carpelles, uniloculaire par avortement des cloisons, à loge uniovulée. Ovule suspendu à un funicule qui naît du fond de la loge, ou dressé lorsque le funicule est court. Styles 2-3, séparés ou soudés; stigmates 2-3. Fruit capsulaire, membraneux ou crustacé, enveloppé par le calice persistant, uniloculaire, monosperme, indéhiscent ou plurivalve. Graines à albumen farineux, ord. central. Embryon périphérique, annulaire. Radicule rapprochée du hile.

1. TELEPHIUM. — Pétales oblongs, égalant ou dépassant peu le calice; capsule à 3-4 valves, polysperme; stipules membraneuses.

2. CORRIGIOLA. — Pétales oblongs, dépassant peu le calice; stigmates 3; stipules scarieuses.

3. HERNIARIA. — Calice 5-partit, à divisions herbacées; pétales filiformes; stigmates 2; capsule indéhiscente; stipules scarieuses.

4. ILLECEBRUM. — Calice 5-partit, à divisions épaisses-spongieuses; pétales filiformes; stigmates 2; capsule se partageant en plusieurs valves; stipules scarieuses.

5. SCLERANTHUS. — Calice gamosépale; pétales filiformes; styles 2, distincts; capsule indéhiscente; feuilles sans stipules, connées-scarieuses à la base.

TELEPHIUM Lin.

Calice à 5 divisions. Pétales 5, persistants, oblongs, à peu près égaux au calice. Etamines 5. Styles 3, étalés-recourbés. Capsule *à 3-4 valves*, 3-4-loculaire à la base, uniloculaire au sommet, *renfermant plusieurs graines* fixées sur un placenta central. — Stipules membraneuses.

T. Imperati *L. sp.* 388; *G. G.* 1, *p.* 608, — Tiges de 2-4 déc., appliquées sur la terre, simples, grêles, glabres, feuillées dans toute leur longueur. Feuilles alternes, ovales, glauques, à stipules courtes et membraneuses. Fleurs blanches, en capitules serrés à l'extrémité des tiges. ⚥. Juin-août.

Au pied des rochers de Gily près d'Arbois!, où il a été découvert il y a plus de 40 ans par le médecin Ant. Dumont. C'est, je crois, la seule localité assignée dans le Jura à cette plante, dont la station normale est plus austro-occidentale.

CORRIGIOLA Lin.

Calice à 5 divisions concaves. Pétales 5, persistants, *oblongs, égalant ou dépassant un peu le calice.* Etamines 5. Stigmates 3, subsessiles. Capsule *crustacée*, ovoïde-trigone, *monosperme*, *indéhiscente*, enveloppée par le calice persistant. — Feuilles munies de stipules scarieuses.

C. litoralis *L. sp.* 388; *G. G.* 1, *p.* 613. — Tiges de 1-4 déc., nombreuses, grèles, subfiliformes, rameuses, appliquées sur la terre. Feuilles éparses, glauques, linéaires-oblongues, entières, subobtuses; stipules petites, scarieuses. Fleurs petites, blanches ou rosées, en glomérules multiflores au sommet des tiges et entourés par les feuilles florales. Calice à divisions ovales-obtuses, blanches-scarieuses aux bords. ⊙. Juin-sept.

A. C. Disséminé dans les lieux sablonneux-siliceux de la plaine et surtout de la Bresse ; *C.* autour de la forêt de la Serre.

HERNIARIA Tournef.

Calice 5-partit, à divisions herbacées, un peu concaves. Pétales 5, *filiformes*. Etamines 5, insérées sur le disque de la gorge du calice. Stigmates *deux, subsessiles*. Capsule membraneuse, oblongue, monosperme, indéhiscente, enveloppée par le calice persistant. — Feuilles munies de stipules scarieuses.

H. glabra *L. sp.* 317; *G. G.* 1, *p.* 611. — Tiges de 5-20 centim., glabres, ord. très nombreuses et très rameuses, appliquées sur la terre. Feuilles *glabres*, oblongues, entières, atténuées à la base; les inf. opposées; celles des rameaux alternes; stipules petites, scarieuses. Fleurs petites, sessiles, herbacées, en glomérules nombreux, multiflores, entremêlés de feuilles. Calice *glabre*, à divisions obtuses. Graines noires, luisantes. ⊙, ②, ♃. Mai-octobre.

C. Sur les sables du Doubs, de la Loue et de l'Ain ; dans les champs de Quingey (*Grenier*); dans les tourbières de Pontarlier, à 840 mètres d'altitude, en pleine région des sapins (*Grenier*).

H. hirsuta *L. sp.* 317; *G. G.* 1, *p.* 612. — Tiges *velues*. Feuilles *pubescentes, fortement ciliées*. Calice *velu-hérissé*, à divisions terminées par une longue soie. Fleurs et fruits *deux fois plus gros* que dans le *H. glabra,* dont il ne diffère pas pour les autres caractères. ⊙, ②, ♃. Juin-sept.

A. R. Dans les terrains sablonneux des environs de Dole et des bords de l'Ognon ; forêt de la Serre ; sables de l'Ain, à Thoirette.

Obs. Cette espèce, ainsi que la précédente, fleurit dès la première année,

alors elle est annuelle ; si l'hiver ou toute autre cause ne la détruit pas,
elle refleurit la 2ᵉ et même la 3ᵉ année. Dans ce cas on a donc pu dire légitimement que ces espèces sont bisannuelles ou perennantes.

ILLECEBRUM Lin.

Calice 5-partit, à divisions *épaisses-spongieuses*, blanches,
concaves, *terminées en capuchon surmonté d'une pointe* subulée.
Pétales 5, filiformes, caducs. Etamines 5. Stigmates 2, presque
sessiles. Capsule enveloppée par le calice persistant, membraneuse, oblongue, monosperme, s'ouvrant *en 5-10 valves* libres
à la base et cohérentes au sommet. Embryon à peine courbé,
appliqué latéralement sur l'albumen. — Feuilles stipulées.

1. verticillatum *L. sp.* 298 ; *G. G.* 1, *p.* 614. — Tiges
nombreuses, de 5-25 centim., filiformes, appliquées sur la terre,
florifères dès la base, et radicantes, glabres, ainsi que toute la
plante. Feuilles obovales, obtuses, entières, atténuées en court
pétiole. Fleurs sessiles, en glomérules axillaires, paraissant verticillées, souvent rapprochées en épis feuillés. Calice blanc.
Graine ovoïde, brune, luisante. ⊙, ②. Juillet-sept.

Aux bords des étangs, sur les sols siliceux-sablonneux de presque
toute la plaine, mais ord. peu abondant ; forêts de la Bresse, forêt de
Chaux et de la Serre; Mont-sous-Vaudrey; Rahon, Pleurre, Neublans, etc ;
nul dans le restant du Jura. Fourneau-de-Chagey (*Contejean*).

SCLERANTHUS Lin.

Calice gamosépale, à divisions soudées à la base en-tube
urcéolé et à la fin induré. Pétales 5 ou moins et même nuls,
filiformes. Etamines 5, insérées sur le disque qui obture la
gorge du calice. Styles deux, *filiformes*. Capsule membraneuse,
oblongue, monosperme, indéhiscente, renfermée dans le tube
du calice induré. — Feuilles opposées, *sans stipules*, connées-
scarieuses à la base.

S. annuus *L. sp.* 580 ; *G. G.* 1, *p.* 614. — Plante *annuelle
ou bisannuelle*. Tiges de 5-15 centim., couchées, ascendantes
ou dressées, ordinair. très rameuses-dichotomes, à pubescence
courte, plus ou moins glaucescentes. Feuilles linéaires-subulées,
ciliées à la base et connées, à bords scarieux. Fleurs verdâtres,
en cymes dichotomes et rapprochées en glomérules feuillés.

Calice à divisions lancéolées, *aiguës, herbacées et très étroitement scarieuses aux bords*, dressées, *un peu divergentes* à la maturité. Graine blanche et lisse. ⊙, ②. Juin-oct.

C. Dans les champs sablonneux-siliceux et tourbeux de la plaine et des montagnes.

Obs. Lorsque la plante commence à végéter dès les premiers jours du printemps, et qu'elle donne ses fruits en été ou en automne, on a le *S. annuus*. Mais si la plante, sous l'influence d'une température défavorable, ne se développe que tardivement, et si elle ne peut donner ses fruits avant l'arrivée du froid, elle s'hiverne et ne fructifie que l'année suivante; alors on a le *S. biennis* Reut. *cat.* 1861, p. 83.

S. perennis *L. sp.* 580 ; *G. G. 1, p.* 614. — Plante *pérennante ou vivace*, tout en fleurissant parfois dès la première année. Tiges de 5-15 centim., couchées-redressées, rameuses-dichotomes, glauques, à pubescence courte. Feuilles linéaires-subulées, élargies-membraneuses, ciliées et connées à la base. Fleurs *blanchâtres*, en cymes dichotomes, et rapprochées en glomérules feuillés. Calice à divisions lancéolées, *presque obtuses, largement scarieuses-blanchâtres aux bords*, dressées-subconniventes à la maturité. ♃. Juin-sept.

C. Dans les sables siliceux de la forêt de la Serre; nul dans le restant du Jura.

XXXIII. CRASSULACÉES.

(CRASSULACEÆ DC.)

Fleurs ord. hermaphrodites, régulières. Calice non soudé à l'ovaire, à 5 et plus rar. à 3-20 sépales plus ou moins soudés à la base, persistants, à préfloraison imbriquée ou subvalvaire. Pétales en nombre égal à celui des sépales, libres ou un peu soudés à la base, caducs ou marcescents, à préfloraison imbriquée. Etamines en nombre égal à celui des pétales et plus souvent en nombre double, insérées avec les pétales à la base des sépales sur le disque calicinal; anthères biloculaires, introrses, s'ouvrant en long. Ecailles hypogynes glanduliformes ou lamelleuses, placées à la base de chaque carpelle. Ovaire libre, à carpelles en nombre égal à celui des pétales auxquels ils sont opposés, libres entre eux (dans nos espèces), bi-pluriovulés. Ovules insérés à l'angle interne des carpelles, horizontaux ou pendants, réfléchis. Styles libres, continuant le bord dorsal des ovaires. Fruit composé de 5, plus rar. de 3-10 carpelles libres, secs, polyspermes, rar. dispermes, s'ouvrant par le bord interne. Graines à embryon droit, fixé au centre d'un albumen peu abondant. Radicule dirigée vers le hile.

1. SEDUM.— Sépales 5, rar. 4; pétales 5, rar. 4; écailles hypogynes entières ou émarginées.

2. SEMPERVIVUM. — Sépales 6-20; pétales 6-20; écailles hypogynes dentées ou laciniées.

SEDUM Lin.

Calice à 5, rar. à 4-6-8 divisions. Corolle *à 5, rar.* 4-6-8 *pétales.* Etamines en nombre double de celui des pétales, rar. en nombre égal. Ecailles hypogynes très courtes, ovales, *entières ou émarginées.* Carpelles 5, rar. 4-6-8, polyspermes.

Sect. I. TELEPHIUM *Koch.* — Souche *vivace,* émettant à l'automne des bourgeons qui se développent au printemps suivant et *pas de stolons pérennants.*

S. Telephium *L. sp.* 616; *Fries, summ.* 40 *et* 178; *S. maximum Sut. helv.* 1, *p.* 270; *G. G.* 1, *p.* 617.—Tiges de 3-7 déc., dressées, glabres, feuillées. Feuilles *opposées ou ternées,* charnues, planes, ovales-oblongues, inégalement dentées; *les infér. à base largement arrondies et sessiles, les supér. en cœur et subamplexicaules.* Fleurs *jaunâtres,* en corymbe compact terminal, à *rameaux opposés, ternés ou quaternés.* Pétales très étal's et non recourbés en dehors, plans et cucullés au sommet. Etamines du rang interne *insérées tout à fait* à la base des pétales. Carpelles à *dos convexe.* ♃. Août-sept.

R. Au pied du Jura dans la vallée du Rhône; Nyon, aux bois des côtes au-dessus de Trélex; environs de Thoirette. Cette plante appartient à peine à la flore du Jura.

OBS. Je pense maintenant qu'il y a lieu de rétablir la synonymie de cette espèce, ainsi que je viens de le faire. Les plantes envoyées par les botanistes suédois militent en faveur de cette opinion; de plus les observations de Fries (*Summ. p,* 178) me paraissent si concluantes que je ne puis résister au désir de les reproduire. « Unicam è *Telephiis* in Suecia » omni et Norvegia habemus speciem verè indigenam, eamdemque excepta » Lapponia ubiquitariam, nempè *S. maximum,* quod absque dubio est » *S. Telephium L.,* et valdè dubitamus an aliud Linnæo cognitum fuerit. »

Wahlenberg, dans son *Fl. upsalensis*, de même que dans son *Fl. suecica*, ne signale qu'une seule espèce, commune en Suède, et qui est bien par conséquent la plante vue et décrite par Linné, sous le nom de *S. Telephium*. Or ce *S. Telephium* L. est précisément la plante à laquelle Suter a donné le nom de *S. maximum*, après avoir préalablement transporté le nom de *S. Telephium* aux *S. purpurascens* et *Fabaria Koch.*

S. purpurascens *Koch, syn.* 284; *S. Telephium G. G.* 1, *p.* 618 (*non L.*). — Tiges de 3-7 décim., glabres, feuillées, dressées. Feuilles éparses, parfois opposées ou subternées, charnues, planes, obovales ou oblongues, irrégulièrement dentées ou presque entières; *les infér. brièvement pétiolées; les supér. arrondies à la base et sessiles.* Fleurs roses un peu jaunâtres, en corymbe compact terminal, à rameaux épars et opposés. Pétales recourbés un peu au-dessus du milieu, plans, obscurément cucullés au sommet. Etamines du rang intérieur *insérées vers le sixième inférieur des pétales.* Carpelles *marqués* sur le dos *d'un léger sillon.* ♃. Août.

R. Dans les haies de la région des vignes et des basses montagnes.

Obs. Le caractère des feuilles n'est pas toujours facilement appréciable, et le sillon dorsal des carpelles ne m'a pas paru constant. Il ne reste donc plus, pour distinguer cette espèce de la suivante, que l'insertion des étamines. Est-ce suffisant pour constituer l'espèce?

S. Fabaria *Koch, syn.* 284; *G. G.* 1, *p.* 618. — Tiges de 3-7 déc., glabres, feuillées, dressées. Feuilles *toutes éparses,* charnues, planes, oblongues-lancéolées, dentées, *atténuées en coin à la base et contractées en court pétiole.* Fleurs purpurines, en corymbe compact, terminal, à rameaux épars. Pétales étalés ou recourbés, lancéolés, plans, obscurément cucullés au sommet. Etamines du rang intérieur insérées au-dessus du tiers inf. des pétales. Carpelles non sillonnés sur le dos. ♃. Juillet, dans la plaine; août, dans la montagne.

C. Dans la région des vignes, d'où il s'élève jusque dans la haute région des sapins, où j'ai souvent constaté sa présence.

Obs. Notre plante concorde parfaitement avec la description de Koch; elle en diffère cependant : 1° par l'époque de la floraison qui ici est la même que celle du *purpurascens*, au lieu de devancer d'un mois celle de ce dernier; 2° par les pétales que j'ai vus ordin. recourbés, et non plans comme le dit Koch. Il est vrai que Koch, dans une note, ajoute que les deux plantes sont identiques pour la forme des pétales, ce qui me semble impliquer l'identité de courbure dans les deux. En résumé, malgré ces deux petites différences, je crois que notre plante est bien la même que celle de la flore d'Allemagne, et je n'hésite pas à les réunir.

Sect. **II.** CEPÆA *Koch.* — Racine *annuelle ou bisannuelle*, sans stolons ni bourgeons.

a. *Feuilles planes.*

S. Cepæa *L. sp.* 617; *G. G.* 1, *p.* 619. — Tiges nombreuses ou solitaires, de 1-3 décim., ord. simples, finement pubescentes surtout vers le haut. Feuilles étalées, opposées ou verticillées, rar. éparses, planes, très entières, glabres; les inf. oblongues-obovales; les supér. oblongues-linéaires. Fleurs blanches ou rosées, pédicellées, disposées en petites grappes et formant une longue et étroite panicule. Pétales lancéolés, longuement acuminés, 2-3 fois plus longs que le calice. Carpelles oblongs-acuminés, dressés, à style dressé deux fois plus long qu'eux. ☉. Juillet-août.

R. R. Presque nul sur le versant français : entre Coges et Montconny, près Bletterans (*Rozet*); partie méridionale du versant helvétique : Copet, Genthoud, Versoix, Genève, Thoiry, etc.

b. *Feuilles cylindracées.*
† *Cinq étamines.*

S. rubens *L. sp.* 619; *G. G.* 1, *p.* 620. — Tiges de 5-15 centim., dressées, rougeâtres, pubescentes-glanduleuses surtout vers le haut. Feuilles sessiles, étalées, cylindriques-oblongues, obtuses, glauques et ordin. rougeâtres, glabres. Fleurs rosées, subsessiles, en cymes subunilatérales formant un corymbe terminal. Pétales 5, lancéolés, aristés. Carpelles pubescents, divergents, tuberculeux et glanduleux. ☉. Mai-juillet.

J. C. Dans les champs de la plaine et de la région des vignes.

†† *Dix étamines.*

S. atratum *L. sp.* 1673; *G. G.* 1, *p.* 621. — Tiges de 5-8 cent., simples ou plus souvent divisées dès la base en rameaux un peu divergents, qui leur donnent l'aspect d'un cône renversé, *glabres*. Feuilles cylindracées - subclaviformes, très obtuses, *glabres*. Fleurs pédicellées, 6-12 en cymes formant un corymbe irrégulier et compact; pédicelles *glabres*, plus courts que les fleurs. Pétales apiculés, blanchâtres, à nervure médiane verte, une fois plus longs que le calice. Carpelles *glabres*. ☉. Juill.-août.

A. C. Sur tous les sommets, depuis le Reculet au Montendre; Creux-du-Van ; Chasseral, etc.

S. villosum *L. sp.* 620; *G. G.* 1, *p.* 621. — Plante bisannuelle. Tiges de 5-15 centim., dressées, simples et plus souvent
rameuses dès la base, *pubescentes-glanduleuses* surtout au
sommet. Feuilles semi-cylindriques, obtuses, *pubescentes*. Fleurs
pédicellées, en cymes obscurément dichotomes et formant un
corymbe irrégulier; pédicelles *pubescents-glanduleux,* un peu
plus longs que les fleurs. Pétales aigus, d'un blanc rosé, 2-3 fois
plus longs que le calice. Carpelles *pubescents-glanduleux.* ⊙.
Juin-juillet.

R. Sainte-Catherine au-dessus de Lausanne; tourbière de Pontarlier
(*Babey*), où je n'ai pu le retrouver; tourbières de Malpas (*Mercier*).

Sect. III. EUSEDUM. — *Souche émettant des rejets pérennants.*

a. *Fleurs blanches ou rosées.*

S. album *L. sp.* 619; *G. G.* 1, *p.* 623. — Souche rameuse,
émettant des tiges radicantes; les unes florifères, les autres
stériles, pérennantes, à feuilles plus rapprochées. Tiges florifères
de 1-2 déc., simples, dressées, *glabres,* même sur les rameaux.
Feuilles cylindracées-oblongues, subcomprimées en-dessus,
glabres, éparses. Fleurs blanches à anthères brunes, pédicellées,
en corymbe. Pétales *lancéolés.* Carpelles glabres. ♃. Juin-août.

C. C. Partout dans la plaine, jusque sous les hautes sommités.

S. dasyphyllum *L. sp.* 618; *G. G.* 1, *p.* 624. — Souche
rameuse, émettant des tiges souvent radicantes; les unes florifères, les autres stériles, pérennantes, à feuilles rapprochées-
imbriquées. Tiges florifères de 5-15 centim., simples, dressées,
à rameaux de l'inflorescence *pubescents-glanduleux.* Feuilles
ord. opposées, courtes, *obovoïdes,* gibbeuses sur le dos, non
prolongées à la base, glabres ou *pubescentes-glanduleuses.*
Fleurs blanches, rosées en-dehors, pédicellées et en corymbe
obscurément dichotome. Pétales *obovales.* Carpelles glabres ou
glanduleux. ♃. Juin-août.

R. Sur les vieux murs et sur les rochers, disséminé sur les deux versants
du Jura, depuis le vignoble jusqu'aux sommités; Ornans, Quingey, etc.

b. *Fleurs jaunes.*

†† *Feuilles mutiques; capsules divergentes.*

S. acre *L. sp.* 619; *G. G.* 1, *p.* 625. — Souche rameuse,

18

émettant des tiges radicantes ; les unes florifères, les autres
stériles, pérennantes, à feuilles rapprochées-imbriquées, inor-
dinées, et parfois sur six rangs assez distincts. Tiges florifères
de 6-12 centim., simples, glabres, ordin. en touffe. Feuilles
dressées, ovoïdes-gibbeuses, non prolongées, mais plutôt échancrées à la base. Fleurs subsessiles, disposées en 2-3 cymes scorpioides de 2-5 fl. et formant un corymbe terminal. Calice à
segments *ovoïdes,* obtus, prolongés à la base. Pétales lancéolés,
deux fois plus longs que le calice. Capsule bossue à la base du
bord interne. Graines *non tuberculeuses.* Plante glabre très acre,
très succulente. ♃. Juin-juillet.

C. C. Partout et à toutes les hauteurs.

S. sexangulare L. sp. 620; S. boloniense Lois. not. 17;
G. G. 1, p. 626; S. insipidum C. Bauh.; Godet, fl. jur. 251.
— Souche rameuse, émettant des tiges radicantes ; les unes
florifères, les autres stériles, pérennantes, à feuilles *imbriquées
régulièrement sur six rangs.* Tiges florifères de 6-12 centim.,
simples, glabres, ordinair. en touffe. Feuilles dressées, *cylindriques, linéaires,* obtuses, *prolongées en éperon* au-dessous
de leur insertion. Fleurs subsessiles, disposées en 2-3 cymes
scorpioides de 6-10 fleurs, formant un corymbe terminal. Calice
à segments *cylindriques,* obtus, non prolongés à la base. Pétales
lancéolés, une fois plus longs que le calice. Capsule non bossue
à la base du bord interne. Graines *tuberculeuses.*—Plante glabre,
non acre, bien plus grèle que la précédente. ♃. Juin-juillet.

C. Partout et à toutes les hauteurs.

Obs. Ce n'est pas sans hésitation que j'avais adopté, dans la *Flore de
France,* le nom de *S. boloniense,* et je dois ajouter que le moment du re-
gret ne s'est pas fait longtemps attendre. C'est donc avec empressement
que je rends à cette plante le nom qu'on lui a indûment enlevé, pour
lui en substituer un, qui a le double inconvénient, d'abord de déroger
au droit de priorité, et ensuite d'imposer le nom d'une localité on ne peut
pas plus restreinte, à une plante répandue dans la plus grande partie de
l'Europe. Aussi, dès 1854, je cherchai à renouer la tradition linnéenne, en
éditant cette plante dans les centuries Billot, n° 361 bis, sous le nom de
S. sexangulare L. J'avais pu alors étudier des échantillons suédois et constater leur identité avec la plante française; les exemplaires publiés par
Fries, dans son herb. norm. fasc. 9, n° 43, ne laissant aucun doute à cet
égard. L'unique objection qu'on puisse faire à cette déduction serait de
supposer que Linné n'a pas connu la plante du bois de Boulogne; et que
son *S. sexangulare* n'est qu'une forme de son *S. acre.* Or constatons d'a-
bord que la plante des environs de Paris, commune en France, se trouve

également en Suède! sans modification aucune; et ajoutons qu'elle est
abondante aux environs d'Upsal, d'où j'en ai reçu de nombreux exemplaires. Donc, dans l'hypothèse précitée, il faut admettre que Linné, qui
avait sous les yeux les *S. acre* et *S. boloniense*, n'a point aperçu la
plante nommée *S. boloniense* par Loiseleur, qu'il a élevé au rang d'espèce une variation insignifiante et presque imperceptible du *S. acre*,
pendant qu'il foulait au pied, sans l'apercevoir, bien que mêlée aux deux
autres, une plante que les botanistes les moins expérimentés distinguent
à première vue. Une pareille supposition ne me paraît pas soutenable, et
d'accord avec les botanistes suédois, je crois pouvoir légitimement conserver à cette plante le nom de *S. sexangulare*.

†† *Feuilles cuspidées; carpelles dressés.*

S. reflexum *L. sp.* 618; *G. G.* 1, *p.* 626. — Souche rameuse, émettant des tiges nombreuses, radicantes; les unes
florifères, les autres stériles et pérennantes. Tiges florifères de
2-4 décim., couchées, puis redress'es, simples, glabres, surmontées par l'inflorescence. Feuilles vertes ou glauques, charnues, cylindracées, linéaires, mucronées, prolongées en éperon
court au-dessous de leur insertion; celles des tiges stériles plus
rapprochées et non en rosette. Fleurs subsessiles, s'épanouissant
sur les rameaux recourbés, disposées en cymes scorpioides,
munies de bractées et rapprochées en corymbe terminal réfléchi
avant l'anthèse. Segments du calice charnus, ovales-lancéolés,
épaissis aux bords et au sommet, et déprimés au centre. Etamines à filets *ciliolés-glanduleux* à la base et à la face interne.
Carpelles granulés-rugueux. Graines fortement ridées en long.
♃. Juillet-août.

α. *virescens*. Plante à tiges et feuilles vertes; fleurs d'un
beau jaune.

β. *glaucescens*. Plante à tiges et feuilles plus ou moins glauques;
fleurs d'un jaune vif. — *S. rupestre L. sp* 618.

γ. *albescens*. Plante à tiges et feuilles vertes ou glaucescentes;
fl. d'un jaune pâle. *S. albescens Haw. rev.* 28?; *G. G.* 1, *p.* 627.

C. Dans la région des vignes au-dessus de laquelle il s'élève peu.

Obs. Le nom de *S. rupestre* a donné naissance à tant de controverses, qu'il
m'a semblé utile de l'abandonner, afin d'éviter désormais toute équivoque.
En effet Linné, dans le *Species, ed.* 1 (1753), n'admet que le *S. rupestre*,
auquel il donne une var. β. Dans le *Flora suecica* (1755), *p.* 155, il repro-
-duit la même opinion; mais dans l'*appendix*, *p.* 463, il élève au rang
d'espèce sa var. β, sous le nom de *S. reflexum*, et il ne différencie les
deux espèces que par la teinte verte attribuée au *S. reflexum*, et la teinte

glauque au *S. rupestre*. Fries, dans ses *Novitiœ, p.* 135, coufirme ces données et conclut à l'identité des deux espèces. Il est donc acquis que les deux espèces de Linné n'en font qu'une; et si parmi les deux noms linnéens, je choisis celui de *S. reflexum*, c'est qu'il est exempt de toute ambiguité, et qu'il ne saurait, comme celui de *S. rupestre*, propager d'anciennes erreurs, ou servir à en créer de nouvelles.

Le 13 juillet 1861, je trouvai pêle-mêle, au sommet de la montagne de Rosemont près Besançon, deux *Sedum*, dont l'un à feuilles vertes, était incontestablement le *S. reflexum*, si répandu dans notre contrée; l'autre par sa teinte d'un glauque argenté intense se distinguait nettement du premier, et frappait l'œil à grande distance. Pour étudier plus facilement ces plantes, j'en rapportai de beaux exemplaires que je plantai au jardin, cherchant ensuite, par une étude suivie, à déterminer leurs caractères distinctifs. Mais à-part la couleur il ne me fut pas possible de trouver entre eux la moindre différence. Je retournai sur les lieux, afin d'étendre mes investigations à un plus grand nombre d'individus, et là, dans un espace de quelques centaines de mètres, il me fut facile de rencontrer tous les intermédiaires, toutes les nuances passant d'une forme à l'autre, il devint dès lors évident pour moi que j'avais à faire à deux formes d'une seule et même espèce; et que le *S. rupestre* de Linné ne différait pas spécifiquement de son *S. reflexum*.

Les pieds de *S. reflexum* replantés avaient été placés près d'une corbeille de Pétunies, dont la vigoureuse végétation ne tarda pas à les recouvrir presque entièrement. Ce ne fut que vers le milieu d'octobre que le jardinier, en enlevant les Pétunies, rendit aux *Sedum* l'air et la lumière. Mais alors quel ne fut pas mon étonnement en voyant, sur les pieds glauques, les tiges et rameaux abrités par les Pétunies, teints d'un beau vert uniforme et identique à celui du *S. reflexum*, pendant que la partie extérieure et non recouverte de ces mêmes pieds, avait conservé sa teinte glauque primitive considérablement affaiblie, il est vrai, mais encore très-distincte. Quelques pieds entièrement recouverts ne se distinguaient plus du *S. reflexum* type. Ainsi dans l'espace de quelques mois, la transformation d'une des formes dans l'autre s'était pleinement accompli.

J'étais bien désireux de savoir ce que seraient, l'année suivante, les jeunes pousses des pieds à teinte glauque. Au printemps de 1862, j'en abritai quelques-unes en les privant de soleil au moyen d'écrans, et ceux-là donnèrent des pousses qu'il fut impossible de distinguer de celles du *S. reflexum* ordinaire. Les autres que je laissai en pleine liberté me donnèrent des pousses dont la teinte gardait une trace de couleur glauque qui permettait encore de les distinguer; mais cette teinte n'avait plus rien de commun avec la belle couleur argentée qui les rendait si remarquables en 1861. Le caractère avait donc disparu, et cette forme avait fait retour au type.

En 1863, aucun des pieds à teinte glauque n'a repris sa belle couleur argentée, tous ont conservé leur couleur verte lavée d'une très légère teinte glauque qui me permet de reconnaître encore les pieds qui autrefois ont possédé ce caractère à un très haut degré.

Pour en finir avec cette teinte glauque, je dirai qu'elle est déposée à la surface de l'épiderme, comme la poussière pruineuse qui recouvre certaines prunes; un frottement assez léger suffit pour l'enlever, et une immersion de quelques secondes dans l'eau bouillante la fait entièrement diparaître.

De tous ces faits il est permis de conclure que la teinte glauque n'est pas ici suffisante pour fonder des espèces.

Tout ce que j'ai reçu de l'ouest et des Pyrénées, sous le nom de *S. albescens,* avait les feuilles vertes; mais je ne doute pas que cette forme n'ait aussi sa variété glauque. Le plus souvent les fleurs étaient d'un beau jaune; alors je n'ai pas vu en quoi cette plante différait du *S. reflexum,* et pour mieux dire elle a, dans ce cas, représenté à mes yeux le type de cette dernière espèce. D'autres fois elle m'a présenté des fleurs d'un jaune très pâle qui, au premier abord, donnaient à la plante un aspect assez remarquable; c'est cette forme que j'ai prise pour le veritable *S. albescens* Haw.; mais est-ce là un caractère suffisant pour constituer une espèce? J'en doute, et selon moi ce n'est qu'une variation, que j'aurais peut-être oublié de signaler, si on n'avait voulu l'ériger en espèce.

S. elegans *Lej. fl. Spa,* 2, *p.* 205; *G. G.* 1, *p.* 626.—Souche et tige se comportant comme dans le *S. reflexum.* Feuilles vertes ou glauques, charnues, mais peu épaisses, *comprimées et presque planes,* linéaires, fortement cuspidées, plus longuement prolongées à la base; celles des rejets stériles *étroitement imbriquées-appliquées et formant un cône renversé.* Fleurs d'un jaune vif, subsessiles, s'épanouissant sur les rameaux *relevés,* disposées en cymes scorpioides *toujours dépourvues de bractées,* formant un corymbe terminal recourbé avant l'anthèse. Segments du calice *plans* et non épaissis aux bords et au sommet. Etamines à filets *glabres.* Carpelles petits, lisses. Graines à peine ridées. ⚥. Juin-juillet.

α. *glaucescens.* Tiges et feuilles glauques. — *S. elegans* Lej. *l. c.,* et *auct.*

β. *virescens.* Tiges et feuilles vertes. — *S. aureum Wirtg. fl. der Pr. rh.* 184, *et pl. exsicc. n°* 27.

A. C. Dans les sols sablonneux et surtout siliceux, dans la région des vignes et plus abondamment encore sur le plateau qui la domine : Arbois, Dole, Besançon, etc.; forêt de la Serre. Si on trouve cette espèce en plein calcaire jurassique, c'est toujours sur l'oxfordien supérieur (*Chailles*) qui contient de 50 à 75 pour cent de silice.

Obs. En 1861, j'ai reçu de MM. Lloyd, Boreau, Chaboisseau et Callay des exemplaires vivants de *S. elegans.* Les plantes de Nantes, d'Angers, de la Vienne et des Ardennes avaient toutes plus ou moins la teinte glauque; mises en pleine terre, je n'ai plus obtenu en 1862 que des plantes à teinte glauque douteuse; et en 1863 il ne me reste pas un seul pied de *S. elegans* à teinte véritablement glauque, tous ont pris la teinte verte, et se sont ainsi transformés en *S. aureum Wirtg.* J'avais moi-même rapporté en 1861, de la campagne, de mon excellent ami A. Monnot, située à la Chevillotte, à quelques kilomètres de Besançon, de magnifiques exemplaires de *S. elegans,* dont la brillante teinte argentée provoquait l'admiration du simple curieux. Aujourd'hui ils ont complètement perdu ce caractère, ils ont même pris une teinte d'un vert sombre qui forme un curieux contraste avec leur primitif état.

Il y a plus. M. Bavoux, à qui j'avais fait part de mes observations sur la variation de la couleur des *Sedum*, a constaté un fait non moins intéressant que les précédents. Ce zélé botaniste avait rencontré le *S. aureum* en plaine, dans des prés aux bords de l'Ognon, et il l'avait transplanté dans son jardin, où sa teinte verte s'était parfaitement conservée ; puis voulant s'en débarrasser, il l'avait relégué sur un vieux mur. Dans cette nouvelle position, la plante passa de la couleur verte à la couleur glauque et devint du *S. elegans*, pendant qu'une partie de la plante, oubliée en place, garda la teinte du *S. aureum*.

Ainsi, en deux années, nous avons pu constater, sur les mêmes pieds, la transformation de la forme glauque à la verte, et de la verte à la glauque. Ne résulte-t-il pas de là que c'est dans la station que réside la cause principale de ce changement de teinte ; que dans les sols humides et fertiles, la plante manifeste une tendance marquée pour la virescence, tandis que dans les sols secs et arides elle incline à la glaucescence.

S. ochroleucum *Chaix ap. Vill. Dauph.* 1 (1785), *p.* 325 (*non Vill. l. c.* 3, *p.* 680); *S. rupestre Vill. l. c.* 3, *p.* 679 (*non Chaix*); *S. anopetalum DC. rapp.* 2, *p.* 80 (1808), *et fl. fr.* 5, *p.* 526; *G. G.* 1, *p.* 627. — Souche et tiges se comportant comme dans le *S. reflexum*. Feuilles glauques ou vertes, cylindracées, mucronées, prolongées en éperon au-dessous de leur insertion ; celles des rejets stériles imbriquées. Fleurs d'un *jaune très pâle,* subsessiles, disposées en cymes scorpioïdes à peine recourbées, et formant un corymbe compact. Segments du calice lancéolés-aigus, déprimés au milieu. Pétales *dressés*, linéaires-aigus, une fois plus longs que le calice. Etamines à filets presque glabres, et munis seulement de quelques poils hyalins ; anthères concolores. Carpelles presque lisses. Graines fortement ridées en long. ♃. Juillet-août.

α. *glaucescens*. Tiges et feuilles glauques (c'est le type).

β. *virescens*. Tiges et feuilles vertes. *S. Verloti Jord. bull. bot.* 1860, *p.* 606.

C. Dans la partie orientale du Jura : de Saint-Claude à Thoirette ; Cousance, Nantua, Pont-d'Ain ; Molay et environs de Salins ; Buffard et Champagnolle (*Garnier*). La var. β n'a pas encore été trouvée dans le Jura.

Obs. L'oubli dans lequel est tombé le nom donné par Chaix à cette plante est le résultat d'une erreur de Villars, dont Chaix ne saurait être victime. En prenant les choses comme Villars les a établies dans son 3e volume, Decandolle avait eu raison de créer un nouveau nom spécifique. Mais si l'on compare la description de Chaix à celle de Decandolle, on ne doutera plus de l'identité des deux plantes. Ainsi Decandolle dit :

« Cette espèce diffère de toutes les espèces connues par ses pétales d'un jaune très pâle, dressés et jamais étalés. » Chaix, d'autre part, caractérise sa plante par ces mots : « *Petalis albidis, erectis* ; » puis dans une note il ajoute : « *Petala albida, acuta, erecta, nunquam expansa,* » c'est-à-dire qu'il donne une véritable reproduction latine de la phrase de Decandolle. L'identité des deux plantes ne peut donc être contestée, et j'ai dû, par droit de priorité, rétablir le nom de Chaix : *S. ochroleucum.*

Revenons à Villars dont l'erreur a causé celle de Decandolle. Dans le 3ᵉ volume de sa flore, Villars applique le nom de *S. rupestre* au *S. ochroleucum* de Chaix, et le nom de *S. ochroleucum* au *S. rupestre* de Chaix. Il transpose donc les deux noms, et les pétales blanchâtres et dressées qu'il donne à son *S. rupestre* ne laissent aucun doute à cet égard. Cette transposition est-elle une erreur de Villars ou une simple faute de typographie ? Je ne sais, mais si en partant de cette donnée Decandolle avait eu raison de créer un nouveau nom, l'erreur reconnue, il n'est plus possible de dépouiller Chaix de son droit de priorité, et l'équité veut qu'on reprenne le nom de *S. ochroleucum.*

Les faits constatés sur les *S. reflexum* et *elegans* me conduisent à réunir le *S. Verloti* au *S. ochroleucum,* à défaut d'expériences directes pour appuyer cette opinion. Toutefois j'ai constaté qu'en plongeant le *S. ochroleucum* dans l'eau bouillante, il perd instantanément sa couleur glauque, et qu'il prend si franchement la teinte verte qu'il n'est plus possible de le distinguer du *S. Verloti.* La couleur pruineuse qui recouvre la plante est, ainsi que dans les précédents, une sécrétion de nature cireuse, qui a peut-être pour effet d'atténuer l'évaporation dans ces plantes qui végètent d'ordinaire sur des rochers arides et peu propres à leur fournir une riche alimentation.

SEMPERVIVUM Lin.

Calice à 6-20 divisions. *Pétales* 6-20, marcescents. Etamines en nombre double de celui des pétales. Ecailles hypogynes *dentées ou laciniées. Carpelles* 6-20, polyspermes.

S. tectorum *L. sp.* 664 ; *G. G.* 4, *p.* 628 ; *S. juratense Jord. ap. Reut. cat.* 86. — Tige de 3-5 décim., dressée, feuillée, velue-glanduleuse surtout au sommet, émettant à la base de nombreux rejets terminés en rosette. Feuilles charnues, oblongues-obovales, acuminées-mucronées, vertes, souvent rougeâtres, *bordées de cils raides ;* les caulinaires inf. glabres, les sup. velues-glanduleuses. Fleurs purpurines, subsessiles, en épis scorpioides formant un corymbe terminal. Calice velu-glanduleux, à 12 divisions lancéolées-linéaires. Pétales *sublinéaires,* acuminés, 2 fois plus longs que le calice, étalés, velus-glanduleux. Ecailles hypogynes glanduliformes. ⚥. Juillet-août.

A. C. Sur toutes les sommités du Jura, depuis le Montendre au Reculet; souvent planté sur les vieux murs, et sur les toits à toutes les altitudes.

S. Fauconeti *Reuter, cat. Gen.* 298. — Tige de 15-25 cent., dressée, feuillée, *munie*, surtout vers le haut et sur les rameaux, *de longs poils laineux*, émettant à la base de nombreux rejets terminés en rosette. Feuilles charnues ; celles des rosettes oblongues-spatulées, courtement acuminées, ord. rougeâtres, ainsi que toute la plante, fortement *bordées de longs cils blancs flexueux et subaranéeux,* parsemées sur les deux faces de glandes et de taches purpurines ; les caulinaires oblongues-lancéolées, ciliées – *floconneuses* au sommet, glanduleuses. Fleurs roses, subsessiles, en épis scorpioides formant un corymbe terminal. Calice glanduleux, à 9-12 divisions lancéolées-linéaires. Pétales *largement* lancéolés, brièvement acuminés, deux fois plus longs que le calice, étalés, glabres en-dessus, ciliés aux bords et glanduleux en-dessous. Ecailles hypogynes rudimentaires ou nulles. — Cette plante, surtout par sa fleur, rappelle le *S. arachnoideum;* mais, outre les caractères distinctifs cités, elle est plus grande dans toutes ses parties, et elle n'est point aranéeuse comme cette dernière. Les fleurs ont environ 12 millim. de diamètre. ♃. Août-sept.

Sommet de la montagne de Saint-Jean, à une lieue à l'ouest du Reculet (*Reuter*).

XXXIV. PHILADELPHÉES.

(Philadelpheæ Don.)

Fleurs hermaphrodites, régulières. Calice à 4-10 sépales soudés inférieurement entre eux et avec l'ovaire, à limbe à 4-10 divisions persistantes, à préfloraison valvaire. Corolle à 4-10 pétales insérés sur un disque à la gorge du calice, libres, caducs, à préfloraison contournée. Etamines ordin. 20 ou plus, libres, insérées avec les pétales; anthères bilobées, introrses. Ovaire soudé avec le calice, libre au sommet, à 3-10 carpelles, à 3-10 loges multiovulées. Ovules insérés à l'angle interne des loges, réfléchis. Styles 3-10, libres ou soudés; stigmates entiers. Fruit capsulaire, à 3-10 loges, polysperme. Graines à testa membraneux, réticulé, débordant l'amande. Albumen charnu. Embryon droit. Radicule dirigée vers le hile.

PHILADELPHUS Lin.

Calice à tube obovoïde, à limbe à 4-5 divisions. Pétales 4-5.
Etamines nombreuses. Styles 4-5, libres ou soudés à la base.
Capsule coriace, à sommet libre, à 4-5 loges, s'ouvrant vers le
haut par 4-5 valves loculicides.

P. coronarius *L. sp.* 671. — Arbrisseau de 1-3 mètres,
dressé. Feuilles opposées, ovales-oblongues, acuminées, finement dentées, glabrescentes en-dessus, pubescentes en-dessous
sur les nervures. Fleurs 5-7, grandes, blanches, à odeur agréable,
ordin. en grappe. Calice à divisions ovales-acuminées. Pétales
obovales, environ deux fois plus longs que le calice. Styles
presque libres, plus courts que les étamines. ♃. Mai-juin.
Originaire d'Orient, subspontané dans quelques haies au voisinage des
habitations.

XXXV. ONAGRARIÉES.

(ONAGRARIEÆ Juss.)

Fleurs hermaphrodites, ord. régulières. Calice gamosépale, à
tube soudé avec l'ovaire et se prolongeant souvent au-dessus de
lui, à limbe 4-partit ou 4-denté, persistant ou caduc, à préfloraison valvaire. Corolle à 4 pétales insérés au sommet du tube
du calice sur un disque plus ou moins développé, à préfloraison
imbriquée-tordue, à pétales rar. nuls. Etamines 8, rar. 4, insérées avec les pétales au sommet du tube du calice sur le disque
plus ou moins distinct; anthères biloculaires, introrses, s'ouvrant
en long. Ovaire soudé au tube calicinal, à 4 carpelles et à 4
loges multiovulées. Ovules insérés à l'angle interne des loges,
ascendants ou pendants, réfléchis. Style filiforme; stigmates 4,
étalés ou réunis en massue. Capsule 4-loculaire, à loges polyspermes, à 2-4 valves et à déhiscence loculicide ou septicide.
Graines ascendantes ou pendantes, à testa émettant souvent
une aigrette au niveau de la chalaze. Albumen nul. Embryon
droit. Radicule dirigée vers le hile.

1. Epilobium. — Pétales 4, roses; étamines 8 ; graines aigrettées.
2. Œnothera. — Pétales 4, jaunes; étamines 8 ; graines sans aigrette.
3. Isnardia. — Pétales nuls; étamines 4.

EPILOBIUM Lin.

Calice quadripartit et caduc après l'anthèse, à tube soudé avec l'ovaire qu'il dépasse à peine. Pétales 4. Etamines 8. Capsule linéaire-tétragone, à 4 valves et à 4 loges polyspermes. Graines *terminées par une aigrette soyeuse.*

Sect. ɪ. *Pétales entiers ou subémarginés; étamines et styles réfléchis-arqués. Feuilles éparses.*

E. spicatum *Lam. fl. fr.* 3, *p.* 482 (1778); *G. G.* 1, *p.* 583; *E. Gesneri Vill. pr.* 45 (1779). — Souche rampante et très rameuse. Tiges de 5–15 d´c., dressées, simples ou rameuses sup., glabres. Feuilles sessiles, lancéolées, entières ou denticulées-glanduleuses, *à nervures anastomosées* en réseau, glabres, glauques en-dessous. Fleurs purpurines, en longues grappes terminales. Pétales obovales, entiers ou émarginés, *onguiculés.* Stigmates roulés en-dehors. ♃. Juin-août.

C. Dans les bois et sur les collines pierreuses de toute la plaine, d'où il monte jusque dans la région alpestre.

E. angustifolium *Lam. fl. fr.* 3, *p.* 482 (1778); *E. Dodonœi Vill. pr.* 45 (1779); *E. rosmarinifolium Hœncke, in Jacq. coll.* 2, *p.* 50 (1788). — Souche à stolons courts. Tiges de 3–6 déc., simples ou rameuses supérieurem., finement pubescentes. Feuilles sessiles et souvent fasciculées, *linéaires,* entières, *à nervure médiane seule visible.* Fleurs purpurines, rapprochées en grappes courtes et terminales feuillées jusqu'au sommet. Pétales oblongs, atténués à la base et non onguiculés. Stigmates étalés ou dressés. ♃. Juillet-août.

A. C. Disséminé dans la plaine et la région des vignes, au-dessus de laquelle il se montre rarement ; bords du Doubs à Saint-Hippolyte (*Contejean l. c.*).

Obs. En 1778, Lamarck sépara les deux plantes réunies par Liuné sous le nom de *E. angustifolium*; il donna à la première le nom de *E. spicatum*, et conserva à la seconde le nom de *E. angustifolium.*

Un an plus tard (1779), Villars proposa la même séparation, en nommant la première plante : *E. Gesneri*; et la seconde, *E. Dodonœi.*

La seconde espèce de ces auteurs renfermait aussi deux plantes : l'une

des basses montagnes; l'autre des régions alpines, qui est devenue :
E. Fleischeri.

Ce ne fut qu'en 1788 que Hæncke proposa, pour le *E. angustifolium Lam.*, le nom de *E. rosmarinifolium*, qui bien postérieur au premier ne saurait lui être préféré, non plus qu'à celui de Villars.

Sect. II. *Pétales bilobés; étamines et styles dressés.*

a. *Stigmates 4, étalés en croix.*

Souche stolonifère.

E. hirsutum *L. sp.* 494; *G. G.* 1, *p.* 582. — Souche rampante et radicante, à stolons épais, charnus, longs de 20 à 30 centim., munis d'écailles jaunâtres qui égalent de 5 à 30 millim. Tige de 5-15 déc., dressée ou ascendante, simple ou rameuse, cylindracée, couverte de longs poils glanduleux, sans lignes saillantes. Feuilles pubescentes, oblongues-lancéolées, *amplexicaules*, subdécurrentes, denticulées. Fleurs très grandes (2 1/2 centim. de diamètre), purpurines, *dressées* avant l'anthèse. Bouton *apiculé* par les mucrons réunis des sépales ♃. Juin-août.

C. Partout dans les marais et lieux humides de la plaine, et jusque dans la région alpestre.

E. Duriæi *Gay, ann. sc. nat.* 2ᵉ *sér. vol.* 6, *p.* 123; *G. G.* 1, *p.* 581. — Souche rampante et radicante, émettant des stolons jaunâtres, munis d'écailles obtuses à paires écartées. Tige de 1-3 décim., dressée ou ascendante, simple, glabrescente, sans lignes saillantes. Feuilles opposées, lancéolées, dentées, *arrondies à la base, brièvement pétiolées*. Fleurs roses, *penchées* avant l'anthèse. Sépales aigus; bouton *obtus.* ♃. Juillet-août.

R. Crêt de Chalam, dans l'Ain; bois de sapins de Lavatay au-dessus de Gex (1280 mètres d'altitude) (*Michalet*); probablement sur toute la partie élevée de la chaîne, où il a été sans doute confondu avec l'*E. montanum*, dont il ne diffère essentiellement que par ses stolons semblables à ceux de l'*E. alsinæfolium*.

Souche munie de rosettes de feuilles.

E. parviflorum *Schreb. spic.* 146; *G. G.* 1, *p.* 582. — Souche courte, munie de rosettes sessiles ou stipitées, formées de feuilles minces, oblongues, atténuées en pétiole. Tige de 5-10 déc., dressée ou ascendante, simple ou rameuse, *velue,* dépourvue de lignes saillantes. Feuilles opposées, puis alternes, *pubescentes*, lancéolées, arrondies à la base, denticulées ; les infér. pétiolulées, les moyennes sessiles. Fleurs roses, *dressées* avant l'anthèse. Bouton et sépales obtus. ⚥. Juin-sept.

C. Dans les marais et lieux humides de la plaine et de la montagne.

E. lanceolatum *Seb. et Maur. fl. rom.* 138; **G. G.** 1, *p.* 581; *Crépin, not. fasc.* 2, *p.* 42. — Souche courte, tronquée, munie de rosettes subsessiles, formées de feuilles minces, oblongues, atténuées en pétiole presque égal au limbe. Tige de 2-6 décim., ascendante, simple, pubérulente, cylindrique ou offrant rarem. 2-4 lignes peu saillantes. Feuilles opposées, puis alternes, glabrescentes, oblongues, presque de même largeur dans les 2/3 infér., un peu atténuées et obtuses au sommet, cunéiformes ou subarrondies à la base, *toutes portées sur un pétiole* de 4-8 mill. Fleurs roses ou blanchâtres, *penchées* avant l'anthèse. Sépales et bouton obtus. ⚥. Juin-juillet.

R. R. N'a encore été signalé que sur les détritus granitiques de la montagne de la Serre, vis-à-vis Amange *(Michalet)*. Plante très voisine de l'*E. collinum*, dont elle n'est bien distincte que par ses rosettes de feuilles.

⧣ ⧣ ⧣ *Souche munie de bourgeons subsessiles.*

E. montanum *L. sp.* 494; **G. G.** 1, *p.* 581. — Souche courte, tronquée, ordinairem. munie de bourgeons subsessiles, qui atteignent parfois 1-2 centim. Tige de 3-6 décim., dressée, *simple*, pubérulente surtout au sommet, sans lignes saillantes. Feuilles opposées, glabrescentes, dentées, ovales-lancéolées, arrondies à la base, toutes pétiolulées. Fleurs roses, penchées avant l'anthèse, mesurant un centimètre. de diam. Sépales et bouton obtus. ⚥. Juillet-sept.

C. Dans les bois et sur tous les terrains, depuis la plaine jusque sur les sommités.

E. collinum *Gmel. bad.* 4, *p.* 265; *E. montanum* β *collinum Koch;* **G. G.** 1, *p.* 581. — Souche produisant des bourgeons écailleux qui manquent assez souvent. Tige de 1-3 déc., dressée ou ascendante, couverte à la base (sur 1-2 cent.) d'écailles imbriquées sèches et provenant du bourgeon, un peu flexueuse, rar. simple, ordin. *rameuse* dès la base (ce caractère manque toujours dans l'*E. montanum*), pubérulente surtout au sommet, sans lignes saillantes. Feuilles opposées, glabres, lancéolées,

dentées, toutes pétiolulées; les sup. alternes et portant souvent
à leur aisselle des faisceaux de feuilles. Fleurs roses, penchées
avant l'anthèse. Sépales et bouton obtus. ♃. Juillet-sept.

Cette espèce, presque étrangère à la chaîne proprement dite du Jura,
n'a été signalée qu'à Vallorbes et aux environs de Genève (*Rapin, Reuter*);
elle se retrouve sur le petit chaînon granitique de la Serre, vis-à-vis
Amange (*Michalet*).

Obs. Malgré l'absence de caractères saillants, cette plante me paraît
bien distincte de l'*E. montanum* qui ne se ramifie jamais, et qui est au
moins du double plus développé dans toutes ses parties. Les graines de
la plante de la Serre semées dans un jardin à sol calcaire ont reproduit
le type plus ample, et on ne peut plus distinct du *montanum*. Le *E. collinum* me paraît appartenir au groupe des espèces silicicoles. M. Crépin
(not. fasc. 2, p. 44) a aussi vérifié par la culture la stabilité de cette
espèce ; il a de plus constaté que les formes accidentellement rameuses
de l'*E. montanum* redonnent par des semis la forme type et nullement le
E. collinum.

        b. *Stigmates rapprochés en massue.*

           †† *Souche produisant des bourgeons presque bulbiformes.*

E. trigonum *Schrank*, *b. fl.* 644; *G. G.* 1, *p.* 580. —
Tige de 3-5 décim., dressée, simple, pubérulente surtout au
sommet. Feuilles ternées et rar. opposées ou quaternées, dentées ; les moyennes et les sup. lancéolées, arrondies à la base,
sessiles, décurrentes et formant sur la tige 2-4 lignes poilues
peu saillantes. Fleurs roses, penchées avant l'anthèse. Bouton
atténué aux deux extrémités, non acuminé. ♃. Juillet-août.

A. R. Disséminé dans la région alpestre : la Dôle, le Reculet, la Faucille, le Montendre, le Mont-d'Or, etc.

        †† †† *Souche munie de rosettes de feuilles.*

E. roseum *Schreb. spic.* 147; *G. G.* 1, *p.* 580. — Souche
portant des rosettes de feuilles courtes (1-2 centim.), un peu
épaisses, ovales-lancéolées, brièvement pétiolées, denticulées.
Tige de 3-6 déc., dressée, simple ou rameuse, pubérulente
surtout au sommet. Feuilles opposées, puis alternes, d'un vert
pâle, dentées, presque glabres, *ovales-lancéolées,* cunéiformes
à la base, *toutes pétiolées,* à pétiole décurrent et formant 2-4
lignes saillantes sur la tige. Fleurs roses, *penchées* avant l'anthèse. Bouton ovoïde, brusquement acuminé. ♃. Juin-sept.

Disséminé à toutes les hauteurs, dans les lieux frais et ombragés.

E. tetragonum *L. sp.* 494; *G. G.* 1, *p.* 579. — Souche produisant des rosettes de feuilles minces, allongées-obovales, pétiolées. Tige de 2-6 décim., ordin. rameuse, glabrescente, portant 2-4 lignes saillantes. Feuilles la plupart opposées, d'un vert pâle, dentées, presque glabres, *étroitement lancéolées*, ord dressées, décurrentes par le limbe ou par le pétiole pour former les 2-4 lignes saillantes de la tige. Fleurs *dressées* avant l'anthèse, en panicule serrée et feuillée. ♃. Juin-sept.

β *E. Lamyi Schultz*, bot. *Zeit.* 1844, *p.* 806; *G. G.* 1, *p.* 579. — Feuilles un peu étalées, distinctement pétiolulées, à bords du pétiole décurrent pour former les lignes saillantes de la tige. Plante moins élevée, annuelle ou bisannuelle. Cette plante m'a paru propre aux sols argilo-siliceux.

C. Dans la plaine, la région des vignes et les basses montagnes; la var β aux environs de Genève et probablement en Bresse.

Obs. 1. Cette plante qui, au début de la floraison, peut se confondre avec l'*E. obscurum*, s'en distingue à ses rosettes de feuilles minces; à sa tige incompressible, dont l'écorce est fendillée vers sa base; sa panicule composée de rameaux nombreux, courts, portant de longues capsules dressées, rapprochées, mûrissant presque toutes en même temps, et dont les valves se courbent sans se rouler en-dehors.

Obs. 2. Tout en admettant que les caractères qui distinguent les *E. tetragonum* et *Lamyi* n'ont pas assez de valeur pour constituer des espèces, je dois dire qu'ayant cultivé pendant douze ans l'*E. Lamyi*, dans le sol fertile d'un jardin, il a conservé son port plus grêle, plus délicat et plus lâche, et qu'il n'a jamais manifesté aucune tendance à revenir à l'*E. tetragonum*; pendant qu'à quelques centaines de mètres, aux pieds des berges de la route, dans un sol comparativement plus maigre, l'*E. tetragonum* végétait avec sa vigueur ordinaire. Il est donc difficile d'admettre, avec M. Michalet, que l'*E. Lamyi* n'est qu'une race appauvrie de l'*E. tetragonum*; car alors on ne comprendrait guère comment douze années de culture, dans un sol fertile, n'ont eu aucune influence pour ramener la race à son type.

Enfin les graines de l'*E. Lamyi* m'ont paru plus grosses, c'est-à-dire au moins du quart plus larges que celles de l'*E. tetragonum*. Il reste donc à faire de nouvelles études pour constater si cette plante doit être élevée ou non au rang d'espèce.

†† †† †† *Souche munie de stolons allongés.*

1. *Fleurs dressées avant l'anthèse.*

E. obscurum *Schreb.* spic. 147; *E. virgatum Fries*, nov. 115 (*part.*); *G. G.* 1, *p.* 578. — Souche à stolons filiformes, feuillés et dépourvus de bourgeon bulbiforme au sommet. Tige de 2-6 déc., couchée et radicante à la base, puis ascendante-dressée, pubérulente, portant 2-4 lignes un peu saillantes. Feuilles lanéolées, arrondies à la base, denticulées; les moyennes sessiles. Fleurs dressées avant l'anthèse, en panicule feuillée. Graines à aigrettes sessiles. ♃. Juillet-août.

c. Dans la plaine, dans la région des montagnes, et jusque sur les sommités.

Obs. Fries, dans son *Summa*, p. 77, déclare qu'il ne distingue pas l'*E. obscurum* du *tetragonum*, dont la souche porte des rosettes de feuilles, et qui par ce caractère se sépare nettement de ce qu'il nomme *E. virgatum* (*chordorhizum*).

Après avoir ainsi réuni l'*obscurum* au *tetragonum*, Fries me paraît décrire sous le nom de *E. virgatum* (*chordorhizum*) la plante que je viens de donner sous le nom de *E. obscurum*.

Mais il me semble qu'en tenant un compte suffisant de la description de Schreber et de la figure citée de *Tabernæmontanus* (p. 1237) il n'est pas possible de ne voir, dans l'*E. obscurum*, qu'une plante identique à l'*E. tetragonum*, et je crois plus rationnel de faire l'*E. virgatum* synonyme de l'*E. obscurum*.

Beaucoup d'auteurs réunissent en une seule espèce les plantes que nous avons décrites sous les noms d'*E. tetragonum* et d'*E. obscurum*. Mais outre les caractères déjà cités, l'*E. obscurum* se distingue du *tetragonum* par sa tige compressible, à épiderme très lisse, par son inflorescence composée de 2-3 rameaux formant une panicule courte et lâche; par ses capsules, dont la longueur est moindre que dans le *tetragonum*, et dont les valves se roulent en cercle, et dont la maturation a lieu successivement, de sorte que les premières sont mûres que le haut de la tige est encore en fleurs. Enfin la rapidité avec laquelle cette plante envahit de larges espaces contraste avec la propagation lente et difficile de l'*E. tetragonum* qui, dans nos contrées, ne se montre ord. que par pieds presque isolés.

D'après la synonymie ici adoptée, l'*E. palustri-obscurum* Wimm., décrit par M. Michalet sous le nom d'*E. chordorhizum*, n'est point la plante de Fries. Cet hybride est remarquable en ce qu'il a le port de l'*E. palustre,* et les graines obovoïdes de l'*E. obscurum* mêlées à un grand nombre de graines avortées.

Un autre hybride, voisin du précédent, est l'*E. palustri-parviflorum* Michal. bull. bot. 1855, *p.* 753. Il a des stolons grêles et radicants terminés par une rosette de feuilles; la tige pubescente, cylindrique; les feuilles lancéolées, sessiles; les graines de l'*E. palustre*, mais plus courtes et moins atténuées aux 2 extrémités.

M. Michalet signale encore un *E. obscuro-montanum* qui a le port du *montanum* à feuilles étroites, avec la fleur de l'*obscurum*, et presque les graines du *montanum*.

Enfin M. Michalet mentionne un *E. obscuro-parviflorum*, plus un *E. montano-parviflorum*, qui réclament de nouvelles études.

2. *Fleurs penchées avant l'anthèse.*

E. palustre *L. sp.* 495; *G. G.* 1, *p.* 578. — Souche émettant des stolons capillaires, munis de paires écartées de petites folioles ou écailles, *terminés par un bourgeon bulbiforme,* qui devient bientôt libre par la destruction du stolon ; écailles du bourgeon terminal charnues, imbriquées, ovales, convexes en-dessus et à épiderme non adhérent au parenchyme et tendu au-dessus de la cavité, comme une peau sur un tambour. Tige de 2-6 déc., rampante à la base, puis ascendante-dressée, arrondie, *dépourvue de lignes saillantes* remplacées par quatre lignes de poils. Feuilles glabres ou pubérulentes, linéaires-lancéolées, *en coin à la base*, ord. *entières*, ou subdenticulées ; les moyennes *sessiles*. Fleurs roses ou blanchâtres, penchées avant l'anthèse, en panicule feuillée. Graines atténuées aux deux extrémités, à *testa prolongé en disque court qui porte l'aigrette*. ♃. Juin-sept.

C. C. Dans les tourbières et marais des hautes et basses montagnes ; plus rare dans la plaine.

E. alpinum. *L. sp.* 495 ; *G. G.* 1, *p.* 577. — Souche grêle, rampante, émettant des stolons filiformes, munis de petites feuilles obovales, à paires écartées, et *dépourvus de bourgeon bulbiforme* au sommet. Tige de 5-12 cent., ascendante-dressée, arrondie, simple ou rameuse à la base, *portant deux lignes saillantes* et pubescentes. Feuilles glabres, elliptiques, obtuses, atténuées à la base, *toutes pétiolées,* entières ou subdenticulées. Fleurs roses, peu nombreuses (1-6 au sommet de la tige). Graines obovoïdes, à aigrette sessile. ♃. Juillet-août.

R. Colombier de Gex et bois de la Faucille, dans les creux où séjourne la neige.

E. alsinæfolium *Vill. prosp.* 45 ; *G. G.* 1, *p.* 577. — Souche émettant des *stolons charnus, blanchâtres, munis d'écailles suborbiculaires*, obtuses, et *terminés par un bourgeon bulbiforme.* Tiges de 1-3 déc., radicante à la base, puis ascendante-dressée, portant 2-4 lignes saillantes et pubescentes. Feuilles ovales-*aiguës, atténuées en court pétiole*, entières ou denticulées, glabres, d'un vert foncé. Fleurs roses, ordin. peu nombreuses au sommet de la tige. Graines à *testa prolongé en disque* court qui porte l'aigrette. ♃. Juillet-août.

R. La Dôle, le Reculet, dans le vallon d'Ardran, le Colombier, le Chasseron.

ŒNOTHERA Lin.

Calice à limbe quadripartit, à tube soudé avec l'ovaire *qu'il dépasse longuement*, articulé au niveau du sommet de l'ovaire,

article supér. caduc après la floraison. Pétales 4. Etamines 8.
Style filiforme; stigmates 4. Capsule linéaire-oblongue, subtétragone, à 4 loges polyspermes, à 4 valves, à déhiscence loculicide. Graines *dépourvues d'aigrettes.*

Œ. biennis *L. sp.* 492; *G. G* 1, *p.* 584.— Tige de 6-12
déc., dressée, simple ou rameuse, munie de poils tuberculeux
à la base. Feuilles radicales en rosette, pétiolées, oblongues,
sinuées-dentées à la base ; les caulinaires éparses, lancéolées,
denticulées. Fleurs grandes, jaunes, odorantes, en grappe
feuillée. Pétales de moitié plus courts que le tube du calice et
plus longs que les étamines. Capsule un peu ventrue à la base.
②. Juin-septembre.

Originaire de l'Amérique du nord, naturalisé dans les sols sablonneux,
le long des cours d'eau, sur les décombres et les terrains nouvellement
remués ; commun dans les coupes de bois situées aux bords de la Loue
entre Chatillon et Buillon ; ne pénètre pas dans la région des sapins.
On cultive dans les jardins l'*Œ. suaveolens* dont la fleur est du double
plus grande, et la capsule d'égale épaisseur dans toute sa longueur. L'*Œ.
muricata* si commun dans les Vosges, ne se montre qu'accidentellement
sur notre lisière alsatique ; il se reconnaît à ses petites fleurs dont les pétales sont deux fois plus courts que le tube du calice et aussi longs que
les étamines.

ISNARDIA Lin.

Calice à limbe quadridenté, *persistant ;* à tube soudé avec
l'ovaire qu'il ne dépasse pas. Pétales nuls (dans notre espèce).
Etamines *quatre.* Capsule indéhiscente, subtétragone, à 4 loges
polyspermes. Graines dépourvues d'aigrettes.

I. palustris *L. sp.* 175; *G. G.* 1, *p.* 585. — Tiges de 1-4
décim., grêles, couchées-radicantes ou nageantes, tétragones,
simples ou rameuses. Feuilles opposées, un peu charnues,
oblongues ou suborbiculaires, aiguës, très entières, atténuées
en pétiole. Fleurs axillaires, solitaires, opposées, subsessiles,
herbacées. Capsule obovoïde-tétragone, jaunâtre avec les angles
verts. ♃. Juillet-août.

C. Dans les mares, les étangs et les lieux inondés de la plaine, de la région des vignes et des basses montagnes qui la surmontent.

XXXVI. CIRCÉACÉES.

(Circæaceæ Lindl.)

Fleurs hermaphrodites, régulières. Calice à tube soudé avec l'ovaire, à limbe bipartit. Corolle à 2 pétales insérés sur un disque au sommet du tube du calice, à préfloraison imbriquée. Etamines 2, insérées avec les pétales; anthères biloculaires, introrses, s'ouvrant en long. Ovaire soudé au tube du calice, à 2 carpelles, à 2 loges uniovulées. Ovules suspendus. Style filiforme; stigmate bilobé ou échancré. Fruit sec, indéhiscent, biloculaire, à loges monospermes. Graines suspendues. Albumen nul. Embryon droit. Radicule écartée du hile.

CIRCÆA Tournef.

Calice à limbe caduc, à tube obovoïde, contracté au-dessus de l'ovaire et se rompant en ce point lors de la chute du limbe. Pétales 2, bilobés. Etamines 2. Style filiforme; stigmate échancré. Fruit obovoïde, couvert de longs poils crochus. — Feuilles opposées; fleurs en grappes terminales.

C. lutetiana *L. sp.* 12; *G. G.* 1, *p.* 586. — Souche traçante, stolonifère. Tige de 3-5 décim., ascendante, simple ou rameuse, pubérulente. Feuilles ovales, aiguës, denticulées, glabres, ciliolées, opaques, luisantes, munies d'un long pétiole canaliculé en-dessus. Fleurs à pédicelles *dépourvus de bractées*. Pétales bilobés, *arrondis* à la base, à onglet très court. Fruit *obovoïde*, hérissé de poils crochus au sommet. ♃. Juin-août.

A. C. Disséminé dans les bois de la plaine, de la région des vignes et des basses montagnes.

C. intermedia *Ehrh. beitr.* 4, *p.* 42; *G. G.* 1, *p.* 586. — Souche traçante, stolonifère. Tige de 2-4 décim., ascendante, simple ou rameuse, glabrescente. Feuilles ovales-aiguës, ordin. *en cœur* à la base, assez fortement dentées, glabrescentes, molles et opaques, luisantes, munies d'un long pétiole canaliculé en-dessus. Fleurs à *pédicelles munis de bractées* sétacées très-courtes. Pétales *cunéiformes* à la base, à onglet étroit et bien distinct. Fruit *obovoïde-subglobuleux*, plus petit et à poils plus fins que dans le *C. lutetiana*, dont il a le port. ♃. Juillet-août.

A. C. Dans les bois du Jura méridional : crèt de Chalam, le Reculet, Chesery, Belleydoux, Saint-Laurent, Nantua ; au Creux-du-Van, au Chasseron, au Chauffaud, etc.; se retrouve sur la lisière vosgienne, Plancher-Bas, etc. *(Contejean)*.

C. alpina *L. sp.* 12 ; *G. G.* 1, *p.* 586. — Souche traçante, stolonifère. Tige de 10-15 centim., simple ou rameuse, *glabre*. Feuilles ovales-aiguës, *en cœur* à la base, fortement dentées, glabres, à peine ciliolées, molles, pellucides, munies d'un long pétiole *plan* en-dessus. Fleurs à *pédicelles munis de bractées* sétacées très courtes. Pétales cunéiformes à la base. Fruit *en massue oblongue*, à poils fins et courts. ♃. Juin-juillet.

A. C. Dans la partie élevée et centrale de la chaîne jurassique, les côtes du Doubs, de Pont-de-Roide à Morteau, bois du Russey, du Bélieu, de la Grande-Combe, du Mémont *(Contejean)* ; le Creux-du-Van, la Dôle *(Godet)* ; rare ou nul dans le Jura méridional.

XXXVII. HALORAGÉES.

(HALORAGEÆ JUSS.)

Fleurs hermaphrodites ou monoïques, régulières. Calice à tube soudé avec l'ovaire, à limbe quadripartit ou presque nul. Corolle à 4 pétales insérés à la gorge du calice, quelquefois nulle. Étamines en nombre égal à celui des divisions calicinales ou en nombre double, insérées au sommet du tube. Anthères introrses, biloculaires, s'ouvrant en long. Ovaire soudé au tube du calice, à 2-4 carpelles, à 2-4 loges uniovulées. Ovules insérés à l'angle interne des loges, suspendus, réfléchis. Style filiforme, ou 4 stigmates sessiles. Fruit sec, quelquefois presque ligneux, couronné ou entouré par le limbe persistant du calice, 4-loculaire ou uniloculaire par avortement, à loges monospermes, indéhiscent. Graines suspendues. Albumen mince, charnu ou nul. Embryon droit. Cotylédons égaux et peu développés, ou inégaux, et l'un d'eux constituant presque toute la masse de la graine. Radicule dirigée vers le hile.

Trib. I. **MYRIOPHYLLEÆ.** — Fleurs monoïques. Etamines 8, plus rar. 4. Ovaire quadriloculaire. *Stigmates 4, sessiles.*

MYRIOPHYLLUM Vaill.

Fleurs monoïques. Fleurs mâles : calice à limbe quadripartit, à tube court et arrondi; pétales 4, plus longs que les sépales, très caducs; étamines 8, rar. 4. Fleurs femelles : calice à limbe quadridenté, à tube tétragone; pétales très petits ou nuls; stigmates 4, très gros, papilleux, sessiles. Fruit à 4 côtes, formé de 4 coques monospermes, indéhiscentes.

M. verticillatum *L. sp.* 1410; *G. G.* 1, *p.* 587. — Tiges ord. flottantes, radicantes à la base. Feuilles verticillées ordin. par 5, pennatipartites, à segments capillaires et opposés. Fleurs sessiles, naissant à l'aisselle de bractées *pennatiséquées-pectinées, plus longues que les fleurs,* disposées en verticilles rapprochés surtout au sommet des tiges et des *rameaux terminés par un faisceau de feuilles.* ♃. Juin-août.

C. Dans la plaine et la région des vignes; rare dans la région des montagnes où je l'ai retrouvé à la Grand'Combe, au pied des forêts de sapins.

M. spicatum *L. sp.* 1409; *G. G.* 1, *p.* 588. — Tiges ord. flottantes, radicantes à la base. Feuilles verticillées ord. par 4, pennatipartites, à segments capillaires et souvent opposés. Fleurs sessiles, naissant à l'aisselle de *bractées,* dont les infér. *dentées égalent la fleur,* et dont *les supér. entières sont plus courtes,* disposées en verticilles dont l'ensemble forme un épi interrompu et *nu au sommet.* ♃. Juillet-août.

C. Dans la plaine et la région des vignes, au-dessus de laquelle il s'élève peu.

Trib. II. **TRAPACEÆ.** — Fleurs hermaphrodites. Etamines 4. Ovaire biloculaire, devenant uniloculaire par avortement. *Style filiforme;* stigmate *capité.* Fruit ligneux, uniloculaire.

TRAPA Lin.

Fleurs hermaphrodites. Calice à tube court, soudé avec la base de l'ovaire, à limbe quadripartit et accrescent. Pétales 4, insérés sur le disque qui surmonte l'ovaire, chiffonnés, à préfloraison imbriquée. Étamines 4. Ovaire biloculaire. Style filiforme; stigmate capité. Fruit ligneux, à 4 épines formées par les divisions persistantes et accrues du calice, uniloculaire par la destruction de la cloison, monosperme par avortement. Graine unique, sans albumen; cotylédons farineux, l'un formant presque toute la masse de la graine, l'autre rudimentaire squamiforme.

T. natans *L. sp.* 175; *G. G.* 1, *p.* 589. — Tige rampante à la base, articulée, naissant sous l'eau et atteignant la surface du liquide. Feuilles submergées opposées, subsessiles, pennatiséquées, à divisions capillaires; les sup. flottantes, disposées en rosette au sommet de la tige, étalées, pétiolées, rhomboïdales, inégalement dentées et rarem. entières, luisantes en-dessus, pubescentes en-dessous; pétiole d'abord cylindrique, puis devenant vésiculeux vers son milieu lors de l'anthèse. Fleurs axillaires, à pédoncules courts et renflés. Calice à segments lancéolés, carénés. Pétales blancs, obovales-orbiculaires, dépassant le calice. Fruit brun, à 4 épines en croix et terminées en pointe barbellée. ☉. Fl. juin–juillet; fr. sept.–oct.

A. C. Etangs et bords des rivières, sur la lisière vosgienne et autour de Montbéliard (*Contejean*); bords de l'Ognon, dans tout son cours; étangs de la Bresse: Pleurre, Fay, Tassenière, Sellières, etc.; étangs de Chagey près Montbéliard (*Contejean*), de la tuilerie de Rougemont (*Paillot*).

XXXVIII. GROSSULARIÉES.

(Grossularieæ DC.)

Fleurs hermaphrodites ou unisexuelles par avortement, régulières. Calice à 5 et plus rar. à 4 sépales soudés à la base en tube soudé lui-même avec l'ovaire, à limbe 5-4-fide, à préfloraison imbriquée. Pétales en nombre égal à celui des divisions du calice, libres, submarcescents, à préfloraison subvalvaire. Etamines 5, rarem. 4, libres, insérées avec les pétales; anthères bilobées, introrses, s'ouvrant en long. Ovaire soudé avec le calice, à 2 et rar. à 3-4 carpelles, uniloculaire, pluriovulé, à placentas pariétaux. Ovules horizontaux, réfléchis. Styles 2, rar. 3-4, plus ou moins soudés; stigmates 2, rar. 3-4. Fruit bacciforme, pulpeux, succulent, couronné par le limbe marcescent du calice, uniloculaire, poly-oligo-sperme. Graines à test gélatineux, à tégument interne adhérant à l'albumen. Embryon très petit, logé à la base d'un albumen charnu ou corné. Radicule dirigée vers le hile.

RIBES Lin.

Mêmes caractères que ceux de la famille.

Sect. I. *Arbrisseaux épineux; pédoncules courts, 1-3-flores.*

R. Uva-crispa *L. sp.* 292; *G. G.* 1, *p.* 634. — Arbrisseau très rameux, à rameaux étalés. Feuilles velues–pubescentes et rar. glabrescentes, suborbiculaires, à 3-5 lobes crénelés, disposées en fascicules à l'extrémité de rameaux courts et munies d'épines robustes et tripartites au-dessous de chaque fascicule. Fleurs solitaires ou géminées sur un pédoncule pourvu de bractéoles. Calice velu, barbu à la gorge, à partie soudée à l'ovaire subglobuleuse, à partie libre campanulée. Pétales poilus à la base, dressés, plus courts que le limbe du calice. Baie globuleuse ou ovoïde, verte, jaune ou rouge, glabre ou hérissée, d'une saveur sucrée. ♄. Fl. avril; fr. juin.

C. Dans les haies, buissons, collines de la plaine et du vignoble, qu'il dépasse à peine.

Sect. II. *Arbrisseaux sans épines; fleurs en grappes pluriflores.*

R. rubrum *L. sp.* 290; *G. G.* 1, *p.* 636. — Arbrisseau de 6-12 décim., à rameaux étalés-dressés. Feuilles glabrescentes en-dessus, pubescentes en-dessous, grandes, en cœur à la base, à 3-5 lobes profondément dentés, à pétiole égal au limbe. Fleurs d'un jaune verdâtre, avec une tache brune au fond, en grappes axillaires *pendantes* lors de l'anthèse, à axe grêle et *pubescent*, à bractées *obtuses et bien plus courtes que les pédicelles.* Calice glabre, à limbe plan, à divisions minces-pellucides et roulées en-dehors. Pétales glabres, petits. Baie rouge ou blanchâtre, glabre, globuleuse, *acide-sucrée.* ♄. Fl. avril-mai; fr. juin-juill.

Çà et là dans les haies où il n'est probablement que subspontané; bois humides de la plaine, forêt de Chaux, de la Serre, de la Bresse, où il est spontané; marais de Saône (*Baroux*); éboulis de la roche de Nans (*Paillot*).

R. alpinum *L. sp.* 290 ; *G. G.* 1, *p* 636. — Arbrisseau de 6-15 déc., à rameaux ascendants. Feuilles glabrescentes, ciliolées, presque en cœur à la base, à 3-5 lobes fortement dentés, à pétiole court. Fleurs verdâtres, ord. dioïques : les mâles à 20-30 fleurs, les femelles à 2-5 fleurs plus petites et plus vertes ; toutes *dressées* lors de l'anthèse, à axe grêle, brièvement *poilu-glanduleux;* bractées membraneuses, lancéolées, glabres ou ciliées, *égalant ou dépassant les fleurs.* Calice glabre, à limbe plan, à divisions minces et roulées en-dehors. Pétales glabres. Baie rouge, globuleuse, *insipide.* ♭. Fl. mai ; fr. août.

A. C. Dans la plaine et la région des vignes, d'où il s'élève jusque sur les sommités.

R. petræum *Wulf. in Jacq. m.* 2, *p.* 36 ; *G. G.* 1, *p.* 636. — Arbrisseau de 8-15 déc., à rameaux étalés-dressés. Feuilles glabres en-dessus, pubescentes en-dessous, grandes, en cœur à la base, à 3-5 lobes profonds et aigus, fortement dentés, à pétiole pubescent aussi long que le limbe. Fleurs *ferrugineuses,* en grappes axillaires d'abord penchées, puis pendantes, à axe robuste et *velu-tomenteux ;* bractées velues, obtuses, à peu près *de même longueur que les pédicelles.* Calice glabre, à divisions du limbe dressées, *ferrugineuses, ciliées*, épaisses, étalées-courbées et non roulées en-dessous. Pétales glabres, jaunes à bords ferrugineux. Baie rouge, globuleuse, acerbe. ♭. Fl. mai-juin ; fr. septembre.

C. Sur les pentes rocailleuses et dans les bois de la haute région des sapins au-dessus de 1000 mètres : la Dôle, la Faucille, le Noirmont, le Montendre, le Mont-d'Or, etc.; la Brevine, Dent-de-Vaulion, etc.; éboulis de la roche de Nans (*Paillot*).

Obs. Le *R. nigrum L.*, cultivé partout, ne se rencontre pas à l'état spontané dans la chaîne jurassique.

XXXIX. SAXIFRAGÉES.

(SAXIFRAGEÆ JUSS.)

Fleurs hermaphrodites, régulières et rarem. irrégulières, quelquefois incomplètes. Calice à 5 et rar. 4 sépales plus ou moins soudés à l'ovaire ou libres, persistants, marcescents ou caducs, à préfloraison imbriquée ou valvaire. Pétales 5-4, insérés sur le disque plus ou moins développé qui revêt le tube du calice, libres, caducs, à préfloraison imbriquée, plus rar. nuls. Etamines 10-8 insérées sur le disque avec les pétales ; anthères bilobées, introrses, s'ouvrant en long. Ovaire libre ou soudé au calice, formé de 2 carpelles plus ou moins soudés entre eux, biloculaire par l'introflexion des bords des feuilles carpellaires, ou uniloculaire, à loges multiovulées. Ovules réfléchis (anatropes), insérés à l'angle interne ou sur des placentas pariétaux. Styles et stigmates 2. Fruit capsulaire, biloculaire et rarem. uniloculaire, à loges polyspermes, composé de 2 carpelles qui se séparent plus ou moins à la maturité et s'ouvrent par la suture interne. Graines petites. Embryon droit, placé au centre d'un albumen charnu. Radicule dirigée vers le hile.

1. Saxifraga. — Corolle à 5 pétales ; capsule à 2 loges.
2. Chrysosplenium. — Corolle nulle ; capsule à une loge.

SAXIFRAGA Lin.

Calice libre ou soudé à la base avec l'ovaire, 5-fide ou 5-partit. Corolle à *cinq pétales*. Etamines 10. Styles 2. Capsule biloculaire, s'ouvrant au sommet.

Sect. I. *Ovaires libres.*

S. rotundifolia *L. sp.* 576; *G. G. 1, p.* 639. — Souche courte. Tige de 2-6 décim., dressée, rameuse sup'r., feuillée, hérissée, fistuleuse, sans rejets à la base. Feuilles *suborbiculaires* et profondément réniformes, *entourées de grosses dents larges et arrondies-apiculées*, à limbe non décurrent sur le pétiole, munies de quelques poils épars sur les deux faces ; pétiole long d'un décimètre et plus, linéaire, velu. Fleurs nombreuses, en panicule étalée. Pédicelles ord. plus longs que la fleur. Sépales libres, ovales-lancéolés, 4-5 fois plus courts que les pétales. Ceux-ci obtus, étroits, étalés, *blancs* et ponctués de pourpre. Capsule ovoïde, libre, terminée par deux becs divergents. Graines ridées en long. ⚲. Juin-juillet.

C. C. Bois et lieux couverts de la région des sapins, et jusque sous les sommités.

S. Hirculus *L. sp.* 576; *G. G.* 1, *p.* 640. — Souche grêle, un peu traçante, émettant des rejets terminés par des rosettes lâches. Tige de 2-3 déc., dressée, simple, très feuillée, glabre à la base, pubescente-lanugineuse près du sommet, à poils roussâtres. Feuilles *lancéolées-sublinéaires, entières,* sessiles, glabres et ciliolées surtout à la base par de longs poils. Fleurs 1-5 au sommet des tiges, à pédoncules velus-laineux. Sépales ovales, ciliés, *réfléchis* jusque contre la tige. Pétales oblongs, étalés-dressés, *jaunes,* marqués de points plus foncés, et portant deux callosités vers la base. Capsule ovoïde, libre, terminée par deux becs courts et divergents. Graines blanches, brillantes. ♃. Juillet-août.

C. Dans les marais tourbeux du Jura central, Pontarlier, la Brevine, les Rousses, la Trélasse, Nantua, etc.

Sect. II. *Ovaire adhérent avec le calice.*

⊹ *Feuilles dépourvues de pores crustacés.*

1. *Souche munie de rejets persistants.*

S. aizoïdes *L. sp.* 576; *G. G.* 1, *p.* 641. — Tiges de 1-2 déc., pubescentes, décombantes inférieurement et couvertes de feuilles marcescentes imbriquées et souvent réfléchies, puis dressées supérieurement et à feuilles plus espacées. Feuilles *linéaires, entières,* mucronées, planes en-dessus, convexes en-dessous, bordées de soies rudes, portant au sommet *un pore sans écaille crustacée.* Fleurs nombreuses, en grappe rameuse-paniculée, à pédoncules gros, courts, pubescents, 1-2-flores. Sépales oblongs, obtus, glabres, étalés, soudés entre eux et avec l'ovaire dans leur quart inférieur lors de l'anthèse, puis, par l'accroissement de la partie soudée, la capsule adhère au calice par sa moitié inférieure. Pétales oblongs, étalés, *jaunes-dorés* avec des points plus foncés. Capsule ovoïde, dépassant à peine les divisions du calice. ♃. Juillet-août.

R. Au Colombier, au Reculet, à la Faucille; se retrouve aux bords du Rhône près de Genève.

S. moschata *Wulf. ap. Jacq. misc.* 2, *p.* 128; *S. pyrenaica Vill. Dauph.* 3, *p.* 671 (*non Scop.*); *S. muscoides Wulf. l. c.* 123 (*non All.*); *G. G.* 1, *p.* 651; *S. varians Sieb. fl. austr.*

exs. n° 132, ap. DC. prod. 4, p. 25, Billot, exs. n° 2839. — Tiges nombreuses, de 2-12 centim., grêles, étalées, couvertes par les anciennes feuilles desséchées et terminées par une rosette qui émet des rejets également terminés en rosette, et qui produit de son centre un rameau floral muni de 2-3 feuilles linéaires-oblongues, lobées, dentées ou entières. Feuilles inférieurement imbriquées-serrées, très lisses, obscurément nerviées, linéaires en coin à la base, rarem. entières et ord. dilatées, 3-5 fides au sommet, à divisions linéaires, obtuses. Pétales *jaunes-verdâtres* souvent rayés de pourpre, ovales-oblongs, *un peu plus longs* que le calice. ♃. Juillet-août.

α. *viscosa.* Tiges et feuilles couvertes de poils glanduleux. *S. moschata Wulf.*

β. *nuda.* Tiges et feuilles glabres ou à peine pubescentes-glanduleuses. *S. muscoïdes Wulf.*

R. Sur le Reculet et sur le Colombier ainsi que sur les crêtes qui séparent ces sommités; la var. β, à la roche de Cizia ! près Cousance (Jura), entre 3 et 400 mètres d'altitude. ce qui constitue une station des plus excentriques.

Obs. Cette plante ne paraît pas avoir été connue de Linné, et les botanistes qui ont cru pouvoir la rapporter au *S. cæspitosa* ont commis une erreur qui est maintenant hors de toute contestation. A l'exemple de M. A. Gros (*Bull. bot.* 1861, p 274). j'éprouve quelque embarras pour rendre à cette espèce le nom que lui assigne le droit de priorité. En effet, le premier qui la signala et la décrivit on ne peut plus exactement fut Wulfen, qui, en 1781. lui imposa le nom de *S. muscoïdes.* Malheureusement ce nom avait déjà été donné, en 1774, par Allioni, à la plante que Lapeyrouse nomma, en 1813, *S. planifolia.* Le nom donné par Lapeyrouse doit donc être abandonné et céder sa place à celui d'Allioni (*S. muscoïdes*); de plus la plante de Wulfen ne pouvant simultanément conserver le nom de *S. muscoïdes,* doit le perdre pour en prendre un autre. Mais quel nom lui attribuer? En 1789, Villars a incontestablement décrit cette plante sous le nom de *S. pyrenaica,* nom que Scopoli avait antérieurement et à tort employé pour désigner le *S. androsacea Lin.* On pourrait donc regarder le nom de Scopoli comme non avenu, et laisser à notre plante le nom de *S. pyrenaica Vill.*

J'avoue cependant que j'ai une certaine répugnance à donner le nom de *pyrenaica* à une plante qui abonde sur presque toutes les montagnes élevées d'Europe ; et je trouve en outre qu'il y aurait peut-être quelque injustice à dépouiller ainsi le véritable inventeur de l'espèce. Puisque Wulfen a en quelque sorte deux fois décrit la plante en question, en donnant un nom spécifique à chacune des deux variétés qu'il a observées. Ne serait-il pas mieux, à l'exemple de Bertoloni, Pollini, etc., de conserver celui de ces noms qui n'a point été invalidé et de désigner cette plante par le nom de *S. moschata Wulf.,* en convenant d'embrasser sous cette dénomination, les deux variétés, ainsi que je l'ai pratiqué.

Pour les botanistes à qui cette combinaison semblerait inadmissible, il ne resterait plus qu'à substituer aux dénominations anciennes celle de : *S. varians Sieb. fl. austr. n° 152, ap. DC. prod. 4, p. 25.*

S. cœspitosa *L. sp.* 578; *Fries, herb. norm. fasc.* 3, *n°* 35. — Tiges nombreuses, couchées et formant gazon, couvertes inférieurem. par les anciennes feuilles serrées-imbriquées, et terminées par une rosette qui produit ord. plusieurs rejets, et un rameau floral de 1-2 décim., muni de quelques feuilles. Feuilles à pétiole linéaire, plus long que le limbe; celui-ci oblong, palmatilobé, à 5-9 *lobes* linéaires, acuminés-aristés ou obtus et mutiques; feuilles raméales *bi-trifides;* celles des rejets distantes, lobées et parfois entières et presque linéaires. Fleurs 3-9 en corymbe, rarem. solitaires. Calice à divisions ovales-lancéolées, égalant à peine la moitié de la longueur des pétales. Ceux-ci ovales, *blancs*, marqués de 3 nervures verdâtres, trois fois aussi longs que le calice. ♃. Mai-juin.

α. Feuilles toutes ou presque toutes obtuses et mutiques. *S. decipiens Ehrh. beitr.* 5, *p.* 47. La forme à feuilles rapprochées en rosette, et qui manque dans le Jura, est : *S. groenlandica Lin.*

β. *aristata.* Feuilles presque toutes aiguës et aristées. *S. sponhemica Gmel. bad.* 2, *p.* 224, *et* 4, *p.* 294, *t.* 9; *G. G.* 1, *p.* 653; *S. condensata Gmel. l. c.* 2, *p.* 226, *t.* 3.

R. La var. β se trouve à peu près seule à Salins, sous le fort Belin; à Baume-les-Messieurs, au fond de la vallée de Saint-Aldegrin, et près des Echelles de Crançot.

OBS. C'est la destinée des espèces à stations disjointes de recevoir un nom dans presque chacune de leurs stations. Le *Saxifraga cœspistosa* L. n'a point échappé à cette fâcheuse nécessité; et d'après les nombreux exemplaires que j'ai reçus de Suède, et ceux qui figurent dans l'herbier normal de Fries, je ne puis douter maintenant de l'identité des *S. cœspitosa* L. et *S. sponhemica Gmel.* Ainsi que Koch le fait judicieusement observer, le *S. sponhemica* ne diffère du *S. cœspitosa* que par des feuilles acuminées-mucronées, tandis qu'elles sont obtuses et mutiques dans le *cœspitosa*. Or, sur des exemplaires de *S. sponhemica* provenant de Baume-les-Messieurs, je constate que la plupart des lanières des feuilles sont obtuses et mutiques. La présence simultanée de ces deux états des feuilles sur les mêmes pieds, démontre le peu de valeur de ce caractère, qui dès-lors ne peut plus suffire pour constituer une espèce, et conduit forcément à la réunion des deux espèces en une seule, ainsi que je viens de le pratiquer.

2. *Souche dépourvue de rejets.*

S. tridactylites *L. sp.* 578; *G. G.* 1, *p.* 643. — Plante
annuelle dépourvue de bulbilles. Tige de 2-5 centim., dressée,
souvent rameuse dès la base, pubescente-visqueuse, ainsi que
toute la plante. Feuilles un peu charnues; les infér. pétiolées,
presque en rosette, *spatulées, trilobées* et plus rarem. entières;
les caulinaires sessiles, cunéiformes, *palmatilobées,* à 2-5 lobes;
les sup. entières, linéaires. Fleurs blanches, en cyme irrégulièrement dichotome; pédicelles *fructifères 5-6 fois plus longs*
que les divisions du calice. ⊙. Mars-avril.

C. C. Dans la plaine et la basse région des montagnes, sur les murs,
rochers et pelouses.

S. granulata *L. sp.* 576; *G. G.* 1, *p.* 641. — Souche
produisant des bulbilles nombreux, non écailleux. Tige solitaire, de 2-5 décim., dressée, ord. simple, portant 2-5 feuilles
dans sa moitié inf., et ord. nue dans sa partie supér. qui est
pubescente-visqueuse. Feuilles un peu charnues; les inférieures
rapprochées en rosettes, longuement pétiolées, *réniformes,* à
limbe subdécurrent, crénelées et à crénelures larges et obtuses,
cunéiformes-subsessiles, palmatilobées à 4-8 lobes; les florales
trilobées ou linéaires. Fleurs blanches, en corymbe pauciflore
et terminal; pédicelles *fructifères très courts*. Pétales obovales,
en coin allongé, à 3-5 nervures vertes, *trois fois aussi longs*
que les divisions du calice. ⊙, ②. Mai-juin.

Disséminé dans la plaine, sur le versant français; forêt de la Serre
près Offlange et Brans, Mennières et Sampans près de Dole, les prés
tourbeux de Pleurre; tourbières de Pontarlier, commun aux environs de
Pénex sur le versant suisse.

Obs. Dans la *Flore de France*, page 641, j'ai divisé la section 5, du
genre *Saxifraga*, en deux groupes. Le premier composé d'espèces vivaces,
le 2ᵉ d'espèces annuelles. Dans le 1ᵉʳ groupe, j'ai rangé les *S. granulata,
corsica, bulbifera,* puis dans la description de ces espèces, j'ai ajouté :
Souche produisant des bulbilles.

Une étude plus attentive de la végétation du *S. granulata* m'a fait voir
que cette espèce *ne possède pas de souche,* et que, conjointement avec ses
deux congénères, elle ne doit peut-être pas être comptée dans le nombre
des espèces vivaces.

J'ai suivi sur le vif le développement de cette espèce, et j'ai constaté
que les bulbilles hypogés, qui naissent à l'aisselle des feuilles de la rosette radicale, atteignent leur entier développement après l'anthèse. Alors
les feuilles de la rosette sont presque entièrement détruites, et réduites

aux débris des pétioles appliqués sur les bulbilles. La floraison terminée, la tige se dessèche promptement et meurt. Les bulbilles ne gardent plus alors aucun rapport entre eux, non plus qu'avec la tige mère désormais sans vie.

Au reste tout cela a été indiqué par M. A. de St.-Hilaire dans sa *Morphologie*, page 239 : « La tige monocarpienne du *S. granulata*, dit-il, n'est que le développement d'un caieu, analogue à celui des liliacées à bulbe déterminé, et elle-même se perpétue par le moyen d'autres caieux nés à l'aisselle de ses feuilles les plus basses, et non comme on l'a écrit par ses fibres radicales, »

Le *S. granulata* n'a que des bulbilles écailleux hypogés, naissant à l'aisselle des feuilles inférieures, et jamais sur les racines ; la tige meurt chaque année, et on pourrait l'assimiler pour la durée aux plantes qui, comme les *Erophila*, commencent leur végétation avant l'hiver, pour la terminer au printemps suivant.

M. Clos, dans ses études sur la durée des plantes, rapporte (p. 47) à trois types les plantes dites *vivaces* et se multipliant par gemmes. Il range le *S. granulata* dans le 3ᵉ type (*semi-vivace,* qu'il caractérise en disant : « Il convient de placer dans cette catégorie toutes les plantes *annuelles* qui, indépendamment de la sexualité, se propagent à l'aide de bourgeons devenus libres. »

M. Clos admettant que ces plantes sont annuelles, est-il convenable de leur appliquer l'expression de *semi-vivaces*. Elles sont bisannuelles dans leur reproduction par graines, elles sont bisannuelles dans leur reproduction par bulbilles. Rien ne motive donc cette expression qui n'est pas en harmonie avec le fait.

Toutefois je reconnais avec M. Clos que ce mode de propagation mérite une dénomination spéciale.

Pour compléter ce qui a trait à ce petit groupe, je dois ajouter que M. le docteur Rostan qui habite les vallées vaudoises, au pied du mont Viso, sur le versant piémontais, m'a écrit qu'il avait fait, en juillet 1862, sur le *S. bulbifera* des observations parfaitement concordantes avec celles que je viens de donner. Dans cette dernière espèce la production des bulbilles n'est point limitée aux feuilles inférieures, toutes les feuilles caulinaires, jusque sous la panicule, ont la faculté d'en produire. M. Rostan terminait sa communication en déclarant qu'à ses yeux les *S. granulata, bulbifera, corsica* ne constituent qu'une seule et même espèce. N'ayant jamais vu, et cela sur des milliers d'individus, notre *S. granulata* passer au *bulbifera*, soit spontanément, soit par la culture, je ne puis admettre cette identité.

†† *Feuilles munies de pores crustacés.*

1. *Feuilles alternes, dentées.*

S. Aizoon *Jacq. austr.* 5, *p. et t.* 438 ; *G. G.* 1, *p.* 654. — Tiges de 1-5 déc., constituées à la base par une rosette dense de feuilles qui émet latéralement des rejets assez longuement stipités et aussi terminés par une rosette, et qui à son centre se prolonge en un axe floral dressé, feuillé, poilu-glanduleux surtout vers le haut où il se ramifie pour former l'inflorescence.

Feuilles des rosettes serrées-imbriquées, oblongues, bordées
dans leur pourtour de dents triangulaires-aristées, incombantes,
blanches-cartilagineuses, munies de pores crustacés et ciliées à
la base; les caulinaires plus courtes, distantes, de même forme.
Fleurs blanches, en corymbe. Calice à divisions aiguës. Pétales
obovales, une fois plus longs que le calice. ♃. Juin-juillet.

C. Sur tous les rochers, depuis la région des vignes jusque sur les sommités

2. *Feuilles opposées, entières.*

S. oppositifolia *L. sp.* 575; *G. G.* 1, *p.* 658. — Souche
ligneuse, émettant de nombreuses tiges étalées, rameuses, à
feuilles très rapprochées-imbriquées; les unes stériles; les autres
égalant 4-10 centim., terminées par un axe floral, à entre-nœuds
parfois plus longs que les feuilles. Celles-ci opposées, imbriquées
sur quatre rangs, oblongues, obtuses, à face sup. en gouttière,
épaissies au sommet qui est plan-triangulaire et muni d'un
pore, carénées-triquètres sur le dos, bordées de cils raides non
glanduleux. Fleurs solitaires, subsessiles. Calice à divisions
oblongues, ciliées. Pétales dressés, roses-violets, oblongs, une
fois et demie plus longs que le calice. ♃. Juin-juillet.

R. Sommets du Colombier et du Reculet.

CHRYSOSPLENIUM Lin.

Calice à tube soudé avec l'ovaire, à limbe à 4 et rarem. à
5 divisions. Corolle *nulle.* Étamines 8, rarem. 10. Styles 2.
Capsule *uniloculaire,* terminée par 2 becs, et s'ouvrant du
sommet au milieu en 2 valves planes et étalées. Graines s'insé-
rant à des placentas qui revètent la face interne des valves. —
Inflorescence en cyme dichotome glomérulée, entourée par les
feuilles florales. Fleurs subsessiles, serrées, jaunes-verdâtres.

C. alternifolium *L. sp.* 569; *G. G.* 1, *p.* 660. — Tiges
de 1-2 déc., *dressées, triquètres,* pubescentes inférieurement,
puis glabres et rameuses-dichotomes au sommet, produisant à
la base des rhizomes grèles. Feuilles radicales longuement
pétiolées, à limbe suborbiculaire, *fortement crénelé et profondément échancré à la base,* à bords de l'échancrure *contigus;*
les caulinaires *alternes.* ♃. Mars-mai.

A. C. Dans les lieux frais et humides, aux bords des ruisseaux, dans les montagnes, et dans la région des sapins ; commun dans la forêt gramitique de la Serre ; nul dans le restant de la plaine ; Nans-les-Rougemont.

C. oppositifolium *L. sp.* 569; *G. G.* 1, *p.* 660. — Tiges de 1-2 décim., *quadrangulaires*, étalées-diffuses, *radicantes* et pubescentes inférieurement, glabres et rameuses-dichotomes sup. Feuilles *toutes opposées, brièvement pétiolées, semiorbiculaires*, tronquées à la base ou atténuées en pétiole, sinuées et *obscurément crénelées*. ♃. Mai-juin.

A. R. Disséminé dans les mêmes stations que le précédent, Cubrial, Fontenelles, Verne (*Paillot*); Nans-les-Rougemont; Besançon, à la cascade de Beurre, d'où il a disparu ; source du Lison, etc , commun dans la forêt de la Serre.

XL. OMBELLIFÈRES.

(UMBELLIFEREÆ JUSS.)

Fleurs hermaphrodites, rarem. unisexuelles par avortement, régulières ou quelquefois celles de la circonférence rayonnantes. Calice à 5 sépales soudés en tube et à tube soudé à l'ovaire, à limbe presque nul ou à 5 divisions. Corolle insérée au sommet du tube du calice, à 5 pétales libres, caducs, à préfloraison imbriquée ou valvaire. Étamines 5, insérées avec les pétales au sommet du calice, libres; anthères bilobées, introrses, s'ouvrant en long. Ovaire soudé avec le tube du calice (infère), à 2 carpelles, à 2 loges uniovulées. Ovules suspendus, insérés au côté interne de la loge, réfléchis. Styles 2, persistants, l'un regardant le centre, l'autre la circonférence de l'ombelle, soudés à la base avec un disque qui couronne l'ovaire ; ce disque est tantôt déprimé, tantôt prolongé sous les styles en forme de base conique (stylopode). Fruit (diakène, polakène, crémocarpe) sec, quelquefois couronné par les dents du calice, composé de 2 carpelles monospermes, ind.·hiscents (akènes, méricarpes), se séparant ordinair. à la maturité, suspendus à une colonne centrale (columelle, carpophore) constituée par deux prolongements de l'axe soudés entre eux ou libres et quelquefois adhérents aux carpelles. Carpelles à face commissurale plane, concave ou enroulée en-dedans, munis chacun sur le dos de 5 ou 9 côtes plus ou moins saillantes, quelquefois développées en ailes membraneuses, entières ou découpées en épines; les 5 côtes principales (côtes primaires), résultant du développement des nervures moyennes des sépales et de la soudure de leurs bords sont séparées par des intervalles (vallécules); dans ces vallécules, entre les côtes primaires, naissent quelquefois quatre autres côtes (côtes secondaires) résultant du développement des nervures latérales des sépales. Péricarpe ordin. muni de canaux résinifères colorés (bandelettes) développés dans son épaisseur, dirigés du sommet à la base des carpelles, situés un ou plusieurs dans la paroi de chaque vallécule, et à la face commissurale des carpelles, correspondant aux côtes secondaires, très rarement placés sous les côtes primaires, ord. distincts, rar. nuls. Graine adhérente au péricarpe, rar. libre, suspendue, à face commissurale plane, concave ou à bords enroulés en-dedans. Embryon droit, rapproché du hile dans un albumen corné très épais. Radicule dirigée vers le hile. — Feuilles alternes, entières, plus ou moins pennatiséquées, parfois réduites à un phyllode; pétiole à base plus ou moins engaînante; stipules nulles. Fleurs en ombelle, plus rarem. en capitules ou en verticilles. Ombelles entourées d'un verticille de bractées (involucre), composées d'ombelles simples (ombellules) qui sont ord. pourvues chacune d'un verticille de bractéoles (involucelle).

§ I. **Ombelles composées et régulières, rar. réduites à des ombellules latérales.**

Div. I. *Méricarpes munis de côtes primaires et de côtes secondaires.*

Trib. I. **CAUCALINEÆ.** — Fruit comprimé *par le côté* (perpendiculairement à la commissure) ou subcylindrique; méricarpes à 5 côtes primaires ordin. filiformes et hérissées de soies ou d'épines, à 4 côtes secondaires ord. plus saillantes, découpées en épines ou soies réduites parfois à des tubercules. Graine à *face commissurale roulée ou infléchie par les bords.*

1. Turgenia. — Méricarpes à côtes primaires et secondaires *semblables* et armées d'épines disposées *sur 2-3 rangs.*
2. Caucalis. — Méricarpes à côtes *dissemblables;* les 5 côtes primaires filiformes munies de soies, les 4 côtes secondaires plus saillantes et armées d'aiguillons *sur un seul rang.*

3. Torilis. — Méricarpes à côtes dissemblables ; les 5 côtes primaires filiformes hérissées de soies, les 4 côtes secondaires découpées en *plusieurs rangs d'épines qui remplissent les vallécules*, et cachent les côtes primaires.

Trib. II. DAUCINEÆ. — Fruit comprimé *par le dos* (parallèlement à la commissure) ou subcylindrique; méricarpes à 5 côtes primaires filiformes et hérissées de soies, à 4 côtes secondaires ord. plus saillantes et *découpées en épines ou en soies* réduites parfois à des tubercules. Graine à *face commissurale plane.*

4. Daucus. — Méricarpes à ailes découpées en soies disposées *sur un seul rang.* Involucre et involucelles à folioles ord. *pennatiséquées.*

5. Orlaya. — Méricarpes à ailes découpées en épines disposées *sur 2-3 rangs.* Involucre et involucelles à folioles *entières.*

Trib. III. THAPSIEÆ. — Fruit comprimé par le dos; méricarpes à 5 côtes primaires filiformes, et à 4 côtes secondaires; toutes ou les marginales seulement *développées en aile membraneuse large.* Graine à face commissurale plane.

6. Laserpitium. — Mêmes caractères.

Div. II. *Méricarpes munis de côtes primaires et dépourvus de côtes secondaires.*

Subdiv. 1. *Face commissurale plane.*

A. *Fruit comprimé par le dos (parallèlement à la commissure); méricarpes à côtes primaires inégales, les 2 marginales dilatées en aile ou en rebord; ou à côtes toutes ailés.*

Trib. IV. ANGELINEÆ. — Méricarpes à bords *écartés*, à 5 côtes primaires, dont 3 dorsales ailées ou filiformes, et 2 marginales développées *en aile membraneuse* entourant le fruit.

7. Selinum. — Méricarpes à *cinq côtes ailées.*
8. Angelica. — Méricarpes à 5 côtes dont *trois dorsales filiformes*, et deux marginales ailées.

Trib. V. PEUCEDANEÆ. — Fruit ord. lenticulaire; méricarpes à bords *contigus,* à 5 côtes primaires, dont trois dorsales filiformes, et deux marginales développées *en rebord aplani ou épaissi.*

9. Peucedanum. — Calice à limbe 5-denté, ou nul. Pétales obovales, émarginés ou entiers, munis au sommet d'un lobule *infléchi.* Méricarpes à *cinq* côtes *subéquidistantes;* les 3 dorsales filiformes , les 2 marginales obscures et se confondant presque avec les bords dilatés plus ou moins épais.

10. Pastinaca. — Calice à limbe presque nul. Pétales *suborbiculaires.*

entiers roulés en-dedans. Méricarpes à *trois* côtes dorsales *équidistantes,* et à 2 côtes marginales très rapprochés des bords dilatés en aile aplanie. — Fleurs *jaunes;* feuilles pennatiséquées, à *segments ovales ou oblongs.*

11. HERACLEUM. — Calice à *limbe 5-denté.* Pétales *obovales,* *émarginés* avec un lobule infléchi ; les *extérieurs rayonnants, profondément bifides.* Vallécules à *une seule bandelette qui se prolonge à peine au-delà de la moitié sup. du méricarpe.* — Fleurs blanches. Le reste comme dans *Pastinaca.*

B. *Fruit non comprimé ou comprimé par le côté (perpendiculaire-ment à la commissure), à côtes primaires égales ou presque égales, filiformes ou un peu saillantes.*

TRIB. VI. SESELINEÆ. — Fruit cylindracé, subtétragone, ovoïde ou subglobuleux, peu ou pas comprimé, à coupe transversale *suborbiculaire ;* méricarpes à côtes filiformes ou subailées toutes égales ou les marginales un peu plus larges.

❋. *Côtes des méricarpes subailées-submembraneuses, égales.*

12. MEUM. — Calice à limbe nul. Pétales *elliptiques, aigus à la base et au sommet.* Méricarpes à côtes subailées-submembraneuses.

13. SILAUS. — Calice à limbe nul. Pétales *obovales, subémarginés* avec un lobule infléchi, *à base large et tronquée.* Méricarpes du *Meum.*

14. LIGUSTICUM. — Calice à limbe nul ou à 5 dents. Pétales obovales, émarginés avec un lobule infléchi , *brièvement onguiculés.* Méricarpes du *Meum.*

❋❋. *Côtes des méricarpes filiformes et non subailées.*

15. ATHAMANTA. — Calice à 5 dents. Pétales obovales, *onguiculés,* entiers ou émarginés, avec un lobule infléchi. Fruit *cylindracé;* méricarpes à côtes filiformes, égales. Involucre oligophylle.

16. SESELI. — Calice à 5 dents. Pétales obovales, *non atténués à la base,* émarginés avec lobule infléchi. Fruit *ovoïde ;* méricarpes à côtes un peu saillantes, *épaisses,* presque égales. Involucre nul ou polyphylle.

17. ÆTHUSA. — Calice à limbe presque nul. Pétales obovales, émarginés avec lobule infléchi. Fruit *ovoïde-subglobuleux;* méricarpes à côtes saillantes, *carénées,* presque égales. Involucre nul ou monophylle, involucelles *uni-latéraux externes et défléchis.*

18. FŒNICULUM. — Calice à limbe presque nul et formant une marge épaisse. Pétales obovales, *tronqués et enroulés en-dedans.* Fruit *ellipsoïde* (de moitié plus long que large) ; méricarpes à côtes saillantes et presque égales. Columelle et méricarpes *soudés ensemble* et ne se séparant pas à la maturité. Fleurs *jaunes.* Involucre et involucelles presque nuls.

19. ŒNANTHE. — Calice *à 5 dents qui s'accroissent après l'anthèse.* Pétales obovales, émarginés avec lobule infléchi. Fruit *cylindracé ou subtétragone ;* méricarpes à côtes *obtuses.* Columelle et méricarpes *soudés.*

TRIB. VII. AMMINEÆ. — Fruit *comprimé* par le côté (perpen-diculairement à la commissure) , souvent subdidyme, à coupe horizontale *allongée* et présentant son grand diamètre perpen-diculairement à la commissure.

✻. *Pétales entiers.*

20. Bupleurum. — Pétales *jaunes*, roulés. Feuilles *entières (Phyllode).*
21. Trinia.— Fleurs *dioïques*. Pétales *blancs*, ovales ou lancéolés, à lobe infléchi. Columelle *bipartite*. Feuilles bi-tripennatiséq., à segm. *linéaires.*
22. Apium.— Pétales d'un blanc verdâtre, suborbiculaires, à lobule infléchi. Columelle *indivise*. Méricarpes *semiglobuleux.* Feuilles pennatiséq., à segm. *cunéiformes-rhomboïdaux, bi-trilobés.* Involucre et involucelles *nuls.*
23. Petroselinum. — Pétales d'un blanc jaunâtre, suborbiculaires, à lobe inéflchi. Columelle *bipartite*. Méricarpes *oblongs*. Feuilles bi-tripennatiséquées, à segments ovales-cunéiformes.
24. Helosciadium. — Limbe du calice à 5 *dents*. Pétales d'un blanc verdâtre, *ovales*, à lobule droit ou infléchi. Columelle *indivise* et libre. Méricarpes ovoïd:s. Feuilles pennatiséquées, à segm. ovales-lancéolés, dentés.

✻✻. *Pétales émarginés ou bifides.*

† *Involucre nul ou oligophylle.*

25. Ægopodium. — Pétales *émarginés*. Méricarpes oblongs ; vallécules *dépourvues de bandelette*. Columelle bipartite au sommet.
26. Carum. — Pétales *émarginés*. Méricarpes oblongs ; vallécules *munies d'une bandelette*. Columelle bipartite au sommet.
27. Pimpinella — Pétales *émarginés*. Méricarpes ovoïdes ; vallécules *à plusieurs bandelettes*. Columelle bipartite. Involucre et involucelles nuls.
28. Sison. — Calice à limbe nul. Pétales *bifides*. Méricarpes oblongs ; vallécules *à une seule bandelette élargie supérieurem*. Columelle bipartite.
29. Ptychotis. — Calice à 5 *dents*. Pétales *bifides*. Méricarpes oblongs ; vallécules à une seule bandelette. Columelle bipartite.
30. Cicuta. — Calice à 5 *dents* larges. Pétales *en cœur renversé*. Fruit didyme ; méricarpes *subglobuleux* ; vallécules à une bandelette. Columelle bipartite. Involucre ord. nul.

†† *Involucre polyphylle.*

31. Ammi. — Calice à limbe nul. Columelle bipartite. Vallécules à une bandelette. Involucre à *plusieurs folioles bi-tripennatiséquées.*
32. Bunium. — Calice à limbe nul. Columelle *bifide seulement au sommet.* Vallécules à une seule bandelette. Involucre à *folioles lancéolées-subulées.*
33. Falcaria. — Calice à 5 *dents*. Columelle profondément bifide. Vallécules à une bandelette. Involucre et involucelles à folioles linéaires. Feuilles *coriaces, palmatiséquées.*
34. Sium. — Calice à 5 *dents* courtes. Columelle bipartite, ord. *soudée* aux méricarpes. Vallécules *à trois bandelettes*. Involucre et involucelles à folioles entières ou incisées. Feuilles *pennatiséquées.*

Subdiv. II. *Face commissurale creusée d'un sillon ou enroulée par les bords.*

Trib. VIII. SCANDICINEÆ. — Fruit comprimé par le côté (perpendiculairement à la commissure), *atténué ou prolongé en bec au sommet.*

35. Scandix. — Fruit *linéaire* ; méricarpes portant 5 côtes à la base,

prolongés en bec linéaire beaucoup plus long que la graine. Columelle indivise.

36. ANTHRISCUS.— Fruit *ovoïde-allongé, subdidyme*; méricarpes lisses ou hérissés de pointes, à 5 côtes *visibles seulement vers le sommet* qui est *contracté en un bec bien plus court que la graine*. Columelle indivise.

37. CHÆROPHYLLUM.— Fruit oblong-linéaire; méricarpes lisses, à 5 côtes primaires obtuses, *pleines, parcourant toute la longueur du méricarpe* atténué au sommet. Columelle *bifide*.

38. MYRRHIS. — Fruit oblong-sublinéaire ; méricarpes à 5 côtes *très saillantes et creuses*, et prolongées sur toute la longueur des méricarpes atténués au sommet. Columelle *bifide*.

TRIB. IX. SMYRNEÆ. — Fruit ord. *renflé*, subdidyme, *non atténué au sommet*, ni prolongé en bec. Le reste comme dans les *Scandicineæ*.

39. CONIUM.— Fruit subglobuleux presque didyme ; méricarpes à 5 côtes ondulées.

§ II. Inflorescence anomale : fleurs sessiles ou subsessiles, en capitules, ou en verticilles soit solitaires soit superposés.

TRIB. X. HYDROCOTYLEÆ. — Calice à limbe nul. Fruit *dépourvu d'épines et d'écailles*, comprimé perpendiculairement à la commissure qui est plane, à coupe horizontale *sublinéaire*, à côtes distinctes. Fleurs *verticillées*.

40. HYDROCOTYLE. — Mêmes caractères que ceux de la tribu.

TRIB. XI. ASTRANTIEÆ. — Calice à 5 dents. Fruit à côtes distinctes, *couvertes d'écailles*, à coupe horizontale *suborbiculaire*, à commissure plane. Fleur en *ombelle simple* ou irrégulière, entourée d'un involucre aussi long ou plus long que l'ombelle.

41. ASTRANTIA. — Mêmes caractères que ceux de la tribu.

TRIB. XII. ERYNGIEÆ.— Fruit *couvert d'épines ou d'écailles*. à coupe horizontale *suborbiculaire*, à commissure plane, à *côtes non distinctes*. Fleurs *en capitules*.

42. SANICULA. — Fruit *couvert de longues épines subulées* et courbées en crochet. Fleurs en petits capitules formant une ombelle irrégulière.

43. ERYNGIUM. — Fruit *couvert d'écailles imbriquées*. Fleurs naissant à l'aisselle de bractées ordin. épineuses, et formant un *capitule muni d'un involucre*.

§ I. Ombelles composées et régulières, rar. réduites à des ombellules latérales.

DIVISION. I. MÉRICARPES MUNIS DE COTES PRIMAIRES
ET DE COTES SECONDAIRES.

TRIB. I. **CAUCALINEÆ.** — Fruit comprimé *par le côté* (perpendiculairement à la commissure) ou subcylindrique; méricarpes à 5 côtes primaires ordin. filiformes et hérissées de soies ou d'épines, à 4 côtes secondaires ord. plus saillantes, découpées en épines ou soies réduites parfois à des tubercules. Graine à *face commissurale roulée ou infléchie par les bords.*

TURGENIA Hoffm.

Limbe du calice à 5 dents. Pétales émarginés avec un lobule infléchi; les extér. rayonnants, bifides. Fruit subdidyme; méricarpes à côtes marginales munies de tubercules ou d'épines *sur un seul rang*, les autres côtes *semblables, portant 2-3 rangs d'épines;* vallécules à une bandelette; columelle bifide. — Involucre à 3-5 folioles.

T. latifolia *Hoffm. umb.* 39; *G. G.* 1, *p.* 673. — Tige de 2-5 déc., rameuse, sillonnée, scabre ou hispide-rude. Feuilles pennatiséquées, à segments ou lobes oblongs, dentés ou entiers. Ombelle à 2-4 rayons robustes, raides, anguleux. Involucre et involucelles à folioles semblables, oblongues, presque entièrement scarieuses. Fleurs blanches ou rougeâtres en-dehors, les unes mâles, les autres hermaphrodites. Fruit ovoïde-acuminé, plus long que le pédicelle, à épines glochidiées. ☉. Juin-août.

R. Dans les champs de la vallée de l'Ognon, entre Saint-Vit et Pesme (*Garnier*). Il serait peut-être mieux de considérer cette plante comme étrangère à la flore jurassique.

CAUCALIS Hoffm.

Limbe du calice à 5 dents lancéolées. Pétales émarginés avec un lobule infléchi. Fruit oblong; méricarpes à côtes *dissemblables;* les 5 côtes primaires filiformes, hérissées de soies; les 4 côtes secondaires saillantes, munies d'épines robustes, *sur un seul rang;* vallécules à une bandelette; columelle bifide. — Involucre nul ou presque nul.

C. daucoïdes *L. sp.* 346 ; *G. G.* 1, *p.* 674. — Tige de 1-2 déc., rameuse, sillonnée, glabrescente. Feuilles bi–tripennatisé-quées, à lanières courtes, sublinéaires, entières ou incisées. Ombelles à 2-4 rayons robustes, anguleux. Involucre nul ; invo-lucelles à folioles lancéolées, ciliées. Fleurs blanches ou rosées ; les unes mâles, les autres hermaphrodites ; pétales extérieurs rayonnants. Fruit gros, à pédicelle court, à épines des côtes secondaires oncinées, égalant ou dépassant le diamètre du fruit. ⊙. Mai–juillet.

C. Dans les champs de la plaine, de la région des vignes et du premier plateau.

TORILIS Hoffm.

Limbe du calice à 5 dents. Pétales émarginés avec un lobule infléchi. Fruit ovoïde ; méricarpes à côtes *dissemblables* ; côtes primaires filiformes portant des soies fines ; les 4 côtes secon-daires *non saillantes*, et couvertes de plusieurs rangs d'épines subulées qui remplissent les vallécules pourvues d'une seule bandelette ; columelle bifide. — Involucre nul ou à une ou à plusieurs folioles.

T. Anthriscus *Gmel. bad.* 1, *p.* 617 ; *G. G.* 1, *p.* 675. — Tige de 2-10 déc., rameuse, striée, scabre et couverte de poils apprimés et réfléchis. Feuilles bipennatiséqu´es, pubescentes-scabres, à segments ovales–lancéolés, pennatifides ou pennati-lobés, le terminal très allongé-décurrent. Ombelle à 5-10 rayons ; involucre *à 5 folioles* subulées ; ombellules convexes. Fruits ovoïdes, à épines scabres–denticulées (à la loupe), arquées dès la base, aiguës, bien moins longues que le diamètre transversal du fruit. ②. Juin–septembre.

C. Dans les haies, les bois et les lieux vagues de tout le Jura.

T. arvensis *Nob.; T. infesta Hoffm. umb.* 53 ; *T. helvetica Gmel. fl. bad.* 1, *p.* 617 ; *Caucalis arvensis Huds. angl.* 113 (1762) ; *Scandix infesta Lin. ap. Murr. syst. veg.* 287 (1774) ; *Caucalis helvetica Jacq. h. v.* 3, *tab.* 16 (1776). — Tige de 2-10 décim., rameuse, striée, scabre, couverte de poils apprimés et réfléchis. Feuilles bipennatiséquées, poilues-scabres, à segments ovales-lancéolés, pennatifides ou incisés, le terminal ordinairem. allongé-lancéolé. Ombelle à 3-8 rayons ; involucre *nul ou à*

1-3 *folioles courtes;* ombellules planes. Fruit ovoïde–oblong, à épines presque *droites,* plus distinctement glochidiées–scabres, *renflées et oncinées* au sommet, *presque aussi longues* que le diamètre transversal du fruit. ②. Juillet–sept.

C. Dans les champs de tout le Jura, mais surtout dans la plaine et la région des vignes.

TRIB. II. **DAUCINEÆ.** — Fruit comprimé *par le dos* ou subcylindrique; méricarpes à 5 côtes primaires filiformes et hérissées de soies, à 4 côtes secondaires ordin. plus saillantes, *découpées en épines ou en soies* réduites parfois à des tubercules. Graine à *face commissurale plane.*

DAUCUS Tournef.

Limbe du calice à 5 dents. Pétales émarginés avec lobule infléchi; les extér. rayonnants, bifides. Méricarpes à 5 côtes primaires filiformes, munies de 1-3 rangs de soies très courtes, et à 4 côtes secondaires ailées et découpées presque jusqu'à la base en soies subépineuses et *sur un seul rang;* vallécules à une bandelette; columelle indivise ou bifide. — Involucre à plusieurs folioles *bi-tripennatiséquées.*

D. Carota *L. sp.* 348; *G. G.* 1, *p.* 665. — Tige de 1-8 déc., très rameuse, striée, plus ou moins rude–hérissée. Feuilles bitripennatiséquées, à segments pennatipartits ou incisés, à lobes oblongs ou linéaires, mucronés. Ombelle à 10-40 rayons, d'abord plane et devenant concave par le redressement des rayons; involucre à 9-12 folioles bi-tripennatiséquées, égalant ou dépassant les ombellules. Fleurs blanches, la centrale d'un pourpre noir et stérile, les extér. ordinairem. rayonnantes. Fruit muni de soies brièvement glochidiées et égalant environ le diamètre transversal des carpelles. ②. Juin-oct.

C. Dans les prés et les champs, surtout dans les basses régions.

ORLAYA Hoffm.

Limbe du calice à 5 dents. Pétales émarginés avec lobule infléchi, les extér. très rayonnants, bifides. Méricarpes à 5 côtes primaires filiformes, munies de 1-3 rangs de soies courtes, et à 4 côtes secondaires ailées et découpées presque jusqu'à la base en épines subulées, disposées *sur 2-3 rangs;* vallécules à une bandelette; columelle bipartite. — Involucre et involucelles à folioles *entières.*

O. grandiflora *Hoffm. umb.* 58; **G. G.** 1, *p.* 671. — Tige de 2-4 décim., sillonnée, rameuse, glabrescente. Feuilles bi-tripennatiséquées, à segments pennatipartits ou incisés, à lobes oblongs ou linéaires; les sup. trifides ou entières. Ombelle à 5-8 rayons; involucre à 3-5 folioles lancéolées, acuminées, très scarieuses aux bords, ciliées, presque égales aux rayons; involucelles à 5 folioles. Fleurs blanches; les extér. à pétales extér. rayonnants très grands et profondément bipartits. Fruit gros, plus long que le pédicelle. ☉. Juin-sept.

A. C. Dans les environs de Montbéliard, surtout sur l'alluvion du Doubs (*Contejean*), d'où il descend jusqu'à Baume-les-Dames; là il disparaît jusqu'à Dôle pour reparaître sur l'alluvion du Doubs et de la Loue; disséminé et fugace sur le versant helvétique, de Genève à Bâle.

Trib. III. **THAPSIEÆ.**— Fruit comprimé par le dos; méricarpes à 5 côtes primaires filiformes, et à 4 côtes secondaires, toutes ou les marginales seulement *développées en aile membraneuse large.* Graine à face commissurale plane.

LASERPITIUM Lin.

Limbe du calice à 5 dents. Pétales émarginés avec lobule infléchi. Méricarpes à côtes dissemblables, à 5 côtes primaires filiformes, à peine visibles, à 4 côtes secondaires développées en aile membraneuse; columelle bipartite. — Involucre et involucelles polyphylles.

L. latifolium *L. sp.* 356; **G. G.** 1, *p.* 680. — Souche épaisse, couronnée par les nervures persistantes des feuilles détruites. Tige de 3-12 décim., robuste, finement striée, pleine, ordin. rameuse au sommet, glabre, glaucescente. Feuilles un peu glauques, triangulaires dans leur pourtour; les inf. à long pétiole comprimé latéralement, bi-tripennatiséquées, à segments pétiolulés, *ovales et en cœur à la base,* dentés en scie, à bords rudes-denticulés; feuilles supér. sessiles sur une gaîne ventrue. Ombelle très ample, à 30-50 rayons scabres au côté interne; involucre persistant, polyphylle, à folioles *sublinéaires-subulées;*

involucelles à folioles capillaires. Fleurs blanches, toutes régulières. Fruit *ovoïde*, à ailes égales, ord. ondulées et crénelées. ♃. Juin–août.

β. *asperum.* Feuilles hérissées en-dessous et sur les pétioles de poils raides et courts.

C. Dans les bois et les pâturages de toute la partie élevée de la chaîne ; descend un peu au-dessous de la région des sapins, arrive à Baume-les-Dames, et à Mandeure jusqu'aux bords de la région des vignes (*Contejean*) : le même fait se reproduit dans la vallée de la Loue.

L. Siler *L. sp.* 357 ; *G. G.* 1, *p.* 681. — Souche épaisse, couronnée par les nervures persistantes des feuilles. Tige de 3-10 décim., finement striée, pleine, rameuse, glabre, ainsi que toute la plante. Feuilles fermes, d'un vert pâle ; les inférieures bi-tripennatiséquées, à segments *lancéolés, entiers, cunéiformes* à la base, mucronés, à veinules *pellucides*, à pétiole comprimé latéralement ; les moyennes et les sup. sessiles sur une gaîne ventrue. Ombelle ample, à 10-40 rayons scabres au côté interne ; involucre persistant, polyphylle, à folioles *lancéolées*, acuminées, scarieuses et glabres aux bords ; folioles des involucelles plus petites, et semblables à celles de l'involucre. Fleurs blanches ou rosées. Fruit oblong, à ailes égales, planes ou ondulées. ♃. Juin–août.

A. C. Sur les collines sèches, lieux montueux et prés-bois, depuis la région des vignes jusque sur les sommités ; mais toujours sur le calcaire dont il est une très bonne caractéristique.

L. pruthenicum *L. sp.* 357 ; *G. G.* 1, *p.* 682. — Souche grêle, nue au sommet. Tige de 3-10 déc., *sillonnée*, pleine, rameuse et scabre supérieurement, hispide inf. Feuilles rudes, ciliolées, d'un vert gai, plus pâles en-dessous ; les infér. bipennatiséquées, à segments sessiles pennatiséqués, et à divisions *lancéolées-oblongues aiguës* ; les sup. moins divisées, sessiles sur une gaîne *non ventrue.* Ombelle petite, à 10-20 rayons hérissés au côté interne ; involucre et involucelles polyphylles, persistants, à folioles linéaires-lancéolées, réfléchies. Fleurs blanches, jaunissant à la dessication. Fruit ovoïde, petit (3 mill. de long sur presque autant de large), *hispide sur les côtes primaires;* les marginales plus larges que les dorsales. ♃. Juillet-août.

A. R. Dans les prés et les bois tourbeux, entre Pleurre et Rye , près du moulin de Sergenon (*Michalet*) : bois de Bovard près Salins (*Babey*);

commun à Gonsans dans le Doubs (*De Jouffroy*); prairies boisées et humides du bassin du Léman (*Rapin*); bois de Prangin, marais de Trélex, de Divonne, bois de la Batie près Genève (*Godet, Reuter*).

DIVISION II. MÉRICARPES MUNIS DE COTES PRIMAIRES ET DÉPOURVUS DE COTES SECONDAIRES.

SUBDIVISION I. *Face commissurale plane.*

A. *Fruit comprimé par le dos (parallèlement à la commissure); méricarpes à côtes primaires inégales, les 2 marginales dilatées en aile ou en rebord; ou à côtes toutes ailées.*

TRIB. IV. **ANGELINEÆ.** Méricarpes à bords *écartés,* à 5 côtes primaires, dont 3 dorsales ailées ou filiformes, et deux marginales développées *en aile membraneuse* entourant le fruit.

SELINUM Hoffm.

Calice à limbe nul. Pétales *obovales, émarginés*, avec lobule infléchi. Fruit ovoïde; méricarpes *à 5 côtes ailées,* les 3 dorsales plus étroites, les marginales plus largement membraneuses; vallécules à une bandelette; columelle bipartite. — Involucre nul ou à 1-2 folioles.

S. Carvifolia *L. sp.* 350; *G. G.* 1, *p.* 683. — Tige de 5-10 déc., sillonnée-anguleuse, à angles minces, presque ailés et subtransparents, simple ou rameuse, glabre, ainsi que toute la plante. Feuilles bi-tripennatiséquées, à segments pennatipartits, à lobes lancéolés-linéaires ou lancéolés; les radicales longuement pétiolées; les sup. à pétiole dilaté en gaîne appliquée contre la tige. Ombelle à 10-20 rayons; involucelles polyphylles, à folioles subulées. Pétales blancs, connivents. ♃. Juillet-sept.

A. R. Marais tourbeux, depuis la plaine jusque sous les sommités: La Vèze près Besançon; Plumont, Pleurre et Sergenon près Dole; Salins; tout le bassin compris entre les lacs du Léman et de Neuchatel et la chaîne du Jura.

ANGELICA Lin.

Calice à limbe nul. Pétales *lancéolés, entiers*, acuminés. Fruit ovoïde; méricarpes à côtes marginales ailées, à 3 côtes dorsales *filiformes*; vallécules à une bandelette; columelle bipartite. — Involucre nul ou à 1-2 folioles.

A. sylvestris *L sp.* 361 ; *G. G.* 1, *p.* 684. — Tige de
5-15 déc., robuste, très fistuleuse, lisse ou finement striée,
d'un vert glauque ou souvent pourprée et rameuse sup. Feuilles
bi-tripennatiséquées, plus pâles en-dessous, à segments ovales-
lancéolés, inégalement dentés, glabrescents; les radicales longuement pétiolées ; les caulinaires petites, à pétiole dilaté en gaîne
ventrue-membraneuse. Ombelle très ample, à 20-30 rayons
décroissants vers le centre, striés et pubescents; involucelles
à folioles subulées et réfléchies. Fruit ovoïde-orbiculaire. ♃
Juillet-sept.

β. *montana.* Feuille à segments terminaux décurrents. *A. montana Gaud. helv.* 2, *p.* 344.

C. Dans toute la chaîne du Jura, dans les lieux frais et humides, depuis
la plaine jusque sur les sommités.

Trib. V. **PEUCEDANEÆ.** — Fruit ord. lenticulaire; méricarpes
à bords *contigus*, à 5 côtes primaires, dont trois dorsales
filiformes et deux marginales *développées en rebord aplani
ou épaissi.*

PEUCEDANUM Koch.

Limbe du calice à 5 dents, rar. nul. Pétales *obovales*, émarginés ou entiers avec un lobule infléchi. Fruit ovoïde ou oblong;
méricarpes *à 5 côtes subéquidistantes;* les 3 dorsales filiformes
peu saillantes, parfois subdivisées en 3 lignes capillaires; les
2 côtes marginales obscures et se confondant avec les bords dilatés plus ou moins épais; vallécules à 1-3 bandelettes; columelle
bipartite. — Involucre variable.

Sect. I. PALIMBIA. — Involucre *nul.* Vallécules ordinairem. à
3 bandelettes; commissure à 2-4 bandelettes *superficielles.*

P. carvifolium *Vill. Dauph.* 2, *p.* 630; *G. G.* 1, *p.* 690;
Selinum Chabraei Jacq.; Palimbia Chabraei DC. — Souche
couronnée par les nervures persistantes des feuilles détruites.
Tige de 3-8 décim., sillonnée, simple ou rameuse, glauque,
glabre, ainsi que toute la plante. Feuilles inférieures longuement
pétiolées, bipennatiséquées, à divisions du premier ordre sessiles, à segments divisés en lanières linéaires, décussées ou
croisées en sautoir sur le pétiole commun triangulaire et cana-

liculé en-dessus; segments des feuilles caulinaires 4-6 fois plus
longs et moins nombreux que dans les radicales, rangés sur un
même plan. Ombelle à 6-12 rayons inégaux. Involucelles à
1-3 folioles ou nuls. Fleurs d'un blanc verdâtre ou jaunâtre.
Calice à limbe nul. Fruit comprimé, ovale-lenticulaire. ♃. Juill.-
septembre.

C. Dans les prés et les haies, depuis les sommités jusqu'au-dessous de
la région des sapins; plus rare à mesure qu'on s'approche du vignoble,
dans lequel il pénètre pour arriver jusqu'aux bords de la Saône.

Sect. ii. Thysselinum. — Involucre *polyphylle*. Vallécules à une
bandelette; commissure à 2 bandelettes *recouvertes* par le
péricarpe.

P. palustre *Mœnch, meth.* 82; *G. G.* 1, *p.* 690. — Souche
nue au sommet. Tige de 6-10 déc., cannelée, rameuse vers le
haut, glabre, ainsi que toute la plante. Feuilles inf. longuement
pétiolées, tri-quadripennatiséquées, à divisions de premier
ordre longuement pétiolulées, dressées; segments profondément
divisés en lanières lancéolées-linéaires. Ombelle à 20-30 rayons
inégaux. Involucre et involucelles à plusieurs folioles lancéolées-
acuminées, réfléchies, membraneuses aux bords. Fl. blanches.
Limbe du calice 5 dents larges et courtes. Fruit comprimé,
ovale, à côtes marginales dilatées en aile, et plus étroites que
les méricarpes. ♃. Juillet-sept.

A. C. Dans les marais de la région des sapins, sur le versant français;
descend jusque dans les marais qui, sur le versant helvétique, longent les
lacs de Genève et de Neuchatel.

Sect. iii. Cervaria. — Involucre *polyphylle*. Vallécules à une
bandelette; commissure à deux bandelettes *superficielles*.

P. Cervaria *Lap. abr.* 149; *G. G.* 1, *p.* 688. — Souche
couronnée par les nervures persistantes des feuilles détruites.
Tige de 3-10 déc., striée, rameuse supérieurement, glabre, ainsi
que toute la plante. Feuilles inf. à long pétiole triangulaire et
canaliculé en-dessus, bi-tripennatiséquées, planes, à divisions
de premier ordre pétiolulées; segments *glauques en-dessous*,
ovales, *lobés-dentés, à dents cuspidées-mucronées*. Ombelle à
10-20 rayons presque égaux. Involucre réfléchi. Fleurs blanches.
Calice à 5 dents ovales-aiguës. Fruit suborbiculaire-lenticulaire,

non émarginé au sommet; bandelettes commissurales presque *parallèles* et à égale distance du bord et de la ligne médiane. ♃. Juillet-août.

C. Sur les coteaux secs et pierreux de la plaine et du vignoble, au dessus duquel il s'élève peu.

P. Oreoselinum *Mœnch*, *meth.* 82; *G. G.* 1, *p.* 688. — Souche ord. couronnée par les nervures persistantes des feuilles détruites. Tige de 3-8 déc., striée, rameuse sup., glabre, ainsi que toute la plante. Feuilles inf. à long pétiole triangulaire et canaliculé en-dessus, bi-tripennatiséquées, planes, à divisions du premier ordre longuement pétiolulées, divariquées; segments raides, divariqués, *verts sur les deux faces,* ovales ou cunéiformes, pennatipartits ou incisés, à lobes et dents mucronulés. Ombelle à 10-20 rayons presque égaux. Involucre réfléchi. Fleurs blanches, calice à 5 dents ovales-aiguës. Fruit suborbiculaire-lenticulaire, à bordure épaisse, *émarginé* au sommet; bandelettes commissurales *rapprochées du bord, arquées* et formant un cercle. ♃. Juillet-sept.

R. Sur les coteaux pierreux de la plaine et de la région des vignes, qu'il ne dépasse guère : montagnes autour de Besançon; Thoirette dans l'Ain; Arbois à la Chatelaine, plus commun sur le versant helvétique d'Orbe à Genève.

PASTINACA Tournef.

Calice à limbe presque nul. Pétales *suborbiculaires, entiers roulés en-dedans* par le sommet. Méricarpes à 3 côtes dorsales *équidistantes,* à 2 côtes marginales rapprochées des bords dilatés en aile aplanie. — Fleurs *jaunes;* feuilles pennatiséquées, à segments ovales ou allongés.

P. sativa *L. sp.* 376; *G. G.* 1, *p.* 693; *P. pratensis Jord.* — Tige de 5-10 décim., *profondément sillonnée-anguleuse, glabrescente,* rameuse, à rameaux florifères sup. ord. ternés-verticillés. Feuilles inf. pennatiséquées, à segments subsessiles, luisants en-dessus, pubescents en-dessous, amples, ovales ou oblongs, rarem. bi-trilobés, crénelés ou dentés. Ombelle à 10-15 rayons pubérulents au côté interne. Fleurs d'un jaune-verdâtre. Fruit *suborbiculaire,* à ailes étroites. ②. Juillet-août.

C. Dans la plaine et le vignoble; plus rare sur les plateaux qui s'avancent vers les forêts de sapins, qu'il n'atteint pas.

P. opaca *Bernh. in h. hafn.* 2, *p.* 961; *P. urens Req.!;*
G. G. 1, *p.* 694, *P. teretiuscula Jord. ap. Billot, exs. n° 2843!;*
Schultz, h. n. exs. n° 282! — Tige de 5-10 décim., finement
sillonnée et non anguleuse, cylindracée, *pubérulente* et grisâtre,
à rameaux florifères ord. *alternes.* Feuilles pennatiséquées, à
segments subsessiles, *d'un vert sombre et pubérulents en-dessus,*
pubescents en-dessous, amples, ovales ou oblongs, presque en
cœur à la base, rar. bi-trilobés, crénelés ou inégalement dentés.
Ombelle à 10-20 rayons pubescents au côté interne. Fleur d'un
jaune verdâtre pâle. Fruit *obovale,* à ailes étroites. ②. Juill.-août.
Environs de Genève et probablement dans tout le Jura méridional.

HERACLEUM Lin.

Limbe du calice à 5 dents. Pétales obovales, *émarginés* avec
lobule infléchi; les extér. *rayonnants* et profondément bifides.
Fruit suborbiculaire, lenticulaire; méricarpes à 3 côtes dorsales
filiformes, les marginales dilatées ou en aile plane; vallécules à
une bandelette descendant à peine au-delà de la moitié supér.
du méricarpe et se renflant en massue à sa base; columelle
bipartite. — Involucre oligophylle ou nul. Fleurs blanches.

H. Sphondylium *L. sp.* 358; *G. G.* 1, *p.* 696. *Lobel, ic.*
703, *f.* 2. — Tige de 5-12 déc., robuste, sillonnée-anguleuse,
fistuleuse, rude-hérissée, rameuse supérieurem. Feuilles infér.
pennatiséquées, à 3-5 divisions pétiolulées; segments poilus
surtout en-dessous, très amples, pennatipartits ou pennatilobés,
à lobes ovales, oblongs ou lancéolés, inégalement dentés; le
terminal plus ample, palmatilobé ou palmatifide, à base cordiforme. Ombelle à 15-30 rayons. Pétales rayonnants bifides, à
lobes *oblongs.* Fruit *obovale, un peu plus étroit à la base* qu'au
sommet; commissure à 2 bandelettes. ♃. Juin-sept.

β. *stenophyllum.* Feuilles à segments lancéolés-allongés.

C. Dans les prés depuis la plaine jusque sur les sommités.

H. Panaces *L. sp.* 358; *G. G.* 1, *p.* 696; *H. montanum*
Schl.; Gaud. Lebel, ic. 701, *f.* 2. — Feuilles simples, *subpal-*
matiséquées, à 3 *segments* et jamais à 5, pétiolulés et *parfois*
confluents en un seul, ce qui donne à la feuille la forme de celle
de l'*H. alpinum;* segments profondément incisés-lobés, cuspi-

dés et inégalement dentés. Pétales rayonnants bifides, à lobes *allongés-linéaires.* Fruit suborbiculaire, toujours arrondi à la base et jamais atténué. Le reste comme dans l'*H. Sphondylium* dont il reste distinct, ainsi que de l'*alpinum* (voir *Godet, fl. jur.* 293). ♃. Juin-juillet.

R. Sur les pentes rocailleuses et ombragées du haut Jura, depuis le Creux-du-Van jusqu'au Reculet.

H. alpinum *L. sp.* 359 : *H. pyrenaicum* G. G. 1, *p.* 697 (*part.*). — Tige de 4-8 décim., sillonnée-anguleuse, fistuleuse, rude-hérissée, peu rameuse. Feuilles très amples, *simples, palmatilobées,* fortement en cœur à la base, à lobes crénelés-dentés, plus ou moins pubescentes en-dessous et à la fin glabrescentes. Ombelle à 30-40 rayons. Pétales rayonnants bifides, à lobes oblongs. Fruit ovale-suborbiculaire, glabre même en germe : bandelettes commissurales *nulles ou rudimentaires.* ♃. Juin-juillet.

A. C. Sur les sommités du Jura central, depuis le Weissenstein jusqu'au Chasseron ; cette espèce abonde au-dessous des rochers du Chatelen dans les prés-bois qui dominent le hameau du Roset, canton de Morteau, dans le département du Doubs (*Grenier*).

Obs. Ce serait ici le lieu de décrire le *Tordylium maximum,* signalé à Orbe, si je ne regardais cette espèce comme accidentellement introduite et étrangère au Jura.

B. *Fruit non comprimé, ou comprimé par le côté (perpendiculairement à la commissure), à côtes primaires égales ou presque égales, filiformes ou un peu saillantes.*

Trib. VI. SESELINEÆ. — Fruit cylindracé, subtétragone, ovoïde ou subglobuleux, peu ou pas comprimé, à coupe transversale *suborbiculaire ;* méricarpes à côtes filiformes ou subailées, toutes égales ou les marginales un peu plus larges.

✻. *Côtes des méricarpes subailées-submembraneuses, égales.*

LIGUSTICUM Lin.

Calice à limbe nul ou à 5 dents. Pétales *obovales, brièvement onguiculés, émarginés avec un lobule infléchi.* Fruit ovoïde-cylindracé ; méricarpes à côtes saillantes, subailées, égales ; vallécules à bandelettes nombreuses ; columelle bipartite — Involucre *polyphylle.*

L. ferulaceum *All. auct. ad syn. meth. h. t. in misc.*
taur. 5 (1774), *p.* 80, *et fl. ped.* 2, *p.* 13, *t.* 60, *f.* 1; *G. G.* 1,
p. 703 (*non Lam. cujus planta ad L. pyrenæum Gouani*
certè spectat) ; *L. Seguierii Vill. prosp. p.* 25 (1779), *et*
fl. Dauph. 3, *p.* 615 (*non Jacq. hort. wind.* 1, *p.* 21, *tab.* 61
(1770)). — Tige de 2-5 décim., dressée, pleine, sillonnée, à
rameaux étalés, glabre, ainsi que toute la plante. Feuilles d'un
vert pâle, oblongues dans leur pourtour ; les infér. pétiolées,
bi-tripennatiséquées, à segments divisés en lanières linéaires
bi-trifides acuminées et mucronées. Ombelle à 15-20 rayons
sillonnés et rugueux. Involucre et involucelles à folioles lancéolées-oblongues, laciniées ou dentées au sommet, largement
blanches-scarieuses aux bords, rudes sur le dos. Fleurs blanches.
Fruit glabre, lisse ; commissure à 6-8 bandelettes. ②. Juin-juill.

R. Dans les débris des rochers au Reculet dans le vallon d'Ardran ;
pentes du Colombier de Gex (*Michalet*) ; à la Dôle (*Thurmann*).

Obs. Le *Ligusticum ferulaceum Lam. fl. fr.* 3, *p.* 453 (1778) a précédé
celui d'Allioni dans le *Fl. ped.* 2, *p.* 13 (1785). Mais bien antérieurement,
dans son *Auctuarium* qui date de 1774, Allioni avait publié son *Lig. feru-*
laceum, avec une note des plus explicites, dans laquelle il s'efforce à tort,
il est vrai, de ramener à sa plante celle de Seguier ; ce qui n'empêche
pas la priorité d'être acquise à Allioni sans contestation possible.

Il y a plus, le *L. ferulaceum Lam.* n'est, d'après les synonymes cités,
que le *L. pyrenæum Gouan*, dont Lamarck, selon sa trop fréquente habitude, a changé le nom. Puis, outre les Pyrénées, Lamarck assigne à sa
plante pour patrie les Alpes du Dauphiné, sans donner la moindre preuve
de son assertion. Aussi DC., en 1805, dans sa *Flore de France*, qui n'était
qu'une 2ᵉ édition de Lamarck, fait-il rentrer le nom édité par Lamarck
dans la synonymie du *L. pyrenæum Gouan*, et ne cite-t-il la station des
Alpes du Piémont et du Dauphiné qu'avec le doute respectueux de l'élève
qui ne veut pas condamner son maître. Si malgré cela on voulait donner
à la citation des *habitat* de Lamarck une plus grande importance, il faudrait
alors conclure que cet auteur confondait la plante des Alpes et celle des
Pyrénées, c'est-à-dire deux bonnes espèces en une seule.

Allioni a bien distingué les deux plantes dans son *Flora pedemontana*, et
l'exemplaire qui, dans son herbier représente le *L. pyrenæum Gouan*, est
bien la plante des Pyrénées, mais dépourvue de toute indication de lieu
d'origine (*Bertol. fl. ital.* 5, *p.* 464). Or comme jusqu'à présent cette plante
n'a point été trouvée dans les Alpes, il est probable qu'il y a eu erreur de
la part d'Allioni, qui ayant reçu cette plante de quelque correspondant,
puis ayant oublié sa provenance, a fini par la croire piémontaise, et l'a
décrite plus tard comme plante de la région dont il publiait la flore.

Pour terminer, disons un mot du *L. Seguierii Vill.* En 1779, Villars a
publié cette espèce dans son *prospectus*, et l'a reproduite en 1788 dans sa
flore. Dans le *prospectus* il cite deux synonymes qui sont faux. Le premier est celui de Gouan qui a trait au *L. pyrenæum*, et le second est celui

de Seguier qui se rapporte à une autre plante qui est le *L. Seguierii Jacq. hort. wind.* 1, *p.* 24, *tab.* 61 (1770). Mais déjà dans sa flore, Villars confesse que son *L. Seguierii* pourrait bien ne pas différer du *L. feralareum All.*; et s'il restait quelques doutes à cet égard, je dirais que j'ai récolté dans les localités citées par Villars son *L. Seguierii*, et qu'il répond de tout point à la plante d'Allioni.

MEUM Tournef.

Calice à limbe nul. Pétales *elliptiques, aigus à la base ainsi qu'au sommet,* qui est dépourvu de languette de pointe ou courbée en-dedans. Le reste comme dans le genre *Ligusticum.* — Involucre nul ou à 1-2 folioles.

M. athamanticum *Jacq. austr.* 4, *t.* 303; *G. G.* 1, *p.* 701. — Souche épaisse, couronnée par les nervures persistantes des feuilles détruites. Tiges de 2-3 déc., striées, dressées, glabres, presque nues, simples ou peu rameuses au sommet. Feuilles radicales pétiolées, allongées-oblongues dans leur pourtour, bi-tripennatiséquées, à segments multipartits, très nombreux, paraissant verticillés et à subdivisions courtes, capillaires; les caulinaires peu nombreuses, sessiles sur une gaîne étroite. Ombelle à 6-10 rayons très inégaux et dressés à la maturité. Involucelles à 3-8 folioles linéaires-acuminées. Fleurs blanches; la centrale et quelques-unes fertiles, les autres stériles. Fruit glabre; commissure à six bandelettes. ♃. Juin–août.

Pâturages montagneux de la région des sapins et de la région alpestre, dans le Jura central; commun depuis le Creux-du-Van jusqu'à Mouthe, et surtout autour de Pontarlier.

SILAUS Besser.

Calice à limbe nul. Pétales *obovés, entiers ou subémarginés avec un lobule infléchi, sessiles, à base tronquée* et quelquefois munie d'appendices latéraux. Fruit oblong-cylindracé, méricarpes à 5 côtes presque membraneuses, égales; vallécules à 3-4 bandelettes; columelle bipartite. — Involucre nul ou à 1-2 folioles.

S. pratensis *Bess. ap. R. et S. syst.* 6, *p.* 36; *G. G.* 1, *p.* 701; *Peucedanum Silaus L. sp.* 354. — Tige de 5-10 déc., striée, anguleuse, glabre, rameuse. Feuilles radicales oblongues, bi-tripennatiséquées, à segments divisés en lanières linéaires-lancéolées, à bords denticulés-scabres, à nervures transparentes ; les sup. réduites à quelques segments ou à un simple pétiole. Involucelles à folioles lancéolées, étroitement scarieuses aux bords. Pétales jaunâtres. Fruit glabre. ♃. Juin-août.

C. Dans les prés humides de la plaine et de la région inférieure à celle des sapins.

✻✻. *Côtes des méricarpes filiformes et non subailées.*

ATHAMANTA Koch.

Limbe du calice à 5 dents. Pétales obovales, *onguiculés*, entiers ou émarginés, avec lobule infléchi. Fruit *cylindracé;* méricarpes à côtes filiformes, égales; vallécules à 2-3 bandelettes; columelle bipartite. — Involucre oligophylle.

A. cretensis *L. sp.* 352; *G. G.* 1, *p.* 704. — Souche épaisse, rameuse, multicaule. Tiges de 1-3 décim., dressées, striées, simples ou rameuses, ord. velues, ainsi que toute la plante. Feuilles inf. triangulaires-oblongues, tripennatiséquées, à segments divisés en lanières courtes, linéaires-acuminées. Ombelle à 6-12 rayons. Involucre à 3-7 folioles oblongues-lancéolées, cuspidées, largement scarieuses. Fruit oblong-cylindracé, hérissé de poils étalés. ♃. Juin-août.

β. *glabrum.* Tiges et feuilles vertes, glabres ou glabrescentes. **A.** *Mathioli DC.*

Rochers calcaires des régions montagneuses, depuis le vignoble jusque sur les sommités, dans toute la chaîne du Jura, et principalement dans les escarpements.

SESELI Lin.

Calice à 5 dents. Pétales obovales, sans onglet, presque entiers ou émarginés avec lobule infléchi. Fruit ovoïde-oblong; méricarpes à 5 côtes *épaisses, obtuses,* non ailées, presque égales, ou les latérales un peu plus saillantes; vallécules à une bandelette; columelle bipartite. — Fleurs blanches ou rosées.

a. *Dents du calice courtes et persistantes; involucre nul ou presque nul.*

S. montanum *L. sp.* 372; *G. G.* 1, *p.* 709. — Souche rameuse, tortueuse, *multicaule,* couronnée par les nervures persistantes des feuilles détruites. Tiges de 3-5 déc., substriées, glabres, peu feuillées, simples ou rameuses, un peu glauques,

ainsi que toute la plante. Feuilles inf. ovales-oblongues, tripennatiséquées, à segments divisés en lanières linéaires et mucronulées; les sup. pennatiséquées ou réduites au pétiole. Ombelle à
6-10 *rayons anguleux*, pubescents au côté interne. Involucelles
à folioles linéaires-lancéolées, à bord blanc-scarieux, *très étroit*.
Fruit légèrement pubescent. ♃. Juillet-août.

C. Sur les coteaux calcaires de la plaine, de la région des vignes et des
basses montagnes ; nul en Bresse ; rare ou nul sur le versant helvétique.

S. coloratum *Ehrh. herb.* 113; *G. G.* 1, *p.* 709. — Souche
simple, pivotante, couronnée par les débris des nervures des
feuilles détruites. Tige *unique*, de 3-7 déc., substriée, simple
ou rameuse sup., glabrescente, ainsi que toute la plante. Feuilles
inférieurem. bi-tripennatiséquées, à segments divisés en lanières
linéaires; les sup. *bipennatiséquées*. Ombelle à 20-30 *rayons
pubescents*. Involucelles à fol. lancéolées, acuminées, ciliées,
largement blanches-scarieuses avec une nervure verte étroite,
plus longues que l'ombellule. ② ou ♃. Juillet-août.

R. Dans les bois montagneux du Jura méridional suisse: Nyon, Prangins, Lausanne, etc.

b. *Dents du calice subulées et caduques; involucre polyphylle.*

S. Libanotis *Koch, umb.* 111; *G. G.* 1, *p.* 710. — Souche
fusiforme, pivotante, épaisse, couronnée par les débris des
feuilles détruites. Tige unique, de 4-8 déc., pleine, cannelée-
anguleuse, rameuse sup., glabre ou pubescente. Feuilles infér.
bipennatiséquées, à segments opposés, sessiles, distants, ovales,
incisés-pennatifides, à lobes courts, entiers ou dentés et mucronés. Ombelle à 30-40 rayons; involucre et involucelles à
fol. linéaires-acuminées. Fleurs blanches. Fruits ovoïdes, velus-
hérissés. ② ou ♃. Juillet-août.

C. Sur les rochers et pentes rocailleuses calcaires de toute la chaîne,
depuis la région des vignes, où il abonde, jusque sur les sommités.

ÆTHUSA Lin.

Calice à limbe presque nul. Pétales obovales, émarginés
avec lobule infléchi. Fruit *ovoïde-subglobuleux;* méricarpes à
côtes saillantes, *carénées* et presque égales; vallécules à une
bandelette; columelle bipartite. Involucre nul ou à une foliole;
involucelles à 3 *fol. unilatérales externes et défléchies.*

Æ. Cynapium *L. sp.* 367; *G. G.* 1, *p.* 712. — Tige de
1-10 déc., finement striée, rameuse, ord. glaucescente. Feuilles
bi-tripennatiséquées, à segments ovales-lancéolés, découpés en
lanières linéaires; gaînes des pétioles scarieuses aux bords. Ombelle longuement pédonculée. Folioles de l'involucelle linéaires,
plus longues que l'ombellule. ⊙. Juillet-août.

C. Dans les lieux cultivés, sur les décombres, dans les jeunes coupes
de bois, depuis la plaine et la région des vignes, où il abonde, jusque dans
la région des sapins.

FŒNICULUM Hoffm.

Calice à limbe presque nul et formant une marge épaisse.
Pétales obovales, *tronqués et enroulés* en dedans. Fruit ellipsoïde (de moitié plus long que large); méricarpes à côtes
saillantes, subcarénées, presque égales; vallécules à une bandelette; columelle et méricarpes *soudés* ensemble et ne se séparant pas à la maturité. — Involucre et involucelles nuls ou
presque nuls. Fleurs *jaunes*.

F. officinale *All. ped.* 2, *p.* 25; *F. officinale Gærtn.
fr.* 1, *p.* 105; *G. G.* 1, *p.* 712; *Anethum Fœniculum L. sp.* 377.
(Fenouil). — Souche grosse, ord. multicaule. Tiges de 1-2 m.,
glabres, striées, fistuleuses, rameuses, glaucescentes. Feuilles
2-4 fois pennatiséquées, à segments découpés en lanières capillaires-allongées; les sup. à peine plus longues que la partie qui
porte les segments. Ombelle à 12-20 rayons. ② ou ♃. Juill.-août.

Çà et là subspontané dans les cultures, les carrières, les décombres de
la plaine et de la région des vignes.

ŒNANTHE Lin.

Limbe du calice *à 5 dents qui s'accroissent après l'anthèse.*
Pétales obovales, émarginés avec lobule infléchi. Fruit cylindracé ou subtétragone; méricarpes à côtes *obtuses;* vallécules à
une bandelette; columelle et méricarpes *soudés.* — Involucre
nul, ou à quelques fol. caduques. Fleurs blanches.

a. *Fleurs centrales des ombellules subsessiles; fleurs de la circonférence pédicellées, rayonnantes, stériles.*

Œ. fistulosa *L. sp.* 365; *G. G.* 1, *p.* 713. — Souche à
fibres charnues-fusiformes ou oblongues, munie de longs stolons.

Tige de 5-10 déc., très fistuleuse, striée, ord. peu rameuse, glabre et glauque, ainsi que les feuilles. Feuilles radicales bi-tripennatiséquées, à segments ovales, obtus, entiers ou trilobés; les caulinaires longuement pétiolées, *pennatiséquées,* à segments linéaires, entiers ou trifides, à pétiole *fistuleux;* involucelles à folioles lancéolées, *de moitié plus courtes* que l'ombellule. Ombelle à long pédoncule, à 2-5 rayons courts et épais. Ombellules fructifères contractées *en capitules globuleux.* Fruit turbiné, à côtes épaisses recouvrant presque les vallécules. ♃. Juill.–août.

C. Dans tous les prés humides et marais des bords de l'Ognon; la Malcombe près Besançon; assez répandu autour de Montbéliard (voir *Contej.*); basse région des cantons de Vaud et Genève, où il est plus rare; dépasse à peine la région des vignes.

Œ. peucedanifolia *Poll. pal.* 1, *p.* 289; *G. G.* 1, *p.* 715. — Souche à fibres charnues-fusiformes, rar. allongées-claviformes. Tiges de 5-9 décim., à peine fistuleuses, sillonnées, rameuses supérieurement, glabres et glaucescentes, ainsi que les feuilles. Feuilles radicales souvent détruites lors de l'anthèse, bi-tripennatiséquées, ainsi que les caulinaires; toutes à segments linéaires, presque obtus, entiers ou bi-trifides, à pétiole non fistuleux. Involucelle à folioles linéaires, *égalant* l'ombellule. Ombelle à long pédoncule, à 5-10 rayons *grêles* à la maturité. Ombellules fructifères *hémisphériques,* convexes en-dessus. Fruit oblong-cylindracé, contracté sous le limbe du calice, atténué à la base qui est dépourvue d'anneau calleux, à côtes plus larges que les vallécules. ♃. Juin-juillet.

R. Dans les sols humides et argilo-siliceux de la Bresse: Pleurre, Sergenon, bois de Rye, dans les cantons de Chaussin et Chaumergy (*Mich.*): entre Chavannes et Réconoz (*Garnier*); marais au-dessous de Bourogne (*Parisot*); paraît manquer sur le versant suisse.

Obs. L'*Œ. Lachenalii Gmel.,* signalé sous le Salève, est étranger à la chaîne du Jura.

b. *Fleurs des ombellules toutes pédicellées, fertiles, presque égales.*

Œ. Phellandrium *Lam. fl. fr.* 3, *p.* 432; *G. G.* 1, *p.* 716. —Souche à fibres filiformes, ord. stolonifère. Tiges de 6-15 déc., très renflées-fistuleuses inf., souvent couchées et produisant aux nœuds inf. des verticilles de fibres radicales. Feuilles toutes pétiolées, bi-tripennatiséquées, à segments divariqués, ovales et profondément divisés en lobes petits, oblongs, entiers ou

incisés ; les infér. souvent submergées et divisées en lanières
capillaires. Ombelles latérales et terminales, brièvement pédonculées ou subsessiles. Involucre nul. Fruit ovoïde–oblong. ② ou
♃. Juillet–sept.

C. Dans les marais de la plaine, de la région des vignes, et des basses
montagnes ; remonte à peine jusqu'à la région des sapins ; rare ou nul
sur le versant suisse.

TRIB. VII. **AMMINEÆ.** — Fruit comprimé par le côté (perpendiculairement à la commissure), souvent didyme, à coupe
horizontale *allongée* et présentant son grand diamètre perpendiculairement à la commissure.

✻. *Pétales entiers.*

BUPLEURUM Lin.

Calice à limbe presque nul. Pétales *suborbiculaires, entiers,
roulés* en–dedans, avec lobule large et tronqué. Fruit ovoïde ou
oblong ; méricarpes à côtes égales, saillantes ou à peine distinctes ; vallécules lisses ou granuleuses, à bandelettes visibles
ou nulles ; columelle bifide ou indivise. — Fleurs *jaunes ;* feuilles
très entières, réduites au pétiole élargi (phyllode).

a. *Feuilles non perfoliées ; plantes vivaces.*

B. falcatum L. *sp.* 341 ; *G. G.* 1, *p.* 725. — Tige de 3–8
décim., grèle, flexueuse, à rameaux étalés, glabre, ainsi que
toute la plante. Feuilles un peu coriaces, les inf. oblongues ou
elliptiques, à long pétiole, munies de 5–7 nervures peu saillantes
et *d'une nervure marginale ;* les sup. *sessiles,* linéaires–lancéolées, souvent falciformes. Ombelle à 3–10 rayons ; involucre à
1–3 folioles ; involucelle à 4–5 folioles lancéolées–aiguës, *égalant
environ la longueur des pédicelles.* Fruit ovoïde, à côtes saillantes,
à vallécules lisses et à 3 bandelettes. ♃. Août–octobre.

C. Sur les coteaux arides et pierreux, depuis la plaine jusque sur les
sommités.

B. ranunculoïdes L. *sp.* 342 ; *G. G.* 1, *p.* 719. — Tige
dressée, de 1–3 décim., ord. simple, feuillée, glabre, ainsi que
toute la plante. Feuilles un peu coriaces, *à 5 nervures saillantes
sans nervure marginale ;* les radicales lancéolées ou sublinéaires,

pétiolées; les caulinaires *ovales-lancéolées*, aiguës, à *base cordiforme-amplexicaule*. Ombelle terminale à 5-8 rayons; involucre à 2-4 folioles inégales; involucelles à 5-6 folioles *elliptiques ou obovales*, cuspidées, *dépassant l'ombellule*. Fruit ovoïde, à côtes saillantes, à vallécules lisses et munies d'une large bandelette. ♃. Juillet-août.

.A. C. Dans les pâturages rocailleux et sur les rochers de la région alpestre de toute la chaîne : le Reculet, la Dôle, Montendre, Mont-d'Or, Suchet, etc.

B. longifolium *L. sp.* 341; *G. G.* 1, *p.* 717. — Tige de 3-5 déc., simple ou un peu rameuse au sommet, glabre, ainsi que toute la plante. Feuilles *ovales ou oblongues, uninerviées, réticulées-veinées;* les infér. pétiolées, les supér. *cordiformes-amplexicaules*. Ombelle à 5-8 rayons allongés et inégaux; involucre à 3-5 folioles inégales, ovales ou lancéolées; involucelles à 5-6 folioles elliptiques, cuspidées, égalant ou dépassant l'ombellule. Fruit ovoïde, à côtes fines, à vallécules munies de trois bandelettes ponctuées. ♃. Juillet-août.

Disséminé dans les lieux rocailleux et ombragés de toute la région alpestre et de la région des sapins, au-dessous de laquelle il descend quelquefois : Creux-du-Van, Chasseron, Suchet, la Dôle, le Reculet, le Colombier; Dournon près Salins (*Garnier*).

b. *Feuilles perfoliées; plantes annuelles.*

B. rotundifolium *L. sp.* 340; *G. G.* 1, *p.* 717. — Tige de 2-3 déc., un peu rameuse, glabre et glaucescente, ainsi que toute la plante. Feuilles ovales-suborbiculaires, perfoliées; les inf. atténuées à la base et amplexicaules. Ombelle terminale à 3-8 rayons courts. Involucre nul. Involucelles à 4-5 folioles ovales, cuspidées, à nervures anastomosées, *redressées à la maturité*, et dépassant longuement les ombellules. Fruit brièvement pédicellé, à côtes filiformes, à vallécules *striées, non granuleuses* et sans bandelettes. ☉. Juin-juillet.

Disséminé dans les champs, les moissons et aux bords des chemins, dans la plaine et la région des vignes, sur les deux versants du Jura et dans les sols calcaires; manque en Bresse.

B. protractum *Link, et H. fl. part.* 2, *p.* 387, *G. G.* 1, *p.* 717. — Cette plante a l'aspect de la précédente dont elle se distingue facilement par ses fruits plus gros, à vallécules *granu-*

leuses-tuberculeuses; par ses involucelles *étalés* même à la maturité ; par ses feuilles ovales-oblongues ; par ses tiges ordin. rameuses-dichotomes presque dès la base. ☉. Juin-juillet.

R. Dans les champs et moissons des environs de Besançon (*Grenier*); cette plante, probablement accidentelle dans nos cultures, devra peut-être dis paraître de la liste des espèces véritablement jurassiques.

TRINIA Hoffm.

Fleurs *dioïques,* rarem. monoïques, blanches. Calice à limbe presque nul. Pétales des fleurs mâles *lancéolés* et atténués en pointe roulée en-dedans ; pétales des fleurs femelles *ovales brièvement apiculés,* à pointe infléchie. Fruit ovoïde: méricarpes à 5 côtes filiformes ; vallécules avec ou sans bandelette ; columelle *bipartite.* — Involucre nul ou oligophylle.

T. vulgaris *DC. prod. 4, p.* 103 ; *G. G. 1, p.* 737.—Souche couronnée par les débris des anciennes feuilles. Tiges de 1-3 décim., cannelée, très rameuse, glabre, ainsi que toute la plante. Feuilles bi-tripennatiséquées, glaucescentes, à segments linéaires. Involucre et involucelles nuls ou oligophylles. Ombelles nombreuses, à 3-9 rayons grêles ; ombellules fructifères à rayons inégaux. Fruit à côtes obtuses. ②. Mai-juin.

R. Sur les coteaux arides du versant suisse : environs de La Sarraz, d'Orbe, de Pompaples, de Saint-Loup, d'Ollon ; puis il remonte de ces basses stations jusque sur la Dôle et le Reculet, sans occuper de stations intermédiaires.

APIUM Hoffm.

Calice à limbe presque nul. Pétales d'un blanc verdâtre, suborbiculaires, entiers, à pointe infléchie. Fruit *didyme;* méricarpes *semiglobuleux,* à 5 côtes filiformes; vallécules à une bandelette; columelle *indivise.* — Involucre et involucelles *nuls.*

A. graveolens *L. sp.* 379; *G. G. 1, p.* 739. — Tige de 3-10 décim., anguleuse-cannelée, fistuleuse, rameuse, glabre, ainsi que toute la plante. Feuilles luisantes ; les inf. pennatiséquées, à 5 segments larges, rhomboïdaux, bi-trilobés et dentés; les supér. sessiles, à 3 segments cunéiformes, bi-trifides ou entiers. Ombelles à 6-12 rayons sessiles ou brièvement pédonculés. ②. Juillet-sept.

Plante cultivée et souvent subspontanée autour des habitations; spontanée autour des sources salées de Grozon et d'Arc-et-Senans.

PETROSELINUM Hoffm.

Calice à limbe presque nul. Pétales suborbiculaires, entiers, avec lobule infléchi. Fruit *ovoïde*, presque didyme; méricarpes à 5 côtes filiformes, égales; vallécules à une bandelette. Columelle *bipartite*.

P. sativum *Hoffm. umb.* 78; *G. G.* 1, *p.* 738. — Tige de 4-8 déc., dressée, fistuleuse, striée, rameuse, glabre, ainsi que toute la plante. Feuilles luisantes; les radicales bipennatiséquées, à segments ovales en coin, incisés-dentés; les caulinaires sup. triséquées, à segments linéaires-lancéolés, entiers. Ombelles à long pédoncule, à 10-20 rayons presque égaux. Involucre oligophylle; involucelles à folioles linéaires-subulées. Fleurs d'un vert jaunâtre ⊙ ou ⊙. Juin-août.

Le *Persil* est cultivé partout, et subspontané autour des habitations.

HELOSCIADIUM Koch.

Calice *à 5 dents* courtes. Pétales ovales, entiers, à pointe dressée ou infléchie. Fruit ovoïde, presque didyme; méricarpes à 5 côtes filiformes, égales; vallécules à une bandelette. Columelle *indivise*. — Fleurs blanches.

H. nodiflorum *Koch, umb.* 126, *G. G.* 1, *p.* 735. — Tige de 2-10 déc., couchée-radicante à la base, puis redressée, striée, fistuleuse, rameuse, souvent flottante, glabre, ainsi que toute la plante. Feuilles submergées, ordin. bi-tripennatiséquées et à lanières capillaires; feuilles émergées luisantes, pennatiséquées, à segments *ovales-lancéolés, dentés,* opposés, sessiles; à pétiole très long et *dépassant beaucoup* les ombelles. Ombelles *sessiles ou brièvement pédonculées,* à 5-12 rayons blanchâtres, anguleux. Involucre *nul* ou à 1-2 folioles caduques; involucelles à folioles lancéolées et égales aux pédicelles. ♃. Juillet-sept.

C. Aux bords des eaux, dans les lieux marécageux, depuis la plaine jusque dans la région des sapins; plus rare dans le Jura méridional suisse.

H. repens *Koch, umb.* 126; *G. G.* 1, *p.* 736. — Tige de 1-3 déc., *couchée-radicante dans toute sa longueur.* Feuilles pennatiséquées, à segments *ovales ou suborbiculaires,* inégalement dentés, avec le terminal ord. bi-trilobé; pétiole long et *dépassant peu* les ombelles. Ombelles ord. à long pédoncule *plus long* que les rayons. Involucre et involucelles *polyphylles*, à folioles lancéol'es, *persistantes*. ♃. Juillet-sept. — Plante beaucoup plus petite que la précédente.

R. Dans les lieux marécageux, au pied du Jura suisse; Champion, Aubonne, Rolle, etc.

✳✳. *Pétales émarginés ou bifides.*

† *Involucre nul ou oligophylle.*

ÆGOPODIUM Lin.

Calice à limbe presque nul. Pétales obovales, *émarginés*, avec lobule infléchi. Fruit ovoïde; méricarpes oblongs, à 5 côtes filiformes; vallécules *sans bandelette*. Columelle bipartite au sommet. — Involucre et involucelles *nuls*.

Æ. Podagraria *L. sp.* 379; *G. G.* 1, *p.* 731. — Tige de 5-10 décim., fistuleuse, cannelée, rameuse, glabre, ainsi que toute la plante. Feuilles radicales à long pétiole, ternatiséquées, à divisions triséquées, à segments ovales ou lancéolés, acuminés, dentés, le terminal ordin. lob'; les supér. triséquées. Ombelles à 12-20 rayons. Fleurs blanches. ♃. Mai-juillet.

C. Dans les lieux frais et ombragés de la plaine, d'où il monte en se maintenant dans toutes les stations intermédiaires, jusque sur les sommités.

CARUM Lin.

Calice à limbe presque nul. Pétales obovales, *émarginés,* avec lobule infléchi. Fruit ovoïde; méricarpes oblongs, à 5 côtes filiformes; vallécules à *une bandelette*. Columelle bipartite au sommet. — Feuilles à segments linéaires.

C. Carvi *L. sp.* 378; *Bunium Carvi Bieb. taur.* 1, *p.* 211; *G. G.* 1, *p.* 729. — Racine *fusiforme*, pivotante, odorante. Tige de 3-6 déc., dressée, pleine, striée, rameuse, glabre, ainsi que toute la plante. Feuilles oblongues, bipennatiséquées; les radicales dilatées à la base en large gaîne blanchâtre, à segments découpés en lanières linéaires-oblongues, acuminées et paraissant verticillées dans les segments inférieurs. Ombelles à 5-10

rayons très inégaux, redressés à la maturité. Involucre et involucelles nuls ou presque nuls. Fleurs blanches. ②. Avril-mai.

C. Dans les prés et pâturages ; disséminé sur les calcaires, sur les sols
argilo-siliceux et sur les alluvions de la plaine, d'où il s'élève jusque sur
les sommités.

PIMPINELLA Lin.

Calice à limbe presque nul. Pétales obovales, *émarginés* avec
lobule infléchi. Fruit ovoïde ; méricarpes oblongs, à 5 côtes filiformes peu saillantes ; vallécules à *plusieurs bandelettes*. Columelle bifide. — Involucre et involucelles *nuls*.

P. magna *L. sp.* 217 ; *G. G.* 1, *p.* 727.—Tige de 2-10 déc.,
sillonnée-anguleuse, dressée, rameuse, feuillée, glabre ou pubérulente, ainsi que toute la plante. Feuilles luisantes, pennatiséquées, à segments sessiles ou pétiolés, ovales ou lancéolés,
dentés ou incisés-dentés et plus rar. pennatifides *(P. dissecta
Retz) ;* les sup. moins divisées, à segments sublinéaires, rarem.
réduites au pétiole élargi. Ombelles à 8 – 15 rayons presque
égaux. Fleurs blanches ou roses. ⚥. Juin–sept.

C. Dans les prairies montagneuses, sur les collines, depuis la région des
vignes jusque sur les sommités.

P. Saxifraga *L. sp.* 378 ; *G. G.* 1 , *p.* 727. — Tige de
2-5 déc., *cylindrique et finement striée*, dressée, rameuse, peu
feuillée, glabre, ou pubescente *(P. nigra W.),* ainsi que toute la
plante. Feuilles inf. pennatiséquées, à segments suborbiculaires
ou oblongs, dentés ou incisés, rar. découpés en lobes linéaires
(P. pratensis Thuill.) ; les sup. à segments linéaires, ou réduites
au pétiole élargi. Ombelle à rayons nombreux, presque égaux.
Fleurs blanches. ⚥. Juin–oct.

C. Dans les pâturages secs et sur les collines, depuis la plaine jusque sur
les sommités.

SISON Lag.

Calice à limbe presque nul. Pétales *suborbiculaires, bifides*
avec lobule infléchi. Fruit ovoïde ; méricarpes oblongs, à 5 côtes
filiformes ; vallécules à *une bandelette élargie supérieurement
et presque nulle inférieurement*. Columelle bipartite.

S. Amomum *L. sp.* 362 ; *G. G.* 1, *p.* 732. — Tige de 6-10
déc., finement striée, très rameuse, glabre, ainsi que toute la

plante. Feuilles d'un vert foncé, pennatiséquées, à segments ovales-oblongs, lobés et dentés; les sup. à lobes sublinéaires. Ombelles à long pédoncule, à 3-6 rayons très inégaux; ombellules pauciflores, à rayons inégaux. Involucre et involucelles à folioles peu nombreuses et linéaires. Fleurs blanches. ②. Juillet-août.

Çà et là dans les moissons, dans les haies et lieux ombragés aux environs de Genève.

PTYCHOTIS Koch.

Limbe du calice *à 5 dents*. Pétales obovales, *bifides*. Fruit ovoïde-allongé; méricarpes oblongs, à 5 côtes filiformes; vallécules à une bandelette. Columelle bipartite.

P. heterophylla *Koch, umb.* 124; *G. G.* 1, *p.* 734; *Seseli Saxifragum L. sp.* 374; *S. Bunius Vill. Dph.* 2, *p.* 588.— Racine grêle, pivotante. Tige de 1-3 déc., très rameuse, à rameaux étalés, un peu glauque et glabre, ainsi que toute la plante. Feuilles radicales pennatiséquées, à segments ordinairem. pétiolulés, ovales-arrondis, lobés ou incisés-dentés; les supér. multifides, à lanières linéaires. Ombelles longuem. pédonculées, à 6-10 rayons. Involucre nul ou unifoliolé; involucelles à 2-3 folioles sétacées, inégales, plus courtes que les pédicelles. Fleurs blanches. ②. Juillet-août.

Peu répandu sur les grèves du Léman, à Crans, Nyon, Coppet, Promenthoux, Saint-Prex; les bords de l'Ain à Thoirette (*Michalet*), et toute la vallée de l'Ain jusqu'à Tour du Meix près d'Orgelet (*Moniez*).

CICUTA Lin.

Limbe du calice *à 5 dents* larges et membraneuses. Pétales *en cœur renversé,* avec lobule infléchi. Fruit didyme; méricarpes *subglobuleux,* à 5 côtes aplanies; vallécules à une bandelette. Columelle bipartite.

C. virosa *L. sp.* 368; *G. G.* 1, *p.* 739. — Tige de 6-12 déc., cylindrique, striée, très fistuleuse, glabre, ainsi que toute la plante. Feuilles inf. bi-tripennatiséquées, à segments lancéolés-linéaires, fortement dentés, à dents acuminées, à pétiole allongé, cylindrique, tubuleux; les sup. plus petites et moins divisées. Ombelles à rayons nombreux. Involucre nul; involucelles à folioles nombreuses, linéaires, égalant ou surpassant l'ombellule. Fleurs blanches. ♃. Juillet-août.

R. Dans les étangs et fossés tourbeux du Jura supérieur: lac d'Etalières près de la Brevine ; val de Joux ; tourbières de Pontarlier ; tourbières des Guinots (Contejean).

†† *Involucre polyphylle.*

AMMI Tournef.

Calice à limbe presque nul. Pétales obovales, *émarginés-bilobés*, à lobes inégaux, avec lobule infléchi. Fruit ovoïde-oblong; méricarpes oblongs, à 5 côtes filiformes; vallécules à une bandelette. Columelle bipartite. Involucre à plusieurs folioles *triséquées ou pennatifides.*

A. majus *L. sp.* 349 ; *G. G.* 1, *p.* 731 ; — Tige de 3-6 déc., dressée, striée, très rameuse, glabre, ainsi que toute la plante. Feuilles vertes ou glauques; les inf. bipennatiséquées ou pennatiséquées, parfois seulement à 3 segments, et même réduites au segment terminal, à segments d'autant plus larges qu'ils sont plus inf., d'abord ovales, ovales-lancéolés, puis de plus en plus étroitement lancéolés, dentés et à dents acuminées, mucronées-cartilagineuses; les sup. bipennatiséquées, à segments linéaires dentés. Ombelles à rayons nombreux, un peu inégaux. Involucelles à folioles filiformes, souvent plus longues que l'ombellule. Fleurs blanches. ②. Juillet-sept.

Disséminé dans la plaine et le vignoble, presque exclusivement dans les champs de luzerne, où il est introduit les avec graines de luzerne qui nous arrivent des régions plus méridionales.

BUNIUM Lin.

Calice à limbe presque nul. Pétales obovales, émarginés avec lobule infléchi. Fruit ovoïde; méricarpes oblongs, à 5 côtes filiformes; vallécules à une bandelette. Columelle bifide au sommet. Involucre à folioles *lancéolées-subulées.* — (Ce genre ne diffère du genre *Carvi* que par son involucre, aussi lui a-t-il été souvent réuni.)

B. Bulbocastanum *L. sp.* 349 ; *G. G.* 1, *p.* 730. — Souche bulbiforme, globuleuse. Tige de 3-7 décim., grêle, rameuse, à rameaux dressés, glabre, ainsi que toute la plante

Feuilles bi-tripennatiséquées, à segments du premier ordre longuement pétiolulés, puis tous découpés en lanières linéaires, divariquées et cuspidées. Ombelles à rayons nombreux, presque égaux. Involucre et involucelles à plusieurs folioles lancéolées-subulées ou subulées. Fleurs blanches. ♃. Juin-juillet.

C. Surtout dans les champs sablonneux de toute la région des montagnes et des sapins, à Pontarlier, au val de Ruz, au val de Travers, à Auvernier et jusqu'aux Rousses; nul en plaine, si ce n'est près de Dole (*Vercier*).

FALCARIA Host.

Limbe du calice *à 5 dents*. Pétales obovales, émarginés, avec lobule infléchi. Fruit ovoïde-oblong; méricarpes étroitement oblongs, à 5 côtes filiformes; vallécules à *une bandelette*. Columelle profondément bifide, à divisions *libres*.

F. Rivini *Host, austr.* 1, *p.* 381; *G. G.* 1, *p.* 733. — Racine fusiforme, très longue. Tige de 3-6 déc., striée, rameuse, glaucescente et glabre, ainsi que toute la plante. Feuilles un peu coriaces; les radicales pétiolées, entières ou triséquées; les caulinaires à pétiole dilaté en gaîne ample, palmatiséquées, à 3-7 segments lancéolés-linéaires, souvent falciformes, finement dentés, à dents incombantes épaisses cartilagineuses et mucronées. Ombelles à rayons nombreux, subcapillaires. Involucre et involucelles à folioles linéaires-sétacées. Fleurs blanches. ♃. Juillet-sept.

Champs et bords des chemins à Chissey et Arc-et-Senans; abondant près de Montbéliard, à Audincourt, Forges, Champagne (*Coutej.*); paraît manquer sur le versant helvétique.

SIUM Lin.

Limbe du calice *à 5 dents* courtes. Pétales obovales, émarginés, à lobule infléchi. Fruit ovoïde presque *didyme*; méricarpes oblongs, à 5 côtes filiformes; vallécules à *3 bandelettes*. Columelle bipartite, à divisions ord. *soudées* avec les méricarpes.

a. *Styles filiformes; méricarpes à bords contigus.*

S. latifolium *L. sp.* 361; *G. G.* 1, *p.* 726. — Souche rampante, stolonifère. Tige de 8-12 déc., dressée, robuste, fistuleuse, profondément sillonnée, glabre, ainsi que toute la plante.

Feuilles pennatiséquées; les radicales très grandes à pétiole
fistuleux portant 9-11 segments oblongs-lancéolés, dentés en
scie; les sup. moindres, dilatées à la base en gaîne embrassante.
Ombelles à rayons nombreux. Involucre à folioles inégales,
lancéolées-linéaires, entières et rar. dentées, uni-plurinerviées.
Fleurs blanches. ♃. Juillet-sept.

R. Dans les marais et fossés inondés de Colombier, de Mathod, d'Iverdon; manque sur le versant français.

b. *Styles élargis en base conique; méricarpes à bords non contigus
et distants.*

S. angustifolium *L. sp.* 1672; *Berula angustifolia Koch,
dtsch.* 2, *p.* 433; *G. G.* 1, *p.* 726. — Souche rampante, stolonifère. Tige de 4-10 déc., dressée, robuste, fistuleuse, sillonnée,
glabre, ainsi que toute la plante. Feuilles luisantes, pennatiséquées; les radicales grandes, à pétiole fistuleux portant 9-15
segments oblongs, plus ou moins profondément incisés-lobés
et dentés. Ombelles à rayons nombreux, brièvement pédonculées.
Involucre et involucelles à plusieurs folioles ord. incisées-lobées,
à lobes lancéolés-linéaires, entiers ou dentés. Fleurs blanches.
♃. Juillet-sept.

C. Le long des ruisseaux, aux bords des étangs de la plaine et de la
région des vignes, au-dessus de laquelle il ne s'élève pas.

SUBDIVISION II. *Face commissurale creusée d'un sillon, ou
enroulée par les bords.*

TRIB. VIII. SCANDICINEÆ. — Fruit comprimé par le côté (perpendiculairement à la commissure), atténué ou prolongé en
bec au sommet. Méricarpes à 5 côtes primaires égales filiformes, qui parcourent toute la longueur du fruit, ou n'existent
que sur le bec.

SCANDIX Gærtn.

Calice à limbe presque nul. Pétales obovales, tronqués ou
émarginés, avec lobule infléchi. Fruit *oblong-linéaire, prolongé
en bec plus long* que les méricarpes oblongs et *à 5 côtes* obtuses
et égales; valécules sans bandelettes. Columelle indivise ou un
peu bifide.

S. Pecten-Veneris *L. sp.* 368 ; *G. G.* 1, *p.* 740. — Tige de 1-3 déc., dressée, striée, simple ou rameuse, pubescente, ainsi que les feuilles. Celles-ci ovales, bi-tripennatiséquées, à segments divisés en lanières linéaires. Ombelles pédonculées, à 1-3 rayons. Involucre nul ou unifoliolé ; involucelles à 3-5 fol. ciliées, bi-trifides ou entières. Fleurs blanches ; les centrales mâles, les périphériques hermaphrodites ; pédicelles fructifères courts et très épais à la maturité. Fruit à côtes planes ; bec comprimé, strié, hérissé et glanduleux aux bords, 4-6 fois plus long que les méricarpes. ⊙. Mai-juin.

C. Dans les champs et les moissons de la plaine et du vignoble, sur les deux versants du Jura.

ANTHRISCUS Hoffm.

Calice à limbe nul. Pétales obovales, tronqués ou émarginés, avec lobule infléchi. Fruit *subdidyme*, lisse ou hérissé d'épines, brusquement rétréci au sommet en *bec 4-5 fois plus court* que les méricarpes ; ceux-ci *dépourvus de côtes* jusqu'à la base du bec, sur lequel les 5 côtes primaires apparaissent ; vallécules sans bandelette. Columelle indivise ou bifide au sommet. — Involucre nul. Fleurs blanches.

A. vulgaris *Pers. syn.* 1, *p.* 320 ; *G. G.* 1, *p.* 741. — Plante *annuelle*. Tige de 1-6 décim., striée, rameuse, glabrescente. Feuilles bi-tripennatiséquées, à gaînes bordées de blanc et poilues, ainsi que les nervures, à segments nombreux, divisés en lanières courtes, obtuses, mucronées. Ombelles *brièvement pédonculées,* oppositifoliées, à 3-7 rayons. Involucelles à 4-5 folioles lancéolées, ciliées, *étalées.* Fruit ovoïde-oblong, couvert d'épines subulées, crochues, à bec trois fois plus court que les méricarpes. ⊙. Mai-juin.

R. Dans les lieux abruptes et très ombragés et au pied des rochers, à l'entrée des cavernes, où il se montre rare et grêle ; disséminé dans toute la chaîne de Bâle à Genève ; et sur le versant français, Besançon, Baume-les-Dames, Dole, Baume-les-Messieurs ; source de la Cuisance près Arbois.

A. Cerefolium *Hoffm. umb.* 38 ; *G. G.* 1, *p.* 741. — Plante *annuelle.* Tige de 4-8 décim., striée, rameuse, pubescente au-dessous des nœuds. Feuilles d'un vert pâle ; les infér. à gaîne des pétioles ciliée, bipennatiséquées, à segments ovales, profo:dément divisées en lanières obtuses et mucronées. Ombelles *presque sessiles* ou naissant à l'aisselle d'une feuille pennatisé-quée, à 3-5 rayons pubescents. Involucelles à 2-3 folioles lan-céolées, ciliées, *réfléchies*. Fruit oblong-linéaire, lisse, ponctué, terminé par un bec égalant la moitié des méricarpes. ☉. Mai-oct.

Cultivé et subspontané dans le voisinage des habitations.

A. sylvestris *Hoffm. umb.* 40; *G. G.* 1, *p.* 742; *A. tor-quata Dub. bot.* 239. — Souche épaisse, *vivace.* Tige de 5-10 déc., striée, fistuleuse, rameuse, glabre ou pubescente à la base. Feuilles luisantes, ciliées; les infér. à long pétiole et à gaîne *auriculée,* tripennatiséquées, à segments ovales-oblongs, divisés en lanières linéaires-lancéolées. Ombelle à long pédoncule, à 8-15 rayons; involucelles à 5 folioles ciliées, *réfléchies*. Fruit ovoïde-oblong sublinéaire, lisse, luisant, à bec 4 fois plus court que les méricarpes. ♃. Mai-juin.

β. *alpestris.* Feuilles moins profondément incisées et plus luisantes en-dessous; fleurs un peu plus petites, les centrales avortées; pédicelles à sommet dépourvu de cils, que je retrouve cependant, bien que rares, sur l'exemplaire que M. Jordan m'a donné; styles un peu plus allongés; fruits réduits à 2-4 par ombellule. *A. abortiva Jord. obs.* 7, *p.* 28; *A. Cicutaria DC. et Dub. bot.* 239 (*non Vill. ex Jord.*). Habite les bois de la Grande-Chartreuse, et probablement nos hautes sommités ju-rassiques. Je crois que c'est à cette forme qu'il faut rapporter le *A. rupicola Godet, fl. jur. p.* 300.

γ. *tenuifolia.* Segments des feuilles plus étroits, subdivisés en lanières linéaires très écartées, dentées ou entières. *A. tor-quata Thomas* (*non Dub.*). Habite sous les rochers du Mont-Terrible près Porrentruy.

C. Dans les prés humides et les bois de la plaine, d'où il s'élève jusque sur les sommités.

MYRRHIS Scop.

Limbe du calice nul. Pétales obovales, émarginés avec lobule infléchi. Fruit oblong, atténué et non prolongé en bec au som-met; méricarpes à 5 côtes *très saillantes et creuses*, formées par une membrane plissée et enveloppant la membrane interne qui est roulée; bandelettes nulles. Columelle bifide.

M. odorata *Scop. 1, p.* 247; *G. G. 1, p.* 746. — Tige de
4-6 déc., striée, rameuse. Feuilles molles, pubescentes, tripennatiséquées, à segments ovales-lancéolés, pennatifides et
à lobes incisés. Involucre nul; involucelles à folioles lancéolées,
hérissées. Ombelles à 6-10 rayons hérissés, terminés par 1-3
fruits très grands, étroitement oblongs-lancéolés, bruns, luisants. ♃. Juin-juillet.

Çà et là dans le voisinage des habitations; complétement naturalisé à
la Grand'Combe-des-Bois, et à la Crochère près Pont-de-Roide (*Contej.*).

CHÆROPHYLLUM Lin.

Calice à limbe presque nul. Pétales en cœur ou bifides, avec
lobule infléchi. Fruit oblong-linéaire, *atténué au sommet et non
prolongé en bec;* méricarpes *à 5 côtes* obtuses, égales, *appa-
rentes sur toute la longueur* des méricarpes; valécules à une
bandelette. Columelle bifide. — Fleurs blanches.

a. Pétales glabrés.

C. temulum *L. sp.* 370; *G. G. 1, p.* 745. — Plante *bisannuelle.* Tige de 5-10 déc., striée, *renflée sous les nœuds,* pleine,
velue-hispide surtout à la base, rameuse. Feuilles d'un vert
sombre, velues sur les 2 faces, bipennatiséquées, à segments
ovales-oblongs, obtus, divisés en lanières incisées dentées ou
rar. entières. Ombelles pédonculées, penchées avant la floraison, à 6-10 rayons. Involucre nul ou unifoliolé; involucelles à
5-8 folioles lancéolées, ciliées. Fruit central des ombellules
sessile. Stylopode *égalant* les styles dressés-étalés ou recourbés.
②. Juin-juillet.

C. Dans les haies, buissons, sur les bords des bois et des chemins de la
plaine et de la région des vignes.

C. aureum *L. sp.* 370; *G. G. 1, p.* 744. — Souche *vivace.*
Tige de 3-10 déc., pleine, striée-subanguleuse, pubescente
surtout à la base, à peine renflée aux articulations. Feuilles d'un
vert pâle, très pubescentes, ou glabrescentes et ciliées *(C. maculatum W.),* ou glabres *(C. monogynum Kit.),* tripennatiséquées,
à segments ovales-lancéolés, incisés-lobés et dentés. Ombelles à
10-20 rayons. Involucre à 1-3 folioles, rar. nul; involucelles
à folioles lancéolées, ciliées, réfléchies. Fruits jaunâtres, tous

pédicellés. Stylopode *de moitié plus court* que les styles recourbés. ♃. Juin-juillet.

C. Dans les haies, les prés, et sur les collines de la région des vignes,
d'où il s'avance dans la région des sapins, pour atteindre les sommités ;
très répandu dans le Jura central, et toujours sur les calcaires ; manque
dans la plaine.

b. *Pétales ciliés.*

C. Cicutaria *Vill. Dph.* 2, *p.* 644 ; *C. hirsutum Koch,
syn.* 349 ; *G. G.* 1, *p.* 744 *(non Lin. ex Jord.).* — Souche
vivace. Tige de 3-10 décim., dressée, striée, fistuleuse, non
épaissie sous les nœuds, hérissée dans le bas, *presque glabre
vers le haut.* Feuilles plus ou moins hérissées, parfois presque
glabres, bipennatiséquées, à segments *ovales-lancéolés,* lobés
et rar. pennatifides, dentés et mucronés. Ombelles à 10-20
rayons subétalés même à la maturité. Involucre nul ; involucelles à 6-9 folioles lancéolées-acuminées, ciliées, réfléchies.
Pétales blancs ou roses. Styles dressés, un peu écartés, plus
longs que le stylopode. Columelle *indivise ou à peine bifide* au
sommet. ♃. Juillet-août.

C. Dans les prés humides, les lieux ombragés, aux bords des ruisseaux,
dans la région alpine et la région des sapins, au-dessous de laquelle il
descend rarement.

C. hirsutum *L. sp.* 371 *(non Koch, nec G. G.)* ; *C. Villarsii Koch, syn. ed.* 1, *p.* 317 ; *G. G.* 1, *p.* 744. — Souche
vivace. Tige de 2-7 déc., rar. plus, dressée, striée, fistuleuse,
non épaissie sous les nœuds, *très hérissée* dans sa moitié infér.,
puis de moins en moins poilue à mesure qu'on approche de
l'ombelle. Feuilles à pétioles *hérissés de longs poils étalés,* et à
limbe poilu en-dessous, bipennatiséquées, à segments *lancéolés
pennatifides,* à subdivisions bi-trilobées, rarem. simples, mucronées. Ombelles à 10-20 rayons *très rapprochés-dressés* à la
maturité. Involucre nul ; involucelles à 6-9 folioles lancéolées-
acuminées, un peu plus prolongées et plus herbacées que dans
le précédent, ciliées, réfléchies. Pétales blancs. Styles dressés,
peu distants, à peine plus longs que le stylopode. Columelle
bipartite dans sa moitié supérieure. ♃. Juillet-août.

β. *alpestre.* Tige de 6-10 déc., robuste ; feuilles très amples,
à segments ord. profondément pennatifides, à lobes et lobules
lancéolés et sublinéaires ; fruits un peu plus étroits et un peu

plus plus longs. — *C. alpestre Jord. pug.* 75. Je dois ajouter que je n'ai pas rencontré les intermédiaires entre cette belle forme et le type, et qu'il est bien possible qu'elle constitue une bonne espèce.

R. R. Au Chasseron (*A. Braun*); la var. très abondante au pied des grands rochers du Mont-d'Or, au-dessus des débris mouvants.

TRIB. IX. **SMYRNEÆ.** — Fruit comprimé par le côté, à méricarpes ordinairement renflés ou *subdidymes, non atténués, ni prolongés en bec;* côtes primaires de forme variable.

CONIUM Lin.

Calice à limbe presque nul. Pétales obovales, subémarginés, avec lobule infléchi. Fruit *subglobuleux, presque didyme;* méricarpes subhémisphériques, sans épines ni bec, à 5 côtes saillantes, *ondulées;* vallécules sans bandelette. Columelle bifide ou bipartite.

C. maculatum *L. sp.* 349; *G. G.* 1, *p.* 730. — Tige de 8-12 déc., striée, dressée, fistuleuse, glaucescente, tachée de violet. Feuilles d'un vert sombre, tri-quadripennatiséquées, à segments pennatipartits ou pennatifides, à lobes courts, entiers ou incisés. Ombelles à 12-20 rayons. Involucre à 3-5 folioles lancéolées-acuminées, membraneuses aux bords; involucelles dimidiés, à folioles réfléchies plus courtes que les pédicelles. ②. Juin-août.

A. C. Décombres et bords des chemins dans presque toute la plaine; plus rare dans le vignoble; nul dans les montagnes; commun à Montbéliard, surtout sur l'alluvion du Doubs (*Contej.*); Rougemont, etc. (*Paillot*).

§ II. Inflorescence anomale : fleurs sessiles ou subsessiles, en capitules, ou en verticilles soit solitaires, soit superposés.

TRIB. X. **HYDROCOTYLEÆ.** — Calice à limbe nul. Fruit *dépourvu d'épines et d'écailles,* comprimé (par le côté) perpendiculairement à la commissure qui est plane, à coupe horizontale *sublinéaire,* à côtes distinctes. Fleurs *verticillées.*

HYDROCOTYLE Lin.

Pétales ovales, entiers, aigus, à pointe droite. Fruit sublenticulaire, biscutellé; méricarpes ovales, à 5 côtes, la dorsale

plus développée et carénée, les deux latérales arquées et filiformes, les marginales nulles; vallécules sans bandelette. Columelle soudée aux méricarpes.

H. vulgaris *L. sp.* 338; *G. G.* 1, *p.* 751. — Tige allongée,
grêle, rampante et radicante, émettant de chaque nœud 1-2
feuilles, 1-2 pédoncules et un faisceau de radicelles. Feuilles
longuement pétiolées, orbiculaires-peltées, superficiellement
crénelées, à 7-9 nervures. Pédoncules axillaires, grêles, nus,
de moitié plus courts que les pétioles. Fleurs très petites,
blanches ou rosées, presque sessiles, formant un ou plusieurs
verticilles superposés bi-triflores. Fruit émarginé à la base et au
sommet, plus large que haut. ⚥. Juin-août

Marais tourbeux entre le Jura et les lacs de Genève et de Neuchatel,
marais d'Orbe, Nyon, etc.; marais d'Entre-Côte près Mouthe (*Bourquenecy*);
a été trouvé à Beaurepaire, confins du Jura, par *M. Monnier*.

TRIB. XI. **ASTRANTIEÆ.** — Calice à 5 dents. Fruits à côtes
  distinctes, couvertes d'écailles, à coupe horizontale *suborbiculaire*, à commissure plane. Fleurs en ombelle simple
  ou irrégulière entourée d'un involucre aussi long ou plus
  long qu'elles.

ASTRANTIA Lin.

Calice à 5 dents foliacées. Pétales connivents, obovales-
oblongs, avec pointe infléchie et aussi longue que le limbe.
Fruit ellipsoïde; méricarpes presque soudés, à côtes enflées,
plissées-dentées; vallécules sans bandelette. Columelle soudée
aux méricarpes.

A. major *L. sp.* 339; *G. G.* 1, *p.* 752.— Tige de 4-8 déc.,
dressée, striée, glabre, ainsi que toute la plante. Feuilles radicales et caulinaires longuement pétiolées, profondément palmatipartites, à 3-5 segments obovales-cunéiformes, bi-trilobés,
dentés, à dents terminées par une soie. Ombelles simples, entourées d'un involucre à folioles oblongues-lancéolées, blanches-
scarieuses, veinées en réseau, aristées et parcourues par trois
nervures vertes. Dents du calice acuminées-cuspidées. Pédicelles ordinair. plus courts que l'involucre. Fleurs polygames,
blanches ou roses. ⚥. Juin-juillet.

C. Dans les prés et les clairières de la région alpestre, et de la région des sapins, au-dessous de laquelle il descend à peine; toujours sur le calcaire.

Trib. XII. ERYNGIEÆ. — Fruit *couvert d'épines ou d'écailles*, à coupe horizontale suborbiculaire, à commissure plane, à *côtes non distinctes*.

SANICULA Tournef.

Calice à 5 dents foliacées. Pétales émarginés avec lobule infléchi. Fruit subglobuleux; méricarpes *hérissés d'épines subulées* crochues, dépourvus de côtes; bandelettes nombreuses et peu distinctes. Columelle indistincte et soudée aux méricarpes.

S. europæa *L. sp.* 339; *G. G.* 1, *p*, 757. — Tige de 3-5 d., simple, dressée, presque nue. Feuilles presque toutes radicales, glabres, largement pétiolées, profondément palmatipartites, à 3-5 segments obovales-cunéiformes, bi-tribolés, dentés, à dents terminées par une soie. Fleurs blanches ou rosées, polygames, les mâles pédicellées; les femelles sessiles à l'aisselle de bractées herbacées, rapprochées en capitules subglobuleux entourés d'un involucelle à plusieurs folioles; capitules disposés en ombelle irrégulière, à 3-5 rayons simples ou ternés, à involucre formé de folioles entières ou incisées. Calice non hérissé dans les fleurs mâles. ♃. Mai-juin.

A C. Disséminé dans tous les bois de la plaine et des basses montagnes, sans atteindre la région des sapins, surtout dans les sols argilo-siliceux.

ERYNGIUM Lin.

Calice à 5 dents foliacées. Pétales dressés, connivents, obovales, émarginés, avec lobule infléchi. Fruit obovoïde; méricarpes oblongs, plus ou moins *couverts d'écailles ou de tubercules*, à côtes non distinctes; bandelettes nulles. Columelle soudée aux méricarpes. — Fleurs sessiles à l'aisselle de bractées ord. épineuses, et disposées en capitule sur un réceptale cylindracé; capitules compacts, oblongs ou subglobuleux, entourés d'un involucre ord. épineux.

E. campestre *L. sp.* 337; *G. G.* 1, *p.* 756. — Tige de 3-6 déc., dressée, striée, blanchâtre, très rameuse et à *rameaux étalés*, glabre, ainsi que toute la plante. Feuilles glauques, coriaces, à nervures saillantes; les primordiales ovales-dentées, pétiolées ainsi que les suivantes *pennatipartites,* à segment *pennatifides* et dentés, à dents épineuses; les caulinaires embrassant la tige *par deux oreillettes* laciniées-dentées et largement amplexicaules. Involucre à folioles linéaires-lancéolées épineuses, presque entières, dépassant le capitule. Fruit *couvert d'écailles* blanches-scarieuses, appliquées. ♃. Juillet-sept.

C. C. Dans les lieux incultes et aux bords des chemins dans la partie calcaire de la plaine ; abonde sur les alluvions du Doubs ; plus rare dans le vignoble qu'il ne dépasse point; environs de Genève, mais très rare sur le versant suisse.

E. alpinum *L. sp.* 337; *G. G.* 1, *p.* 755. — Tige de 5-10 déc., dressée, sillonnée, *simple,* ou un peu rameuse et à *rameaux dressés,* glabre, ainsi que toute la plante. Feuilles radicales *ovales en cœur,* longuem. pétiolées, dentées; les caul. *palmatifides ou palmati-séquées,* incisées-dentées, ciliées-épineuses, portées par un court pétiole embrassant et dépourvu d'oreillettes. Involucre à folioles nombreuses, bleuâtres, simples ou tripartites, à segments profondément pectinés-épineux, dépassant le capitule. Fruit rugueux et muni de quelques rares écailles. ♃. Juillet-août.

R. R. Colombier de Gex !; le Reculet, la Dôle.

XLI. HÉDÉRACÉES.

(HEDERACEÆ A. Rich.)

Fleurs hermaphrodites, régulières. Calice à tube soudé à l'ovaire, à limbe court et à 4-5 dents. Corolle à 4-5 pétales insérés sur un disque au sommet du calice, libres, caducs, à préfloraison valvaire. Etamines 4-5, libres, insérées avec les pétales; anthères bilobées, introrses. Style simple; stigmate capité. Ovaire soudé avec le calice (infère), à 2-5 et rar. 3 loges uniovulées. Ovules insérés à l'angle interne des loges, suspendus et réfléchis. Fruit bacciforme et à 5 loges ou moins par avortement, ou drupacé et à un seul noyau biloculaire. Graines solitaires dans chaque loge. Embryon placé dans un albumen charnu; radicule dirigée vers le hile.

1. HEDERA. — Pétales *cinq*. Fruit bacciforme. Feuilles *alternes*.
2. CORNUS. — Pétales *quatre*. Fruit drupacé. Feuilles *opposées*.

HEDERA Tournef.

Calice *à cinq dents*. Pétales *cinq*. Étamines *cinq*. Fruit *bacçiforme*, à cinq loges ou moins par avortement. Feuilles *alternes*.

H. Helix *L. sp.* 292; *G. G.* 2, *p.* 1. — Arbrisseau à tiges ligneuses, très rameuses, sarmenteuses-grimpantes et atteignant parfois le sommet des plus hauts arbres, ou recouvrant les rochers les plus abruptes en s'accrochant à eux au moyen de radicelles adventives, en forme de suçoirs, qu'il produit par sa face appliquée. Feuilles alternes, coriaces, persistant pendant l'hiver, à face sup., d'un vert foncé luisant, pétiolées; les caulinaires en cœur à la base, à 3-5 lobes triangulaires-acuminés; celles des rameaux florifères entières, ovales-acuminées. Fleurs en ombelles subglobuleuses, à rayons nombreux et couverts de poils étoilés. Pétales lancéolés, à base tronquée, pubescents, d'un jaune verdâtre, très étalés. Baie globuleuse, noire, coriace, couronnée par le limbe du calice et le style. ♄. Fl. sept.-oct.; fr. janv.-mars.

C. Dans les bois, sur les rochers, sur les troncs d'arbres, sur les vieux murs.

CORNUS Tournef.

Calice *à quatre dents*. Pétales *quatre*. Étamines *quatre*. Fruit *drupacé*, *à noyau osseux et biloculaire*. Feuilles *opposées*.

C. mas *L. sp.* 171; *G. G.* 2, *p.* 2. — Arbrisseau ou arbre peu élevé, à rameaux pubescents. Feuilles brièvement pétiolées, elliptiques-accuminées, finement pubescentes et plus pâles en-dessous. Fleurs *jaunes*, naissant *avant les feuilles*, disposées en *ombelle simple*, brièvement pédonculée, *munie d'un involucre* à 4 folioles ovales, obtuses, presque égales à l'ombelle formée de 8-10 rayons courts et pubescents. Pétales lancéolés, réfléchis. Drupe elliptique, mesurant 2 cent. de long, rouge et acidule à la maturité, comestible. ♄. Fl. mars-avril; fr. sept.

Çà et là dans les haies et bois du terrain calcaire, plus particulièrement sur la chaîne du Lomont, entre Besançon et Baume-les-Dames, et surtout dans les bois qui dominent la vallée du Cuisancin.

C. sanguinea *L. sp.* 171; *G. G.* 2, *p.* 3. — Arbuste de 1-2 mètres et rar. plus, à rameaux pubescents. Feuilles pétiolées, elliptiques-acuminées, finement pubescentes et plus pâles en-dessous. Fleurs *blanches*, naissant *après les feuilles*, disposées en *cyme composée*, assez longuement pédonculée, *sans invo-lucre*. Pétales oblongs-lancéolés, pubescents extérieurement, très étalés. Drupe globuleuse, de la grosseur d'un pois, noire, amère et non comestible. ♄. Fl. mai-juin; fr. sept.

C. C. Dans les bois et les haies, et sur les coteaux de la plaine et des basses montagnes.

XLII. LORANTHACÉES.

(LORANTHACEÆ Juss.)

Fleurs incomplètes, unisexuelles, régulières. Fl. mâle : calice tubuleux, à limbe 4-fide, à préfloraison valvaire. Corolle nulle. Étamines 4, à anthères sessiles et soudées dans toute leur lon-gueur au sépale, s'ouvrant par plusieurs pores. — Fl. femelle : calice à tube soudé avec l'ovaire, obscurément 4-denté. Corolle nulle ou à 4 pétales squamiformes, insérés à la gorge du calice, à préfloraison valvaire. Ovaire soudé au calice, à un seul car-pelle, à une seule loge renfermant un seul ovule accompagné de deux ovules rudimentaires. Ovule réduit au nucelle, dressé dans la loge (orthotrope). Stigmate sessile. Fruit bacciforme, uniloculaire, à une seule graine, à mésocarpe mucilagineux-visqueux. Graine dressée, dépurvue d'enveloppes propres. Albumen charnu, vert, ainsi que l'embryon. Embryon unique, rar. multiple. Cotylédons souvent soudés. Radicule courte, épaisse, diamétralement opposée au hilo.

VISCUM Tournef.

Mêmes caractères que ceux de la famille. Corolle des fleurs femelles à 4 pétales.

V. album *L. sp.* 151 ; *G. G.* 2, *p.* 4. — Tige de 2-3 déc., arrondie, d'un vert jaunâtre, à ramifications articulées, diver-gentes et formant une touffe globuleuse. Feuilles épaisses, co-

23*

riaces-charnues, oblongues, obtuses, à 3-5 nervures obscures.
Fleurs en petites têtes sessiles, terminales et axillaires. Baies
globuleuses, blanches-argentées, à suc visqueux. ♄. Fl. mars-
avril; fr. août-sept.

C. Sur les arbres des vergers, des promenades, des bois de la plaine et
du vignoble; s'élève dans les montagnes jusque dans la région des sapins,
où il est très abondant sur l'*Abies pectinata* et très rare ou nul sur l'*A. ex-
celsa* (Bavoux).

TABLE DES FAMILLES (1).

(1) La préface, l'analyse des familles et la table générale paraîtront avec la 2ᵉ partie.

Besançon, imp. Dodivers et Cⁱᵉ, Gr.-Rue, 42.